计算机科学丛书

原书第2版

软件测试基础

[美] 保罗·阿曼（Paul Ammann） 杰夫·奥法特（Jeff Offutt） 著

李楠 译

Introduction to Software Testing

Second Edition

机械工业出版社
China Machine Press

图书在版编目（CIP）数据

软件测试基础（原书第 2 版）/（美）保罗·阿曼（Paul Ammann），（美）杰夫·奥法特（Jeff Offutt）著；李楠译．—北京：机械工业出版社，2018.10（2024.11 重印）
（计算机科学丛书）
书名原文：Introduction to Software Testing, Second Edition

ISBN 978-7-111-61129-5

I. 软… II. ①保… ②杰… ③李… III. 软件 - 测试 IV. TP311.55

中国版本图书馆 CIP 数据核字（2018）第 234093 号

北京市版权局著作权合同登记 图字：01-2018-0352 号。

本书采用了一种创新性的方法来解释软件测试：软件测试被定义为一个将具有通用目的且精确的准则应用于软件结构或模型的过程。本书覆盖了软件测试的新发展，包括测试现代软件类型（比如面向对象、网络应用程序和嵌入式软件）的技术。第 2 版极大地扩展了基础知识，详尽地讨论了测试自动化框架，还增加了新的例子以及大量的练习。

出版发行：机械工业出版社（北京市西城区百万庄大街 22 号 邮政编码：100037）

责任编辑：赵 静　　责任校对：殷 虹
印　　刷：北京捷迅佳彩印刷有限公司　　版　　次：2024 年 11 月第 1 版第 4 次印刷
开　　本：185mm×260mm 1/16　　印　　张：18.5
书　　号：ISBN 978-7-111-61129-5　　定　　价：79.00 元

客服电话：（010）88361066 68326294

译者序

伴随着软件的大规模应用以及与人们日常生活的紧密结合，软件已经改变了人们的行为方式。同时，软件质量也在某种程度上决定着人们的生活质量，所以软件质量变得尤其重要。软件测试是保证软件质量最有效也最常用的手段。与早期相比，软件测试活动已经处于软件开发的中心地位。在测试驱动开发（test-driven development）中，开发者需要写测试用例来帮助设计和完成代码。而在目前流行的敏捷开发（agile development）中，在执行每个开发故事（story）之前，开发者都必须与测试者一起开会，并且在代码实现之前就需要定义如何测试软件。基于这样的背景以及测试自动化的潮流，软件测试领域的两位权威专家 Paul Ammann 和 Jeff Offutt 推出了目前全球颇具影响力的软件测试教科书——《软件测试基础》，即本书。

本书的特点非常鲜明：紧密地围绕模型驱动测试设计来展开。模型驱动测试设计指的是在自动化测试中建立模型来产生测试需求，生成测试用例覆盖需求，执行并评估测试用例的过程。模型驱动设计中最重要也最难的部分是测试用例设计。测试用例的有效性和成本直接决定了测试的成功与否，这部分也是软件测试最主要的研究方向。生成测试用例的技术有数百种甚至更多，但 Paul 和 Jeff 在本书中创造性地将几乎所有技术归纳为对四种基本模型的应用：图、逻辑表达式、语法和输入域。第 2 版不仅保留了这些模型，还对第一部分软件基础进行了扩展：明确地提出了模型驱动测试设计，并且加入了测试自动化框架和测试驱动程序开发的内容。

本书自 2008 年第 1 版发行以来，已经用于美国、欧洲、中国数所大学的软件测试课程当中，是当今软件测试领域最受欢迎也最具影响力的教科书。作为一本教科书，本书包括了软件测试领域过去 40 年研究的精华，系统地介绍了软件测试的基础理论，比如覆盖理论，包含理论、RIPR 模型等。在讲述理论的同时，本书还重点考虑了与工业界的结合。在包含通用的测试过程和测试计划之外，本书主要强调的是在自动化测试的每个阶段，实践者应该选择在正确的抽象层次上和模型中应用有效合理的测试技术。注意，本书没有描述如何使用具体的测试工具，因为如果那样的话，当工具被淘汰时，书中的内容就会过时。通过讲述理论以及描述与实际结合的样例，本书试图激发实践者的智慧和潜力来在实践中应用这些理论，并提出更有效和有效率的方法。每章末尾包括参考文献注解，这些注解详尽地解释了所引用的每个概念和技术的出处，并对不同的技术进行比较。这对软件测试方向的博士生和研究人员有很大的帮助。事实上，本书在学术论文中的引用数已经超过了 1500 次。

译者观察到，目前国内有很多关于测试工具操作以及测试过程和方法实践的书籍，但是缺乏系统讲述软件测试理论的书籍。本书正好填补了这方面的空白。从译者参加的多个国内外软件测试研究和实际项目来看，本书作为参考资料经常能够发挥巨大的作用。有人认为现在很多 IT 公司并没有应用太多书中的技术，所以在实践中本书作用不大。但译者认为：1）本书不仅覆盖早期理论研究的沉淀，还囊括了一些最新研究的成果，这些成果的价值将会在未来得以体现，所以本书不仅应用于当代，更是面向未来；2）大部分 IT 公司的要求是在保证一定质量的前提下，对产品进行快速迭代。所以目前看来有些复杂的技术，由于成本原因并没有得到应用（同时也给予了实践者改进它们的机会）。但是，对其他行业软件（如航天航空和高铁上的安全关键软件）来说，使用复杂技术对其进行严格的测试是必要的，同时也是具有一定成本边际效应的（因为需求相对固定且潜在的人民生命财产损失巨大）。综上所述，译者认为本书为各个行业的软件测试都提供了理论和实践上的全方位支持。

译者在过去近一年中，尽自己的最大努力，对每个概念、术语、定义的翻译都进行了认真细致的斟酌。译者也参考了第1版的中文翻译，尽可能多地保留了之前的术语译法。当然，有些概念和术语都比较新，目前在国内还没有统一的翻译标准。欢迎各位专家、同仁、读者提出宝贵意见，以期尽快对某些术语的翻译达成统一意见。在翻译的过程中，译者就一些疑问向作者 Paul 和 Jeff 进行了请教。对某些不易理解的部分，译者加了注释；对错误的部分，译者进行了改正。所以，从理论上来讲，本书比英语原版要更加完善。当然任何书籍的翻译都很难做到完美，在此希望读者提出指正意见和建议。

感谢原书作者 Paul Ammann 和 Jeff Offutt 对此次翻译的支持。非常感谢机械工业出版社的编辑朱捷和赵静，他们对此次翻译工作提出了很多宝贵的建议并做了大量的校订工作。此外，特别感谢天津大学王赞教授使用本书教学，并对一些术语翻译和纰漏提出了建设性意见。最后，感谢太太郭昀在翻译过程中为家庭的付出以及对我工作的理解。当然也要感谢我的父母、妹妹、岳父岳母在精神上给予我的鼓励。

自本书的第 1 版发行以来，软件测试领域已经发生了太多变化。高水平的测试现在在工业界已经变得非常普遍。测试自动化已经无处不在，工业界绝大多数领域都默认必须使用测试自动化。敏捷过程和测试驱动开发变得广为人知而且许多人都在使用。更多的学校在本科和研究生阶段开设了软件测试的课程。ACM 关于软件工程的课程大纲在很多地方都包括了软件测试，并且把它设置为强烈推荐的课程 [Ardis et al.，2015]。

第 2 版包括了新的特点和内容，同时保留了第 1 版中深受数百位教师喜欢的结构、理念和在线资源。

第 2 版的新内容

当拿到一本书的新版本时，任何教师要做的第一件事就是研究所讲的课程中需要做哪些改动。因为我们已经经历过很多次这样的情况了，所以我们想让读者很容易地明白第 2 版的改动。

第 1 版	第 2 版	主题
第一部分　软件测试基础		
第 1 章	第 1 章	为什么测试软件（动机）
	第 2 章	模型驱动测试设计（抽象）
	第 3 章	测试自动化（JUnit）
	第 4 章	测试优先（TDD）
	第 5 章	基于准则的测试设计（准则）
第二部分　覆盖准则		
第 2 章	第 7 章	图覆盖
第 3 章	第 8 章	逻辑覆盖
第 4 章	第 9 章	基于语法的测试
第 5 章	第 6 章	输入空间划分
第三部分　实践中的测试		
第 6 章	第 10 章	管理测试过程
	第 11 章	编写测试计划
	第 12 章	测试实现
	第 13 章	软件演化中的回归测试
	第 14 章	编写有效的测试预言
第 7 章	N/A	技术
第 8 章	N/A	工具
第 9 章	N/A	挑战

第 2 版最明显、最大的改动是将第 1 版中导言性质的第 1 章扩展成了 5 个不同的章节。这个重大的扩展使本书变得更加完善。新版的第一部分是由我们的课程讲义发展而来的。第 1 版发行之后，我们开始不断地向测试课程中添加更多的基础内容。这些新的想法最终组织成了这 5 个新的章节。新版第 1 章用到了很多第 1 版第 1 章的内容，包括动机和基本概念。第 1 章结束的时候包括了一段来自 2002 年的 RTI 报告，这篇报告讨论的是在开发晚期才进

行测试所造成的巨大成本。每个软件测试研究的项目提案都会引用这个重要的调查研究结果。在完成第 1 版后，我们意识到这本书的关键创新点在于将测试设计成抽象的活动，独立于用来生成测试用例的软件工件（artifact）。这个观点暗示软件设计已经变成一个和以往不同的过程。这样的想法引出了第 2 章，这一章讲述如何将测试准则和实践相结合。在我们做咨询的过程中，我们已经帮助软件公司包含这一模型以修正其测试过程。

第 1 版中有个遗憾是没有提及 JUnit 或其他的测试自动化架构。2016 年，JUnit 已经在工业界广泛使用，而且通常用在 CS1 和 CS2 的课堂上给作业自动打分。第 3 章改正了这个疏忽。在这一章里，我们叙述了测试自动化的概况，说明了实施测试自动化的难点，也明确地教授了 JUnit。虽然本书所讲的内容在很大程度上并不依附于某个具体技术，但在全书的例子和练习中使用统一的测试架构是方便读者理解的。在课堂上，我们通常要求测试必须自动化，也经常要求学生在作业中尝试别的“*-Unit”单元测试架构，比如 HttpUnit。我们认为在拥有自动化的测试用例之前，测试机构还不具备成功应用测试准则的能力。

很自然地，我们在第 4 章讲到了测试驱动开发（TDD）。虽然 TDD 和本书的其余部分不太一样，但这对测试教育者和研究人员来说却是一个令人激动的主题。原因是 TDD 把测试提前且放到了软件开发的中心位置，测试变成了需求。在第一部分的最后，第 5 章用抽象的方式介绍了测试准则的概念。软心豆粒糖（jelly bean）的例子（尤其是在课堂上讲述这个例子的时候，我们的学生都很喜欢）和其他概念（如包含关系）依然在第 2 版中保留了下来。

第二部分是本书的核心，但在第 2 版中改动最少。2014 年的一天，Jeff 问了 Paul 一个简单的问题：“第二部分四个章节的顺序为什么是现在这样？”答案是惊愕地沉默，因为我们意识到我们从未想过它们应该出现的顺序。事实上，无可争议地处于软件测试中心地位的 RIPR 模型已经给出了一个逻辑顺序。具体来说，输入空间划分不需要可达性、影响或传播（这些概念在第 2 章介绍）。图覆盖准则只需要测试执行“经过”待测软件的一些部分，这就是可达性而没有影响和传播。逻辑覆盖准则需要到达而执行谓词，还要以一种特别的方式使用它进而改变它的结果。这就是说，这个谓词被影响了。最后，语法覆盖不仅要求到达程序的某个地方，同时“变异”的程序状态必须和原程序不同，而且这个不同之处必须在程序执行之后观察到。这就是说，程序状态的变化要传播出来。第 2 版依据 RIPR 模型按顺序列出来这四个概念，而它们所对应章节的要求在递进地增强。从实用的角度来说，我们只是将前一版的第 5 章（现为第 6 章）移到了图覆盖章节（现为第 7 章）之前。

结构上的另一个主要改动是第 2 版**没有**再包含第 1 版中的第 7 章到第 9 章。第 1 版中的这三章已经过时，相比本书的其他部分，这三章用到的频率较少，所以我们决定在重写这部分之前先发表现有的章节。我们计划在第 3 版中更好地描述这三章。

我们还做出了数百处更加细微的改动。最近的研究发现，测试能够成功不仅需要一个错误值传播到输出结果，而且要求自动化测试预言检查合适的输出结果。这就是说，测试预言必须揭示软件失败。因此，新的 RIPR 模型取代了旧的 RIP 模型。本书在一些地方有拓展性或深度的讨论，超出了对概念理解的基本要求。第 2 版现在包括了“深入讨论”。这个附加的讨论部分可能会激发一些学生的兴趣或让他们产生有见解的想法。而对其他学生来说，则不必阅读这些略有难度的讨论。

新的第 6 章现在包含了一个完整的例子。这个例子展示了如何由广泛使用的 Java 类库的接口推出输入域模型（6.4 节）。我们的学生发现这个例子能够帮助他们理解怎样使用输入空间划分技术。第 1 版有一节是关于如何使用代数来表示图的。虽然我们中的一个人认为这部分内容有趣，但是我们都认同很难找到使用这个技术的动机而且这个技术在实践中很少使用。此外，这个技术也有一些小的缺陷。因此，我们在第 2 版中没有再包含这部分。新的第 8 章（逻辑覆盖）有一个重大的结构改动。DNF 准则（之前在 3.6 节）被合理地放到了本章的前面部分。第 8 章现在以 8.1 节的语义逻辑准则（ACC 和 ICC）开始，然后进入 8.2 节的语法逻辑准则（DNF）。语法逻辑准则也做了改动。我们去掉了 UTPC 准则而加上了 MUTP 和 MNFP 准则。这两个准则和 CUTPNFP 一起组成了 MUMCUT 准则。

整本书（特别是第二部分）中，我们改进了例子，简化了定义，还包括了更多的习题。当第 1 版问世的时候，只有一个包括部分习题答案的手册，而这个手册前前后后花了五年的时间才完成。我们从中得到了一个教训，因此定下一个规矩（而且会一直坚持下去）：不会在没有添加答案的情况下增加习题。读者可以把这个规矩视为对习题的测试。我们很高兴地宣布本书第 2 版的网站上线之际就配有完整的习题答案。

第 2 版还改正了很多第 1 版的错误，部分来源于第 1 版网站的错误列表，剩下的发现于我们编写第 2 版的时候。第 2 版的索引也变得更好了。写第 1 版时，我们只用了大约一天完成了索引。这次我们一边写书一边制作索引，而且在成书的最后时刻专门花时间来完善。给未来的作者一个建议，做索引是一项艰巨的任务，不要轻易地把这项工作交给作者之外的人。

第 2 版和第 1 版的相同之处

第 1 版的成功之处在第 2 版中都得到了保留。总体来说，我们以四种结构来归纳测试准则的视角依然是第 2 版的核心组织原则。第 2 版还采用了工程师的视角。我们假设读者是工程师，目的是想用最低的代价写出高质量的软件。本书的所有概念都有理论支撑，但是以实践的方法来展示。这就是说，本书将理论实践化。理论部分从研究文献的角度来说是可靠的，而我们展示了如何将理论应用到实际。

本书还可以当作教材来用。本书有清晰的解释、简单但生动的例子，还有很多适用于课内或课外的练习题。每一章的最后还有参考文献的注解，这可以帮助刚进入研究领域的学生学习软件测试中涉及的更深的思想。本书的网站（https://cs.gmu.edu/~offutt/softwaretest/）[⊖] 有很多内容丰富的材料，包括习题答案手册、本书中所有程序样例的列表、高质量的 PowerPoint 讲义，以及帮助学生理解图覆盖、逻辑覆盖和变异分析的软件。我们还用一些视频来做讲解，希望将来能做更多这样的视频。习题答案手册有两种形式。一种是学生答案手册，面向所有人，但是只有一半习题的答案。另一种是教师答案手册，包括所有习题的答案，但是我们只提供给教授软件测试课程的教师。

如何在不同课程中使用本书

我们使用模块化的方法来组织本书的章节。虽然我们以一定的顺序来展示这些章节，但大部分章节都是相互独立的。章节之间没有什么关系，教师几乎可以以任意顺序来使用它们。在我们学校，主要的目标课程是一门大四的课程（SWE 437）和一门研究生第一年的课

⊖ 关于本书教辅资源，只有使用本书作为教材的教师才可以申请，需要的教师可向剑桥大学出版社北京代表处申请，电子邮件 solutions@cambridge.org。——编辑注

程（SWE 637）。有兴趣的读者可以在网上搜索我们的课程（“mason swe 437”或“mason swe 637”）来查看课程安排以及我们是如何使用本书的。这两门课都是必修课。SWE 437 在应用计算机科学专业软件工程方向是必修课。SWE 637 是软件工程专业硕士的必修课[⊖]。第 1 和 3 章可以从两个方面应用在早期的课程（如 CS2）中。这样，首先学生在早期就可以充分认识到软件质量的重要性，其次让学生开始学习测试自动化（我们在乔治梅森大学使用 JUnit 架构）。大二的测试课程可以覆盖第一部分的全部、第二部分的第 6 章和第三部分的全部或部分。对大二的学生来说，第二部分的其他章节可能有些超出他们的需要，但输入空间划分是高级结构化测试中的入门技术，非常容易理解。在北美计算机科学课程中，通常大三学生要上的一门课是软件工程。本书的第一部分对于这样的课程将会是非常合适的。2016 年，我们新开了一门软件测试的研究生高级课程。这门课程包含了最新的知识和目前的研究成果。这门课将会用到第三部分的一些内容、我们正在编写的第四部分内容，还有一些节选的研究论文。

如何讲授软件测试

本书的两位作者在过去的十年中都在学习如何教学。21 世纪初，我们授课的模式依然是传统的。我们在课堂上的大部分时间里做演讲，将大量的 PowerPoint 讲义组织得井井有条，要求学生独立完成课后作业，并且组织一些有挑战性和高强度的考试。第 1 版的 PowerPoint 讲义和习题均为此模式所设计。

然而，我们的教学一直在发展中。我们用每周的小测验代替了期中考试。每次测验占用课堂的前 15 分钟。这样的测验占了整个学期成绩相当大的比例，缓解了期中考试的压力，使学生每周都能跟上进度而不是在考前死记硬背。这样也能帮助我们在学期的早期发现哪些学生毫不费力，哪些学生则比较吃力。

我们学到了一种称为“翻转课堂”的教学模式。我们试验性地开始应用此模式。我们提前录制授课内容，要求学生在课前观看，然后在课堂上完成“课后”作业，而我们则在旁边提供及时的帮助。我们发现这个方法对讲授涉及复杂数学的内容特别有帮助，同时对学习吃力的学生尤其有效果。当教育研究实际验证了传统讲课方式的弊端时，我们开始渐渐地放弃了教师直接演讲两个小时的方式，即所谓的“讲台上的圣人”模式。现在我们经常只讲 10～20 分钟，给出当堂的练习[⊖]，然后由学生立即试着去解决问题或给出答案。我们承认这对我们来说很难，因为我们喜欢演讲。我们使用的另一种方法是在课堂上不直接讲解例子，而是引出一个例子，让学生以小组的方式来完成下一步，然后分享结果。有时候我们的解决方案更好，有时候学生的更好，而其他的时候我们各自的方案难分高下，各有特点，从而激发了课堂上的讨论。

毫无疑问，这种新的教学方式花费时间而且不能和我们所有的 PowerPoint 讲义相适应。我们相信虽然我们*覆盖*的讲义更少，但是*启发*更多，这个看法和我们的学生在期末考试中的表现是一致的。

⊖ 我们的硕士项目本质上是面向实际应用的，而非面向研究的。大部分学生已经在软件行业具有 5 ～ 10 年的工作经验。SWE 637 这门课导致了这本书的诞生，因为我们意识到之前所用的 Beizer 的经典教科书 [Beizer, 1990] 已经不再版了。

⊖ 这些当堂的练习还没有成为本书网站的一个正式部分。但我们经常会使用书中的常规练习。有兴趣的读者可以用搜索引擎在我们课程的网页上找到最新的版本。

大部分的课堂练习都是分小组来完成的。我们也鼓励学生合作完成课外的作业。这不仅是因为有证据显示学生一起合作（“同事间学习”）时可以学到更多的东西，而且他们乐在其中，这也符合工业界的实际情况。非常少的软件工程师是独自工作的。

当然，你们可以以自己认为合适的方式来使用此书。我们提供的这些看法只是适合我们的情况。简单总结一下我们现在的讲课哲学：*少讲话，多解惑*。

致谢

我们很高兴在此感谢众多为此书做出贡献的人们，我们会将他们的名字一一列出。首先从乔治梅森大学的学生开始，他们为第 2 版的早期草稿提供了非常棒的反馈。他们是：Firass Almiski, Natalia Anpilova, Khalid Bargqdle, Mathew Fadoul, Mark Feghali, Angelica Garcia, Mahmoud Hammad, Husam Hilal, Carolyn Koerner, Han-Tsung Liu, Charon Lu, Brian Mitchell, Tuan Nguyen, Bill Shelton, Dzung Tran, Dzung Tray, Sam Tryon, Jing Wu, Zhonghua Xi, Chris Yeung。

我们特别感谢已经使用了第 2 版初始章节的同事们，他们提供了很有价值的反馈意见，对最终的完备版本起了极大的作用。他们是：Moataz Ahmed, King Fahd University of Petroleum & Minerals; Jeff Carver, University of Alabama; Richard Carver, George Mason University; Jens Hannemann, Kentucky State University; Jane Hayes, University of Kentucky; Kathleen Keogh, Federation University Australia; Robyn Lutz, Iowa State University; Upson Praphamontripong, George Mason University; Alper Sen, Bogazici University; Marjan Sirjani, Reykjavik University; Mary Lou Soffa, University of Virginia; Katie Stolee, North Carolina State University; Xiaohong Wang, Salisbury University。

其他的一些人对第 1 版提供了绝好的反馈意见：Andy Brooks, Mark Hampton, Jian Zhou, Jeff (Yu) Lei, 以及六位出版社联系的匿名评审。以下各位改正或编写了练习答案：Sana'a Alshdefat, Yasmine Badr, Jim Bowring, Steven Dastvan, Justin Donnelly, Martin Gebert, 顾晶晶 , Jane Hayes, Rama Kesavan, Ignacio Martín, Marcel Medina-Mora, Xin Meng, Beth Paredes, Matt Rutherford, Farida Sbry, Aya Salah, Hooman Safaee, Preetham Vemasani, Greg Williams。下面的乔治梅森大学的学生发现并且通常顺带改正了第 1 版中的错误：Arif Al-Mashhadani, Yousuf Ashparie, Parag Bhagwat, Firdu Bati, Andrew Hollingsworth, Gary Kaminski, Rama Kesavan, Steve Kinder, John Krause, Jae Hyuk Kwak, 李楠 , Mohita Mathur, Maricel Medina Mora, Upsorn Praphamontripong, Rowland Pitts, Mark Pumphrey, Mark Shapiro, Bill Shelton, David Sracic, Jose Torres, Preetham Vemasani, 汪爽 , Lance Witkowski, Leonard S. Woody III, Yanyan Zhu。下面来自别的组织和机构的人发现并通常顺带改正了第 1 版中的错误：Sana'a Alshdefat, Alexandre Bartel, Don Braffitt, Andrew Brooks, Josh Dehlinger, Gordon Fraser, Rob Fredericks, Weiyi Li, Hassan Mirian, Alan Moraes, Miika Nurminen, Thomas Reinbacher, Hooman Fafat Safaee, Hossein Saiedian, Aya Salah, Markku Sakkinen。北京大学的郁莲将第 1 版翻译成简体中文。

我们也想感谢以下已经对第 1 版做出明确贡献进而对第 2 版做出贡献的人们：Aynur Abdurazik, Muhammad Abdulla, Roger Alexander, Lionel Briand, Renee Bryce, George P. Burdell, Guillermo Calderon-Meza, Jyothi Chinman, Yuquin Ding, Blaine Donley, Patrick Emery, Brian Geary, Hassan Gomaa, Mats Grindal, Becky Hartley, Jane Hayes, Mark Hinkle,

Justin Hollingsworth, Hong Huang, Gary Kaminski, John King, Yuelan li, Ling Liu, Xiaojuan Liu, Chris Magrin, Darko Marinov, Robert Nilsson, Andrew J. Offutt, Buzz Pioso, Jyothi Reddy, Arthur Reyes, Raimi Rufai, Bo Sanden, Jeremy Schneider, Bill Shelton, Michael Shin, Frank Shukis, Greg Williams, Quansheng Xiao, Tao Xie, Wuzhi Xu, Linzhen Xue。

当编写第 2 版的时候，乔治梅森大学的研究生助教给了我们关于早期草稿出色的反馈：邓琳，顾晶晶，李楠，Upsorn Praphamontripong。特别强调的是，李楠和邓琳实现了软件覆盖率的工具，而且在本书网站上不断地演化和维护了此工具。

我们还要感谢编辑 Lauren Cowles 提供了坚定不移的支持，并且设定了截止期限来推进本书的项目。我们也要感谢以前的编辑 Heather Bergmann 为这个长期项目所提供的强有力的支持。

最后，如果没有家庭的支持，我们当然无法完成任何的事情。谢谢 Becky、Jian、Steffi、Matt、Joyce 和 Andrew 能让我们的工作和生活平衡。

就像所有的程序都有故障一样，所有的书也都有错误。本书也不例外。同理，就像程序员对软件故障负责一样，我们也对本书的错误负责。特别强调的是，软件测试领域是浩瀚的，其中涉及的技术是复杂的，参考文献注解只反映了我们对测试领域的认知。我们对漏掉的文献表示歉意，同时欢迎指出相关文献的出处。

第一部分

Introduction to Software Testing, Second Edition

软件测试基础

第1章
Introduction to Software Testing, Second Edition

为什么测试软件

对于测试者来说，真正需要考虑的是如何设计测试用例，而不是测试本身。

本书的目标就是教授软件工程师如何测试。作为本书的读者，你可能是一名程序员，需要了解如何去写单元测试；你也可能是一名测试工程师，大部分的时候站在用户的角度来检查需求是否满足；你还可能是一名经理，主管程序开发和测试；你还可能是介于这些之间的一个角色，不管你的工作是什么，测试的知识都是非常有用的。我们已经步入21世纪的第二个十年，对于整个软件行业而言，软件质量已经成为头等大事；对于所有软件工程师来说，软件测试的知识已经变得不可或缺。

今天，系统软件定义着我们人类文明在使用这些系统时的一些行为。这些系统包括网络路由器、金融计算引擎、交换网络、互联网、电网和交通运输系统，还有关键的通信、命令和控制服务。在过去20多年的时间里，软件行业已经发展得更加强大，更具有竞争性，并拥有更多的用户。无论是对一些高新的嵌入式应用（如飞机、飞船和空中交通控制系统），还是对一些平常的设备（如手表、烤炉、汽车、DVD机、车库开门装置、手机和遥控器）来说，软件都是这些系统的核心部件。现代化的家居拥有数百个处理器，一辆新车可能有一千多个处理器。所有这些处理器都在运行着软件，而有些理想主义的消费者可能会以为它们从来不会出错！虽然很多因素影响着软件工程的可靠性，比如仔细的设计和合理的项目管理，但测试是工业界在开发中用来评估软件的最主要方式。最近敏捷过程的广泛应用给了测试很大的压力，单元测试被给予了非常大的关注度，而测试驱动开发的应用使测试成为功能需求中的关键所在。毫无疑问，工业界已经深深地处在一个变革之中：如何认识测试对于软件产品成功的作用。

幸运的是，对于很多类别的软件应用程序来说，我们用一些基本的软件测试概念就可以设计出测试用例。本书的目的之一就是介绍这些概念，使学生和工程师能够轻易地把它们应用在任何测试环境中。

1~3

和其他软件测试书籍相比，本书有一些不同。最重要的区别就是如何看待测试技术。Beizer在他里程碑式的图书《软件测试技术》里面讲过，测试其实很简单，测试者需要做的就是“找到一个图，然后覆盖它。”感谢Beizer的远见卓识，虽然软件测试文献中大量的技术第一眼看上去不太一样，但是我们越发清楚地认识到它们其实有很多相同之处。通常来说，测试技术应用在特定软件工件（artifact）上，比如需求文档或是代码；测试技术也应用在开发周期中的某个特定阶段，比如需求分析或是编程实现。非常遗憾的是，这样的表象掩盖了技术之间的相似性。

本书用了两个有新意但又简单的方法来阐述这些测试技术之间的相似性。首先，我们展示如果使用经典工程学的方法，那么测试会变得更加有效果同时效率也会提高。相对于在软件工件比如源代码或需求上直接设计和生成测试用例，我们的方法是建立抽象模型，在模型上设计抽象的测试用例，然后实现抽象的测试用例使之实例化，同时满足抽象的测试设计。

这个过程和传统工程师所做的完全一致。唯一的区别在于传统工程师是用微积分和代数来建立抽象模型，而软件工程师是用离散数学来建模。其次，我们发现只用非常少的几个抽象模型就可以定义所有的测试准则。这些抽象模型是：输入域特征、图、逻辑表达式和语法描述。本书第二部分中的 4 章将会分别讲解它们。

本书在理论和实际应用之间做出了平衡。我们将测试表述为一系列客观、定量的活动，因而我们可以测量和重复这些活动。理论部分是基于已经发表的文献，我们并没有过度使用形式化。更重要的是，当我们有必要抽象或解释测试工程师的实践时，理论概念才会适时地出现。所以，本书是适用于所有软件开发人员的。

1.1 软件何时会出现问题

我们之前说过软件开发是一项工程。像其他的工程学科一样，软件业也有过失败：有些令人震惊；有些平淡无奇；有些代价很大；有些甚至致人丧命，让人悲伤。在讲述软件灾难之前，我们需要着重理解三个不同的概念：故障（fault)、错误（error）和失败（failure）。我们从可靠性领域借用了这三个概念的定义。

定义 1.1 软件故障 软件中一个静态的缺陷。

定义 1.2 软件错误 软件运行中一个不正确的内部状态，这是某个故障的表现。

定义 1.3 软件失败 一个与软件需求或是预期行为描述不相符的、外在的行为。

我们用病人就医做一个类比。假设一个病人去找医生看病，那么他去医院时是带有一些外在的症状（即我们定义的*失败*）。医生需要发现症状的根源（即*故障*）。为了帮助诊断，医生可能会做一些测试来检查异常的内部状态，比如高血压、心律不齐、高血糖或者高胆固醇。在我们的术语里，这些不正常的内部状态就是错误。 4

虽然这个类比可以帮助学生理解故障、错误和失败，但是软件测试和医生诊断有一个关键的不同。具体来说，软件故障是*设计失误*，这些故障不是自发出现的，而是人为造成的；相反，人的身体病症（和计算机硬件故障一样），是由物理上的退化造成的。这个区别非常重要，因为它限制了任何想要控制软件故障的极限。详细来说，因为不存在一个万全之策来发现人为的偶然失误，我们也没有办法去除软件里的所有故障。说得通俗一些，我们可以使软件开发近乎完美，但是我们不能，也不应该尝试着去做到绝对的万无一失。

下面我们讲一个有关故障、错误和失败定义更加详细的例子。在此之前，我们先阐明一个关于状态的概念。在程序执行中，*程序状态*被定义为所有动态变量的当前值和程序运行的当前位置。这个当前位置是由*程序计数器*（Program Counter，PC）来提供的。*程序计数器*（PC）是程序中将被执行的下一条语句。我们用文件中的行数（$PC=5$）或是把语句写成字符串（$PC=$"$if(x>y)$"）来表示*程序计数器*。在大部分情况下，当我们说一个语句的时候，大家很明白它指代什么。但是对于复杂的结构（例如，for 循环），我们必须特别对待。这行程序“for(i = 1; i < N; i++)”事实上有 3 个语句，分别会导致不同的状态。循环初始化（“i = 1”）和循环判断条件（“i < N”）是分开的，在每一次循环的末尾，循环增量（“i++”）才会被执行。我们用下面的 Java 方法来帮助理解上面所有的概念。

```
/**
 *计算数组中零的总数
 *
 *@ 参数数组 x，在这个数组中计算零的总数
```

```
* @ 返回在 x 中 0 出现的总数
* @ 抛出 NullPointerException，如果 x 为 null
*/
public static int numZero (int[] x)
{
  int count = 0;
  for (int i = 1; i < x.length; i++)
  {
    if (x[i] == 0) count++;
  }
  return count;
}
```

5

独立于编程语言

本书力求大部分概念独立于编程语言。同时，我们会用具体的例子来解释这些概念。本书的例子使用 Java，需要强调的是，即使使用其他常用编程语言，这些例子也不会有太大变化。

这个方法里的故障在于它是从索引 1 而不是索引 0 开始寻找数组中的 0。而在搜索数组的时候，Java 要求从 0 开始。举例来说，numZero([2,7,0]) 返回 1，这是正确的；但是 numZero([0,7,2]) 返回 0 是不正确的。这两个测试用例都执行了有故障的语句。虽然两个测试用例都产生了错误，但是只有第二个导致了失败。我们需要分析方法里的状态来理解错误状态。numZero() 的状态包括变量 x、count 和 i 的值，外加程序计数器。对于第一个测试用例来说，第一个循环执行它的判断条件时的状态是（x = [2, 7, 0], count = 0, i = 1, PC = “i < x.length”）。注意这里的状态是错误的，因为 i 的值在第一次循环中本该是 0。但是因为 count 的值恰好是正确的，所以错误的状态没有被传播到输出，从而没有导致程序失败。简单来说，如果一个状态和预期不符合，那么它就是错的。如果整体不符合预期，即使在这个状态中每个变量值单独考虑是对的，这个状态依然是错的。概括来说，如果预期的状态序列是 $s_0, s_1, s_2, \dots$，但是实际的状态序列是 $s_0, s_1, s_3, \dots$，那么实际序列中的 s_2 是错误的状态。本书会非常深入地讲一个故障模型，但是我们这里只是从一个宽泛的视角来讨论故障，而不去探讨一些目前还没有必要提的细节。在本章最后的练习中，我们会涉及故障模型相关的细节。

在我们例子里的第二个测试用例中，错误的状态是（x = [0, 7, 2], count = 0, i = 1, PC = “i < x.length”）。错误传播到了变量 count。所以当方法返回这个值的时候，程序就会产生失败的结果。

我们经常非正式地使用 bug 来指代故障、错误和失败。本书通常会使用具体的术语而不是 bug 来代表相关的定义。教授软件工程的老师最喜欢的一个故事就是讲 bug 的起源。在早期 Grace Hopper 使用计算机的时候，有一天他发现一只蛾子卡在了一个继电器上，从而导致系统故障。自此以后，我们开始使用 bug 来指代软件中的一个问题。值得注意的是，术语 bug 有悠久的历史，早在软件出现至少一百年之前就已经在使用这个术语了。我们能够找到的最早的使用 bug 来指代问题的引用来自托马斯·爱迪生：

“我所有的发明过程都是如下。第一步是启发，这是一个突破。接下来就会遇到困难，这时创新就停滞不前。我把这些小的故障和困难叫作 bugs。而解决这些 bugs 需要数月的观察、研究和人力的投入。”

一个公众知晓的失败案例是火星登陆者（Mars lander）于 1999 年 9 月坠毁。发射失败是因为两个软件组分别开发了两个模块，而两个模块使用了不一样的测量单位。其中一个模块使用英制计算推进器的数据然后发给另外一个模块，而这个模块使用的是公制。这是一个非常典型的集成故障（只不过这次的故障在花费上和声誉上都代价巨大）。

6

最著名的软件杀人案例之一是 Therac-25 放射治疗仪。其中的软件故障导致过量的辐射，进而造成至少 3 人死亡。另外一个轰动的例子是 Ariane 5 型火箭的第一次发射失败。1996 年，Ariane 5 型火箭在升空 37 秒之后爆炸。底层的原因是没有处理惯性制导系统中的一个浮点转换的异常。后来发现 Ariane 4 型火箭的制导系统从来不会遇到这样的异常情况。也就是说，Ariane 4 型火箭的制导系统的功能是正常的。Ariane 5 型火箭的开发人员想当然地重用了 Ariane 4 型火箭的惯性制导系统。虽然 Ariane 5 型火箭的飞行抛物线有了显著的不同，但是没有人重新分析制导系统的软件。更严重的是，本来应该发现这个问题的系统测试由于技术上的原因而没有执行。这个故障造成了非常震惊的结果并且代价巨大！

在早期使人们意识到需要做好测试，尤其是单元测试的案例来自著名的奔腾处理器的 bug。英特尔公司在 1994 年发布了奔腾微处理器。几个月之后，弗吉尼亚州 Lynchburg 大学的数学家 Thomas Nicely 发现当计算一些浮点除法运算的时候，奔腾芯片会产生不正确的结果。

这种芯片在计算某些数的时候会产生略不精准的结果。英特尔公司声称（可能是精准的）90 亿次除法运算里只有一次会出现精度降低的情况。故障原因是除法算法里用到的一个有 1 066 个数据（这些数据是芯片电路里的一部分）的表少了其中的 5 个。这 5 个数据本来应该包括一个常量 +2，但是芯片没有初始化它们，它们的值实际是 0。麻省理工学院的数学家 Edelman 说"奔腾芯片的这个错误是我们很容易犯的，但是又很难发现。"然而这个分析少了一个关键点，那就是在系统测试中，这个失误很难发现。事实上，英特尔公司声称有数百万个测试用例用到了那个表，但是当一个循环终止条件出错的时候，这个表的数据会变成空值。也就是说，这个表在循环运行结束之前就已经停止了存储数据。所以，这是一个在单元测试中很容易发现的故障。有分析显示在单元测试中使用几乎任意一种覆盖率准则都可以发现这个当时代价高达数百万美元的失误。

2003 年的时候北美洲东北部发生了一次大停电。起因是俄亥俄州的一条输电线和长得过于茂密的树木接触之后导致断电。这样的情况在电力工业里被称为故障。不幸的是，当地电力公司的软件报警系统坏了，所以系统工作人员不明白到底出了什么事。同时其他的一些输电线也和树木接触之后断电。这样最终导致其他线路过载以至于不得不完全停止供电。这种阶梯效应最终导致加拿大东南部和美国东北部的 8 个州停电。这是北美洲历史上最大的一次停电，影响了加拿大境内 1 000 万人和美国境内 4 000 万人，导致了至少 11 人死亡和高达 60 亿美元的经济损失。

一些软件失败案例的影响之广泛使得软件开发公司羞愧难当。2011 年，韩国三星电子公司开发的一个中央学生数据管理系统导致超过 29 000 名初中生和高中生的成绩出错。这次事件给学校招生造成了极大的困扰，以至于政府不得不介入调查三星公司的软件工程实践情况。

7

1999 年美国国家研究理事会和美国总统关键基础设施保护委员会发布了一个报告。报告的结论是现有的科技水平不足以建立可以控制关键软件基础设施的系统。美国国家标准和技术研究院（NTST）在 2002 年的一份报告中估计有故障的软件每年给美国经济造成 595 亿美元的损失。报告进一步指出大约 64% 的损失是由于用户的失误所致，另外 36% 的损失是由于设计和开发中的失误导致的。报告建议提高测试水平可以减少三分之一的损失，约合225亿美元。Blumenstyk 报告说互联网应用程序的失败导致了非常严重的商业损失：媒体公司每小时损失 15 万美元；信用卡销售每小时损失 240 万美元；而金融服务市场每小时损失 650 万美元。

软件故障不仅仅会导致软件功能上的失败。根据赛门铁克 2007 年的安全威胁报告，所发现的所有漏洞有 61% 来源于有故障的软件。最常见的网络威胁就是使用一些通常的技术，比如加载不正确的输入来攻击互联网应用程序的漏洞。

这些公开且代价巨大的软件失败会逐渐变得更常见并且更广为人知。这显而易见地反映了我们对软件期望的改变。随着我们在 21 世纪的继续前行，我们会用到更多安全关键软件和实时软件。嵌入式软件会变得无处不在。大部分人每天都会在口袋里放入有数百万行代码的嵌入式软件。公司会越来越多地依赖大型的企业级应用软件，这些应用有着庞大的用户群体和很高的可靠性要求。软件安全过去是依靠加密技术，之后又依赖数据库安全，再后来是避免网络漏洞，到现在很大程度上是防止软件故障。在这个过程中，互联网产生了非常大的冲击。互联网为软件服务提供了发布的平台，这些服务既非常具有竞争力又直接供给数百万用户使用。这些软件服务的分布式部署增加了软件复杂度，它们必须高度可靠才可能有竞争力。比较以前的任意一个时期，现在工业界迫切地需要利用在过去 30 多年里测试研究所积累的知识，来防止软件故障。

1.2 软件测试的目的

我们惊奇地发现，很多软件工程师并不清楚他们测试的目的是什么。是确认软件正确，是找出其中的问题，还是一些别的目的？为了进一步探索这个问题，首先我们必须要区分验证和确认。本书的大部分定义都源于标准文件。虽然我们的措辞可能略有不同，但是我们尽可能地和原标准保持一致。其中有用且包含更多细节的标准文件包括 IEEE 的软件工程术语标准词汇表，美国国防部的 DOD-STD-2167A 和 MIL-STD-498 的标准，以及英国计算机协会关于软件组件测试的标准。

8

定义 1.4 验证（Verification） 在软件开发中，决定一个阶段的产品是否满足前一阶段需求的过程。

定义 1.5 确认（Validation） 在软件开发的尾声，评价软件是否和预期用途相一致的过程。

验证通常会更具有技术含量，因为它用到了单个软件工件、需求和规范的知识。确认通常依赖于领域知识，即软件所应用领域的专业知识。举例来说，飞机软件系统的确认需要航空工程师和飞行员的专业知识。

举一个熟悉的例子，会议室里的电灯开关。验证关心的是开关控制是否满足设计规范。设计规范可能会这样写道，“投影仪屏幕前面的灯可以单独控制，而不受屋内其他灯的影响。”如果我们有这样的设计规范而开关不能被独立控制，那么开关的验证就是失败的。具体来说，就是因为开关的实现不能满足设计规范。确认关心的是最终用户是否满意。这个问题本质上有些模糊而且和验证没有什么关系。如果“独立控制”没有在一开始列入设计规范而且在实际中也没有实现，那么验证是成功的，因为实现满足了设计规范的要求。但是用户会非常失望，缺少独立控制的设计规范并不能反映用户的真正需求，所以确认是失败的。这是非常重要的一点，确认一般会揭示规范中的故障。

缩写“IV&V”指代的是“独立验证和确认”。独立是指由非开发人员来完成软件评价。独立验证和确认小组有时候来自同一个项目，有时候来自同一个公司，有时候全部来自公司外部的第三方评价机构。这样做的部分原因是“独立验证和确认”的独立本质。“独立验证和确认”通常在软件开发结束之后开始，并且验证和确认的专家来自软件的应用领域而非开发领域。有些时候也可以认为确认比验证权重更高。虽然本书提到的大部分测试标准都可以用在验证和确认这两个领域，但更加着重于验证领域。

Beizer依据一个机构的测试过程成熟度级别来论述测试的目的，而测试工程师的目标反映了每一级别的特征。Beizer定义了5个级别，而最低的级别都不值得给一个正数的标号。

第0级（Level 0） 测试就是程序调试。

第1级（Level 1） 测试的目的是显示程序的正确性。

第2级（Level 2） 测试的目的是找出软件失败。

第3级（Level 3） 测试的目的不是要证明一些具体的成功或是失败，而是减少使用软件的风险。

第4级（Level 4） 测试是一种精神上的修行，这种修炼可以帮助所有IT专业人员开发出质量更好的软件。

第0级的观点是测试就是程序调试。许多计算机专业的本科生都会自然地产生这样的想法。在大多数的计算机编程语言课上，学生们编译自己写的程序，然后用一些自己随机生成的或是由教授提供的输入来调试程序。这种观点没有区分程序的错误行为和程序失误，同时这个观点对于开发可靠安全的软件没有什么帮助。 9

第1级的测试目的是显示程序的正确性。尽管对于简单的0级来说，这是一个巨大的进步。但不幸的是，除了个别非常小的程序，对于任意其他的软件，正确性几乎是不可能证明或演示的。假设我们运行了一组测试用例，没有发现软件失败，我们能推断出什么结论？我们该认为我们的软件不错呢，还是说测试用例太差？因为证明软件的正确性是不可行的，所以测试工程师通常并没有严格的目标、实际的测试停止规则和形式化的测试技术。如果有开发经理询问还有多少测试工作需要做，测试经理则无法回答这个问题。事实上，这时的测试经理是非常被动的，因为他无法定量地表达或评价他们测试组的工作。

第2级的测试目的是找出软件失败。虽然找出软件失败是一个正确的目标，但它本质上是带有负面因素的。测试者可能对于找出问题非常兴奋，但是开发人员却从不想要软件出错，他们只想要软件可以正常工作（是的，开发人员会很自然地采用第1级的测试思维）。因此第2级的测试思维把测试者和开发人员放到了一个敌对关系中，这对于团队士气并不好。除此之外，如果我们的主要目标是找出软件失败，当发现没有失败可找的时候，我们依然会彷徨下一步该做什么。我们的测试完成了么？我们开发的软件太好了，还是我们的测试太薄弱了？对于所有的测试工程师来说，自信地知道什么时候完成测试是非常重要的。我们认为目前软件行业内第2级的测试思维占据了主流。

让我们走向**第3级**测试思维的是这样一个认识，即测试可以发现软件失败，但并不能证明失败不存在。基于这样的认识，我们接受了一个现实，那就是每当我们使用软件的时候，都会招致一些风险，有些风险小、结果不严重，有些风险巨大、会招致灾难性的后果。总而言之，风险总是存在的。这让我们意识到，整个软件开发团队想要的其实是一致的，那就是减少使用软件的风险。第3级测试思想中，测试者和开发人员协同工作以减少使用软件的风险。我们看到每年都有越来越多的公司在向着这个测试成熟度等级迈进。

当测试者和开发人员真正身处同一个“团队”时（都具备第 3 级测试思维），这个组织就可以迈向真正意义上的测试——**第 4 级**。在第 4 级中，测试被定义为一种用来提高软件质量的精神上的修行。有许多方法可以用来提高软件质量，生成测试用例检验软件是否失败只是其中一种。使用这种思维，测试者可以成为整个项目的技术负责人（这种现象在其他的工程技术学科很常见）。他们的主要职责是衡量和提高软件质量，并且用他们的专业知识来帮助开发人员。Beizer 用拼写检查器作了一个比喻。我们通常认为拼写检查器是用来找出拼错的单词，但实际上，拼写检查器的最佳用途是提高我们拼写单词的能力。当拼写检查器找到一个拼错的单词的时候，也正是我们学习如何正确拼写的机会。拼写检查器是拼写质量方面的“专家”。同样，第 4 级测试意味着测试的目的是提高开发人员开发出高质量软件的能力。而测试者应该是训练开发人员的专家！

10

作为这本书的读者，你的测试思维可能处在第 0 级、第 1 级或是第 2 级。大多数的软件开发人员都在他们的职业生涯中经历过这些阶段。如果你是在开发程序，你可以停下脚步想一下你们公司或者团队的测试思维正处在哪个等级。第一部分剩余的篇章将训练你以第 2 级的思维去思考测试，进而帮助你理解第 3 级的重要性。而本书的其余部分将带给你能以第 3 级思维工作的知识、技巧和工具。本书的终极目标是给读者提供一个哲学基础，使他们成为“变革推动者”，带领他们的机构走向第 4 级的思维，同时使测试工程师成为**软件质量方面的专家**。虽然第 4 级的思维在软件行业目前还很少见，但是在其他更加成熟的工程领域很常见。

前面所提到的关于测试等级的考虑能帮助我们从战略级别来思考测试的目的。从战术策略的角度来看，我们有必要知道**每一个测试用例**存在的意义。如果你不知道为什么要执行这些测试用例说明这些测试用例没有多大作用。我们需要明白每个测试用例在验证什么，所以记录下测试目标和测试需求，包括计划的覆盖级别，是至关重要的。当和项目经理还有其他经理召开项目计划会议的时候，测试经理必须能够清楚地表达多少测试是必要的，以及什么时候测试可以完成。20 世纪 90 年代，我们可能会用“日期准则（date criterion）”，那就是，当我们交付软件产品或是项目经费用完之际，测试“结束”。

越早测试越好。图 1-1 非常清晰地阐明了这一点。这个图是基于一些大型政府项目中对于检测到的和已修复的软件故障的详细分析所做出的。标识为“**A**”的列显示了在单个阶段软件故障出现占整个阶段的百分比。因而 10% 的故障出现在软件需求阶段，40% 的故障出现在设计阶段，50% 的故障出现在代码实现阶段⊖。标识为“**D**”的列显示了在单个阶段被发现的软件故障占整个阶段的百分比。大约 5% 的故障在需求阶段被发现，超过 35% 的故障在系统测试的阶段被发现。这个图的最后一部分是花费分析。标识为“**C**”的黑色实心列显示了在每个阶段找到和修复一个故障的相对代价。因为每个项目是不同的，我们用一个“单位代价”对不同项目的花费做了平均。很明显，在软件需求、设计和单元测试中发现并修复一个故障只用花费一个单位代价。在集成测试和系统测试中发现和修复一个故障则分别需要 5 倍和 10 倍的单位代价。而在软件部署之后，相应的花费将会达到 50 倍的单位代价。

我们来做一个简单的假设，共 100 个软件故障，发现和修复每个故障的单位代价是 1 000 美元，这意味着在需求、设计和单元测试阶段我们发现和修复故障共花费 3.9 万美元⊖。

⊖ 注意虽然故障出现了，但并不一定会被马上发现。——译者注

⊖ 在这 3 个阶段我们共发现 39% * 100 = 39 个故障。——译者注

在集成测试阶段，花费可以高达 10 万美元[1]。但在系统测试和软件部署之后，花费问题会更加严重。我们发现更多的故障且每个故障的修复需要 10 倍的单位代价，花费总额会达到 36 万美元。即使在部署之后只发现一少部分故障，由于发现和修复每个故障是 50 倍的单位代价，总花费也有 25 万美元！在需求分析和单元测试阶段不做测试可以在短期内节省一些费用，但这样会导致软件存在很多故障。这样的软件就像一个有倒计时计数器的小炸弹，计数器走的时间越长，炸弹最终爆炸的时候就会越猛烈。

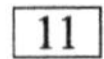

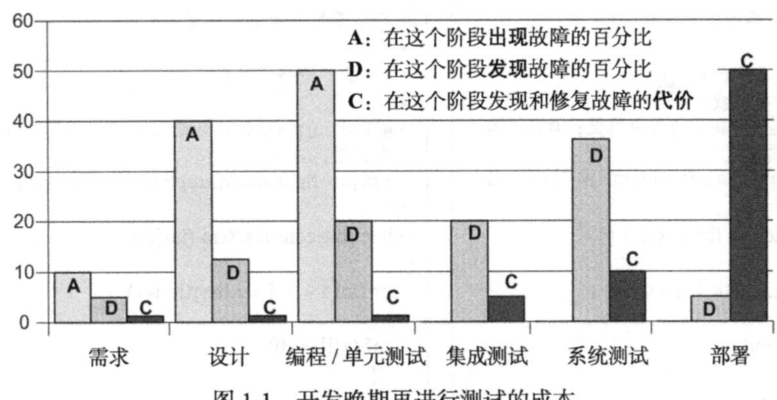

图 1-1　开发晚期再进行测试的成本

简洁地概括 Beizer 第 4 级的测试成熟度，测试的目的就是尽可能**早**地消除故障。我们不可能做到完美，但是在单元测试或是更早的时候每消除一个故障都是在省钱。本书的剩余部分将讲解如何做到这一点。

习题

1. 有哪些因素能够帮助开发团队从具有 Beizer 第 2 级（测试是找出软件失败）的测试思维提升到第 4 级测试思维（一种精神上提高软件质量的修行）？
2. 软件故障和软件失败的区别是什么？
3. 第 3 级的思维是测试的目的是减少使用软件的风险，这句话具体是什么意思？风险指代什么？我们是否能将风险降低到零？
4. 本题的目的是鼓励你以一种比你以前习惯的更加严格的方式来思考测试。本题也暗示着规范的清晰度、故障和测试用例之间有很强的联系[2]。
   a）写一个有以下签名的 Java 方法
   public static Vector union (Vector a, Vector b)
   这个方法返回一个 Vector 对象并且这个对象是 union 方法的两个 Vector 参数中的一个。
   b）当你回顾这个作业的时候，你可能会发现其中有些地方是有问题和歧义的。换句话说，有很多机会可能产生故障。尽量多地描述可能的故障。（注意：Vector 是一个 Java 的集合类。如果你用另外一种语言，可以把 Vector 理解为 List。）
   c）创建一组你认为有很大把握可以发现在上一步找到的故障的测试用例集。记录产生每一个测试用例的逻辑依据。如果可能的话，用简洁的语言来表述所有逻辑的特征。基于你刚实现的方法，

[1] 20 个故障和 5 倍的单位代价。——译者注

[2] 如果想了解更多信息，Liskov 的《Program Development in Java》，尤其是第 9 章和第 10 章会是非常好的阅读资源。

[12] 执行这组测试用例。

d）重写这个方法的签名，使之精确到能够消除之前所辨别出的问题和歧义。可以用你的测试集中的一些例子来帮助你描述规范。

5. 下面是4个有故障的程序。每一个都包括一组测试输入，从而导致软件失败。对每个程序回答下面的问题。

```
/**
 *找出元素最后的索引位置
 *
 *@参数  被搜索的数组x
 *@参数  所要寻找的数值y
 *@返回  y在x中最后的索引位置；如果不存
  在的话，返回-1
 *@抛出  NullPointerException，如果x为null
 */
public int findLast (int[] x, int y)
{
  for (int i=x.length-1; i > 0; i--)
  {
    if (x[i] == y)
    {
      return i;
    }
  }
  return -1;
}
// 测试用例: x = [2, 3, 5]; y = 2; 预期返回值 = 0
// 本书网站源文件: FindLast.java
// 本书网站源文件: FindLastTest.java
```

```
/**
 *找出零最后的索引位置
 *
 *@参数  被搜索的数组x
 *
 *@返回  0在x中最后的索引位置；如果不存
  在的话，返回-1
 *@抛出  NullPointerException，如果x为null
 */
public static int lastZero (int[] x)
{
  for (int i = 0; i < x.length; i++)
  {
    if (x[i] == 0)
    {
      return i;
    }
  }
  return -1;
}
// 测试用例: x = [0, 1, 0]; 预期返回值 = 2
// 本书网站源文件: LastZero.java
// 本书网站源文件: LastZeroTest.java
```

```
/**
 *计算正整数的个数
 *
 *@参数  被搜索的数组x
 *@返回  计算正整数在x中的个数；如果不存在
  的话，返回-1
 *@抛出  NullPointerException，如果x为null
 */
public int countPositive (int[] x)
{
  int count = 0;
  for (int i=0; i < x.length; i++)
  {
    if (x[i] >= 0)
    {
      count++;
    }
  }
  return count;
}
// 测试用例: x = [-4, 2, 0, 2]; 预期返回值 = 2
// 本书网站源文件: CountPositive.java
// 本书网站源文件: CountPositiveTest.java
```

[13]

```
/**
 *计算奇数或正整数的个数
 *
 *@参数  被搜索的数组x
 *@返回  计算奇数/正整数在x中的个数
 *@抛出  NullPointerException，如果x为null
 */
public static int oddOrPos(int[] x)
{
  int count = 0;
  for (int i = 0; i < x.length; i++)
  {
    if (x[i]%2 == 1 || x[i] > 0)
    {
      count++;
    }
  }
  return count;
}
// 测试用例: x = [-3, -2, 0, 1, 4]; 预期返回
   值 = 3
// 本书网站源文件: OddOrPos.java
// 本书网站源文件: OddOrPosTest.java
```

a）解释所给的代码有什么问题。精确地描述这个故障，并提出改正的方法。

b）你能够找到一个**没有**执行故障的测试用例么？如果不能，简单地解释为什么。

c）你能够找到一个执行故障，但是**没有**产生错误状态的测试用例么？如果不能，简单地解释为什么。

d）你能够找到一个导致错误状态但是**没有**软件失败的测试用例么？如果不能，简单地说明为什么。提示：不要忘记程序计数器。

e）对于所给的测试用例，描述程序开始出错的状态。注意要包括所有的状态。

f）修复现有的故障，然后验证已给的测试用例能否产生预期的输出结果。提交一个截屏或是其他的证据说明修复的程序可以正常工作。

6. 根据你的背景，回答下面的问题 a 或 b，**不用两个都回答**。

a）如果你曾经或者现在在一家软件公司工作，那么你认为这家公司处在哪一级的测试成熟度？（0 级：测试和调试一样；1 级：测试是显示软件的正确性；2 级：测试是发现软件有错；3 级：测试是减小风险；4 级：测试是提高软件质量的精神修行）。

b）如果你**从来没有**在软件公司工作过，那么你认为自己处在哪一级的测试成熟度？（0 级：测试和调试一样；1 级：测试是显示软件的正确性；2 级：测试是发现软件有错；3 级：测试是减小风险；4 级：测试是提高软件质量的精神修行）。

7. 考虑下面 3 个关于类的例子。它们来源于 Joshua Bloch 的《Effective Java》(Second Edition) 而且都有面向对象（OO）的故障，根据每个例子回答以下问题。

```
class Vehicle implements Cloneable
{
  private int x;
  public Vehicle (int y) { x = y;}
  public Object clone()
  {
    Object result = new Vehicle (this.x);
    // A 的位置
    return result;
  }
  // 忽略其他的方法
}
class Truck extends Vehicle
{
  private int y;
  public Truck (int z) { super (z); y = z;}
  public Object clone()
  {
    Object result = super.clone();
    // B的位置
    ((Truck) result).y = this.y; // 抛出ClassCastException
    return result;
  }
  // 忽略其他方法
}
// 测试用例 : Truck suv = new Truck (4); Truck co = suv.clone()
// 预期值 : suv.x = co.x; suv.getClass() = co.getClass()

与Bloch书中54页第11项相关
本书网站源文件 : Vehicle.java, Truck.java, CloneTest.java
```

14

```
public class BigDecimalTest
{
 BigDecimal x = new BigDecimal ("1.0");
 BigDecimal y = new BigDecimal ("1.00");
 //事实 : !x.equals (y), but x.compareTo (y) == 0
```

```
    Set <BigDecimal> BigDecimalTree = new TreeSet <BigDecimal> ();
    BigDecimalTree.add (x);
    BigDecimalTree.add (y);
    //TreeSet使用compareTo()，所以BigDecimalTree现在有一个元素

    Set <BigDecimal> BigDecimalHash = new HashSet <BigDecimal> ();
    BigDecimalHash.add (x);
    BigDecimalHash.add (y);
    //HashSet使用equals()，所以BigDecimalHash现在有两个元素
}
 //测试用例：System.out.println ("BigDecimalTree = " + BigDecimalTree);
     // System.out.println ("BigDecimalHash = " + BigDecimalHash);
     // 预期值：BigDecimalTree = 1; BigDecimalHash = 1

// 参见Set接口中add()方法的Java文档。问题在于BigDecimal
// 类中的equals()和compareTo()方法不稳定。让我们先假设
// compareTo()是正确的，而equals()是有错的。
```

与Bloch书中62页第12项相关

15 本书网站源文件：class BigDecimalTest.java

```
class Point
{
  private int x; private int y;
  public Point (int x, int y) { this.x=x; this.y=y; }

  @Override public boolean equals (Object o)
  {
    // A的位置
    if (!(o instanceof Point)) return false;
    Point p = (Point) o;
    return (p.x == this.x) && (p.y == this.y);
  }
}
class ColorPoint extends Point
{
  private Color color;
  // 故障：父类完成初始化；子类延续了父类的状态

  public ColorPoint (int x, int y, Color color)
  {
    super (x,y);
    this.color = color;
  }

  @Override public boolean equals (Object o)
  {
    // B的位置
    if (!(o instanceof ColorPoint)) return false;
    ColorPoint cp = (ColorPoint) o;
    return (super.equals(cp) && (cp.color == this.color));
  }
  //测试用例：
    Point p  = new Point (1,2);
    ColorPoint cp1  = new ColorPoint (1,2,RED);
    ColorPoint cp2  = new ColorPoint (1,2,BLUE);
    p.equals (cp1);   // Test 1: Result = true;
    cp1.equals (p);   // Test 2: Result = false;
    cp1.equals (cp2); // Test 3: Result = false;
  // 预期值：p.equals (cp1) = true; cp1.equals (p) = true,
  //        cp1.equals (cp2) = false
```

与Bloch书中87页第17项相关

16 本书网站源文件：Point.java, ColorPoint.java, PointTest.java

a）说明所给的代码有什么问题。精确地描述这个故障，并且提出改正的方法。

b）你能够找到**没有**执行故障的测试用例吗？如果不能，简单地说明为什么。

c）你能够找到一个执行故障，但是**没有**产生错误状态的测试用例吗？如果不能，简单地说明为什么。

d）你能够找到一个导致错误状态但是**没有**软件失败的测试用例吗？如果不能，简单地说明为什么。提示：不要忘记程序计数器。

e）对于所给的测试用例，描述程序开始出错的状态。注意要包括所有的状态。

f）修复现有的故障，然后验证已给的测试用例能否产生预想的输出结果。提交一个截屏或是其他的证据说明修复的程序可以正常工作。

1.3 参考文献注解

本书并没有对参考文献做出过多的整理。取而代之的是，每章包含一个参考文献注解节。这些节对于想要更多更深了解的读者给出了建议。我们尤其希望这些节能对做研究的学生有所帮助。

本书的大部分定义都源于标准文件，包括 IEEE 的软件工程术语标准词汇表 [IEEE, 2008]、美国国防部 [Department of Defense, 1988 ; Department of Defense, 1994]、美国联邦航空管理局的 [FAA-DO178B] 以及英国计算机协会关于软件组件测试的标准 [British Computer Society, 2001]。

[Beizer, 1990] 首先定义了 1.2 节里的测试等级。Beizer 以单个程序员的成熟度来描述这些等级，而且当时选用的词是*阶段*而不是*等级*。我们采纳了等级讨论的内容，没有继续用在单个程序员上而是把它应用到了软件机构上。同时我们也仿照能力成熟度模型的语言而采用了等级这个概念 [Paulk et al., 1995]。

所有关于软件测试的著作和所有的研究人员都应该感谢以下里程碑式的书籍：[Myers, 1979][Beizer, 1990] 和 [Binder, 2000]。有些非常好的关于单元测试的综述也已经出版了，其中包括 [White, 1987] 和更近期的 [Zhu et al., 1997]。最近，[Pezze and Young, 2008] 介绍了与测试文献相关的过程、原则和技术，同时也包含了许多有用的课堂材料。Pezze 和 Young 的书以传统的软件开发生命周期方式介绍测试覆盖准则，而且他们也没有把不同的准则像本章一样分成 4 种抽象模型。另外一本最近由 Mathur 编写的书提供了有关测试技术和准则方面的一个全面而有深度的目录 [Mathur, 2014]。

还有很多其他的软件测试书籍，它们并不是教科书，或是不能满足课堂教学的需要。Beizer 的《Software System Testing and Quality Assurance》[Beizer, 1984] 和 Hetzel 的《The Complete Guide to Software Testing》[Hetzel, 1988] 覆盖了软件测试管理和过程的很多方面，有些书则涵盖了测试的一些具体方面 [Howden, 1987; Marick, 1995; Roper, 1994]。20 世纪 80 年代，作为美国国防部的项目承包人，佐治亚理工大学的 STEP 项目组生成了一份全面的关于软件测试实践的调查问卷 [DeMillo et al., 1987]。

17

关于奔腾芯片的 bug 和火星登陆者的信息有多个来源，包括 [Edelman, 1997; Nuseibeh 1997; Knutson and Carmichael, 2000; Moler, 1995; Peterson, 1997]。

了解阿丽亚娜 5 型火箭 501 次飞行失败细节的最好来源是内容翔实的官方事故报告 [Lions, 1996]。Therac-25 失败的信息来自 Leveson 和 Turner 的深度分析 [Leveson and Turner, 1993]。2003 年东北部大停电的细节信息来自 Minkel 在《科学美国人》杂志上的分

析 [Minkel, 2008] 和 [Rice, 2008]。有关韩国教育信息系统的故事来自两篇报纸文章 [Minsang and Sang-soo, 2011; Koren Times, 2011]。

提到过的 1999 年的研究发表于一个 NRC/PITAC 报告上 [PITAC, 1999; Scheneider, 1999]。图 1-1 中的数据来自一份 [RTI, 2002] 的 NIST 报告。关于网络应用程序失败的图表来自 [Blumenstyk, 2006]。有故障的软件导致安全漏洞的图表来自 [Symantec, 2007]。

最后一点，Rick Hower 的 QATest 网站包含了很好的软件测试现状和基础的资源：www.softwareqatest.com。

18

模型驱动测试设计

如果能够提升抽象层级，测试设计师会更加有效和有效率。

本章将会介绍本书这一版中一个最主要的创新。软件测试本质上是很复杂的，我们最终的目标——完全改正软件是不可能达到的。其原因是可以以形式化的方式来表述的（将会在 2.1 节里讨论）而且是富有哲理的。就像在第 1 章里讲到的那样，当我们考虑工程学中正确性的含义，尤其是像大型计算机程序这样复杂项目的正确性时，其含义是不清晰的。我们难道会认为一幢大楼、一辆车，或是一个交通运输系统是完全正确的吗？直觉上来说，我们知道所有大型的物理工程学系统都是有问题的。更进一步说，我们无法描述什么样是完全正确的。这一观点对于软件来说更加是毋庸置疑的，因为软件的复杂度可以很快地增长，超出物理结构（如办公楼或飞机）好几个数量级。

聪明的软件工程师不再追求软件的“完全正确”，而是试着评判软件的“行为”来决定其是否为可接受的。这需要考虑很多因素，包括（但不局限于）可靠性、安全性（safety）、可维护性、安保性（security），还有效率。很显然这比我们最初的想法——验证软件是正确的，要复杂得多。

面对着如此难以克服的复杂情况，软件工程师会如何处理呢？和物理学科工程师所做的一样，我们用数学来“提升抽象的层级”。模型驱动测试设计（MDTD）过程把测试分成一系列的小任务，从而简化测试用例的生成。然后测试设计师在高层次的抽象等级上使用数学化的工程结构来设计测试用例，这样做可以独立于软件内部细节、独立于设计所基于的软件工件、也独立于测试自动化和测试执行。

MDTD 中需要思考的关键一步是设计测试用例。测试用例设计是能否成功发现软件失败的决定性因素。我们可以使用一种“基于人工”的方法来设计测试用例，测试工程师使用软件应用领域的专业知识还有他们的经验来设计有效的能找到软件故障的测试用例。还有另一种方法，我们可以设计测试用例使之满足具有明确定义的工程目标，比如覆盖准则。本章描述了测试中的各种活动，还介绍了基于准则的测试设计。我们会在第 5 章详细讨论基于准则的测试设计，然后在第二部分进一步详加描述 4 种数学结构的准则。在介绍完测试活动和基于准则的测试设计之后，我们会给出模型驱动测试设计过程的详细定义。本书的网站上有一些简单的网络应用程序，它们在第二部分所讲的数学结构的基础上是支持 MDTD 的。

2.1 软件测试基础

软件测试者需要知道的最重要的事实之一是，测试只能说明失败的存在，而不能说明已经找到了所有失败，这是基础理论上的限制。具体来说，找到程序里的所有失败是一个不可判定的问题。测试者通常认为如果一个测试用例运行失败，那么这个测试用例就是成功的（或是有效的）。虽然这个例子用到的是第 2 级的测试思维，但是这样的特征描述通常是很有用的，我们也会贯穿本书使用这样的描述来说明测试技术或测试用例的有效性。本节我们会探究测试中的一些理论基础来强调 MDTD 的重要性。

第 1 章中故障和失败的定义让我们发展出了可达性（reachability）、影响（infection）、传播（propagation）和揭示性（revealability）模型（“RIPR”）。首先，我们来区分测试和调试。

定义 2.6 测试（Testing） 通过观察软件的执行以评估软件。

定义 2.7 测试失败（Test Failure） 执行一个测试用例后给出软件失败的结果。

定义 2.8 调试（Debugging） 在软件失败的前提下找故障的过程。

当然，这里的核心问题是给定一个故障，不是所有的输入都能够“触发”那个故障，从而导致不正确的输出（失败）。同样，将观察到的失败和软件内部对应的故障相关联也是非常困难的。从对这些问题的分析引导出了故障 / 失败模型。这个模型表明，为了揭示软件失败，上面的 4 个条件必须满足。

图 2-1 描述了这 4 个条件。首先，测试用例必须到达程序中包含故障的位置（可达性）。其次，程序的故障部分被执行后会造成不正确的程序状态（影响）。接着，被影响后的状态会传播到程序中所执行的其他部分，进而导致不正确的输出或是错误的程序最终状态（传播）。最后，测试者必须要能够观察到程序最终状态中不正确的那部分（揭示性）。如果测试者只观察到程序最终状态的正确部分，则失败不能被揭示出来。图 2-1 中斜线交叉的部分表示了这部分的内容。当讲到测试自动化策略时，我们会在第 4 章讨论揭示失败中涉及的问题。

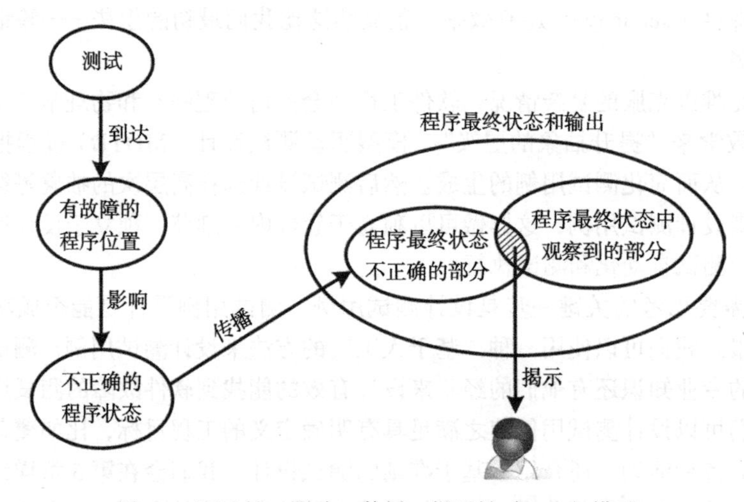

图 2-1　可达性、影响、传播、揭示性（RIPR）模型

这 4 个条件一起被称为故障 / 失败模型，或是 RIPR 模型。

值得注意的是，当程序员忘记写部分代码（也称为代码缺失故障）的时候，RIPR 模型依然适用。特别指出的是，当测试执行到代码所缺失的地方时，程序计数器——作为程序状态的一部分，必定会包含错误的数值。

从实践者的角度来说，这些限制意味着软件测试是复杂和困难的。处理复杂工程的通常手段就是运用抽象方法再基于数学结构来给问题建模，在建模的过程中合理安全地去掉一些使问题复杂化的细节。这就是本书的一个中心主旨，我们使用这个方法来分析在生成高质量的测试用例中所涉及的技术活动。

2.2 软件测试活动

在本书中，测试工程师是一名信息技术（IT）的专业人士，他负责一项或多项技术性的测试活动，包括设计测试输入、生成测试用例、执行测试脚本、分析测试结果，还有向开发人员和上级经理汇报结果。虽然我们从测试工程师的角度来描述这些活动，但是参与软件开发的每个工程师都应该意识到他们有时候也要做测试工作。原因是软件开发生产线上的每个软件工件都有，或者说应该有相配套的一组测试用例。而定义这些测试用例的最佳人选就是这些软件工件的设计人员。一名测试经理管理着一名或多名测试工程师，测试经理制定测试规章和进程与项目中别的经理进行交流。除此之外，测试经理还要帮助组内工程师有效地且有效率地测试软件。

图 2-2 展示了测试工程师的一些主要活动。测试工程师必须创建测试需求来设计测试用例，然后将这些需求转化为实际的测试值和脚本，做好执行测试用例的准备。测试工程师在待测软件上运行这些可执行的测试用例，在图上标注为 P。测试运行结果将被评估来决定测试用例是否揭示了一个软件故障。上述活动由一个或多个测试工程师来完成，而测试经理负责监视整个过程。

20
~
21

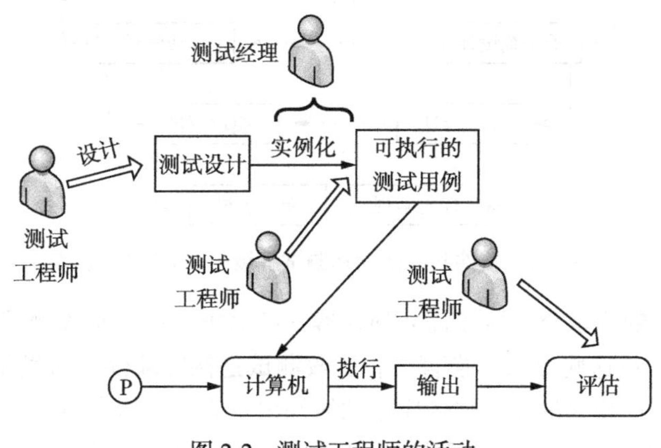

图 2-2 测试工程师的活动

测试工程师最强有力的工具是形式化的覆盖准则。使用形式化的覆盖准则，测试工程师可以决定使用什么样的测试输入更有可能找到程序中的问题，这也就更好地保证了软件的质量及其可靠性。覆盖准则还为工程师提供了测试停止原则。本书的技术核心部分会介绍这些覆盖准则，描述商业化的工具和其他工具是如何支持这些准则的，解释应用这些准则的最佳实践，同时会提供将这些准则集成在整体开发过程中的建议。

软件测试活动在很久以前就被分成了不同的等级，其中最常用的等级是基于传统软件过程的步骤来划分的。虽然大部分的测试用例只有在软件开始实现之后才能运行，但我们可以在软件开发中的任意阶段设计和构建测试用例。因为最花时间的测试活动就是测试的设计和构建，所以我们应该在整个软件开发过程中开展测试工作。

2.3 基于软件活动的测试级别

测试用例可以来自需求、规范、设计工件或是源代码。在传统的教科书中，不同的测试层级伴随着不同的软件开发活动。

- 验收测试 根据需求和用户需要来评估软件。

- 系统测试 根据体系结构的设计和系统整体的行为来评估软件。
- [22] 集成测试 根据子系统的设计来评估软件。
- 模块测试 根据详细设计来评估软件。
- 单元测试 根据代码实现来评估软件。

图 2-3 经常被称为“V字模型(V model)”，展示测试等级的一种典型划分，以及这些测试等级是如何分别和软件开发活动一一对应。每个测试等级的信息通常由相对应的软件开发活动推导出来。即使软件在代码实现之前都是不可执行的，我们也强烈建议设计测试用例应与相对应的软件开发活动同步。给出这个建议的原因是，只在设计测试用例时我们就可以发现设计中的缺陷，即使这些缺陷之前看上去是合乎道理的。到目前为止，及早发现缺陷是降低最终成本的最好方式。注意这张图并**不**意味着测试等级只适用于瀑布式的开发过程，这里的综合和分析活动可以广泛地应用于任何开发过程。

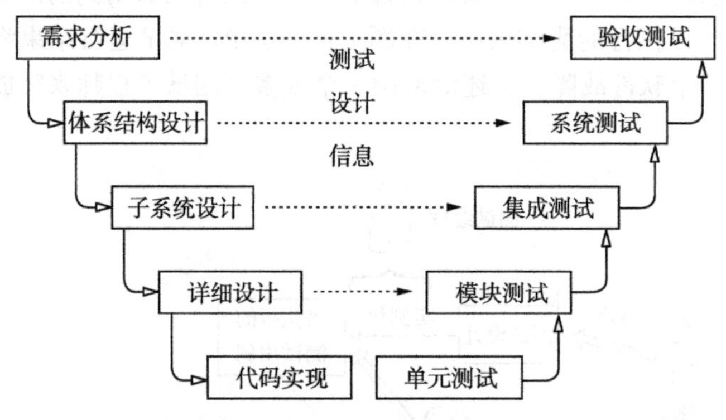

图 2-3 软件开发活动和测试等级——V 字模型

软件开发过程中的*需求分析*阶段需要抓住客户的需求。设计验收测试是检验全部完成的软件是否在实际上满足这些要求。换言之，验收测试是探究软件之所做是否为用户之所想。验收测试必须包括用户和深刻理解软件应用领域知识专业人员的参与。

软件开发过程中的*体系结构设计*阶段负责选取组件和用于组件间通信的连接器(connector)，二者结合起来完成系统的实现以保证系统的规范满足之前所确定的需求。设计*系统测试*是为了确认集成后的系统是否满足其规范。系统测试假设各个单一的子系统工作无异常，然后检验系统作为一个整体是否正常工作。这个阶段的测试通常寻找的是设计和规范中的问题。在这个阶段，发现更低层次故障的代价将会非常高昂。系统测试一般由独立的测试组而不是程序员来完成。

软件开发过程中的*子系统设计*阶段指定了各个子系统的结构和行为。每个子系统负责整 [23] 体体系结构中的一些功能，子系统通常会在以前软件的基础上继续开发。设计*集成测试*是为了评估子系统中模块（在下面定义）之间的接口是否一致，以及通信是否正确。集成测试的前提是各个模块的工作正常。有些测试文献把集成测试和系统测试混用，在本书中，集成测试并**不是**测试集成的系统或子系统，而是测试集成的模块。集成测试通常由开发团队来负责。

软件开发过程中的*详细设计*阶段决定着单独模块的结构和行为。一个*模块*是相关单元的集合，这些单元组合成一个文件、包，或是类。模块在 C 语言中对应着文件，在 Ada 中对应着包，而在 C++ 或 Java 中对应着类。设计*模块测试*是为了单独评估各个独立的模块，包括单元之间的交互还有单元和相关数据结构之间的交互。在绝大多数的软件开发机构中，模块测试是由开发人员负责的，因此，通常又被称为*开发人员测试*。

软件开发过程中的实现阶段的内容就是生成代码。一个程序单元或一个过程（procedure）是由一个或多个连续的语句外加一个名字构成的。软件的其他部分则用这个名字来调用这个单元或过程。单元在 C 或 C++ 中称为函数，在 Ada 中叫作过程或函数，在 Java 中称为方法，而在 Fortran 中则称为子程序（subroutine）。*单元测试*是“最低”等级的测试，其目的是评估实现阶段产生的单元。在一些情况下，比如当开发通用类库的模块时，即使对整体封装的软件一无所知，我们也可以完成单元测试。在大多数的软件开发机构中，开发人员负责单元测试和模块测试，再一次强调，这称为开发人员测试。简单的做法是使用工具将测试用例和相对应的软件代码打包，比如，在 Java 中，我们使用 JUnit 来打包 Java 类。

因为类中的方法之间相互依存，所以对于面向对象的软件，开发人员通常合并单元测试和模块测试，把这个合并叫作单元测试或开发人员测试。

我们在图 2-3 中没有讲到回归测试，而这是软件开发过程维护阶段中必不可少的。当更新软件时，我们执行*回归测试*来确保软件更新后和更新前保持相同的功能。

需求和高级别设计中的失误最终会造成程序中的故障，而测试能够揭示这些故障。不幸的是，这些最初来自需求和设计失误的故障需要数月或数年的测试才能被发现。因为失误的影响已经分散到多个软件组件中，所以我们很难精确地找出这些故障，而且改正它们也需要很高的成本。从积极的角度来说，即使不执行测试用例，只在定义测试用例的过程中就可以发现需求和设计中的很大一部分失误。所以，将测试计划与需求和设计同步，而不是等到项目的末期再开展测试是很重要的。幸运的是，在标准化的软件开发实践中，通过运用诸如用例分析（use case analysis）这样的技术，测试计划已经和需求分析更好地集成在一起了。 24

虽然大多数的文献强调**什么时候**应用这些测试级别，但更重要的区别是不同测试级别所能检测到的**故障类型**。故障存在于待测的软件**工件**中，而能否找到故障取决于推导出测试用例的软件**工件**。例如，我们推导出单元测试用例和模块测试用例来测试各个单元和模块，通常使用这些测试用例来试图发现当单元或模块独立执行时所能够发现的故障。

最后一点是，面向对象的软件改变着测试层级。面向对象的软件使得单元和模块的界限变得模糊，所以对面向对象软件的测试研究发展出了上述测试等级的一些变种。*方法内测试*评估单个的方法。*方法间测试*评估的是一个类中的一组（两个）方法。*类内测试*检测的是单个完整的类，通常是一个类中的一系列方法调用。最后，*类间测试*同时检测多个类。前 3 个是单元测试和模块测试的变种，而类间测试是集成测试的一种。

2.4　覆盖准则

测试的核心问题是数字，甚至一个很小的程序都会有非常多的输入。假设有一个很小的方法用于计算 3 个整数的平均值，这个方法有 3 个输入变量，每个变量的范围从整数最小值（-MAXINT）到整数最大值（+MAXINT），在一个 32 位的计算机上，每个变量可能输入的值超过 **40 亿**个。当我们同时考虑 3 个变量的时候，这个方法有超过 **80 乘以 10 的 48 次方**（80 Octillion）个的输入组合！

所以无论是做单元测试、集成测试，还是系统测试，我们都不可能用所有可能的输入值来进行测试。从任何一个实用的角度来说，输入空间都是无穷的，所以测试设计师的目标可以概括为搜索巨大的输入空间，希望用最少的测试用例来揭示最多的问题。测试中的两个关键问题正来源于此：（1）如何搜索？（2）什么时候停止？使用覆盖准则让我们以结构化和实用化的方法来搜索输入空间。满足一个覆盖准则能在两个关键目标上给予测试者一定的信心：（1）我们已经检查了输入空间中的很多角落；（2）测试用例之间只有很小的重叠。

覆盖准则在提高质量和减少测试数据生成成本方面有很大的优势。覆盖准则能够最大化"投入产出"，即用更少的测试用例来有效地找出更多的故障。设计良好的且基于准则的测试用例可以覆盖待测软件的各个角落，同时剔除多余的因素。覆盖准则也可以用来追踪软件工件比如源代码、设计模型、需求和输入空间描述，这样也是对回归测试的一种支持，因为我们可以更容易地决定哪些测试用例需要被重用、修改或删除。从项目工程的角度来看，覆盖准则最大的好处之一是为测试提供"停止原则"。也就是说，我们提前知道大约需要多少测试用例，并且知道什么时候我们有"足够的"测试用例。对于工程师和经理来说，这是个强有力的工具。

覆盖准则也有助于测试自动化。我们将会在第5章给出下列概念的正式定义，测试需求是测试用例必须满足或覆盖的软件工件中的指定元素，而覆盖准则是一条或一组生成测试需求的原则。例如，当使用覆盖准则"覆盖每一条语句"时，那么每一条语句就是一条测试需求。当使用覆盖准则"覆盖每个功能需求"时，每个功能需求就是一个测试需求。测试需求可用半形式化的数学术语来描述，然后运用算法对其做进一步的处理，这样大部分的测试数据设计和生成的过程得以实现自动化。

25

研究文献中有很多覆盖准则有重叠之处，甚至是完全一样的。研究人员已经发明了应用在数十种软件工件上的数百个准则。然而，如果我们将这些工件**抽象**成数学模型，许多准则将会是相同的。比如，在有限自动机中覆盖一对边（两条相连接的边）的想法于1976年第一次提出，使用的术语是开关覆盖（switch cover）。之后，相同的想法应用到控制流图上，称为双路径（two-trip）。再后来，同样的概念应用在状态迁移图上，这个"发明"称为迁移对（transition-pair）。在第7章，我们会使用对边（edge-pair）来正式定义这种覆盖。虽然这三个术语在研究文献中看起来非常不一样，但是如果我们在图上归纳这些结构，这三个想法是完全一样的。类似地，节点覆盖和边覆盖也已经被分别定义了数十次。

黑盒测试和白盒测试

黑盒测试和互补的白盒测试是软件测试中历史悠久且广泛使用的概念。在黑盒测试中，我们从软件的外部描述包括规范、需求和设计中生成测试用例。在白盒测试中，相对地，我们从软件源代码的内部结构比如分支、条件和语句中推导出测试用例。这两个概念的区别有点主观，当考虑灰盒测试（从软件设计元素中开发测试用例）的时候，我们就很难有条理地分区这三个概念了。本书所使用的方法则避免了区分这三个概念的必要。

以前的一些文献认为白盒测试用于系统测试，黑盒测试用于单元测试，这种区分白盒测试和黑盒测试的认识毫无疑问是错误的，因为所有被认定是白盒测试的技术都可以应用在系统层级上，而所有被认定是黑盒测试的技术都可以应用于独立的单元。现实中，相比较生成系统测试用例，目前生成单元测试时更倾向于使用白盒测试技术。原因很简单，白盒测试需要理解程序，因而在大型系统上应用白盒测试的时候，成本会急剧增加。

本书生成测试用例的方法是基于抽象的数学结构，比如图和逻辑表达式。我们可以从任意的软件工件（包括源代码、设计、规范或需求）中抽象出这些结构来，在第二部分我们将会详细说明。所以提问覆盖准则是白盒还是黑盒测试技术是一个错误的问题，更加合适的问法应该是，我们在哪个层级上抽象出结构。

事实上，所有的测试覆盖准则都可以简化为在4种数学结构上的几十种准则。这4种结构是：输入域、图、逻辑表达式和语法描述。机械工程师、土木工程师、电子工程师使用微积分和代数从物理结构中生成抽象表述，然后在这个抽象层次上解决各种各样的问题。同样的道理，软件工程师使用离散数学来创建软件的抽象表述，然后解决诸如测试设计这样的问题。

26

本书的核心部分围绕着这4种结构来组织，第二部分的4章就反映了这一点，这样的组织结构极大地简化了测试设计的教学。本书第1版的课堂经验让我们意识到这种组织结构同样也可以简化测试过程，这个过程使得我们可以抽象测试用例的设计并且有效地设计测试用例，同时要求将不同知识和技术的测试活动分离开来。因为这个方法是基于4个抽象的模型的，我们把它称为模型驱动测试设计过程（MDTD）。

MDTD和基于模型的测试

基于模型的测试（MBT）是指从在一些方面代表软件特征的抽象模型中设计出测试用例。MBT模型通常（但不总是）代表软件的某些行为特征，MBT模型有时候（但不总是）能够生成预期的输出。虽然我们也用别的形式化模型或其他非形式化的建模语言来描述模型，但是通常我们使用的是UML图。MBT一般假设的前提是我们已经在软件开发的设计阶段创建了一个模型，这个模型用来描述软件的行为。

严格来说，本书所表述的有关MDTD的观点与基于模型的测试并不相互排斥。但是，基于模型的测试和MDTD之间有很多相同之处，本书所讲的大部分MDTD概念可以直接应用在MBT中。

具体来说，我们从与MBT模型非常相似的MDTD抽象结构中推导出测试用例。第一个重要的区别是测试者可以在软件代码实现**之后**再创建MDTD结构，从而作为测试设计的一部分。因此，这些结构并不一定要指定软件的行为，而只是代表行为。如果MBT模型用来指定软件的行为，测试者一定可以用这个模型生成测试用例，如果不存在这样的模型，测试者也可以新建一个。第二，在MDTD中，我们建立的是比大部分建模语言更加抽象化和理想化的结构。举例来说，我们从图论的基本图里而不是UML状态图里或是Petri网（Petri net）中来设计测试用例。如果我们已经在使用基于模型的测试了，那么我们可以从图形化的MBT模型中提炼出MDTD所需的基本图形。第三，基于模型的测试明确指出不使用源代码实现来设计测试用例。在本书中，我们可以从代码实现中提取出抽象的结构，比如控制流图、调用图和命令语句中的条件。

2.5 模型驱动测试设计

学术界的老师和研究人员长期以来都聚焦在测试设计上。我们将测试设计定义为一个生成输入值进而有效地测试软件的过程，这是测试中最有数学性和技术上最有挑战性的部分。但是，学术界容易忘记的是这只是测试中的一小部分。

开发测试用例的工作可以划分成四个不相重叠的步骤：测试设计、测试自动化、测试执行和测试评估。许多测试机构让同一个人来做所有的任务。然而，每个任务需要不同的技术、背景知识、教育程度和训练。将所有的任务都分配给一个人就像是让一个程序员来做需求、设计、代码实现、集成，还有配置控制。虽然这在过去的几十年中很常见，但今天很少有公司给同一个工程师分配所有的任务。工程师有时候在短期内、有时候在一个项目内、有时候在他们的整个职业生涯中只精通一件事。但测试机构依然应该将所有的测试任务分配给同一个人来做吗？这些任务需要不同的技术，期望所有的测试者对所有的任务都在行是不切实际的，所以这很明显是在浪费资源。下面几个小节将对每个任务做详细的分析。[27]

2.5.1　测试设计

正如前面所讲的一样，测试设计是一个生成输入值以有效地测试软件的过程。实际上，工程师用两种通用的方法来设计测试用例。在基于准则的测试设计中，我们要求测试值要满足工程上的目标，比如覆盖准则。在*基于人工的测试设计*中，我们基于程序应用领域的专业知识和对测试的人为理解来设计测试值。这两种活动非常不一样。

基于准则的测试设计是软件工程中最具有技术和数学含量的工作。为了有效地应用准则，测试者需要离散数学、编程和测试的知识。也就是说，这要求获得传统计算机科学学位所需的大部分知识。对于有计算机科学或软件工程学位的人来说，这项工作在智力上是刺激的、有收获的和有挑战性的。这项工作的主要内容是创建抽象模型并运用它们来设计高质量的测试用例。在软件开发中，这和软件架构师的工作类似；在建筑工程中，这和建筑工程师的工作类似。如果测试机构任用不合格（即没有所需的知识）的人来做这个任务，他们将会花费很长时间却生成低效的测试用例，而且对工作不会满意。

基于人工的测试设计就大不相同了。测试者必须要拥有软件应用领域、测试和用户界面方面的知识。基于人工的测试设计师要明确地尝试生成*压力测试用例*。这些测试用例通过不同的输入来测试软件在不同压力下的效果。测试值包括非常大或非常小的数据、边界值、不正确的数值，或其他软件在正常情形下不会遇到的输入。基于人工的测试者还必须考虑用户对系统可能的操作，包括那些不寻常的操作。这比开发者所能想到的更难，也比测试研究人员和培训人员所意识到的更有必要。虽然基于准则的方法经常在不经意间已经包括了像压力测试这样的技术，但在一些特殊情况下不起作用，或不能发现人工测试一定不会错过的问题。虽然基于人工的测试几乎不需要测试人员具有传统的计算机科学学位，但具有实践背景（生物学或心理学）或逻辑背景（法学、哲学、数学）对人工测试是有帮助的。如果测试飞机上的嵌入式软件，基于人工的测试设计师需要理解飞机驾驶；如果测试一个在线商店的软件，测试设计员需要理解市场和待售商品。对于具有上述能力的人来说，基于人工的测试设计在智力上是刺激的、有收获的和有挑战性的——但是对于典型的计算机科学的学生来说并**不是**这样的，他们通常只想着开发软件。

许多人认为基于准则的测试设计适用于单元测试，而基于人工的测试设计适用于系统测试，但这只是一个假象。当使用准则时，一个图就是一个图，这和它来源于控制流图、调用图或是活动图没有关系。同理，基于人工的测试可以而且应该用于测试单独的方法和类。我们的观点是这两个方法是互补的，我们需要它们来全面地测试软件。[28]

2.5.2　测试自动化

测试设计的最终结果是软件的测试输入值。*测试自动化*是把测试值加载到可执行脚本中的过程。注意支持测试设计的自动化工具**不**被认为是测试自动化。测试自动化对有效和高频率地执行测试用例是很有必要的。待测软件（SUT）的编程难度差别很大，有些测试用例只需要基本的编程技术就可以实现自动化。而如果软件的可控性（controllability）或可观察性（observability）很低（比如，对于嵌入式、实时或网络软件），测试自动化就会需要更多的知识和解决问题的技巧。我们需要使用其他软件来访问硬件，模拟外部条件或控制环境。但是，许多基于人工测试的应用领域专家不会编程技术。再有，很多基于准则的测试设计专家认为测试自动化很无聊。如果测试经理让应用领域专家去自动化测试用例，那么专家可能会抵触而且干不好。如果测试经理要求基于准则的测试设计师去实现测试自动化，那么设计师很有可能会去找一份软件开发的工作。

2.5.3　测试执行

*测试执行*是在软件上运行测试用例并记录测试结果的过程。这只需要测试者具备基本的计算机技术，而且经常会被分派给实习生或是不太有技术背景的人来做。如果所有的测试用例都实现了自动化，那么这项工作不值得一提。但是，几乎没有一个机构可以达到 100% 的测试自动化。如果必须手动执行一些测试用例，这会是最花时间的任务。手动执行的测试用例需要测试者一丝不苟地完成记录工作。要求一个优秀的测试设计师手动执行测试用例不仅会浪费有价值的资源，这个测试设计师自己也会觉得非常无趣，将会很快去寻找其他工作。

2.5.4　测试评估

*测试评估*是评价测试结果然后汇报给开发者的过程。实际上这个比看起来要难**很多**，尤其是向开发者报告结果更是这样。评估测试结果需要应用领域、测试、用户界面和心理学的知识。所用到的知识和基于人工测试的设计师所需的知识大致一样。如果测试用例的自动化程度高，那么大部分的测试评估可以（而且应该）包括在测试脚本里。然而，当自动化不完整或正确的输出不能在断言中编码时，这个任务会变得更加复杂。一般来说，计算机科学或软件工程专业的学生不会喜欢这个工作。但是对于合适的人来说，在智力上这也是刺激的、有收获的和有挑战性的。

2.5.5　测试者和抽象

前面讲到的 4 个任务关注设计、实现和执行测试用例。当然，这些任务并不能涵盖测试的所有方面。这样的分类忽略了一些重要的任务，比如测试管理、维护和文档。我们关注这 4 个任务，因为它们是开发测试值的关键。 29

使用基于准则的测试设计的一个挑战是所需知识的种类和多少。许多机构都缺少拥有高技术含量的测试工程师。很少有大学在本科生阶段就教授测试准则，而很多研究生着重于理论和研究，而不是实际应用。然而，好消息是如果能够合理分配人力资源的话，一个基于准则的测试设计师可以支撑很多其他人员来完成测试自动化、执行和评估测试用例。

模型驱动测试设计过程就明确地支持这种人力资源的划分。图 2-4 描述了这个过程，测试设计活动在中间线的上面，而其他的活动则在中间线的下面。

MDTD 让测试设计师“提升了抽象的级别”，以至于只需要很少的测试者就可以完成设计和开发测试用例中数学应用的部分。这和建筑设计很相似，在建筑时，工程师负责复杂设计，后续由木匠、管道工和电工来完成。在测试设计创建之后，传统的测试者和开发者完成他们的任务：生成测试值、自动化测试用例、执行和评估测试用例。这和众所周知的“测试者不是数学家（即测试者具有工程师的思维）”的观点相吻合。

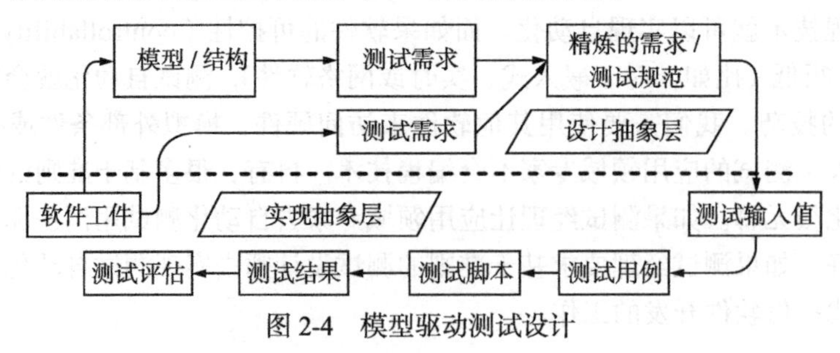

图 2-4　模型驱动测试设计

图 2-4 起始于软件工件，可能是个程序源代码、UML 图、用自然语言描述的需求或是用户手册。基于准则的测试设计师在软件工件的基础上创建软件的基于输入域、图、逻辑表达式或语法描述的抽象模型，然后用一种覆盖准则来生成测试需求。基于人工的测试设计师研究软件工件并且思考软件中可能会出现的问题，然后创建需求来测试这些问题。这些需求有时候以更加具体的形式精炼出来，称为*测试规范*。例如，如果我们使用边覆盖，一条测试需求指定图中的某条边必须覆盖，一个精炼的测试规范可能会是一条贯穿图的完整路径。

在精炼测试需求之后，我们需要定义满足需求的输入值。这时我们从*设计抽象层*转移到*实现抽象层*。这和基于模型的测试研究中的抽象和具体测试用例的概念很相似。为了运行测试用例，我们需要在输入值的基础上再增加一些其他值（增加的值可以使软件进入待测状态、显示输出和终止程序）。当理论和实际都可行（feasible and practical）的时候，在测试脚本中加载测试用例使之自动化，在软件上执行测试用例并且评估测试结果。重要的是，测试自动化和执行的结果需要反馈给测试设计，然后决定进一步增加或改进测试用例。

30

这个过程有两个主要的优点。第一，将测试设计、自动化、执行和评估的任务清楚地分割开来。第二，提升了抽象层级，使测试设计更加容易。相比较在一段混乱的代码中或复杂的设计模型上生成测试用例，我们的设计是在一个精巧的数学抽象层次之上。这就是过去数十年里传统工程学应用代数和微积分的方法。

图 2-5 以一个小的 Java 方法的单元测试作为例子来讲述这个过程。Java 源代码显示在左边，其控制流图在中间。这个标准的控制流的初始节点用带点的圆圈来标注，其终止节点用两个圆圈来标注（这样的标记法会在第 7 章严格定义）。为方便起见，这些节点还用源代码中的语句标注出来。

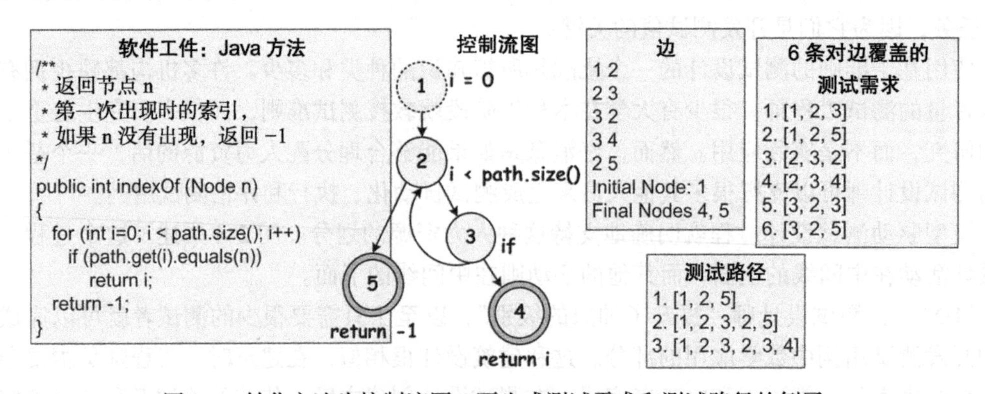

图 2-5　转化方法为控制流图，再生成测试需求和测试路径的例子

MDTD 过程的第一步是把软件工件，indexOf() 方法转化为一个抽象结构，即图 2-5 中

的控制流图。这个图可以表达为由一组边、初始节点和终止节点构成的，如图 2-5 中标注**边**的方框里所描述的。如果测试者使用对边覆盖（在第 7 章会给出完整的定义），我们可以推出 6 个测试需求。例如，第 3 个测试需求——[2,3,2]，意思是一条从节点 2 到节点 3，再回到节点 2 的子路径必须包括在测试用例中并执行。最后标注**测试用例路径**的方框列出了 3 条完整的测试路径，这 3 条路径覆盖所有的 6 条测试需求。

2.6　MDTD 为什么重要

MDTD 代表的是对软件测试含义和角色的多年反省和深思。第一个关键的顿悟是测试准则的定义和应用是独立于测试级别（单元、集成、系统和其他级别）的。这引出了可以极大地简化测试的抽象过程，同时也是对本书第 1 版的主要创新。类似于代数和微积分在传统工程学中的角色，我们的这个想法也应有长期的生命力。 31

这个观点让我们对软件测试活动和任务有了更广阔的理解。区分基于人工的测试和基于准则的测试是重要的，然而认识这两种测试是互补而不是竞争关系是本书的关键。经常，学术界学者的关注点是基于准则的测试设计而没有尊重基于人工的测试设计，工业界的测试实践者和咨询师只关注基于人工的测试而忽略基于准则的测试。不幸的是，这种人为的分裂减少了沟通，损害了这个领域的利益。

图 2-4 展示了将测试设计和测试用例构建与执行分离开的好处。第一，这样可以帮助我们在多个方面区分测试活动；第二，这样可以同时将这些活动组合成一个有效率的过程，就像软件开发和大部分传统工程学活动一样，不同的人分配给不一样的活动。这使得测试工程师变得更加有效和有效率，并且有更高的工作满意度。

2.4 节提到的 4 个结构组成了本书的核心。第二部分的每一章分别讲述一种结构，基于不同的结构，我们定义不一样的准则来设计测试用例。第二部分的顺序依据的是 2.1 节中所讲的 RIPR 模型。第一个结构，输入域是建立在简单的集合之上。第 6 章所讲的准则帮助测试者探究输入域，但是并不明确地满足 RIPR 的任何条件。第 7 章使用图来设计测试用例。所使用的准则需要测试用例“经过”图上的一些地方，即满足*可达性*。第 8 章采用逻辑表达式来设计测试用例。所用的准则要求测试用例能使待测的逻辑表达式中有特定的真值赋值。所以这就要求测试用例不仅要到达这个逻辑表达式，而且要*影响*程序的状态。第 9 章使用语法来生成测试用例。这些测试用例不仅需要到达指定地点，影响程序状态，还要使影响*传播*到软件外部的行为。所以第二部分的每一章将按顺序针对 RIPR 模型步步深入。

习题

1. 故障与失败和测试与调试的联系是什么？
2. 根据你的背景，回答下面的问题 a 或 b，**不用两个都回答**。
   a) 如果你曾经或者现在在一家软件公司工作，测试 /QA 组花费在下面 4 个测试活动中的精力是多少？（测试设计、测试自动化、测试执行、测试评估。）
   b) 如果你**从来没有**在软件公司工作过，那么你认为自己最在行下列哪个测试活动？（测试设计、测试自动化、测试执行、测试评估。） 32

2.7　参考文献注解

在程序中找到所有的失败是一个不可判定的（undecidable）问题。这个基础性的结论是由 Howden 发现的 [Howden, 1976]。

Offutt 和 Morell 在他们的博士论文中独立提出了故障 / 失败模型 [DeMillo and Offutt, 1993; Morell, 1990; Morell, 1984; Offutt, 1988]。Morell 使用了执行（execution）、影响（infection）和传播（propagation）术语 [Morell, 1984; Morell, 1990]，而 Offutt 使用了可达性（reachability）、充分性（sufficiency）和必要性（necessity）[DeMillo and Offutt, 1993; Offutt, 1988]。本书合并这两组术语然后采用了最能清晰描述模型的术语：可达性、影响和传播（RIP）。本书第 1 版只讲了 RIP 模型。但在 2014 年，[Li and Offutt, 2014] 注意到自动化的测试预言只能观察到输出状态的一部分，进而拓展了这个模型。即使在人工检查输出时，大多数人也不可能排查所有的部分。因此，只有当测试者观察输出的“正确”部分时，他们才可以揭示失败。所以这一版将旧的 RIP 模型扩展为 RIPR 模型。

虽然本书没有完全关注在软件测试的理论基础，但是对研究有兴趣的同学应该在这些方面进一步深入学习。有许多非常久远的研究文章，在最近的文献中已经很少出现了，这些想法也开始逐渐消失。我们强烈建议对这些经典文章进行研究。在这些文章中产生于 20 世纪 70 年代的有着深远影响的包括：[Goodenough and Gerhart, 1975][Howden, 1976][DeMillo et al., 1979; DeMillo et al., 1978]。继承和发扬了这些文章思想的有：[Weyuker and Ostrand, 1980][Hamlet, 1981][Budd and Angluin, 1982][Gourlay, 1983][Prather, 1983][Howden, 1985] 和 [Cherniavsky and Smith, 1986]。之后 Morell、Zhu 和 Wah 还发表过一些理论性的文章 [Morell, 1984][Zhu, 1996][Wah, 1995; Wah, 2000]。每一位博士生导师一定会有他们最喜欢的理论文章。

[Stevens et al., 1974] 定义了*单元*。[Sommerville, 1992] 定义了*模块*。[Beizer, 1990] 定义了*集成测试*。[Harrold and Rothermel, 1994] 清晰地定义了面向对象的测试等级术语：*方法内测试*、*方法间测试*和*类内测试*。而 [Gallagher et al., 2007] 则定义了*类间测试*。

Pimout 和 Rault 关于*开关覆盖*（switch cover）的文章发表于 1976 年 [Pimont and Rault, 1976]。英国计算机协会的标准在 1997 年采用了术语*双路径*（two-trip）[British Computer Soceity, 2001]。Offutt 等在 2003 年的文章中使用了*迁移对*（transition-pair）[Offutt et al., 2003]。

有关基于模型测试的研究文献很多而且仍然在增长中，其中包括软件测试、验证和可靠性期刊的一份有三个部分的特刊，这份特刊是由 Ammann、Fraser 和 Wotawa 编辑的 [Ammann et al., 2012a; Ammann et al., 2012b; Ammann et al., 2012c]。在这里我们建议读者阅读由 Utting 和 Legeard 在 2006 年出版的基于模型的测试实践《Practical Model-Based Testing》一书 [Utting 和 Legeard, 2006]，因为我们没有篇幅来全面讨论 MBT 的各个方面。 33

关于可控性（controllability）和可观察性（observability），好的期刊和书籍包括 [Freedman, 1991] 和 [Binder, 2000]。 34

测试自动化

实现单元测试和基于准则的测试的前提是测试自动化。

过去十年中，软件测试最广泛的变化之一就是测试自动化使用的日益增长。在第2章中，我们已经介绍了测试自动化就是将测试实例化后加载到可执行的测试脚本中的过程。本章在这个基础上做了拓展，下面给出一个完整的定义。

定义 3.9 测试自动化（Test Automation） 使用软件来控制测试用例的执行、实际输出和预期输出的比较、先验条件（precondition）的设置，以及其他的测试控制和测试报告功能。

软件测试成本高而且耗费巨大人力，所以软件测试的一个重要目标就是尽可能地实现自动化。测试自动化不仅可以降低测试的成本，而且可以减少人为的错误，同时使回归测试变得更加容易。我们只需按一个按键，回归测试中的测试用例集就可以反复地运行下去。

软件工程师有时候需要区分核心（revenue）任务和辅助（excise）任务。核心任务直接用来解决问题，而辅助任务并不是解决问题必须要做的。例如，编译Java类就是一个经典的辅助任务。这是因为虽然编译是执行Java类所需要的，但编译本身并不对类的行为产生任何影响。相对而言，在Java类中决定用哪个方法来定义数据抽象（data abstraction）则是核心任务。通常辅助任务可以实现自动化，核心任务则不行。软件测试可能会比软件开发的其他方面包含更多的辅助任务。维护测试脚本、重新执行测试用例、比较实际结果和预期输出都是常见的并在平时花费测试工程师大量时间的辅助任务。自动化辅助任务可以在多个方面帮助测试工程师。第一，自动化辅助任务可以消除单调乏味的苦差，使测试工程师对工作更加满意。第二，使用自动化解放了测试工程师，使他们去关注测试中有意思和有挑战的部分，比如测试设计这个核心任务。第三，自动化可以使测试用例运行千百遍，而我们无须对每天甚至每小时都在运行的测试环境加以额外的操作。第四，自动化可以帮助减少因疏忽造成的错误，例如当使用新的测试预期结果时忘记更新其相关的所有文件。第五，自动化可以消除由测试者个人能力的高低所导致的测试质量上的差异。

本章的剩余部分将首先讲述实现测试自动化的困难（主要是可测性），其次会讲述可执行测试用例的各个组成部分，最后介绍一个使用广泛的测试自动化工具。

3.1 软件可测性

宏观上来说，当软件存在故障时，软件可测性用来估量测试揭示故障的可能性。我们都知道，虽然有些软件项目已经经历了大量测试，但是依然可以从中不断地发现故障。可测性关系到故障从检测中（甚至从精心设计的设计用例中）“逃脱”的难易程度。

定义 3.10 可测性（Testability） 为了评判测试准则是否达标，系统或组件在测试准则建立和测试用例性能提升方面所能提供的便利程度。

两个常见的实际问题在很大程度上决定了软件的可测性：如何向软件提供测试数据和如何观察测试执行的结果。

定义 3.11 软件可观察性（Software Observability） 观察程序行为的难易程度。程序行为包括输出，还有程序对运行环境和其他软件、硬件的影响。

定义 3.12 软件可控性（Software Controllability） 向程序提供所需输入的难易程度。程序输入包括数据值、操作和行为。

这些概念在嵌入式软件测试语境中很容易理解。嵌入式软件通常不产生直接面向用户的输出，而是影响硬件的行为。这样，其可观察性就很低。一个所有输入都来自键盘的软件就很容易被控制。但一个所有输入来自硬件传感器的嵌入式程序就会很难被控制，而且提供有些输入可能很困难、很危险或是不可能的。（例如，当列车脱轨时，自动驾驶员如何反应？）许多可观察性和可控性的问题是用仿真（simulation）来解决的。仿真是使用额外的软件来"绕过"与测试交互的硬件或软件组件。其他通常具有低可观察性和可控性的软件类型有基于组件的软件、分布式软件和网络应用。

可测性对于测试自动化至关重要，因为测试脚本需要控制待测组件的执行过程，还要观察测试结果。这里有关测试自动化的讨论只是一个简短的介绍。参考文献注解中的引用材料会包括更多细节。还有一些书籍整本书都在讲述测试自动化。

3.2　测试用例的构成

测试用例由多个部分组成并且有明确的结构。下面的定义还未标准化，在不同的文献中差异较大，但是我们给出的定义符合通用说法。测试工程师必须明确测试用例除了输入值，还包括很多其他部分。测试用例中最常包括的部分我们在这里称之为测试用例值：

36

定义 3.13 测试用例值（Test Case Value） 在待测软件上完成测试执行所需的输入值。

注意，测试值的定义是很宽泛的。在传统的批处理环境中，测试用例的指代是很明确的。对于一个网络应用来说，测试用例可能会生成简单网页的一部分或者需要完成一些商业交易。对于一个实时系统，比如航空软件应用，测试用例可能简单到是单个的方法调用或复杂到像一次完整的飞行。

测试用例值是测试设计师用来满足测试需求而产生的程序输入。虽然测试用例值决定了测试的质量，但是只有测试用例值并不够。除了测试用例值，执行测试用例还需要其他输入。这些输入可能取决于测试的来源，它们可能是命令行输入、用户输入或是带有参数赋值的软件方法。为了评估测试结果，我们必须知道正确的程序在测试用例中产生的输出是什么。

根据具体使用的软件、测试层级和测试用例的来源，测试者可能需要提供其他的软件输入来影响可控性或可观察性。例如，如果我们测试一个移动电话软件，测试用例值可能是长途电话号码。除此之外，我们可能还需要打开电话将其设置为合适的状态，然后可能需要按"通话"和"结束"键来检查测试用例值的结果和结束测试。下面我们将这些想法转化为正式的定义。

定义 3.14 前缀值（Prefix Value） 将待测软件置于合适状态以接收测试用例值的必要

输入。

定义 3.15 后缀值（Postfix Value） 测试用例值发送之后，待测软件仍然需要的输入。后缀值还可以细分为两种类型。

定义 3.16 验证值（Verification Value） 查看测试用例值结果所需的值。

定义 3.17 退出值（Exit Value） 终止程序或使程序回到一个稳定状态所需的值或命令行输入。

一旦测试执行终止，测试用例需要判定测试结果是否正确，或者说是否符合预期。这有时被称为“测试预言”问题。测试预言判定一个测试用例是否通过或失败。因此，测试用例包括软件正常运行时所应产生的结果。

定义 3.18 预期结果（Expected Result） 当软件的行为符合预期时，软件在测试用例中应产生的结果。

测试用例是各种组件（测试用例值、前缀值、后缀值和预期结果）的组合。当上下文没有歧义时，我们使用传统的用法“测试用例”来替换“测试用例值”。

37

定义 3.19 测试用例（Test Case） 测试用例包括必要的测试用例值、前缀值、后缀值和预期结果，以便完整地执行和评估待测软件。

下面我们对测试用例集给出了一个明确的定义，以强调覆盖是测试用例集的一个属性，而不是单个测试用例的属性。你可能有时候看到术语测试套件（test suite），这通常和测试用例集表达的是同一个意思。

定义 3.20 测试集（Test Set） 测试集就是测试用例的集合。

测试用例中的组件就是第2章RIPR模型的具体实现。设计测试用例可以看作是在程序中特定位置寻找故障。包括前缀值的目的是满足可达性（R），测试用例值用来影响程序（I），后缀值保证影响传播到输出（P），最后预期结果揭示了故障（R）。预期结果通常并不包含程序所有的输出状态值，所以精心设计的测试用例应该检查与输入和测试目标相关的输出状态。

举一个具体的例子，一个购物车应用程序中的函数 estimateShipping() 用来估算贵宾客户的运费。假设我们写测试用例来检查估算的运费是否与实际的运费一致。用来到达（R）estimateShipping() 函数某个合适状态的前缀值可能包含创建购物车、向购物车内添加各类货物、获取贵宾客户对象及其相关的地址。用来影响程序（I）的测试用例值可能是想要的运输类型：隔天到达或是平运。后缀值可能包括完成订单的步骤，之后系统会计算实际的运费。这样，将影响后的程序状态传播到输出进而导致可观察到的失败。最后，虽然最终订单的其他部分也有可能是错误的，但在揭示故障（R）部分，我们只关心订单中实际计算的运费，将它提取出来和预期输出进行比较。

注意这个测试用例暗含一个复杂的前提：我们几乎肯定不希望由于执行上述测试用例而导致在实际生活中有商品从仓库运走，然后客户收到并未下单的商品。这只是一个测试用例，而非用户真正的操作。对这个问题的解决方案将在第12章讲述。

最后，聪明的测试工程师将尽可能多地将测试活动自动化。自动化测试的关键之处在于将测试输入转化成在软件上可执行的测试脚本。实现的方式有 Unix 壳层（shell）脚本、输入文件或者通过使用可以控制待测软件或软件组件的工具。理想来说，完成测试用例执行的步骤是：加载测试用例值、运行软件、获得结果、比较实际结果和预期结果，以及为测试工程师准备一份清晰的报告。

定义 3.21 可执行的测试脚本（Executable Test Script） 处于一种可以在待测软件上自动运行和生成报告的形式的测试用例。

测试工程师不希望实现自动化的唯一情况是当实现自动化的成本远高于收益的时候。例如，当我们确定测试用例只会使用一次或测试工程师不具备实现自动化所需的知识或技术时。

38

3.3 测试自动化框架

本书很少提及具体的技术或工具，所授的大部分知识并不局限于某个具体工具。讲授工具总是使教科书很快过时，但是本书最明显的一个例外就是所有的程序样例使用的都是 Java。在书中我们不得不选择一种语言，而使用 Java 在许多方面对我们来说是便捷的。这个章节还有另一个例外，我们使用具体的例子来表述测试自动化概念。虽然有很多的测试自动化框架可供选择，但是我们使用 JUnit，因为它非常简单，使用广泛，其所拥有的功能涵盖了我们所有想要表达的概念。最后一点，它是免费的。很多开发者转向使用更为复杂的自动化技术，然而这些复杂的技术很多都是基于 JUnit 的。事实上，术语“xUnit”通常非正式地指代基于 JUnit 或与 JUnit 相似的测试框架。在课程早期讲述 JUnit 让教师有机会要求学生使用 JUnit 来完成练习[⊖]。

我们从总体上来定义测试框架这个术语。

定义 3.22 测试框架（Test Framework） 支持测试自动化的假设、概念和工具的集合。

测试框架为测试脚本提供了标准的设计，还应该包括对测试驱动的支持。测试驱动可以在软件上反复运行测试集合中的每一个测试用例。如果待测的软件组件不是独立运行的（即一个方法、类或是其他组件），那么测试驱动必须提供“主（main）”方法来运行软件。测试驱动还应该比较实际执行的结果和预期结果（来自测试用例），然后向测试者汇报结果。

测试驱动最简单的形式就是一个类中的 main() 方法。高效的程序员经常在每个类中都包含一个 main() 方法，这个方法包括对这个类进行简单测试的语句。对于一个典型类，main() 测试驱动创建一些类的实例对象，调用存值（mutator）方法来改变对象中的数值，再调用取值（observer）方法来获得验证的相关用值。测试驱动可以用来实现复杂的技术，比如将会在本书第二部分讲到的技术。经过不断地演化，JUnit 测试框架已经包括了上述实践。JUnit 提供了灵活的类库和 API 用来开发测试驱动。经过演化，同样，JUnit 也融入了“*-Unit”框架。支持其他语言和技术的框架都有着和 JUnit 相似的功能。

⊖ 在乔治梅森大学，我们在本科第二学期的编程课和软件工程硕士第一节课上介绍 JUnit。当然，在测试课程上也使用 JUnit。

绝大部分的测试自动化框架都支持：

- 评估预期结果的断言
- 在测试用例间分享共同的测试数据
- 方便组织测试集合和运行测试用例
- 从命令行或图形界面运行测试

一些测试自动化框架专门支持系统测试，一些支持网络测试（比如 HttpUnit），然而大部分都是为单元测试和集成测试而设计。

39

3.3.1 JUnit 测试框架

JUnit 脚本可以作为独立的 Java 程序（从命令行）或是在集成开发环境（IDE）如 Eclipse 中运行。JUnit 可以用来测试一个完整的类、类的一部分（比如一个方法或一些有交互的方法）或是类对象之间的交互。就是说，JUnit 主要用于单元测试和集成测试，而非系统测试。

JUnit 将每个测试用例集嵌入到一个*测试方法*，这些测试方法再整合到*测试类*中。测试类包含两个部分：

1. 测试方法的集合。

2. 在运行每个测试用例前设置程序状态（前缀值）的方法和在运行每个测试用例之后更新状态（后缀值）的方法。

我们使用 junit.framework.assert 类中的方法来编写测试类。每个测试方法检查一个条件（*断言*），并且向测试执行者汇报测试是否成功。断言是预期结果和测试预言在 JUnit 测试用例中的实现，之后测试执行者向用户汇报结果。如果是在命令行模式，相应的信息在命令行屏幕上显示；如果使用 IDE，信息在 IDE 的窗口中显示。所有的断言方法返回 void。

- assertTrue (boolean)：这是最简单的一种断言。从理论上来说，有关程序变量的任意判断都可以最终使用这个断言来实现。
- assertTrue (String, boolean)：这个断言为测试者提供了更多信息。如果这个断言返回真，则忽略字符串参数。如果断言返回非真，这个字符串将被发送给测试工程师。这个字符串应该简明扼要地总结测试失败。
- fail (String)：很多新的测试工程师对这个断言感到困惑。但当执行一段代码导致测试失败时，他们会发现这个断言极其有用。和上面一样，字符串向测试工程师提供一段总结。这个 fail 方法经常被用来测试程序的异常行为，虽然我们在 Min 类的例子中还会介绍另外一种通常被认为是更好的方法。

这节的讨论阐述了所谓的“基于状态的（state-based）”测试。这种测试指的是将待测单元产生的值和已知的正确（“引用”）值进行比较。对基于状态的测试的一个重要补充是“基于交互的（interaction-based）”测试。这种测试根据对象之间的通信来判断测试是否成功。我们将会在第 12 章讲述测试替身（test double）时来深入讨论基于交互的测试。

JUnit 使用*测试夹具*（test fixture）这个概念来表示测试用例的状态，而测试用例的状态由待测软件中关键变量的当前值来决定。当相同的对象和变量被用于多个测试用例时，测试夹具尤其有用。测试夹具可以用来控制前缀值（初始化）和后缀值（重置状态）。这使得不同的测试用例无须共享状态就可以使用同样的对象。换句话说，每个测试用例都独立于其他测试用例运行。那些用在测试夹具中的对象应该被声明为 JUnit 类的实例变量，它们在 @Before 方法中被初始化，然后在 @After 方法中被重置或释放。

40

图 3-1 展示了一个非常小的类 Calc 及 JUnit 测试类 CalcTest。待测的 Calc 方法简单地将两个整数相加。JUnit 测试类有一个简单的测试用例，其中测试输入值为 2 和 3，预期值为 5。JUnit 通常使用单个的、没有参数的 void 方法来实现每个测试用例——在这个例子中为 testAdd()。在本节的后面我们还会讨论实现测试用例的其他方法。JUnit 使用注解（annotation）@Test 定义了一个 JUnit 测试用例，根据命名测试方法的惯例，需要在方法名前加上前缀字符串 test[⊖]。

```
public class Calc
{
  static public int add (int a, int b)
  {
    return a + b;
  }
}
```

```
import org.junit.*;
import static org.junit.Assert.*;
public class CalcTest
{
  @Test public void testAdd()
  {
    assertEquals (5, Calc.add (2, 3));
  }
}
```

图 3-1　Calc 类及 JUnit 测试用例的例子

图 3-2 展示了一个复杂的例子，其包括 Java 泛型（generic）和测试异常。注意 JavaDoc 记录了正常和异常的行为。这些异常自然而然地也需要被测试，就像图 3-3 和图 3-4 中 MinTest 测试类所做的那样。如果 JavaDoc 注释写得好，测试者可以借助它写出高质量的测试用例。

MinTest 类因为长度关系被分在两页显示。图 3-3 包括了测试夹具方法和前三个测试方法。@Before 方法实现测试前缀值的部分，它创建了一个新的 List 对象，使测试对象处于正常的初始化状态。@After 方法实现测试后缀值的部分，它将对象引用指向 null 来重置测试对象的状态。严格来说，@After 方法是多余的，因为无论如何 @Before 方法都重置了对象引用。但是好的软件工程实践要保险起见，所谓“三思而后行”。

图 3-3 还分别展示了三个预期结果为 NullPointerException 的测试用例。JavaDoc 规范指明当列表对象 list 是 null 或列表对象 list 中的任意元素为 null 时，程序抛出 NullPointerException。所以我们需要测试用例来专门处理这种情况。

41

第一个测试用例展示了如何使用 JUnit fail 语句。我们预计运行测试用例会抛出 NullPointerException 并捕捉到这个异常，这样这个测试用例就会通过。如果没有异常抛出，或是一个不同的异常抛出[⊜]，测试用例将会执行 fail 语句，然后测试失败。再一次强调，这里不需要 assert 语句。

第二个测试用例阐释了测试异常行为的一种替代方法。具体来说，可以在 @Test 注解中加入预期的异常类。这种方法通常更加直观，便于理解。同时，通过辨别和声明预期的异常类，可以避免一些由 Java 异常类的继承结构所造成的常见错误。因此，对于有返回异常的情况，我们推荐使用这种方法来实现测试用例，而不是第一种。注意，这里无须 assert 或 fail 语句。

⊖ 从 JUnit 3 起开始要求测试方法名前加上前缀字符串 test。JUnit 4 开始使用注解，这样编译器可以发现那些被容易忽略的失误，比如在方法名前忘加前缀字符串。

⊜ 确切地讲，Java 异常机制使用类型层次，因此，这个例子中的捕捉块可以截获 NullPointerException 所有的子类。

```
import java.util.*;
public class Min
{
 /**
  * 返回　列表中的最小元素
  * @参数　list包含待搜索元素的Comparable列表
  * @返回　列表中的最小元素
  * @抛出　NullPointerException(NPE)，如果list为null或是list中
  * 的任何元素为null
  * @抛出　ClassCastException(CCE)，如果列表元素之间不可相互比较
  * @抛出　IllegalArgumentException，如果list不包含任何元素
  */
  public static <T extends Comparable<? super T>> T min (List<? extends T> list)
  {
    if (list.size() == 0)
    {
      throw new IllegalArgumentException ("Min.min");
    }

    Iterator<? extends T> itr = list.iterator();
    T result = itr.next();

    if (result == null) throw new NullPointerException ("Min.min");

    while (itr.hasNext())
    {
       T comp = itr.next();
       if (comp.compareTo (result) < 0)
       {  // 根据需要抛出NPE、CCE
          result = comp;
       }
    }
    return result;
  }
}
```

图 3-2　最小元素类

写第三个 NullPointerException 测试用例的原因更不易为人所察觉。即使是优秀的程序员也可能忽略列表对象 list 只包含单个 null 元素的可能性。实际上，这个测试用例让 Min 方法在变量 result 初始化之后强制其抛出 NullPointerException。为了完全理解为什么需要这个测试用例，建议将这行代码注释掉之后重新执行这个测试用例。包含这个测试用例就是为了覆盖列表对象 list 只有单个 null 元素的情况。

图 3-4 展示了另外四个针对 Min 类的测试用例。前两个是测试异常。注意尽管这里使用了泛型，调用 Min 时，其参数列表 list 仍然可能包含不能相互比较的对象，甚至是没有实现 Comparable 接口的对象。其中的原因是微妙而又复杂的⊖，但是传递给测试工程师的信息是

⊖ 为了向后支持旧的 Java 版本，Java 泛型使用删除类型（erasure）来实现。换句话说，只由 Java 编译器分析泛型，在 Java 字节码（bytecode）中泛型不留任何痕迹。

使用 Java 泛型可以使程序员写出具有更好的类型安全性（type safety）的代码。从实践角度来看，这意味着许多潜在的运行中抛出的 ClassCastException 异常转化为了编译错误，这是一件好事情。在编译时发现问题总是好于执行测试用例出现失败，或更糟糕的是在部署后现场运行失败（field failure）。

不幸的是，只有当系统中所有的 Java 代码都使用泛型而不是“原始的”类型时，Java 泛型才可以保证类型的安全性。通常来说，测试工程师所测试的代码不能保证没有原始类型。底线是：即使一个程序合理地使用了泛型，导致 ClassCastException 的类型安全性异常也依然可能发生。因此，除使用 Java 泛型机制之外，通常还需要编写测试用例来测试类型安全性的违例。

非常简单的：需要测试任何有可能发生的失败。注意这个测试用例需要“原始的（raw）”类型，这时 Java 编译器会适时地提醒我们已经使用了原始类型。根据 Java 最佳编程实践，我们使用注解 @SuppressWarnings 来隐藏这个警告。

```
import org.junit.*;
import static org.junit.Assert.*;
import java.util.*;

public class MinTest
{
  private List<String> list; // 测试夹具

  @Before // 设置方法——在每个测试方法之前调用
  public void setUp()
  {
    list = new ArrayList<String>();
  }

  @After // 析构方法——在每个测试方法之后调用
  public void tearDown()
  {
    list = null; //在这个例子中是重复的!
  }

  @Test
  public void testForNullList()
  {
    list = null;
    try {
      Min.min (list);
    } catch (NullPointerException e) {
      return;
    }
    fail ("NullPointerException expected");
  }

  @Test (expected = NullPointerException.class)
  public void testForNullElement()
  {
    list.add (null);
    list.add ("cat");
    Min.min (list);
  }

  @Test (expected = NullPointerException.class)
  public void testForSoloNullElement()
  {
    list.add (null);
    Min.min (list);
  }
```

图 3-3　Min 类的前三个 JUnit 测试用例

MinTest 类中最后两个测试用例处理“正常的”行为。在这个例子中，异常行为返回和正常行为返回所占的比例（五比二）很难说是不正常的。众所周知，比起“大众路径（happy path）”行为（即常见行为），在编程中处理异常行为要更难。不幸的是，许多没有经验的测试者（和程序员）主要集中在测试大家通常预料的行为上，很少测试异常条件。当评估测试时，首要考虑的事情之一就是检查异常行为测试的完备性。

```
@Test (expected = ClassCastException.class)
@SuppressWarnings ("unchecked")
public void testMutuallyIncomparable()
{
   List list = new ArrayList();
   list.add ("cat");
   list.add ("dog");
   list.add (1);
   Min.min (list);
}

@Test (expected = IllegalArgumentException.class)
public void testEmptyList()
{
  Min.min (list);
}

@Test
public void testSingleElement()
{
  list.add ("cat");
  Object obj = Min.min (list);
  assertTrue ("Single Element List", obj.equals ("cat"));
}

@Test
public void testDoubleElement()
{
  list.add ("dog");
  list.add ("cat");
  Object obj = Min.min (list);
  assertTrue ("Double Element List", obj.equals ("cat"));
}
}
```

图 3-4　Min 类中其他的 JUnit 测试方法

3.3.2　数据驱动测试

有时候我们将不同的输入值和预期结果加载到相同的测试方法中，然后执行多次。例如，Calc 类中的 add() 方法使用多组输入值以及这些输入值相加之和来做测试。不停地剪切和粘贴相同的测试方法之后编辑输入和预期输出会导致测试代码完全不可维护（有很大机会产生失误）。一个更好的解决方法是只写一次测试用例，然后在另一个表里提供测试数据。这个方法通常称为*数据驱动测试*（data-driven testing）。JUnit “参数化” 机制实现了数据驱动测试。我们这里的讨论尽可能避免使用 “参数化”，因为这个术语在单元测试语境中有别的含义，和其他不同的定义相互冲突。

图 3-5 展示了一个 Java 类 DataDrivenCalcTest，它为 Calc 类定义了具有数据驱动的 JUnit 测试用例。文件开始的导入语句（import）引入了所需的 JUnit 类。

42
~
45

JUnit 使用 Java 类的机制来实现具有数据驱动的测试用例。具体来说，包含输入和预期输出的表来自于用注解 @Parameters 标识的一个用户自定义方法。这个方法以 Object 数组集合的方式返回了数据驱动表。每个数组中所含对象的数目应该与 JUnit 构造方法中参数的数目一致。这个例子包含三个对象数目：两个输入值（加数）和预期结果（加数之和）。这和构造方法 DataDrivenCalcTest() 中的参数相对应。

```
import org.junit.*;
import org.junit.runner.RunWith;
import org.junit.runners.Parameterized;
import org.junit.runners.Parameterized.Parameters;
import static org.junit.Assert.*;
import java.util.*;

@RunWith (Parameterized.class)
public class DataDrivenCalcTest
{
  public int a, b, sum;

  public DataDrivenCalcTest (int a, int b, int sum)
  { // 注意构造函数
    this.a = a;
    this.b = b;
    this.sum = sum;
  }

  @Parameters
  public static Collection<Object[]> calcValues()
  {
    return Arrays.asList (new Object [][] {{1, 1, 2}, {2, 3, 5}});
  }

  @Test
  public void additionTest()
  {
    assertTrue ("Addition Test", sum == Calc.add (a,b));
  }
}
```

图 3-5 针对 Calc 类的数据驱动测试类

对由 @Parameters 方法返回的集合中的每一个数组，JUnit 都创建了一个新的测试类实例。像普通的测试方法一样，测试类中的每个方法同样使用在构造方法中初始化的变量实例来对系统行为进行测试。在这个例子中，@Parameters 方法 calcValues() 返回一个有两个数组的集合，每个数组分别包含输入和预期输出。因此，JUnit 调用构造方法 DataDrivenCalcTest() 两次。第一个构造方法调用的参数来自 calcValues() 返回的第一个数组，而第二个构造方法调用的参数来源于 calcValues() 返回的第二个数组[⊖]。对 DataDrivenCalcTest 返回的每一个对象，JUnit 都执行相同的测试方法 additionTest()。

46

3.3.3 在单元测试中添加参数

之前讲过的测试方法没有一个明确地使用了参数。在测试方法中允许使用参数在理论和实践上都是极度强大的。JUnit 的“理论（Theory）”机制使测试工程师可以用参数来定义测试方法。

JUnit 理论：测试中的全称量化

考虑下面的全称量化断言：

$$\forall x \in X \cdot P(x) \rightarrow Q(x)$$

⊖ 因为 JUnit 使用 Java 反射（reflection）来实现这些调用，所以编译器不能检查由 calcValues() 方法返回的数组中所包含的对象的数目和类型是否对应于测试类构造方法所期望的对象的数目和类型。

我们可以这样解释这个公式，即对于某数据类型域X中的所有值，如果先验条件（precondition）P为真，那么后验条件（postcondition）Q也为真。

对这个断言，通常的方式是用数学方法来证明它是一个定理。在这方面，测试通常被认为不适合用来做证明，主要原因是所使用的值域（在本例中X所代表的）通常非常庞大。因此，我们不能穷举X中的所有数值。

带有参数的单元测试用例探索的是数学证明和通常测试之间的中间地带。我们期望这些测试用例可以借助测试方法的实用性（至少是部分），来展示全称量化断言的正确性。从测试的角度来说，这是不同寻常的！

编写具有参数的测试方法的工程师是在借助数学的方法前行。这样做的前提是参数所有可能的组合都满足先验条件，而当测试用例所实现的任何动作发生时，后验条件也为真。熟悉契约式设计（design-by-contract）的读者可能会识别出这个重要的模式：先验条件、动作、后验条件。

当然，我们无法尝试所有的可能值，否则测试用例的执行将不会停止。但是当表述 JUnit 理论时，测试工程师不必担心测试值从哪里来或有多少测试值。对于这些担心，之后我们会使用不同的方法（测试带有参数的方法）来处理。测试工程师只需要关注完成一个正确的测试方法，然后将找到的可能存在且不符合条件的反例任务留给测试引擎来做。

图 3-6 展示了一个使用了字符串集合 JUnit 理论的例子。这个理论是由一个带有注解 @Theory 的方法来实现的。注意这个方法有两个参数，一个字符串集合和一个字符串。JUnit 理论的“动作”部分用 Java 来实现，它将集合中的一个字符串移除，然后再将这个字符串重新加到集合中。理论的后验条件由 assertTrue 语句来实现，这个语句判断结果中的集合和初始集合是否一致。当然，这个理论只有在初始集合已经包含被移除的字符串时才成立。换句话说，这个理论有一个先验条件，这个先验条件由 assumeTrue 语句来实现，其声明的初始集合包含所必需的字符串。这个理论还有另一个先验条件，那就是初始集合不能为 null。否则，这个理论会抛出令人不快的 NullPoinerException 异常，导致失败。

47

```
@Theory
public void removeThenAddDoesNotChangeSet
        (Set<String> someSet, String str)   // 参数！
{
  assumeTrue (someSet != null);              // 前置条件
  assumeTrue (someSet.contains (str));       // 前置条件
  Set<String> copy = new HashSet<String>(someSet); // 动作
  copy.remove (str);
  copy.add    (str);
  assertTrue  (someSet.equals (copy));          //后置条件
}
```

图 3-6 JUnit 中关于集合的理论

到目前为止，这个例子还有一个重要问题悬而未决：用哪些数值来代替测试中的参数？换个表达方式，JUnit“理论”方法的参数提供了一个储存测试输入的“盒子”，测试工程师和测试驱动框架要决定在盒子中放哪些值。图 3-7 展示了向例子中集合的参数提供数据的 JUnit 方法。

```
@DataPoints
public static String[] animals = {"ant", "bat", "cat"};

@DataPoints
public static Set[] animalSets = {
  new HashSet (Arrays.asList ("ant", "bat")),
  new HashSet (Arrays.asList ("bat", "cat", "dog", "elk")),
  new HashSet (Arrays.asList ("Snap", "Crackle", "Pop"))
};
```

图 3-7　JUnit 理论的数据值

JUnit 将参数可能用到的数据值明确地列为 @DataPoints 对象，这些对象可以是 Java 某种数据类型的数组。JUnit 将数据值和参数进行类型匹配，如果数据值和参数有相同的类型，那么 JUnit 就载入数据值[⊖]。测试用例的数目是测试用例中所有参数的可能数据值的叉积（cross-product）。例如，图 3-6 中的测试用例有两个参数，一个是“字符串”类型，另一个是“集合”类型。图 3-7 有 3 个“字符串”类型的值和 3 个“集合”类型的值，于是这个例子有 3 * 3 = 9 个可能的输入组合，其中 4 个满足先验条件。这 4 个满足先验条件的组合也同时满足后验条件，这正是我们对正确的 JUnit 理论所期望的。对于那 5 个不满足先验条件的组合，JUnit 不会验证后验条件。显而易见，如果先验条件不满足，那么后验条件也不需要验证。

48

基于数据驱动的测试会遇到测试用例数目组合爆炸的问题。回忆一下，潜在的测试用例数目是由单元测试用例中每个参数的所有可能值来决定的。对于数据值不大的集合，测试用例数通常不是一个问题。但是对于数据值大的集合或者有很多参数的测试方法，实际测试用例的数目会以几何级数快速增长，测试者必须明白这一点。当测试框架产生的测试用例超出实际（或期望）承受的范围时，测试者需要进行适当的调整。

3.3.4　从命令行运行 JUnit

上面的例子已经足够在 IDE 内运行 JUnit 了。如果要从命令行来运行，需要 main 方法。图 3-8 展示了一个额外的类用来运行 Min 类的测试用例。如果一个测试用例失败了，JUnit 给出失败的位置及其抛出的所有异常。如果从命令行运行 JUnit，反馈的格式就是简单的栈追踪信息（stack trace）。对于任何未被捕获的异常，Java 运行系统都提供栈轨迹。而 IDE 会将反馈写成一个更加清晰的格式。

3.4　超越自动化

测试实践者都广泛认同测试自动化是使测试更加有效和有效率的一个关键手段。然而测试自动化框架并不是“万能的”。它们并不能解决软件测试中的核心技术问题：**使用什么样的测试值**？而这是测试设计的主题。在第 4 章介绍测试驱动开发之后，第 5 章会大体上讨论基于准则的测试设计，之后的四个章节将会讲述设计测试用例的具体准则。

⊖ 精确来说，JUnit 使用 Java instanceof 测试来决定是否将一个已知对象和一个特定的参数相关联。JUnit 由 Java 反射机制来实现，也就是用到了软件执行时的信息。因此，JUnit 不能利用 Java 泛型来匹配类型，而只能依靠“原始的”类型。

```
import org.junit.runner.RunWith;
import org.junit.runners.Suite;
import junit.framework.JUnit4TestAdapter;

// 这个部分声明了程序中所有的测试类
@RunWith (Suite.class)
// 添加测试类时需要在尖括号内插入对应的.class文件名
// 用逗号来分隔
@Suite.SuiteClasses ({ MinTest.class })

public class AllTests
{
  // 执行始于main()函数。这个测试类执行一个TestRunner对象
  // 来通知测试者是否有测试用例执行失败
  public static void main (String[] args)
  {
    junit.textui.TestRunner.run (suite());
  }

  // 当使用JUnit 3或Ant架构时，suite()方法是有用的
  public static junit.framework.Test suite()
  {
    return new JUnit4TestAdapter (AllTests.class);
  }
}
```

图 3-8 针对 Min 类的 AllTests 测试类

习题

1. 测试者为什么自动化测试用例？自动化的局限性有哪些？
2. 用一到两段话解释**继承**层次是如何影响可控性和可观察性的。
3. 为 BoundedQueue 类开发 JUnit 测试用例。在本书网站上已有一个可编译的文件 BoundedQueue.java。确保你的测试用例检测待测类中的每一个方法。但是我们不会评估你的测试设计的质量，也不要求你的设计满足任何的测试准则。提交一份你的 JUnit 测试用例的打印稿，还有每个测试用例结果的打印稿或截屏。
4. 删除 Min 程序中被明确抛出的 NullPointerException 异常。当输入的列表中只有单个 null 元素时，JUnit 测试用例的执行结果应该是失败。
5. 下面针对 sort() 方法的 JUnit 测试用例方法有一个非语法的错误（flaw）。找到这个错误并使用 RIPR 模型来描述这个错误。尽可能精确、具体和简洁。必须使用本书介绍的术语描述才可以得到满分。

   在这个测试方法中，names 是一个用来储存字符串的对象实例，它有 add()、sort() 和 getFirst() 方法，这些方法的名字表述了它们的功能。你可以假设这个对象 names 已经被合理地初始化了。add() 和 sort() 方法也已经测试过了并且工作正常。

```
@Test
public void testSort()
{
  names.add ("Laura");
  names.add ("Han");
  names.add ("Alex");
  names.add ("Ashley");
  names.sort();
  assertTrue ("Sort method", names.getFirst().equals ("Alex"));
}
```

49 ~ 50

6. 考虑下面的例子。PrimeNumbers 类有三个方法。第一个 computePrimes() 方法以一个整数作为输入

然后计算所有的质数。iterator() 方法返回一个 Iterator 对象来遍历所有的质数。toString() 返回这个类的字符串表示。

```
public class PrimeNumbers implements Iterable<Integer>
{
  private List<Integer> primes = new ArrayList<Integer>();

  public void computePrimes (int n)
  {
    int count = 1; // 质数的数目
    int number = 2; // 用来检测是否为质数的所有整数个数
    boolean isPrime; // 这个数是否为质数
    while (count <= n)
    {
      isPrime = true;
      for (int divisor = 2; divisor <= number / 2; divisor++)
      {
        if (number % divisor == 0)
        {
          isPrime = false;
          break; // for 循环
        }
      }
      if (isPrime && (number % 10 != 9)) // 故障
      {
        primes.add (number);
        count++;
      }
      number++;
    }
  }

  @Override public Iterator<Integer> iterator()
  {
    return primes.iterator();
  }
  @Override public String toString()
  {
    return primes.toString();
  }
}
```

51

computePrimes() 有一个故障导致其不能包括尾数是 9 的质数（例如，其忽略了 19，29，59，79，89，109，…）。如果可能的话，按下面的要求设计五个测试用例。你可以使用以上三种方法调用来描述测试用例，或是用简短的文字来描述。注意最后的两个测试用例需要添加测试预言。

a）一个测试用例不能到达故障。

b）一个测试用例到达了故障，但不能影响程序状态。

c）一个测试用例影响了程序状态，但不能传播到输出。

d）一个测试用例将影响传播到了输出，但不能揭示故障。

e）一个测试用例揭示了故障。

如果不能产生以上的某个测试用例，解释为什么。

7. 重新考虑前面练习中的 PrimeNumbers 类。通常，可以使用埃拉托色尼筛选法（Sieve of Eratosthenes [Wikipedia, 2015]）来解决这个问题。算法的变动也会改变故障的结果。具体来说，在伪阴性（false negative）的基础上，伪阳性（false positive）现在可能出现。使用埃拉托色尼筛选法重新编写算法，但是不要删除故障。第一个伪阳性是什么？在遇到这个伪阳性之前，测试用例需要产生多少个“质数”？这个练习展示了 RIPR 模型中的哪些内容？

8. 针对 Min 程序，开发一组数据驱动 JUnit 测试用例。这些测试用例只包含正常并没有异常的返回。你的 @Parameters 方法应该生成字符串和整数值。
9. 当重写 equals 方法时，程序员也需要重写 hashCode() 方法，否则客户不能在通用“集合（Collection)”结构（例如 HashSet）中存储这些对象实例。比如第 1 章中的 Point 类就有这方面的错误。
   a）当使用 HashSet 时，描述 Point 类的问题。
   b）写出 equals() 和 hashCode() 之间的数学关系。
   c）写出一个简单的 JUnit 测试用例来表明 Point 对象并不满足这个关系。
   d）修复 Point 类中的故障。
   e）使用 JUnit *理论*来重写你的 JUnit *测试用例*。使用合适的 DataPoints 运行新的测试用例。
10. 将 JUnit 理论 removeThenAddDoesNotChangeSet 中每一处用到集合的地方都用列表来代替。那么这样产生的理论是正确还是错误的？多少测试用例通过了先验条件也通过了后验条件？解释这一结果。

52

3.5　参考文献注解

测试自动化的定义在 [Dustin et al., 1999] 的基础上做了适当的改进，这本书在测试自动化的问题和实践方面都做了详细的论述。关于核心任务和辅助任务的描述来自 [Cooper, 1995]。

可测性的定义已经发布了不同的版本。根据 1990 IEEE 的标准词汇表 [IEEE, 2008]，可测性是“为了评判测试准则是否达标，一个组件在测试准则建立和用例性能提升方面所能提供的便利程度”。[Voas and Miller, 1995] 在定义可测性时只关注“如果软件有故障的话，软件中的一部分在下次测试执行时可能会失败的概率”。[Binder, 1994; Binder, 2000] 使用可控性和可观察性来定义可测性。可控性是用户能够控制组件输入（和内部状态）的概率。可观察性是用户拥有的观察组件输出的能力。如果用户不能控制其输入，那么也无法确信结果输出的原因。如果用户无法观察待测组件的输出，也无法确定执行是否正确。[Freedman,1991] 也使用可观察性和可控性来描述可测试性。在其定义中，可观察性指的是给定输入下组件在产生正确输出时可被观察的程度。可控性是指给定输出域下生成其所有值的难易程度。

我们对可测性的定义由 IEEE 的标准 [IEEE, 2008] 改编而来。可观察性和可控性的定义是在 [Freedman, 1991] 的基础上改进的。

信息隐藏（information hiding）降低了可控性，进而造成测试更加困难的认识来自 [Voas, 1992]。

测试用例中有些部分的定义基于 Balcer 和 Stocks 关于测试规范的研究 [Balcer et al., 1989; Stocks and Carrington, 1993]。

JUnit 是一个简单的测试驱动。对 JUnit 的简洁有疑虑的读者可以审阅 Bloch 用半页就完成的具有 JUnit 基本功能的实现，在他的书的第 171 页 [Bloch, 2008]。JUnit 的强大之处在于其一致性：JUnit 鼓励所有的 Java 程序员用同样的方法编写测试用例。[Buest and Suleiman, 2008] 描述了 TestNG，这是 JUnit 的一个继任者，它包括可以测试大规模项目的一些有用功能。TestNG 也使用了*数据驱动测试*的概念，这与我们的用法一致，不过 TestNG 还包括了一个更为丰富的支持框架。[Tillman and Schule, 2005] 开发了将参数加入单元测试的方法。Pex 测试用例生成框架 [Tillmann and de Halleux, 2008] 可以自动识别用来替换相应参数的可能数值。

53

第4章
Introduction to Software Testing, Second Edition

测试优先

软件测试的过往发展只是序章，我们即将面对其辉煌的未来。

近年来，测试在软件开发中的角色已经发生了根本性的变化。在一些开发方法——尤其是敏捷方法中，测试已经由一个可有可无的添头演变为一个处于中心地位的活动。本章揭示测试在软件开发中不断演化的角色，同时强调推动测试演化的关键理论和实践因素。本章传递的信息如下：如果高质量的测试没有位于开发过程的核心地位并且未与开发过程密切相关，那么这个项目失败的风险很大。该项目可能在技术上掉链子，你无法控制代码实现的功能。该项目也可能在商业上失败，你的竞争对手更快地开发出更好的功能。以哪种方式失败并不重要，可悲的是，其结果都是一样的。

4.1 驯服改动成本曲线

标准的教科书所讲的传统的软件工程已经形成了一个独立的领域，原因是使用临时的（ad hoc）方法开发大型软件项目已经证明被越来越难，甚至是不可能的。传统的软件工程主要关注大量的建模和提前的分析，目的是尽早地发现可能的问题和改动。经济方面的逻辑是在项目早期揭示失败可以带来巨大的投资回报。每本软件工程教科书都包括传统的“改动成本（cost-of-change）”曲线，其中关键的变量是最理想做改动的节点和实际认识到需要做改动的节点之间的时间差。第1章中的图1-1就阐述了这个概念，当我们由单元测试向集成测试、系统测试直至部署推进时，发现和修复故障的成本激增。

图4-1对改动成本曲线做了更加概括的描述。理解该图的方法是找到最初做出决定（或造成失误）的时间点，还有修改决定（或改正失误）的时间点。这两个时间点的间隔标注在横轴上，纵轴代表成本，成本是一个以起始和修改时间间距为输入的函数。当横轴上的时间间隔很短时，成本“差（delta）”也很小；当时间间隔变得越来越大时，成本差的曲线会陡然向上爬升。成本持续上涨的主要原因是在最初的决定做出之后，我们需要继续其后续工作。当修改最初的决定时，其后续工作也需要做出相应的改动。还有一个次要问题是当软件变得庞大以后，找出失败的根源也会变得更困难。

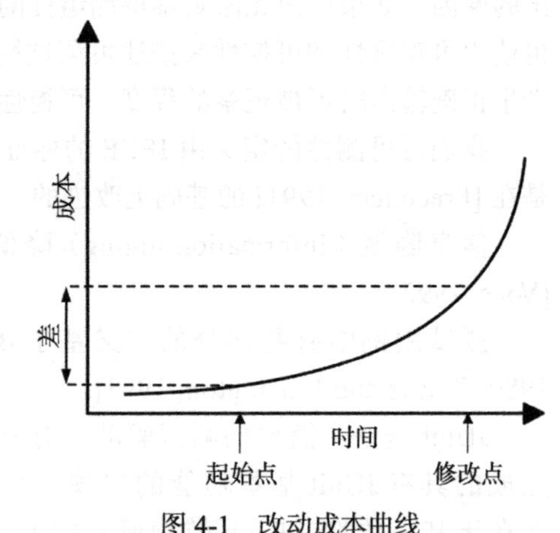

图4-1 改动成本曲线

软件工程发展的早期，存在两个让传统的软件工程有效管控改动成本曲线的假设：

1. 建模和分析技术在软件生命周期的早期可以有效地发现潜在的问题和改动。

2. 当我们考虑整个项目生命周期中的所有花费时，改动成本曲线暗示的成本节约证明了建模和分析技术所用开销的合理性。

软件工程危机

我们推测这个想法诞生于1968年第一次提出"软件工程危机"概念之时。那个时候，大部分的软件都为军事机构服务。这些军事机构获取软件之后将其嵌入武器和其他的军事系统当中。这就要求软件能够"马上正确地"工作，而且在很长时间内不需要或只需要很少的维护。这种想法的原因是，对于这些在全球部署的军用系统，任何需要硬件系统返厂的改动都花销巨大。所以在当时的情况下，那两条假设是有道理的。当今，军用软件已经成为软件工业中的一小部分。软件可以经常通过网络远程更新，而网络应用可以直接部署在本地的服务器上，用户则远程访问。

54~55

这些假设暗含的概要是需求永远是完全的并且是实时更新的。事实上，软件工程师要求需求必须是全面的且实时的，否则前期在需求上的投入是低成本效益的。但是，软件工程师特别是合同承包人最常用的抱怨之一是什么？"顾客在不停地修改他们的想法！他们不知道他们想要什么！"这展示了一个对人类本性理解的基本误区。人们可以很好地得出问题的大致解法，但是并不擅长精确地解决问题。这就是为什么专业人士（如科学家和医生）花费很多年时间训练自己变得可以非常精准地处理问题，这也是为什么在篮球比赛中投篮比传球更难。如果人类是完美主义者，上面的假设才会成立。然而我们真的只能做到近似完美。

4.1.1　改动成本曲线真的被驯服了吗

本节我们通过比较传统的软件工程来讲述敏捷软件开发方法。在最广义的层面上，敏捷方法只关乎最后的关键结果：可运行的软件，对随时的改动反应迅速，有效的开发小组和满意的客户。虽然敏捷测试方法广义上包含的内容都很重要，但是它处于本书覆盖的范围之外。这里我们只关注测试占特别重要角色的敏捷方法，比如极限编程XP和测试驱动开发（TDD）方法。

与传统软件工程相对立的敏捷开发的根本论点是，传统软件工程的两个假设在现代许多的软件项目中都不成立。动摇第一个假设根基的事实是，软件工程师被证明是很差的占卜师。他们不仅不能预判未来需要的改动（伪阴性），而且还错误地提前为一些没有必要的改动做准备（伪阳性），这样就造成了资源浪费。特别是，预测商业价值是极其困难的，所以现代软件是以一种本质上不可预估的方式在演化。削弱第二个假设根基的另一个事实是，当改动发生时，不可执行的工件和将要实现的系统渐行渐远。例如，即使一个UML模型很好地描述了一个系统的最初版本，六个月之后这个模型通常与现有的系统相去甚远。对于这个难题，极限编程方法将使用模型帮助理解系统的作用（这是好事情）和使用模型作为文档的实践（这被认为是自找麻烦）分开。换个说法，极限编程方法认识到了UML模型在沟通特定的系统设计信息方面的作用。但极限编程方法的另一个立场是，将UML模型存档会带来问题，在其最初的目的（设计）达成之后，通常一种更好的方式是将模型简单地删除掉。

56

一个与传统软件工程假设针锋相对的敏捷原则就是"你不会需要它！"或叫作YANGNI（You ain't gonna need it）。YANGI原则认为传统的提前做全盘计划是令人焦虑的，因为从根本上预测系统的演化是很困难的，所以从改动成本曲线中期望的节约不会成为现实。取而代之的是，敏捷方法（如 TDD）将许多设计和分析决定延后，而着重强调尽可能早地开发出一个实现了一定功能的可运行的系统。乍一看，又回到了传统软件工程之前的黑暗时期。但绝对不是！事实上这中间存在一个关键的不同。

问：所以，这其中的不同是什么？

答：测试装具（有的文献将其译为测试床）。

我们使用术语*测试装具*（test harness）。它不仅包含自动化的测试用例，还指代管理测试执行的过程，因而开发者可以尽可能快地获得关键的反馈。

下一节将探究测试装具的含义。

4.2　测试装具——守护者

敏捷测试特别是测试驱动开发对正确性（correctness）的看法与以前相比是创新的，甚至更加严格。之前的章节已经详尽地讨论过了我们对正确性的见解。第 1 章指出作为软件的一个概念，衡量正确性是不可能的，甚至也许是没有意义的。就像第 2 章所讲的，当分析工程学中复杂的大型软件系统时，我们甚至不清楚“正确性”具体包含什么。第 3 章介绍了自动化测试，同时澄清了一个自动化测试用例必须包括预期的，或“正确的”行为。注意，在一个特定的测试用例中获知其正确的行为比找到整个软件的正确行为要受到更多的限制，却也更加的简单。这样敏捷方法的思维就有了一个根本的转变。

所有的敏捷方法都有一个基本的假设：我们在具体的测试用例中*展示一些*行为，而不是根据需求或规范来*定义所有的*行为。如果软件通过了一个指定的测试集，那么这个软件就被认为是正确的。这个测试集中的测试用例必须是自动化的，而且必须包括预期的结果。就是说，测试自动化是测试驱动开发的前提。总结一下，所有敏捷方法的前提都是一样的。软件的“正确性”是由测试用例来衡量的，而非全局化的定义和分析。如果所有的测试用例都通过了，那么系统是正确的。否则，构建失败。

虽然这条通向正确性的道路可能会使数学家觉得索然无趣，但软件是由工程师开发的，猜猜看会怎么样？工程师并不是数学家！这种正确性的看法有着巨大的工程实践上的好处，因为它既具体又可以检查。实际上，这种观念重新定义了“正确性”使之更加局限，因此使评估成为可能。即使软件及其测试用例正在演化，在任意时间点上，其系统正确性可以通过运行测试用例集来立即验证。再者，如果有人反对现行的系统并认为该系统应该有不同的行为，那么表达这个反对意见的建设性方法之一就是写（或修改）测试用例！

57

在敏捷方法中，测试用例实际上就是系统的规范。从开发者的角度来看，这使测试成为了开发的中心活动。这就是敏捷方法（如 TDD）要求首先编写测试用例，其次实现功能，第三遵照有效的设计原则的原因。需要强调的是，在 TDD 中、合理的设计依然重要，它只是在开发周期中占据了一个与以往不同的、更靠后的位置。

测试装具作为软件开发守护者这一理念的结果是许多敏捷开发者共同的信念：不可执行的文档不仅在功效上有问题，而且还潜在地具有误导性。虽然每个人都同意可以*正确*描述软件工件的不可执行文档是有用的，但可以肯定的是，*不能正确*描述软件工件的不可执行文档也是负担。敏捷方法试图让可执行工件满足在传统软件工程中由不可执行工件来满足的需求。例如，在敏捷方法中代码中的注释可能转化到方法名称中，编译器则略过注释，但是仍然对方法名称做语法检查。

敏捷开发认识到软件内核心角色已经发生演变的事实告诉我们：其对成功的定义和传统

的软件工程开发不同。传统的开发将成功定义为“预算内准时交付”，但是敏捷方法首先关注在开发的初期就要有可执行的东西，其次才是生产不同的、可能会比最先想象还要优质的产品。

因此，为了使敏捷开发变得可行，测试用例要保证高质量，测试过程也要高效。使用测试自动化是必需的，但不是充分的。

4.2.1 持续集成

敏捷运动的关键发展之一是持续集成服务。其想法是程序员从一个“干净的（clean)”开发环境中开始，访问一个项目的代码库，下载源代码和测试用例集，构建系统和验证测试用例集。在对系统或测试用例集做出改动（并且验证）之后，开发者将改动提交到代码库，持续集成服务器重新构建系统，然后重新运行和验证测试用例集。单个开发者犯的错误将会很快被发现，更重要的是全组的开发者会马上知晓有分歧的设计决定。

持续集成服务是测试装具中的一个重要部分。这里开发者定义“自动构建”的规则，其中包括验证步骤，例如，执行测试用例集、检查代码覆盖率和监控静态分析结果。工具的指示板和通知提示脚本会实时地或近似实时地向项目组中的关键成员通知构建状态。

持续集成服务器可以有多快？理想来说，应该是瞬时完成的，但在有限的计算能力的情况下，这是不可能的。在实践中，其目的是当问题的根源依然存在于开发者大脑的短期记忆中时，提醒开发者需要对问题做出修正。这中间会花费几分钟，最多几个小时。从测试的角度来说，意味着在这个时间窗口内，我们需要用一些工程化的手段使全部的测试用例得以运行完成。我们的测试用例不只要好，还要快。

58

4.2.2 敏捷方法中的系统测试

系统测试从两个方面向敏捷方法提出了挑战。首先，当开发系统测试用例时，系统还几乎或完全没有实现任何功能。因为本书主张尽可能早地开发测试用例，这种情况（功能尚未实现时做测试）和我们使用的传统方法并没有不同。其次，也是更重要的，需求不会像传统软件工程一样被记录下来。习惯上，系统测试者经常从描述系统全部行为的需求（有时是规范或体系结构设计）中开发测试用例。

实现系统测试所检验的软件功能，这样复杂的事情可能需要花费大量的精力。对于一个不仅没有开始开发，甚至在短期内都无法运行的系统，如何在它上面运行一个测试用例？当然，在传统的软件工程方法中，系统测试者也面临着同样的问题。不同之处在于，敏捷方法有测试装具对系统持续验证作为保证。

在传统的软件开发中，系统需求经常在完成度和时效性上存在疑问。在敏捷方法中，需求是完全没有记录的！那么系统测试者做什么？敏捷方法的系统测试者经常从用户故事中设计测试用例。*用户故事*是一句，或很可能是多句以最终用户的语言描述用户在其工作中做的或使用软件需要做的事情。这和 UML 用例（use case）相似，因为它们都是使用高级语言描述软件的设计行为。但是它们也有巨大的不同，用户故事通常更精炼，包括很少的细节。实践上，一个通用的方法是将用户故事写在便签上以强调其精干的特征。用户故事也不会用来归档，但是会作为编写之后被归档的测试用例的基础。

图 4-2 阐述了如何在敏捷方法特别是在测试驱动开发方法中使用用户故事。首先写一个用户故事，最好来源于实际或预期的用户的想法。然后将这个用户故事转化为一个或多个验

收测试用例。按照定义，因为这些验收测试用例所测的功能还不存在，所以这些测试用例在现阶段的软件版本下是失败的。敏捷对“验收测试”的用法和我们在第2章中的定义是兼容的。验收测试和传统的系统测试是处于同一个抽象层级上的，结构相同，但是目的不同。验收测试用例来自用户，其目的是代表用户的需要。敏捷方法看重验收测试用例，但并不太关心传统的系统测试用例。失败的验收测试用例用来生成一系列的TDD测试用例。这些TDD测试用例按顺序来编写，随后的每一个测试用例迫使软件开发者实现更多系统所需的功能。当足够多的功能实现完成并且验收测试用例通过时，敏捷开发者就可以转向新的用户故事了。

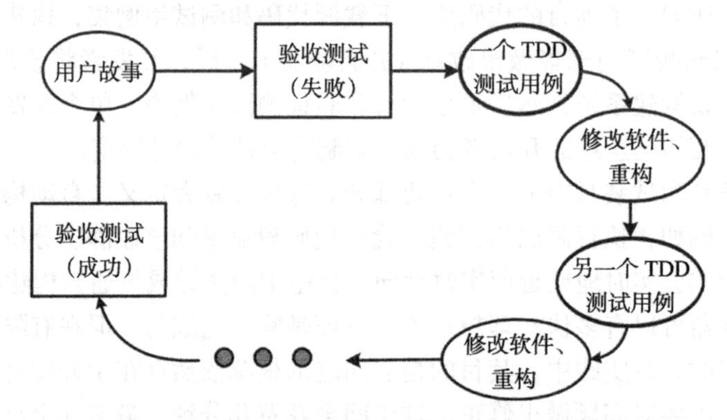

图4-2 用户故事在开发系统（验收）测试用例时的角色

考虑一个非常简单的用户故事——客服技术员可以根据需要看到用户的历史纪录。这个故事没有包含实现的细节，也没有具体到可以当作一个测试用例来运行。这个用户故事样例可能会包含一条大众路径（happy path）的测试用例，客服技术员处理来自特定现有用户的电话。如果这个用户的历史纪录可以按要求显示出来，那么测试通过。另外一个测试用例可能和新用户有关，如果客服技术员发现这个新用户没有历史纪录，那么测试通过。这些测试用例向开发者提供具体且精确的关于如何实现功能的引导。

敏捷社区已经开发出一些过程和工具来管理自动化的系统测试以及开发进行时对功能实现的集成。本章不会描述所有的过程和工具，图4-2只是其中的一个代表。本章的参考文献注解部分会提供指向这些话题的链接。

本章强调的是测试用例、系统或其他在敏捷方法中定义了软件的行为。其结果是，高质量的测试用例对敏捷项目是否成功起着核心作用。

4.2.3　将测试加入遗留系统

对许多实际的系统来说，一个不幸的事实是测试被忽视了，开发者不得不做的工作只有源代码。这是一个极度危险的事态，经常会导致公司因为担心改动的结果而决定不再修改一些系统。但是这样明显的保守决定也并不安全。阿丽亚娜5型火箭（在第1章提到过）首飞失利的根本原因就是决定重用未修正的阿丽亚娜4型的惯性制导系统，尽管事实上开发者知道阿丽亚娜4型系统上的一些代码对阿丽亚娜5型是多余的。火箭的失利可以追溯到无用代码的问题上。

因此，当开发者开始在现有系统上工作时，通常面对的一种情况是如何将像TDD这样的方法应用在一个完全没有任何测试用例的系统上。坚持停止现有的工作直到整个测试集完全建立的想法是不现实的，持这种想法走下去的雇员有可能已经在找新的雇主了。取而代之的是，我们需要一种方法能够递增地添加测试用例，这样经过一段时间，系统可以安全地拥有新功能和用来验证功能的新的测试用例。 59~60

简要地介绍两个通用的途径：重构（refactoring）现有代码和修改遗留代码（legacy code）的功能。完全理解这个过程的最好方法是去实践，在本章最后的练习中我们也是这样要求的。

*重构*是一种修改（希望有所改进）现有代码结构但不改动其行为的方式。但是我们也不可能安全地重构而不去检查系统行为是否已经改变。敏捷方法中重构遗留代码的方式是提供被重构代码部分的测试用例。一旦这些测试用例成功运行，开发者就可以将重点转到重构上来，因为他们相信测试用例会帮助捕捉到在这个过程所犯的错误。重构结束前的最后工作就是保证所有的测试用例依旧通过。

修改功能包括两种情况：添加新的功能或修改一个故障，这个过程和重构只是稍有不同。同样地，开发者对将要改动的代码部分添加测试用例。当然有些测试用例会失败，这是因为新的系统功能还没有实现，或者故障还没有被修复。一旦测试用例准备完成，随之可以对系统进行必要的改动。在这个过程的最后，所有的测试用例包括那些之前失败的用例都要通过。

4.2.4 敏捷方法中测试的弱点

敏捷方法给予了很多，但也是有代价的。其中的一个代价就是许多概念和以前的非常不一样，这尤其对已有既定规程的项目组和公司造成了混乱。我们已经讨论过敏捷方法中需求不存在，或者至少说是以一种非常不同的形式存在。其他的一些东西也同样失去了，比如可跟踪性矩阵（traceability matrix）。可跟踪性矩阵中的信息转移到了验收测试用例和TDD测试用例。

敏捷社区已经投入了大量的精力通过使用例如测试替身（test double）的技术来加快测试速度。社区还开发了其他方法（比如持续集成服务器）来向开发者提供有效的反馈。当使用像是TDD这样方法的时候，我们只有在失败的测试用例存在的情况下，才会添加实现新功能的代码。所以每一个软件新加的功能都由至少一个测试用例所驱动。

虽然这是个好的开始，但还不够。当我们使用TDD时，测试用例主要用来*定义*软件的行为，而并非像传统测试所做的*评估*其行为是否正确。相关文献对设计测试用例评估软件没有太多讨论。例如，典型的由测试驱动的测试用例评分还在使用基本的代码覆盖准则（比如语句覆盖）。敏捷方法弱点的主要因素是敏捷测试用例倾向于关注*大众路径*（happy path），即那些在正常使用时应该发生的行为。这些测试用例不太可能遍历疑惑用户的路径（当用户操作失误和有不寻常操作的时候）、创造性用户的路径（当用户想到新的方法来使用软件的时候）和恶意用户的路径（当用户试图破坏安全防护或攻击软件的时候）。 61

通过应用覆盖准则设计测试用例来提升软件评估的质量是本书的重点。下一章将会介绍覆盖准则的概念，第二部分的章节将会讲授具体的覆盖准则以帮助测试者设计高质量的测试用例。

习题

1. 第3章包含程序Calc.java，这个程序放在本书网站的程序列表页。

Calc 目前实现了一个功能：将两个整数相加。使用测试驱动设计来添加两个整数相减、两个整数相乘和两个整数相除的功能。首先对其中的一个新功能，创建一个失败的测试用例，修改 Calc 类直到测试通过，然后进行必要的重构。重复上述过程直到所有必要的功能添加到新版本的 Calc 类并且所有的测试用例都通过。

记住在 TDD 中，测试用例决定需求。这意味着你必须将决定转化为代码，比如改动软件之前，在自动化的测试用例中决定除法的方法是否返回一个整数或一个浮点数。

提交所有的测试用例和 Calc 类最终版本的打印稿，以及显示所有测试用例通过的截图。更重要的是，用文字描述每个测试用例是如何创建的，测试用例通过所需要的改动和所有必要的重构。

2. 设置一个持续集成的服务器，其中包括对源代码和测试用例的版本控制。编写一个包括源代码和测试用例的简单例子。试着通过在源代码中引入一个故障或加入一个失败的测试用例来“破坏构建”，然后修复被破坏的构建。
3. 大部分的持续集成系统在执行自动化的测试用例之外还提供很多其他的功能。在前面练习的基础上进一步扩展，在持续集成服务器上使用别的验证工具比如代码覆盖或静态分析工具。
4. 在现有的一个大型系统中找到一个重构。找到或生成包含与这个重构相关的软件行为的测试用例。对相关部分进行新的重构，然后验证测试用例应该依然通过。
5. 修复现有系统的一个故障。就是说，找到需要做改动的代码，然后用测试用例来捕获软件现有的行为。这些测试用例至少有一个必须失败，这表明你找到了故障。修改这个故障然后验证所有的测试用例都应该通过。

4.3　参考文献注解

有关软件问题最早的正式讨论之一是在 1968 年的 NATO 会议，那时第一次提出了“软件工程危机”[Naur and Randell, 1968]。[Krug, 2000] 解释了认知能力和可用性的概念：人类对预估很在行。但是，要想做到完美很难。

62

敏捷宣言 [Beck et al., 2001] 总结了敏捷行动的大致目标。有关软件工程传统方法问题的具体材料来自 [Fowler, 2004; Fowler, 2005] 对比了传统软件工程中做计划的方法和正在演化的软件工程方法，然后讨论了极限编程中设计技术的角色。[Ambler and Associates, 2004] 探究了传统和敏捷方法中的改动成本曲线。[Koskela, 2008] 讲述了 TDD 方法的概述，并讨论了一对孪生的问题：所预见的改动并非必要以及不可预知改动存在的必然性。Flower 是有关重构的经典教科书的第一作者 [Fowler et al., 1999]。

阿丽亚娜 5 型火箭失败的报告 [Lions, 1996] 已经在网上和书上经历了广泛的讨论。[Jazequel and Meyer, 1997] 发表了一份有着最高引用次数的报告。

及时向开发组提供有关项目状态的反馈并不只是通知开发者现有问题以避免类似问题再次出现，有关这方面的更多内容参见 Brun 的著作 [Brun et al., 2011]。

63

基于准则的测试设计

抽象应该用来处理问题的复杂性，而不是忽略复杂性。

之前的章节已经介绍了覆盖准则也给出了一些简单的例子。现在是时候正式定义这个重要的概念了。本章以抽象的方式来描述准则背后的理念，这些理念适用于所有的结构。第二部分的四章将用具体的准则或结构将这些理念实例化，然后讲述如何在实际中应用这些理念。

5.1 定义覆盖准则

我们经常听测试者说到"完备的测试"、"穷尽的测试"和"完全覆盖"。因为软件在基础理论上的局限性，这些说法都没有得到很好的定义。特别是，大部分程序可能的输入数目太大以至于几乎等同于无穷尽。考虑Java编译器——其潜在的输入数目不仅是现有的所有Java程序，甚至也不是几乎所有正确的Java程序，而不是所有的字符串。唯一的限制是可以由解析器读取的文件的大小。因此，输入数目实际上等同于无穷，我们不可能将其有效地穷举出来。

这就是需要覆盖准则的地方。因为我们不可能使用所有的输入来测试，所以我们利用覆盖准则决定应该使用哪些测试输入。覆盖准则背后的原理是划分输入空间使单个测试用例发现的故障数最大化。从实际角度来说，覆盖准则也提供了有用的规则来决定什么时候停止测试。

本书使用第2章中介绍的测试需求来定义覆盖准则。基本的想法是：我们想让测试用例包含一定的属性（比如测试需求），每个属性都应该由至少一个测试用例提供，或指明属性都不必出现在任何测试用例中。

64

定义5.23 测试需求（Test Requirement） 测试需求是软件工件中测试用例必须满足或覆盖的指定元素。

这个定义比较抽象，而之后的章节将会针对不同结构和准则，给出具体的定义。测试准则通常以集合为单位，我们用缩写 *TR* 表示测试需求的集合。

我们可以用各种软件工件来描述测试需求，包括源代码、设计组件、规范模型元素，甚至是输入空间的描述。本书后面会讲到如何从这些软件工件中生成测试需求。

我们先来讲一个非软件的例子。假设我们被派去干一件令人嫉妒的任务，测试软心豆粒糖。我们需要从软心豆粒糖的包装袋中挑一些样品出来。假定这些软心豆粒糖有下列六种口味，四种颜色：柠檬口味（黄色），开心果口味（绿色），哈密瓜口味（橙色），梨口味（白色），橘子口味（橙色）和杏口味（黄色）。一个简单的测试方法可能是测试每一种口味的软心豆粒糖。然后我们有六个测试需求，每种口味一个。为了满足测试需求"柠檬口味"，我们需要从一个包装袋中挑出并且品尝一个柠檬口味的软心豆粒糖。读者可能会思考，在品尝步骤之前，如何判断挑出的黄色软心豆粒糖是柠檬口味还是杏口味？这就是第3章中所讲到的经典的可控性问题。

再举两个关于软件的例子，如果目标是覆盖程序中所有的决定（分支覆盖），那么每个决定都导致两个测试需求，一个需求决定赋值为假，另一个需求决定赋值为真。如果每个方法必须被调用至少一次（调用覆盖），每个方法都生成一个测试需求。

覆盖准则就是系统性地生成测试需求的方法。

定义 5.24 *覆盖准则（Coverage Criterion） 覆盖准则是一个或一组规则。这些规则决定了在测试用例中要覆盖的测试需求。*

这就是说，测试准则使用完整且没有歧义的方式描述了测试需求。“口味准则”是一个简单的选择软心豆粒糖的策略。在这个例子中，测试需求集 *TR*，可以正式地写作：

TR = { 柠檬口味，开心果口味，哈密瓜口味，梨口味，橘子口味，杏口味 }

测试工程师需要明白一个测试用例集到底有多好，所以我们用覆盖准则的方式衡量测试用例集。

定义 5.25 *覆盖（Coverage） 给定一个覆盖准则 C 所包含的测试需求集 TR，当且仅当对 TR 中的每个测试需求 tr，测试用例集 T 中至少存在一个测试用例 t 满足 tr 的时候，测试用例集 T 满足覆盖准则 C。*

继续上面的例子，如果一个测试用例集 *T* 有12个软心豆粒糖：{ 三个柠檬口味，一个开心果口味，两个哈密瓜口味，一个梨口味，一个橘子口味，四个杏口味 }。这个测试用例集满足“口味覆盖”。注意，多个测试用例满足一个测试需求是没有问题的。但如果这样做的话，测试用例集就会有不必要的冗余。因为每个测试用例都带有成本，所以我们通常倾向于避免这些冗余。没有冗余的测试用例集被称为极小测试用例集。

65

定义 5.26 *极小测试用例集（Minimal Test Set） 给定一个测试需求集 TR 和一个满足所有测试需求的测试用例集 T，如果从 T 中任意移除单个的测试用例会导致 T 不能满足所有的测试需求，那么 T 就是极小的。*

这个定义和最小测试用例集是不一样的。

定义 5.27 *最小测试用例集（Minimum Test Set） 给定一个测试需求集 TR 和一个满足所有测试需求的测试用例集 T，如果不存在满足所有测试需求的更小的测试用例集，那么 T 就是最小的。*

检查一个测试用例集是否是极小的比较容易，通过删除测试用例以使测试用例集极小化也很好理解。在上面的例子中，我们可以删除两个柠檬口味，一个哈密瓜口味和三个杏口味的软心豆粒糖，这样上面的测试用例集就变成极小的了。但是，找到一个最小的测试用例集会非常困难。事实上，在原则上这是一个不可判定（undecidable）问题。

覆盖的重要性体现在两个方面。第一，有时满足一个覆盖准则代价很大，所以我们希望以采取达到某个覆盖程度的方式折中处理。

定义 5.28 *覆盖程度（Coverage Level） 给定一个测试需求集 TR 和一个满足所有测试需*

求的测试用例集 T，T 满足的测试需求数和 TR 数目的比率就是覆盖程度。

第二，也是更重要的一条，我们无法满足某些需求。假设橘子口味的软心豆粒糖很少见（像紫色的 M&M 巧克力一样），有些包装中可能完全没有，或非常难找到橘子口味的软心豆粒糖。在这种情况下，我们不可能百分之百地满足口味准则，最大的覆盖程度可能只有 5/6 或 83%。通常合理的做法是从需求集 TR 中将不可满足的测试需求删掉，或将这些测试需求替换为一些不太严格的测试需求。

我们将无法满足的测试需求称为*不可行的*（infeasible）。其正式含义为，不存在满足测试需求的测试用例值。有关具体的软件准则的例子将会贯穿本书，不过我们对其中的一些例子已经很熟悉了。死码（dead code）会造成不可行的测试需求，这是因为死码中的语句是不可达的。对大部分的覆盖准则来说，检测不可行的测试需求在理论上是不可判定的。即使研究人员试着寻找局部的解决方案，然而成效甚微。所以达到 100% 覆盖在实践中是不可能的。

传统上我们应用覆盖准则的方式有两种。其一是直接生成测试用例值来满足准则。这种方法在研究中经常使用，同时也是使用准则的最直接方式。在某些情况下，特别当我们没有足够的自动化工具支持测试用例值生成的时候，这种方法也非常难实现。另一种方法是采用其他的方法来生成测试用例值（比如手动生成或使用伪随机生成工具），然后用覆盖准则衡量生成的测试用例的质量。工业界实践者通常喜欢这种方式，因为生成测试用例直接满足准则是非常困难的。不幸的是，这种使用方法有时存在误导的情况。如果我们的测试用例没有达到 100% 的覆盖率，这究竟意味着什么呢？事实上我们没有数据来证实 99% 的覆盖率比 100% 的覆盖率，或是 90% 的覆盖率，甚至是 75% 的覆盖率要差。因为这种方法用准则评估现有的测试用例集，覆盖准则有时也被称为*度量*（metric）。

这两种不同的使用覆盖准则的方法有着强大的理论基础。*生成器*（generator）可以自动生成测试值来满足准则。*识别器*（recognizer）则决定一个测试用例集是否满足一条覆盖准则。对于大多数的覆盖准则，生成测试值来满足准则以及识别测试用例集是否满足覆盖准则都已经在理论上被证明是不可判定问题。但在实践中，识别测试用例是否满足一条覆盖准则要比生成测试用例满足准则常见得多。识别问题的主要难点在于不可行的测试需求，如果不存在不可行的测试需求，那么识别问题就变为可判定的。

66

在实际商用的自动化测试工具中，生成器就是一种可以自动创建测试用例值的工具。识别器就是覆盖分析工具。覆盖分析工具有很多种，既有商用的，也有免费的。

意识到测试用例集 TR 依赖于特定的待测软件工件是很重要的。在软心豆粒糖的例子中，因为我们假定工厂不生产紫色的软心豆粒糖，所以测试需求*颜色* = *紫色*是没有意义的。考虑软件中语句覆盖的情况，只有当待测程序包含 42 行语句的时候，测试需求“执行第 42 条语句”才有意义。对测试工程师来说，处理这个问题的一个合理的方式是先找到软件工件，再选择一种具体的覆盖准则。将工件和准则相结合生成特定的以及与测试工程师任务相关的测试需求集 TR。

覆盖准则之间经常相互关联，而且可以使用包含关系来进行相互比较。回忆一下，“口味准则”要求每一种味道都要被尝试一次。我们也可以定义一个“颜色准则”要求品尝每一种颜色的软心豆粒糖{*黄色*，*绿色*，*橙色*，*白色*}。如果我们满足了口味准则，那么也就同时满足了颜色准则。这就是包含的实质，即满足一个准则将保证另一个准则也被满足。

定义 5.29　准则包含（Criteria Subsumption）　当且仅当满足覆盖准则 C_1 的每一组测试用例集也同时满足覆盖准则 C_2 时，C_1 包含 C_2。

注意这个定义不只针对某些测试用例集，而是要求**所有的**测试用例集都必须成立。包含与集合和子集的关系非常相似，但并不完全一样。通常，一个准则 C_1 可以有两种方式来包含另一个准则 C_2。其中较简单的方式是 C_1 的测试需求是否总是 C_2 的测试需求的超集。例如，一个软心豆粒糖准则可能是尝试所有名字以字母‘P’开头的口味。这个准则产生的测试需求是{开心果口味（Pistachio)，梨口味（Pear)}，该集合是口味准则产生的测试需求{柠檬口味，开心果口味，哈密瓜口味，梨口味，橘子口味，杏口味}的子集。因此，口味准则包含“口味名字以 P 开始的”的准则。

口味准则和颜色准则之间的关系展示了包含关系的另外一种方式。因为每种口味都有一个特定的颜色，而每种颜色代表了至少一种口味，所以如果我们满足了口味准则，也就满足了颜色准则。理论上来归纳，口味准则的测试需求和颜色准则的测试需求之间存在多对一的映射（如果两种准则的测试需求之间存在的是一对一的映射，那么它们相互包含对方）。

在更加实际的有关软件的例子中，我们来考虑分支覆盖和语句覆盖（大家应该已经熟悉这两种覆盖了，至少从直觉上明白它们的含义。第 7 章会给出这两个覆盖准则正式的定义）。如果一个测试用例集已经覆盖了一个程序的每一条分支（满足分支覆盖），那么该测试用例集一定也覆盖程序中的每一条语句。因此，分支覆盖准则包含语句覆盖准则。在后面的章节中，我们将会使用更多、更严格的例子来讲述包含。

67

5.2　不可行性和包含

不可行性和包含之间存在着一种微妙的关系。具体来说，当且仅当所有的测试需求都是可行的时候，一个准则 C_1 有时可以包含另一个准则 C_2。如果 C_1 中的一些测试需求是不可行的，那么 C_1 可能不会包含 C_2。

不可行的测试需求是很常见的，在生活中可以经常遇到。假设我们将软心豆粒糖分成水果和坚果类型[⊖]。现在考虑*交互准则*（Interaction Criterion)，指在同一类型（水果或坚果）中，选取软心豆粒糖的每一种口味以及另外一种不同口味的组合。所以举例来说，我们会尝试柠檬口味和梨口味或橘子口味的组合，但是我们绝对不会选择柠檬口味和它自己或开心果口味。我们猜测交互准则也许会包含口味准则，因为每一种口味都和其他不同的口味相组合。但不巧的是，在我们的例子中，开心果是坚果类型中的唯一成员。因此，在坚果类型中与其他口味相组合的测试需求是不可行的。

重新建立包含关系的一个可能的策略是将交互准则中不可行的测试需求用口味准则中相对应的测试需求替换。在我们的例子中，我们可以直接测试开心果口味的软心豆粒糖。通常来说，在定义覆盖准则的时候要考虑到包含关系中可能会出现的不可行测试需求。这在以前的测试文献中是没有考虑的，本书修改了很多的准则使其可以处理不可行的测试需求。

就是说，这主要是一个理论上的问题，实际的测试者不必过度担心它。理论上来说，我

⊖ 读者可能会想我们是否需要其他的类型来保证覆盖所有的种类。在我们的例子中是没有这种问题的。但是一般而言，我们需要其他的类别来处理不同口味的软心豆粒糖，比如土豆味、菠菜味或是耳屎味（这是真实存在的！）

们假设覆盖准则 C_1 没有不可行的测试需求，那么 C_1 有时是包含另一个准则 C_2 的。但是如果 C_1 在一个程序中有一个不可行的测试需求，那么一个满足 C_1 的测试用例集在跳过这个不可行的测试需求的同时，也可能“跳过”了 C_2 中本来可以满足的一些测试需求。实际中，对于任一程序，C_1 通常只会产生很少的不可行的测试需求。如果 C_1 确实产生了一些不可行的测试需求，那么在 C_2 中相对应的测试需求通常也是不可行的。如果不是这样的话（C_2 中相对应的测试需求是可行的），所损失的极少的测试用例在测试结果中**很有可能**只会产生很小的偏差。

5.3 使用覆盖准则的好处

68

使用覆盖准则设计测试用例有一些巨大的好处。传统的软件测试方法费时费力，代价很高。使用形式化的覆盖准则可以决定测试输入是什么，使测试者更容易地发现问题。

因为覆盖准则将输入空间划分成不同的逻辑区块，所以使用覆盖准则比使用基于人工的方法生成更少的测试用例，但同时可以更有效地发现故障。这个分而治之（divide-and-conquer）的方法意味着测试用例集是全面的，而且其中的测试用例在揭示故障的能力上只有极小的重叠。因为准则是从特定的软件工件推导出来的，所以测试用例具备对软件工件的可追踪性（traceability）。这个可追踪性也为回归测试提供了支持。另一个巨大的好处在于准则天生地为测试提供了“停止原则”。我们可以提前知道需要多少测试用例，项目管理人员可以更加精确地计算测试的成本，测试者则可以精确地估量他们什么时候可以完成测试。最后一点，我们可以自动化地使用覆盖准则。使其自动化的大部分工作就是收集信息和使用这些信息设计和构建测试用例，而这些工作都是计算机擅长的。

这就是说，测试准则使测试变得更加有效果和有效率。我们将会在本章的参考文献注解中谈到，研究人员发现满足覆盖准则可以帮助测试者发现故障，满足更强的覆盖准则可以帮助测试者发现更多的故障。最终，使用测试准则极大地保证了软件的高质量和高可靠性。

在上面讨论的基础上，我们提出一个有趣的问题：“哪些因素可以造就一个好的覆盖准则？”对于这个问题，我们还没有确定的答案，这也可能正是研究人员提出如此之多的覆盖准则的原因。然而，三个重要的方法可以影响覆盖准则的使用。

1. 产生测试需求的困难度。
2. 生成测试用例的困难度。
3. 测试用例揭示故障的能力。

包含关系最多只是一种粗略的对准则进行比较的方式。直觉告诉我们，如果一个准则包含另一个准则，那么前者应该揭示更多的故障。然而，理论上的证明并不存在，实验上的结果也不统一。无论怎样，在研究领域，大家对某些准则的关系还是有着广泛的共识的。生成测试需求的难度取决于待测的软件工件和准则。而生成测试用例的困难度与测试用例揭示故障的能力是直接相关的，我们也应该很容易理解这个基本认识。软件测试者必须力求保持平衡，为待测软件选择合适的具有成本效益的覆盖准则。

第一部分五章中的所有思想都已经应用于软件产业，当然其中的一些想法比其他的想法得到了更为广泛的应用。工业界采用这些理念的过程产生了一些有用的实践经验。为了全面地应用 MDTD 过程，通常我们必须重组测试组和质量保证组，使它们可以有效地利用每一个人的能力。测试设计师需要很多知识和技术来使用测试准则，但是，MDTD 过程使得我们只需要一个精通准则的专家提供设计，其余的非准则专家的测试者可以将设计转化为自动化的测试用例。我们还发现应用这些想法需要对测试组和质量保证组的人员进行再培训。他们需要学习新的过程和更多的测试概念。

69

工业界可以通过影响研究和教育来降低理论概念在业界转换的成本。例如，鼓励研究人员将理论概念嵌入到工具和过程当中。编程就是一个很好的例子——程序员不需要理解语法分析就可以使用编译器或一个集成开发环境（IDE）。同样的道理，当使用软件测试工具的时候，测试者为什么需要理解准则背后的理论？在计算机和软件工程项目中常见的影响教育策略的一种有效方式是加入工业界指导委员会（industrial advisory board）。

5.4　下一个部分

第二部分包含四章，每一章分别介绍在第 2 章中提到的四种结构中的一种。对于每一种结构，我们都定义了它的测试准则。四种结构的介绍顺序是基于第 2 章中讲到的 RIPR 模型。第 6 章从集合的角度定义了输入域。其测试准则用来探索输入域，并且不需要满足 RIPR 模型中的任何条件。第 7 章使用图，覆盖准则要求测试用例“到达”图上特定的节点、边或路径。因此，这就满足了*可达性*。第 8 章使用逻辑表达式并在 RIPR 模型中更进了一步。其覆盖准则要求测试用例赋予逻辑表达式不同的真值，因此这不仅要求测试用例到达逻辑表达式，而且要*影响*程序状态。最后，第 9 章使用语法向更深的层次进发。基于语法的测试用例不仅必须到达某处位置而且影响程序状态，还要将影响*传播*到外部的行为。因此，从 RIPR 模型的角度来讲，下面的四章以递进的关系更加深入地讲述了如何测试软件。模型中的最后一个 R——可揭示性，当然是与测试用例的自动化版本有关，所以独立于所使用的准则。

习题

1. 假设覆盖准则 C_1 包含覆盖准则 C_2。测试用例集 T_1 在程序 P 上满足 C_1，而且测试用例集 T_2 在 P 上满足 C_2。
   a）T_1 一定满足 C_2 吗？请解释。
   b）T_2 一定满足 C_1 吗？请解释。
   c）如果 P 包含一个故障，T_2 可以揭示这个故障，T_1 不一定可以解释这个故障。请解释[⊖]。
2. 除包含关系外，还可以使用哪种方式来比较测试准则？

5.5　参考文献注解

有关覆盖准则的一个关键问题是满足一个给定的准则是否暗示其可以检测到实际的故障。处理这个问题需要非常认真的实验。在变异测试中，[Namin and Kakarla, 2011] 的研究表明这类实验的结果很容易受到效度威胁（threats to validity）的影响。不管怎样，[Daran and Thevenod-Fosse, 1996] 的实验和 [Andrews et al., 2006] 的一个更大的实验表明，在测试用例集的变异分数（mutation score）和这个测试用例集可检测到的实际故障的程度之间存在着一个很强的正相关（positive correlation）的关系。[Just et al., 2014] 首先确认了满足覆盖准则和检测故障之间的正相关关系，然后继续深入并发现了使用边（分支）覆盖比使用节点（语句）覆盖具有更强的故障检测能力，而使用变异覆盖比边覆盖具有更强的故障检测能力。

70

⊖ 正确回答这个问题较为复杂，需要理解包含关系的弱点。

总结一下，这些实验给予了研究人员信心，那就是覆盖准则可以作为检测故障能力的合适代理人。这些研究不仅表明有效的测试用例必须到达某些特定的代码，它们还要求从程序状态到外部输出都要产生一些变化。这就在实验上证实了第 2 章中所讲的 RIPR 模型的重要性。

[Frankl and Weyuker, 1988] 首先将不可行性从纯理论中提取出来并进行了讨论。[Goldberg et al., 1994] 和 [DeMillo and Offutt, 1991] 证明了不可行性的问题是不可判定的。研究人员给出了部分解决方案 [Gallagher et al., 2007; Goldberg et al., 1994; Jasper et al., 1994; Offutt and Pan, 1997]。

[Budd and Angluin, 1982] 从测试的角度分析了生成器和识别器之间的理论区别。他们的研究表明这两个问题都是不可判定的，而且讨论了近似解法中需要权衡的各个因素。

包含关系已经广泛地用来比较测试技术。基于 [Weiss, 1989] 和 [Frankl and Weyuker, 1988]，我们定义了包含关系，虽然 Frankl 和 Weyuker 用了另外一个术语（includes）来定义这个关系。Clarke et al. 最早使用包含（subsumption）来定义这种关系：当且仅当满足 C_1 的每一个执行路径集 P 都满足 C_2 时，一个准则 C_1 包含另一个准则 C_2[Clarke et al., 1985]。包含这个术语现在使用的非常的广泛，但是这两个术语（subsumes 和 includes）意思是完全一样的。本书根据 [Weiss, 1989] 的建议使用了包含（subsumes）来指代 Frankl 和 Weyuker 的定义。

71

覆盖准则

第 6 章
Introduction to Software Testing, Second Edition

输入空间划分

工程师借助先行者的想法来为后知后觉者建造产品。

从本质上来说，所有的测试都是从待测软件的输入空间中选择元素。而输入空间划分技术的特点是根据程序输入的逻辑关系来直接划分输入空间。第二部分的四个章节基于第 5 章所定义的四个结构，这四章的顺序反映了第 2 章中 RIPR 模型所包含的关系。基于输入空间划分的测试设计是独立于 RIPR 模型的——我们只使用了待测软件的输入空间。下一章讲述的是基于图的技术，其使用的准则保证了可达性。使用逻辑表达式确保生成的测试用例（第 8 章）对程序状态造成了影响，而变异分析（第 9 章）保证了程序状态的影响传播到了外部行为。

我们将输入域定义为输入参数可能拥有的全部测试值。根据待分析的软件工件的种类，输入参数可以是方法参数和非局部变量（在单元测试中）、代表程序当前状态的对象（当测试类时或在集成测试中）或是用户对程序的输入（在系统测试中）。从测试的角度来看，输入域被划分为不同的区域，单独区域内所包含的测试值被认为是同等有用的，之后我们从每个区域中选取测试值。

这种测试方法有几个优点。这种方法非常容易上手，因为应用这种方法可以不需要自动化，也几乎可以不需要培训。所以，测试者不需要理解软件是如何实现的，所有的工作都基于对输入的描述。而“调节”这个技术使其产生更多或更少的测试用例也很简单。

考虑在某个输入域 D 上的抽象划分 q。划分 q 定义了一个等价类（equivalence class）的集合，我们把它简单地称为区块组（block）（每个区块就是一个等价类）B_q [⊖]。这些区块合在一起是完整的，意思是说，它们没有缺少 D 中的任何元素：

72 ~ 75

$$\bigcup_{b \in B_q} b = D$$

而且区块之间两两不相交，就是说 D 中没有一个元素同时属于两个或多上区块：

$$b_i \cap b_j = \emptyset, i \neq j; b_i, b_j \in B_q$$

图 6-1 解释了上面我们关于输入域划分的阐述。输入域 D 被划分为三个区块 b_1、b_2 和 b_3。这个划分定义了每一个区块中所含的值。通常我们使用与软件用途相关的知识来设计输入域划分。

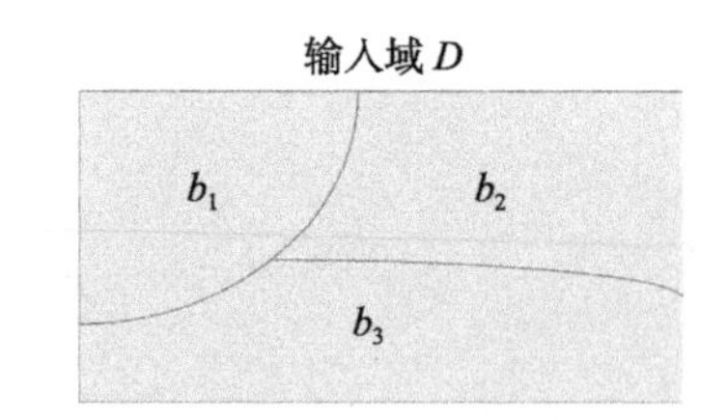

图 6-1 将输入域 D 划分为三个区块

划分覆盖的基本思想中，假设覆盖任一区块的测试用例和覆盖其他区块的测试用例一样有效。有时我们会同时考虑若干个划分，如果处理不当，可能会导致测试用例的组合爆炸（combinatorial explosion）问题。

⊖ 我们选择“区块组”来指代划分之后的各个部分。在研究文献中，“划分（partition）”也经常用来指代前面的两个概念。

应用输入空间划分的一个通用方法是分别考虑每个参数的值域，将每个域中包含的值划分到不同的区块中，然后为每个参数组合区块。有时我们可以完全独立地考虑每个参数，有时需要根据程序中的语义将某些参数联合起来考虑。这个过程称为输入域建模（input domain modeling），我们将在下一节讨论它。

每一个划分通常都是基于程序的某个特征 C、程序的输入或程序的环境。程序中可能包括的特征如下所示：

- 输入 X 为 null
- 文件 F 中词的排序（正向排序的、反向排序的、随机顺序）
- 两件飞行器之间的最小间隙
- 输入设备（DVD、CD、VCR、计算机等）

测试者根据特征 C 定义一个划分。按照正式的规定，一个划分必须满足之前讲过的以下两个属性：

1. 这个划分必须覆盖整个值域（完整性）
2. 区块之间不能有重叠（互斥性）

举个例子，考虑上面讲到的特征“文件 F 的次序”。使用这个特征我们可能创建下面的（有问题的）划分：

- 文件 F 中词的排序
  a）b_1 = 按升序排列
  b）b_2 = 按降序排列
  c）b_3 = 按随机顺序排列

76

但是，这**不是**一个正确的划分。具体来说，如果一个文件的长度为 0 或 1（没有词或只有一个词），那么它同时属于这三个区块。就是说，这三个区块不是互斥的。处理这个问题的最简单策略是保证每个特征只处理一个属性。上面的问题在于升序排列和降序排列的概念属于相同的特征。如果将这个特征一分为二，即文件按升序排列和文件按降序排列，就可以解决这个问题。下面我们显示了两个特征的（正确的）划分结果。

- 文件 F 中词按升序排列
  d）b_1 = 真
  e）b_2 = 假
- 文件 F 中词按降序排列
  f）b_1 = 真
  g）b_2 = 假

对于这两个特征来说，长度为 0 或 1 的文件都在真的区块中。

将完整性和互斥性形式化不仅是因为在数学上看起来时髦，而且还很实用。基于输入域模型的测试有两个非常不同的任务：首先，输入域建模，即选择特征然后划分输入域。其次，将划分组合成测试用例，即选择一个覆盖准则。将这两个任务分开是极其重要的。在输入域建模时考虑组合决定是不成熟的，这会将问题不必要地复杂化，而生成的测试用例几乎不会满足覆盖准则所要求的组合形式。幸运的是，验证完整性和互斥性的数学属性可以帮助测试工程师分开这两个任务。这就意味着，将这两个任务混为一谈是导致划分不完整或区块有重叠的最常见原因。反过来说，具有完整和两两互斥划分的特征通常是没有（不合理的）组合判定的。概括一下，数学检查可以引导测试工程师做出正确的决定。本章剩下的部分假设我们用到的划分是完整而且互斥的。

6.1　输入域建模

输入域建模的第一步是识别可以测试的功能。下面的代码展示了一个函数 triang() 的签名，这个函数根据三角形三边的长度来给三角形分类。类 TriangleType（这个类包含 triang() 函数）的源代码在本书的网站上。不过在这个例子中我们不需要用到源代码，签名就足够了。

```
public enum Triangle {Scalene, Isosceles, Equilateral, Invalid}
public static Triangle triang (int Side1, int Side2, int Side3)
//Side1、Side2 和 Side3 代表一个三角形三边的长度。
//返回对应三角形类型的枚举值
```

77

triang() 方法是一个带有三个参数的可测的功能，这在单元测试中很常见。在 Java 类的应用程序编程接口（Application Programming Interface，API）中找到可测的功能则更为复杂。公有方法是一个典型的可测的功能，每个公有方法都需要被单独测试。然而，对于某些方法，它们的特征通常是一样的，这可以帮助我们开发出一个针对整个类的通用特征集，然后再针对每个方法来开发具体的测试用例。最后，大型系统通常具有复杂的功能，这样的系统必须经受输入空间划分方法的检验。模型工件如 UML 用例可以用来识别可测的功能。每个用例都和系统中一个具体的功能相关联，所以 UML 用例的设计师很有可能已经想到了可用于测试用例生成的有用特征。例如，自动取款机的“取款”用例将“提取现金”作为一个可测的功能。更进一步，这个用例还暗示了其他有用的特征，比如“卡是否有效？”以及“取款条例和取款请求之间的关系”。

输入域建模的第二步是在已有的可测功能中进一步识别所有可以影响软件行为的参数。这一步并不具有特别的创造性，但是对于建模的完整性很重要。考虑一个简单的情况，当我们测试无状态（stateless）方法时，建模所需的参数就只是这个方法的形参（formal parameter）。而在许多面向对象的类中，有状态的方法是很常见的，在这种情况下，这个状态必须包含在建模参数中。例如，二叉树类如 Java 中 TreeSet 类的方法 add (E e) 的行为在 e 已经存在于树中和不存在于树中是不一样的。因此，树当前的状态必须要明确地作为 add() 方法建模时的一个参数。下面的例子略微复杂，方法 find（String str）用来找到参数 str 在文件中的位置，很明显，这个方法依赖于被搜索的文件。因此，测试工程师需要明确地将文件列为 find() 方法建模时的一个参数。所有的参数集合起来形成了待测功能的输入域。

第三步是在上一步识别的输入域上建模，这是关键且具有创造性的一步。**输入域模型**（IDM）用一种抽象的方式表达了待测系统的输入空间。测试工程师根据输入特征来描述输入域的结构，为每个特征创建一个划分。划分就是若干个区块的集合，每个区块都包含一组值。对于每个具体的特征，每个区块中所有的值都是等价的（equivalent）。

一个测试输入由一行测试值组成，每个值对应一个参数。根据定义，测试输入从每个特征中只使用一个区块。所以，即使我们有中等数目的特征，可能生成的组合数会大到不切实际。尤其是，添加另一个具有 *n* 个区块的特征会以 *n* 倍的数目增加组合的数目。因此，控制组合的总数是输入域测试方法在实际应用中的关键。我们认为，控制组合总数是覆盖准则的工作，我们将会在 6.2 节介绍它们。

根据测试者的创造性和经验，他们可能会创建出不同的模型。这些不同会在最后测试用例的质量上体现出差异。本章所讲述的支持输入域建模的结构化方法可以减少差异并且提升IDM总体的质量。

78

在IDM建立而且测试值被选取之后，有些测试值的组合是无效的。IDM必须包含必要的信息来帮助测试者识别无效的子组合，然后避免或移除它们。输入域模型需要一种方法来表示这些约束。我们会在6.3节中讨论这些约束。

下一节会讲到两种不同的输入域建模方法。*基于接口*的方法从待测程序的输入参数中直接提取出特征。*基于功能*的方法从待测程序的功能或行为视角来推导出特征。一旦IDM建立，我们就可以选择不同的覆盖准则来决定应该组合哪些测试值测试软件。这些问题会在6.2节讨论。

6.1.1　基于接口的输入域建模

基于接口的方法独立分析每个参数。这种方法机械式地遵循原则，但是最后产生的测试用例的质量通常还是非常不错的。

基于接口方法的一个显而易见的优点在于其很容易辨识特征。事实上，每个特征都只存在于单个的参数中，这样就很容易将抽象的测试用例转化为可执行的测试用例。

这种方法的缺点之一是从接口生成的输入域模型并不能包含测试工程师已知的所有信息。就是说IDM可能会不全面，从而导致需要额外的特征。

另一个缺点是功能中的某些部分可能依赖于接口参数取值的特定组合。由于基于接口的方法独立分析每个参数，因此可能会遗漏一些重要的子组合。

我们再来考虑triang()方法。它的三个参数代表了一个三角形三边的长度。在一个基于接口的IDM中，Side1、Side2和Side3会有一系列的特征。由于这三个变量具有相同的类型，那么每个基于接口的特征很有可能是完全相同的。例如，因为Side1是一个整型，而零在整型中通常被认为是一个特殊值，所以*Side1和零的关系*就是一个合理的基于接口的特征。

6.1.2　基于功能的输入域建模

基于功能的方法的思想是识别与待测系统所设计的行为和功能相对应的特征，而不是使用实际的接口来提取特征。这样测试者就可以将一些语义或专业领域的知识加载到IDM中。

输入域测试的一些研究人员认为，基于功能的方法能比基于接口的方法产生更好的测试用例，其原因是输入域模型包含了更多的语义信息。还有一个重要的目标是，将规范中更多的语义信息转移到IDM中会更有可能生成测试用例中的预期结果。

79

基于功能的方法的一个重要优势是需求在软件实现之前就已经存在。就是说我们可以在软件开发的早期就开始输入域建模和测试用例生成。

在基于功能的方法中，识别特征和测试值可能会很复杂。如果待测系统很大、很复杂，或是规范没有形式化而且不完整，设计合理的特征会变得非常困难。下一节会给出一些设计特征的实际建议。

我们再回到triang()方法来，基于功能的方法不会去简单地识别三个整型参数，而是将这个方法的输入看作一个三角形。这种观点造就了这个三角形的一种特征，就是将三角形划分成不同的类型（下面会详细讨论）。

6.1.3　设计特征

在基于接口的方法中设计特征是相对简单的，只需要从参数到特征的一个按部就班的转换。而设计基于功能的 IDM 则更具有挑战性。

前置条件是得到基于功能的特征的绝好来源。有些异常行为可能已经被明确地列出或是编码在软件中。前置条件可以明确地将已定义的（或是正常的）和未定义的（或是异常的）行为分离开来。例如，如果方法 choose() 用来选择一个数值，那么它的前置条件要求必须存在一个数值可供选择。所创建的特征可能是这个数值是否存在。

后置条件也是设计特征的一个不错的来源。对于 triang() 方法来说，识别不同种类三角形的特征就是基于该方法的后置条件。

测试工程师还应该寻找变量值之间的其他关系。这些关系可能是明确的，也可能是暗含的。例如，已知一个方法 m() 有两个对象参数 x 和 y，好奇的测试工程师可能会思考如果 x 和 y 都指向同一个对象（别名（aliasing）），或指向逻辑上相同的对象，会有什么情况发生。这也是压力测试的一种。

另一个可行的思路是检查缺失的因素，就是那些可能影响程序执行但是还未列入相关 IDM 参数的因素。

有的特征只有极少的区块，这些特征更有可能满足互斥性和完整性属性。基于这个原因，通常设计更多带有很少区块的特征是一种更好的选择。

通常情况下，我们推荐测试工程师来使用规范或其他的文档而非程序代码来开发特征。这里的思路是测试者应该使用问题的*专业领域知识*而不是代码实现来实施输入空间划分。然而在实践中，代码可能是唯一存在的工件。总体来说，如果测试工程师能将更多的语义信息包含在特征中，那么最后很有可能会产生更好的测试用例集。

80

基于接口和基于功能的方法一般会导致不同的 IDM 特征。下面的方法阐述了这个不同：

```
public boolean findElement (List list, Object element)
// 功能：如果 list 或 element 为 null，抛出 NullPointerException
//    而当 list 包含 element 时返回真，否则返回假
```

如果使用基于接口的方法，IDM 将会产生参数 list 的特征和参数 element 的特征。例如，下面的表列出了参数 list 的两个基于接口的特征，并包括区块和测试值。我们在下一节会详细讨论。

特征	b_1	b_2
list 为 null	真	假
list 为空	真	假

基于功能的方法会产生更为复杂的 IDM 特征。就像之前提到的一样，基于功能的方法需要测试工程师更多的思考，但是这样可以生成更好的测试用例。下面的表中列出了两种可能的特征，并包括了区块和测试值。

特征	b_1	b_2	b_3
element 在 list 中出现的次数	0	1	大于 1
element 是 list 中第一个出现的元素	真	假	
element 是 list 中最后一个出现的元素	真	假	

6.1.4 选择区块和测试值

在选择了特征之后，测试工程师将特征的值域划分为包含测试值的集合，称为区块。任何划分方法都要面对的一个关键问题是如何识别划分和如何从每个区块中选择具有代表性的测试值。这是又一个具有创造性的设计步骤，测试者可以在这个步骤中对测试过程进行微调。使用更多的区块会导致更多的测试用例，这需要更多的资源但是有可能发现更多的错误。使用更少的区块产生更少的测试用例，这样节省了资源但也可能降低了测试的有效性。下面我们会介绍一些将特征划分为区块的通用策略。对于给定的任意特征，都可以应用其中的一到两个策略。

- **有效值与无效值**：每个划分都必须包含所有的值，不管这些值是有效还是无效的。（这就是简单的重复完整性的定义。）
- **子划分**：一个区块的有效值经常可以被切分为更细的子划分，每个子划分可以执行功能的不同部分。
- **边界**：使用边界值或靠近边界的值通常可以引起问题。这是压力测试的一种。
- **正常使用**（大众路径（happy path））：如果软件的操作集中在“正常的使用”上，那么失败率会依赖于不属于边界条件的测试值。
- **枚举类型**：划分的区块可以是离散的枚举类型值的集合。有时候这样的划分是合理的选择，三角形的例子就使用了这种方法。
- **平衡**：从成本的角度来说，在那些带有很少区块的特征中增加一些区块的花销是很低的，甚至是零。在 6.2 节，我们将会看到测试用例的数目有时只依赖于具有最大区块数目的那些特征。
- **遗漏的区块**：检查一个特征中所有区块的联合是否完全覆盖了该特征的输入空间。
- **重叠的区块**：检查是否有测试值同时属于两个或两个以上的区块。

81

我们会经常用到特殊值。对于一个 Java 引用变量（指针）来说，null 一般需要与其他的非 null 值区别对待。如果这个引用变量指向一个容器结构，比如 Set 或 List，那么这个容器是否为空通常会是一个有用的特征。

我们再来考虑 triang() 方法，它有三个整型参数，每个参数代表了一个三角形三边的长度。对于整型变量，一个通用的划分方法是考虑变量值和可测功能域中某个特殊值的关系，比如零。

表 6-1 展示了 triang() 方法基于接口 IDM 的一个划分。它有三个特征 q_1、q_2 和 q_3。表中的第一行应该读作“区块 $q_1.b_1$ 表示第一条边大于 0”“区块 $q_1.b_2$ 表示第一条边等于 0”和“区块 $q_1.b_3$ 表示第一条边小于 0”。

表 6-1　triang() 输入的第一个划分（基于接口）

划分	b_1	b_2	b_3
q_1 = “第一条边和 0 的关系”	大于 0	等于 0	小于 0
q_2 = “第二条边和 0 的关系”	大于 0	等于 0	小于 0
q_3 = “第三条边和 0 的关系”	大于 0	等于 0	小于 0

考虑第一条边的特征 q_1。如果从每个区块中选择一个值，其结果就是三个测试用例。例如，可以在测试用例 1 中选择 7 作为第一条边的值，在测试用例 2 中选择 0，在测试用例 3 中选择 -3。当然为了生成其他的测试用例，也需要为第二和第三条边选择测试值。注意有

些区块代表有效的三角形，有些则代表无效的三角形。例如，正常的三角形不能包含长度为负的边。

如果预算允许，可以很容易细化这个分类来得到更细粒度的测试。例如，使用 1 将输入域分割为更多的区块。这个决定会导致具有四个区块的划分，如表 6-2 所示。

表 6-2　triang() 输入的第二个划分（基于接口）

划分	b_1	b_2	b_3	b_4
q_1 = “第一条边的长度”	大于 1	等于 1	等于 0	小于 0
q_2 = “第二条边的长度”	大于 1	等于 1	等于 0	小于 0
q_3 = “第三条边的长度”	大于 1	等于 1	等于 0	小于 0

注意如果第一条边的值是浮点型而非整型，那么第二种分类将**不会**生成有效的划分。因为没有区块将会包括 0 到 1（不包含 0 和 1）之间的数值，所以这些区块将不会覆盖整个值域（不完整）。但是如果使用整数域 D 的话，这样的划分就是有效的。

当测试者进行划分的时候，识别每个区块内的候选测试值通常是有用的。在划分时就识别这些值的原因是选择这些值可以帮助测试工程师思考如何使用谓词（predicate）来更加具体地描述每个区块。这些值虽然还不足够满足将测试需求细化为测试用例的所有需要，但它们构成了一个不错的起点。表 6-3 展示了那些可以满足第二种划分的值。

表 6-3　表 6-2 中第二种划分每个区块的可能值

参数	b_1	b_2	b_3	b_4
第一条边	2	1	0	−1
第二条边	2	1	0	−1
第三条边	2	1	0	−1

上面的划分都是基于接口的，而且只用到了程序的语法信息（程序有三个整型输入）。一个基于功能的划分方法可以借助传统上三角形几何分类的语义信息，如表 6-4 所示。

表 6-4　triang() 输入的几何划分（基于功能）

划分	b_1	b_2	b_3	b_4
q_1 = “几何分类”	不等边三角形	等腰三角形	等边三角形	无效的三角形

当然，测试者必须知道如何选取测试值构成不等边三角形、等边三角形、等腰三角形以及无效的三角形（这属于中学几何，但是很多人可能已经忘记了）。等边三角形的三边都相等。等腰三角形至少有两边的长度相等。其他所有有效的三角形都属于不等边三角形。这样带来了一个小问题——表 6-4 **不能**构成一个有效的划分，因为等边三角形也是等腰三角形。所以我们必须首先改正这个划分，如表 6-5 所示。

表 6-5　triang() 输入的正确几何划分（基于功能）

划分	b_1	b_2	b_3	b_4
q_1 = “几何分类”	不等边三角形	非等边三角形的等腰三角形	等边三角形	无效的三角形

现在从表 6-5 的区块中选出测试值，然后将它们显示于表 6-6 中。表中的三元组（triplet）表示了三角形的三边。

表 6-6　表 6-5 中几何划分区块的可能取值

参数	b_1	b_2	b_3	b_4
三角形	(4, 5, 6)	(3, 3, 4)	(3, 3, 3)	(3, 4, 8)

处理上面等边三角形/等腰三角形问题的一个不同做法是将“几何划分”的特征分解为四个不同的特征，即“不等边三角形”“等腰三角形”“等边三角形”和“无效的三角形”。每个特征的划分都是一个布尔型，选择“等边三角形=真”的区块也就意味着选择“等腰三角形=真”只是一个约束。在这个例子中我们推荐这种方法：它总是满足互斥性和完整性的属性。

6.1.5 检查输入域模型

检查输入域模型是一件重要的事情。从特征的角度来看，测试工程师应该检查某些特征是否遗漏了一些与功能行为相关的信息。这必然是一个非形式化的过程。

测试者应该清楚地检查每个特征完整性和互斥性的属性。检查的目的是保证每一个特征，不仅其所有的区块覆盖了整个输入空间，而且选择其中的一个区块意味着排除了这个特征中的其他区块。

如果多个IDM同时使用，那么完整性所对应的值域应该仅限于所有值域中一个IDM的输入域所用的部分。当测试者对产生的特征和区块满意时，就可以选择测试所需的组合值以及识别区块间的约束了。

习题

1. 回到本章开始提到的一个例子中，这个例子有两个特征——“文件F按升序排列”和“文件F按降序排列”。每个特征有两个区块。给出这两个特征的所有四个组合的测试值。
2. 一个测试者根据汽车的输入参数定义了三个特征：**制造地点**、**能量来源**和**形状大小**。下面基于这三个特征的划分至少有两个错误。请改正它们。

82
~
84

制造地点		
北美	欧洲	亚洲
能量来源		
汽油	电	混合动力
形状大小		
两门	四门	掀背（两厢）

3. 对于方法search()，回答下面的问题：

```
public static int search (List list, Object element)
// 功能：如果list或element为null，抛出NullPointerException异常
// 否则如果element是list中的一个元素，返回element在list中的索引位置
// 其余情况返回-1
// 例如，search([3,3,1],3)=0或1；search([1,7,5],2)=-1
```

根据下面的特征划分作答：

特征：element 在 list 中的位置

区块1：element 是 list 的第一个元素

区块2：element 是 list 的最后一个元素

区块3：element 既不是 list 的第一个元素，也不是最后一个元素

a）特征“element在list中的位置”不满足互斥性属性。举例说明这个问题。

b）特征“element在list中的位置”不满足完整性属性。举例说明这个问题。

c）写出一个或多个新的划分使其能够正确表示特征“element 在 list 中的位置”的本意，但是新的划分必须要满足互斥性和完整性。

4. 假设 GenericStack 类已经有下面的方法签名，使用输入空间划分技术产生测试输入。

- public GenericStack ();
- public void push (Object X);
- public Object pop ();
- public boolean isEmpty ();

85

假设 GenericStack 类的语义和通常的栈是一样的。尽量简化你的划分，只选择少量的划分和区块。

a）列出所有的输入变量，包括状态变量。

b）定义输入变量的特征。保证你覆盖了所有的输入变量。

c）定义输入的特征值。

d）将特征划分为区块。

e）定义每个区块的测试值。

5. 考虑下列问题：在一个标题字符串中找到一个满足目标模式的字符串。本书网站上已经提供了一种程序实现及其对应的规范：PatternIndex.java。这个版本的规范是不完整的，好的基于接口的输入域建模应该可以找到这个有问题的输入！作业：找到有问题的输入，补全规范，修改实现使之和修改后的规范一致。

6.2　组合策略准则

6.1 节的讨论忽略了一个重要的问题：“我们应该如何同时考虑多个划分？”也等同于问：“我们应该从什么样的区块组合中选取测试值？”例如，我们可能会希望一个测试用例满足划分 q_2 的区块 1 和划分 q_3 的区块 3。最明显的选择是选择所有的组合。但是，当我们定义了超过两个或三个划分时，使用所有的组合并不切实际。

准则 6.1　完全组合覆盖（All Combination Coverage，ACoC）必须使用来自所有特征区块的所有组合。

例如，如果我们有三个划分，其区块为 [A，B]，[1，2，3]，[x，y]，那么 ACoC 需要下面 12 个测试用例：

(A, 1, x)　(B, 1, x)
(A, 1, y)　(B, 1, y)
(A, 2, x)　(B, 2, x)
(A, 2, y)　(B, 2, y)
(A, 3, x)　(B, 3, x)
(A, 3, y)　(B, 3, y)

一个满足 ACoC 的测试用例集对于每个划分区块的每个组合都有唯一的测试用例。测试用例的数目是每个划分的所有区块数目的乘积 $\prod_{i=1}^{Q}(B_i)$。

对于三角形的每一条边，如果我们都使用一个类似 q_2 的具有四个区块的划分，ACoC 需要 4 * 4 * 4 = 64 个测试用例。

我们几乎可以确定，这样测试比必要的测试的要求高了很多，而且通常在经济上也是不切实际的。所以，我们必须使用某种覆盖准则来决定从哪些组合中选取测试值。

首要的基本前提是从测试的角度来看，从相同的区块中选取不同的测试值是完全等价的。这就是说，我们从每个区块中只需要使用一个值。在 ACoC 之外，还存在着一些有用的组合策略，这些组合策略的应用产生了一组有用的准则。我们下面将会使用 triang() 的例子、表 6-2 中的第二个分类和表 6-3 中的测试值来阐述这些组合策略。 86

第一个组合策略准则比较直接明了，其要求对于每种选择，都应该至少尝试一次。

准则 6.2 单一选择覆盖（Each Choice Coverage，ECC） 每个特征的每个区块中的一个测试值必须要在至少一个测试用例中出现。

还是使用上面的例子，三个划分的区块为 [A，B]，[1，2，3]，[x，y]，有很多种满足 ECC 的方式，其中一种为（A，1，x），（B，2，y），（A，3，x）。

假设待测的程序有 Q 个特征 q_1，q_2，…，q_Q，每个特征 q_i 有 B_i 个区块。那么一个满足 ECC 的测试用例至少包含 $\mathrm{Max}_{i=1}^{Q} B_i$ 个值。triang() 方法划分的最大区块数为 4，那么 ECC 就要求至少有 4 个测试用例。

对于 triang() 方法，我们可以从表 6-3 中选取测试用例 {(2, 2, 2), (1, 1, 1), (0, 0, 0), (−1, −1, −1)} 来满足这个准则。不需要太多的思考我们就可以得出结论：这个程序的测试用例不太有效。ECC 给测试者在如何组合测试值方面留下了很大的灵活性，所以这个准则可以被称为是一个相对“弱”的准则。

ECC 的弱点可以表述为其不要求测试值之间进行组合。很自然的下一步就是明确地要求测试值之间进行组合，称为结对（pair-wise）。

准则 6.3 结对覆盖（Pair-Wise Coverage，PWC） 每个特征的每个区块中的一个测试值必须要与其他特征的每个区块中的测试值进行组合。

使用上面的例子，三个划分的区块为 [A，B]，[1，2，3]，[x，y]，那么 PWC 需要测试用例覆盖下面 16 种组合：

(A, 1)　(B, 1)　(1, x)
(A, 2)　(B, 2)　(1, y)
(A, 3)　(B, 3)　(2, x)
(A, x)　(B, x)　(2, y)
(A, y)　(B, y)　(3, x)
　　　　　　　　(3, y)

PWC 允许相同的测试用例覆盖多组唯一的测试值对。所以上面的组合可以用其他的方法来组合，其中一种是：

(A, 1, x) (B, 1, y)
(A, 2, x) (B, 2, y)
(A, 3, x) (B, 3, y)
(A, −, y) (B, −, x)

测试用例中有“−”标记的地方表明任意的区块都可以使用。

满足 PWC 的测试用例可以将每一个测试值和其他的测试值进行结对，其至少包含

$(\mathrm{Max}_{i=1}^{Q} B_i) * (\mathrm{Max}_{i=1, j=1}^{Q} B_j)$ 个值。triang() 方法的每个特征（表 6-3）都有四个区块，所以至少需要 16 个测试用例。

87

学术界已经发表了一些可以满足 PWC 的算法，本章的参考文献注解提供了相应的论文和资料。

结对覆盖的一个自然延伸就是要求使用由 t 个测试值构成的组来代替两个测试值构成的对。

准则 6.4 *多项组合覆盖（T-Wise Coverage，TWC） 所有由 t 个特征构成的组合的每个区块中的测试值都必须要进行组合。*

如果 t 的值和划分的数目 Q 相等，那么多项组合覆盖和完全组合覆盖是等价的。如果我们假设所有的区块都是一样的大小，满足 TWC 的一个测试用例将至少包含 $(\mathrm{Max}_{i=1}^{q} B_i)^t$ 个值。从生成测试用例的数目来看，多项组合覆盖的成本很高，而且经验告诉我们高于结对（即 $t=2$）的组合没有太大的帮助。

结对覆盖和多项组合覆盖都是“盲目地”组合测试值，没有考虑哪些测试值应该被组合。下面的准则在 ECC 的基础上做了加强，其不同之处在于引入了程序中少量但又关键的领域知识，即每个划分中哪个区块是最重要的。我们将这个重要的区块称为基本选择。

准则 6.5 *基本选择覆盖（Base Choice Coverage，BCC） 每个特征都选取一个区块作为基本选择，使用每个特征的基本选择构成一个基本测试用例。剩余的测试用例保持基本测试用例中除了一个基本选择常量之外的所有值，然后使用其他特征中的每个非基本选择来代替那个基本选择。*

还是使用上面的例子，三个划分的区块为 [A，B]，[1，2，3]，[x，y]，假设基本选择的区块是“A”“1”和“x”。那么基本选择的测试用例是（A，1，x)，接下来其余所需的测试用例为：

(B, 1, x)
(A, 2, x)
(A, 3, x)
(A, 1, y)

一个满足 BCC 的测试用例集包含一个基本测试用例，加上所有划分的其余（非基本）区块所需的一个测试用例，总共需要 $1+\sum_{i=1}^{Q}(B_i-1)$ 个测试用例。triang() 方法的每个参数都有 4 个区块，所以 BCC 需要 1+3+3+3 个测试用例。

基本选择可以是区块中最简单的、最小的、以某种顺序的第一个或是最终用户最可能使用的那个。将多于一个的无效值组合起来通常是无用的，这是因为当软件识别一个（无效）值时，其他（无效）值的副作用通常会被屏蔽。选择哪个区块作为基本选择在测试设计中变成了关键的一步，因为它可以极大地影响所产生的测试用例。例如，如果基本选择包含有效的输入，而大部分或所有的非基本选择是无效的，那么 BCC 可以轻易地实现压力测试（因为程序可以识别出单个的无效值）。重要的是，测试者必须将测试策略记录下来，之后（做回归测试时）测试者可以重新评估这些决定。

针对 triang() 方法选择策略时，我们采用最有可能使用的区块作为基本选择，在表 6-2 中选取“大于 1”这个区块作为基本选择。使用表 6-3 中的测试值得出基本测试用例（2，2，2）。

我们通过改变基本测试用例中每个区块的测试值来得到剩余的测试用例：{（2，2，1），（2，2，0），（2，2，−1），（2，1，2），（2，0，2），（2，−1，2），（1，2，2），（0，2，2），（−1，2，2）}。 [88]

有时测试者在挑选单个基本选择时会遇到困难，觉得需要多个基本选择。这种需求被定义为下面的准则：

准则 6.6 多项基本选择覆盖（Multiple Base Choice Coverage，MBCC） 每个特征选取至少一个或多个区块作为基本选择，使用每个特征的基本选择构成一个基本测试用例。剩余的测试用例保持每个基本测试用例中除了一个基本选择常量之外的所有值，然后使用其他特征中的每个非基本选择来代替那个基本选择。

假设每个特征有 m_i 个基本选择，总共有 M 个基本测试用例，MBCC 需要 $M+\sum_{i=1}^{Q}(M*(B_i-m_i))$ 个测试用例。

例如在 triang() 方法中，对第一条边可能包含两个基本选择："大于 1" 和 "等于 1"。这会产生出两个基本测试用例（2，2，2）和（1，2，2）。从上面的公式得知 $M=2$, $m_1=2$, $m_i=1\ \forall i,\ 1<i\leqslant 3$，总共需要 $2+(2*(4-2))+(2*(4-1))+(2*(4-1))=18$。相应地，我们通过改变每个基本测试用例中每个区块的测试值来得到剩余的测试用例。MBCC 有时会产生重复的测试用例。例如，（0，2，2）和（−1，2，2）在 triang() 的测试用例集中出现了两次。重复的测试用例应该被移除（这样公式中给出的就是测试用例数目的上边界）。

图 6-2 给出了输入空间划分组合策略准则之间的包含关系。

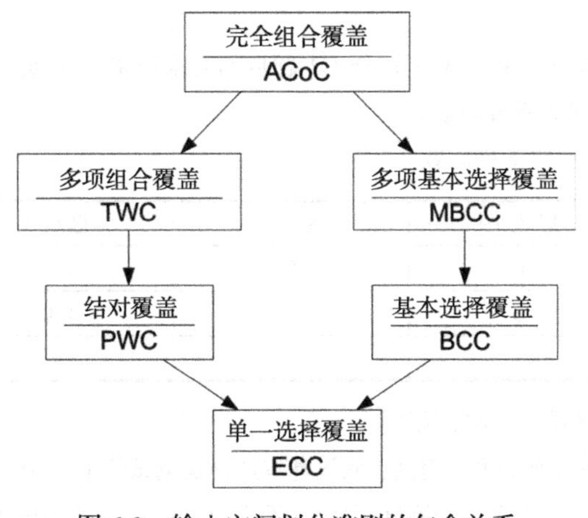

图 6-2 输入空间划分准则的包含关系 [89]

习题

1. 为表 6-2 中 triang() 方法输入的第二种分类写出满足完全组合覆盖（ACoC）准则所需的所有 64 个测试用例，要求使用表 6-3 中的测试值。
2. 为表 6-2 中 triang() 方法输入的第二种分类写出满足结对覆盖（PWC）准则所需的所有 16 个测试用例，要求使用表 6-3 中的测试值。
3. 为表 6-2 中 triang() 方法输入的第二种分类写出满足多项基本选择覆盖（ACoC）准则所需的所有 16 个测试用例，要求使用表 6-3 中的测试值。

4. 对于 intersection() 方法回答下列问题：

```
public Set intersection (Set s1, Set s2)
  // 功能：如果s1或s2为null，抛出NullPointerException异常
  // 否则返回一个与s1和s2的交集相同的
  // （非null）的集合

  特征：s1的正确性
    -s1=null
    -s1={}
    -s1至少包含一个元素

  特征：s1和s2之间的关系
    -s1和s2代表着相同的集合
    -s1是s2的一个子集
    -s2是s1的一个子集
    -s1和s2不含有相同的元素
```

a）划分“s1 的正确性”是否满足完整性？如果不满足的话，找出 s1 的一个不属于任何区块的测试值。

b）划分“s1 的正确性”是否满足互斥性？如果不满足的话，找出 s1 的一个属于超过一个区块的测试值。

c）划分“s1 和 s2 之间的关系”是否满足完整性？如果不满足的话，找出 s1 和 s2 中一对不属于任何区块的测试值。

d）划分“s1 和 s2 之间的关系”是否满足互斥性？如果不满足的话，找出 s1 和 s2 中同时属于超过一个区块的测试值。

90

e）如果将“基本选择”准则应用于两个划分（本题目的要求没错），将会产生多少个测试需求？

f）修改特征来修复你发现的所有问题。

5. 使用下面的特征和区块来回答下列问题。

特征	区块 1	区块 2	区块 3	区块 4
测试值 1	<0	0	>0	
测试值 2	<0	0	>0	
操作	+	−	×	÷

a）生成满足单一选择覆盖准则的测试用例。

b）生成满足基本选择覆盖准则的测试用例。假设基本选择是测试值 1 = > 0、测试值 2 = > 0、操作 = +。

c）满足完全组合覆盖准则需要多少个测试用例？（不需要列出所有的测试用例。）

d）生成满足结对覆盖准则的测试用例。

6. 基于下面的方法签名，使用输入空间划分技术来推导出 BoundedQueue 类的测试输入：

- public BoundedQueue (int capacity); // 所能包含元素的最大数目
- public void enQueue (Object X);
- public Object deQueue ();
- public boolean isEmpty ();
- public boolean isFull ();

假设我们使用一个正常的队列，即这个队列的最大容量是固定的。试着将你的划分简单化——选择较少的划分和区块。

a）列出所有的输入变量，包含状态变量。

b）定义输入变量的特征。保证覆盖所有的输入变量。

c）将特征划分为区块。指定每个划分中的一个区块作为“基本”区块。

d）为每个区块找到测试值。

e）生成一个满足基本选择覆盖（BCC）的测试用例集。使用之前步骤中用过的测试值来完成测试用例。记得在测试用例中包含测试预言。

7. 为本书网站上的逻辑覆盖网络应用设计一个输入域模型。就是说，使用输入域建模技术为逻辑覆盖网络应用建模。

a）列出所有的输入变量，包含状态变量。

b）定义输入变量的特征。保证覆盖所有的输入变量。

c）将特征划分为区块。

d）指定每个划分中的一个区块作为“基本”区块。

e）为每个区块找到测试值。

f）生成一个满足基本选择覆盖（BCC）的测试用例集。使用之前步骤中用过的测试值来完成测试用例。记得在测试用例中包含测试预言。

g）使用网络测试自动化框架 HttpUnit 来使得你的测试用例自动化。你需要提交 HttpUnit 的测试用例和一个显示测试运行结果的截屏或输出。

（给教师的建议：HttpUnit 基于 JUnit，因此和 JUnit 非常相似。HttpUnit 生成的测试用例必须包含一个 URL，然后这个测试框架会发出相应的 HTTP 请求。通常我们将这个问题作为必做作业之外的奖励题目，这样学生就可以自由选择是否自学 HttpUnit。）

91

6.3 检查特征之间的约束

输入空间划分的一个微妙之处在于有些区块的组合是不可行的，我们必须在 IDM 中记录这些组合。表 6-7 给出了一个基于前面描述过的 boolean findElement (list, element) 方法的例子。我们已经设计了一个 IDM，这个 IDM 有两个特征，A 特征有 4 个区块，B 特征有 3 个区块。有两个区块的组合是不合理的，因此是无效的。在这个例子中，它们用一列无效的特征区块对来表示。我们也可以使用其他的方法来表示，比如不等式的集合。

一般来说，约束表示了来自不同特征的区块之间的关系。IDM 有两大类约束。第一类约束要求来自一个特征的一个区块不能和来自另一个特征的某个区块组合。triang() 方法中“小于零”和“不等边三角形”的区块组合就是这类约束的一个例子。第二类则正好相反，来自一个特征的一个区块**必须**和来自另一个特征的某个区块相组合。虽然这听起来非常简单，但选择测试值来识别和满足这些约束是有难度的。

表 6-7　无效区块组合的例子

特征	区块			
	1	2	3	4
A：长度和内容	一个元素	多于一个元素且未排序	多于一个元素且已排序	多于一个元素且所有元素相同
B：是否匹配	未发现匹配元素	发现可匹配元素一次	发现可匹配元素两次	-

注：无效的组合：(A1，B3)，(A4，B2)。

选择测试值时如何处理约束依赖于所选择的覆盖准则。当测试值选定的时候，通常我们也需要做出如何处理约束的决定。对ACoC、PWC和TWC准则来说，唯一合理的选择只能是去掉不可行的组合对。例如，如果PWC所要求的某对组合是不可行的，测试工程师无论做什么都无法将这个测试需求变成可行。然而，对于BCC和MBCC情况就不同。如果一个特定的非基本选择的区块（例如，“第一条边和零的关系”中的“小于零”区块）与基本选择（例如，“几何分类”中的“不等边三角形”）相冲突，那么我们可以改变基本选择使得测试需求变成可行。在这个例子中，“几何分类”的基本选择区块可以改为“无效的”。

对于划分中的约束问题，我们还有一点想说的。如果IDM有太多的约束，这很有可能是结构上的问题，IDM需要重新设计。

6.4 扩展实例：从JavaDoc中推导IDM

本节基于一个广为使用的Java类库接口来展示一个如何构建IDM和设计测试用例的完整例子。所有JavaDoc的一个共同目标就是为测试者提供足够的信息来创建测试用例。我们发现输入域建模是一种分析JavaDoc API以设计测试用例的绝好方式。我们在这个例子中使用了一个标准的Java接口java.util.Iterator[⊖]，基于这个接口来设计IDM。之后我们将会在这个IDM上应用组合策略准则，创建测试需求，最后在JUnit中实现测试用例。

API通常会明确地写明参数是什么，以及哪些部分是可测的。如果你所测试的API不够清楚，那么你面临的问题可能会比产生好的测试用例更麻烦。你现在需要马上和软件设计师讨论API及其文档的问题。

6.4.1 设计基于IDM的测试用例中的任务

从JavaDoc API中建立JUnit测试用例包括三个任务，每个任务都可以细分为几个小的步骤。

第一个任务是从API中识别特征，我们用两个表来记录它们。表A用来提取特征，表B将方法与特征相关联以识别测试需求。第二个任务是从测试需求中设计测试用例。如果基本选择已经给定（当BCC或MBCC使用的时候），表B会记录这些选择，第三个表C包含了这些测试需求。第三个任务是将测试用例转化为可自动执行的测试脚本。下面我们列出这些任务的细节：

任务1：决定特征

1. 识别下列各项要求，然后在表A中记录它们：

92 ~ 93

- 功能单元
- 参数
- 返回类型和可能的返回值
- 异常行为

2. 使用在第一步中所识别的方法的所有属性，然后生成特征来覆盖返回类型和异常行为。在表A中记录生成的特征。基于某些方法产生的特征可能需要重新研究之前已经分析过的方法，所以这是一个迭代的分析过程。当分析某些方法时，我们可能会发现有些特征在之前对其他方法分析时就已经提取出来了。表A把之前已经识别的特征放到“已覆盖”的列中。这样你可以回顾之前已经分析过的方法，所以这种分析也是迭代式的。

⊖ 有关Iterator接口的内容可从以下网址查询：docs.oracle.com/javase/7/docs/api/java/util/Iterator.html。

3. 当执行上面的步骤时，在表 B 中将每个方法及其相关的特征对应起来。

4. 给每个特征设计一个划分，并且记录在表 B 中。

任务 2：定义测试需求

1. 从 6.2 节中选择一个覆盖准则。

2. 如果使用 BCC 或 MBCC，选取基本选择，并在表 B 中记录它们。

3. 设计完整的测试需求，并在表 C 中记录它们。

4. 识别所有的不可行的测试需求（约束），并在表 C 中记录它们。

5. 如果使用 BCC 或 MBCC，修改所有不可行的测试用例来创建可行的测试用例，并且在表 C 中记录它们。

任务 3：将测试需求精炼为自动化的测试用例

使用最终的测试需求为每个可行的测试需求写一个 JUnit 测试用例。每个测试需求必须映射到一个测试用例。虽然一个测试用例可能满足若干个测试需求，我们要求在这个例子中不要这样做，以方便跟踪测试用例和映射。

6.4.2　为迭代器设计基于 IDM 的测试用例

现在我们已经解释了所需的步骤并在三个表中填写了“迭代器（Iterator）”的 JavaDoc。迭代器可以定义在任何的集合（collection）上，例如数组、列表、栈、队列等。我们有时说“迭代器”包含“一个迭代”，有时说它包含“一个集合（Collection）”。迭代器是在泛型的基础上定义的，所以其具体所包含的集合类型可以简单地称为 E。

任务 1：决定迭代器的特征

1. “迭代器”接口有三个方法，这三个方法都没有形参。

- hasNext()——如果还可以继续迭代更多的元素，返回真。
- E next()——返回迭代的下一个元素。这个方法可能会抛出一个异常，NoSuchElement-Exception。
- void remove()——移除迭代集合中最近所返回的元素。这个方法可以抛出两个异常 UnsupportedOperationException 和 IllegalStateException。

94

表 6-8 显示了方法的名字和签名元素（参数、返回类型和返回值）。“参数”列指出“迭代状态”决定所有三个方法的行为，“迭代状态”有些令人惊讶地复杂。但我们不关心其状态是如何实现的，我们关心的是其所包含的信息。首先，这个状态包含了将要由迭代器通过随后的 next() 方法调用所返回的数值。注意如果不存在这样的值，hasNext() 将返回假。其次，这个状态包含了是否 remove() 可以被成功调用的信息，如果是这样的话，这个状态还包含了哪个对象将被移除以及这个对象从哪个集合移除的信息。因此，这个集合也是迭代状态的一部分，这点我们之后在例子中还要讲到。

表 6-8　迭代器例子的表 A：输入参数和特征

方法名称	参数	返回类型	可能的测试值	异常	特征 ID	特征	已覆盖
hasNext()	迭代状态	布尔型	真，假		C1	迭代有多个值	
next()	迭代状态	E(element)-泛型	E，null		C2	迭代返回一个非 null 的对象引用	
				NoSuchElementException			C1

（续）

方法名称	参数	返回类型	可能的测试值	异常	特征ID	特征	已覆盖
remove()	迭代状态			UnsupportedOperation Exception	C3	支持 remove()	
				IllegalStateException	C4	满足了 remove() 的约束	

2. 为测试“迭代器”生成特征。

- hasNext() 返回一个布尔值。这暗示我们可以创建一个特征来保证使用布尔型的两种值。
- next() 返回一个泛型对象，其具体的类型存在于集合中。这里最基本的语法问题是这个值是否可能为 null，所以在表 6-8 中我们将这个列为 C2 类型。当迭代器没有更多元素的时候，它抛出 NoSuchElementException 异常，hasNext() 的 C1 已经覆盖了这个特征。
- remove() 没有明确的返回值，这产生了一个可观察性问题，我们可以使用基于集合的观察者（observer）方法来解决这个问题。我们也可以使用可能的异常来测试 remove()。“迭代器”的规范不要求必须完成 remove() 的实现，所以如果迭代器不支持 remove()，程序就返回 UnsupportedOperationException 异常。因此我们将 C3 特征定义为检查迭代器是否支持 remove()。还有另外一个异常 IllegalStateException，所以我们创建另一个特征 C4 来保证 remove() 的约束，即方法调用 next() 时，next() 方法当且只能被调用一次。

95

3. 将待测的方法和它们的特征表 6-9（表 B）的前四列关联。

表 6-9　迭代器例子的表 B：划分和基本选择

	hasNext()	next()	remove()	划分（全部为布尔型）	基本选择
C1	X	X	X	{真，假}	真
C2		X	X	{真，假}	真
C3			X	{真，假}	真
C4			X	{真，假}	真

4. 为了将每个特征划分为区块，我们使用布尔划分，如表 6-9 的第五列所示。

任务 2：为“迭代器”定义测试需求

表 B 基于任务 1 中最后一步的分析和任务 2 中的所有步骤。

1. 在这个例子中，我们选择基本选择覆盖。

2. 我们将具有一个“大众路径”的测试用例作为基本选择，即所有的一切都正常工作，没有任何的异常。从每个划分中选择值为真的区块并在表 6-9 中记录下来。

3. 这些信息在表 6-10 中转化为测试需求。我们将每个方法的特征和所需要的测试需求都列了出来。hasNext() 唯一的特征是 C1，所以它只有两个测试需求。第一个需求是一个基本选择，即迭代器有更多的值（粗线来显示），第二个需求是一个非基本选择。next() 有两个特征，所以每个测试用例必须从 C1 和 C2 中各选择一个测试值。同样的，第一个测试需求是基本选择，即 C1 和 C2 都为真，之后将每个基本选择用非基本选择轮流代替得到 3 个测试需求。remove() 有四个特征，所以需要 5 个测试需求。

表 6-10　迭代器例子的表 C：精炼测试需求

方法	特征	测试需求	不可行的测试需求	修改后的测试需求	测试需求的数目
hasNext()	C1	{T, F}	都是可行的	n/a	2
next()	C1, C2	{TT, FT, TF}	FT	FT -> FF	3
remove()	C1, C2, C3, C4	{TTTT, FTTT, TFTT, TTFT, TTTF}	FTTT	FTTT -> FFTT	5

4. 下一步我们识别不可行的测试需求。hasNext() 没有不可行的测试需求，但是 next() 有一个。如果 C1 为假，那么迭代器没有剩余的元素了，所以迭代器不能返回一个非 null 的对象引用，就是说 C2 不能为真。同样的问题也发生在 remove() 的第二个测试用例中。

5. 下面我们应用 6.3 节中所建议的通过改变非基本选择的方法来将不可行的测试需求改为可行的。对于 next()，我们将测试需求从 FT 改为 FF ；对于 remove()，我们将 FTTT 改为 FFTT。

我们一定可以做更多的测试。例如，在移除一些元素之后，next() 方法的行为依然合乎预期么？然而，我们在这节中设计和生成的测试用例只覆盖 JavaDoc 中所有明确列出的条款。

任务 3：将测试需求精炼为自动化的测试用例

目前 hasNext() 有 2 个测试需求，next() 有 3 个测试需求，remove() 有 5 个测试需求。我们需要将每个测试用例都精炼为一个具体的测试用例，其中包括输出的验证（测试预言）。

“迭代器”只是一个接口，而 Java 接口是不能直接被执行的。因此，为了开发具体的测试用例，我们需要一个已实现的“迭代器”。在一个实际的测试环境中，实现待测的程序是显而易见的——我们开发的代码实现！对于这个练习，我们选择“迭代器”的一个标准的 Java 实现来展示如何生成测试用例。

选择某个特定的实现对于完成测试用例的可行性有着巨大的影响。例如，null 值在 ArrayList 类中是可能出现的，但是不会出现在 TreeSet 类中。因此，我们的测试用例（大部分）主要使用“迭代器”的 ArrayList 实现。

完整的 JUnit 测试用例集合大概有 150 行 Java 代码，所以我们没有在课本中包含它们。本书的网站上有完整的 JUnit 测试用例，IteratorTest.java。在这里我们提供一些例子来说明所需的过程，以及可控性和可观察性的问题。这些测试用例还揭示了一些有趣的关于 Java“集合（Collection）”类如何处理非一致性问题的方法。

testHasNext_baseCase() 是我们的第一个测试用例，特征 C1 为真。所有的 JUnit 测试用例的测试夹具有两个变量：一个字符串“列表（list）”和字符串的“迭代器”。@Before 方法 setUp() 用来设置测试夹具，list 变量是一个有着两个字符串的 ArrayList 类型，我们将 itr 变量初始化用来迭代列表。setup() 方法定义了大部分测试用例通用的前缀值。测试用例本身只需要调用 itr.hasNext()(测试用例值)。测试用例通过判定 hasNext() 的返回值是否为真（验证值）来检查结果。

```
private List<String> list;         // 测试夹具
private Iterator<String> itr;      // 测试夹具

@Before public void setUp()        // 设置测试夹具
{
  list = new ArrayList<String>();
  list.add("cat");
  list.add("dog");
  itr = list.iterator();
}
```

96
~
97

```
// hasNext()方法的第一个测试用例：testHasNext_BaseCase(): C1-T
@Test public void testHasNext_BaseCase()
{
  assertTrue(itr.hasNext());
}
```

我们的第二个例子稍有些复杂。这个例子测试的是C3为假的情况，即迭代器不支持remove()方法。为了产生这种情况，这个测试用例将list转换成一个unmodifiableList，正如其名字暗示的一样，这是一个不能被修改的列表。当迭代这样的结构时，因为移除列表中的元素，remove()方法是一定没有实现的，所以当调用remove()时，测试用例会抛出UnsupportedOperationException异常。找到一个合适的不可修改的列表是解决可控性问题的一个例子。注意这个JUnit测试用例没有包含判定语句。取而代之的是，我们使用@Test注解中的expected属性来表明这个调用应该返回一个异常。如果异常返回，那么测试用例通过，反之则测试用例失败。参照第3章中有关这部分更为全面的讨论。

```
// remove()方法的第四个测试用例 testRemove_C3(): C1-T, C2-T, C3-F, C4-T
@Test(expected=UnsupportedOperationException.class)
public void testRemove_C3()
{
  list = Collections.unmodifiableList(list);
  itr = list.iterator();
  itr.remove();
}
```

第三个例子是remove()的另一个测试用例。remove()方法在与next()的调用次序上有着复杂的约束。如果remove()调用时，程序状态不满足这个约束，那么remove()方法必须返回一个IllegalStateException异常。如果使用契约式设计（design-by-contract）理论，这意味着前置条件（即一个未定义的行为）中有关remove()和next()的调用次序部分通过异常处理机制的方式已经转化为一个后置条件（即一个已定义的行为）。虽然这个约束是复杂的，在这里我们只生成一个测试用例，更多的测试用例留作练习。下面的这个测试用例完全没有调用next()而是直接调用remove()。

98

```
// remove()方法的第五个测试用例：testRemove_C4(): C1-T, C2-T, C3-T, C4-F
@Test(expected=IllegalStateException.class)
public void testRemove_C4()
{
  itr.remove();
}
```

分析和迭代：另一种可能的异常

最后，remove()方法的文档包含了一个有关迭代器使用的前置条件。具体来说，规范指出：“当迭代进行时，如果使用别的方法而不是本方法来改变所迭代的集合，迭代器的行为是未知的。”这就是说，当使用迭代器时，remove()是唯一被允许的改变迭代集合的方法。例如，使用迭代器的时候向迭代集合中添加一个元素，可能会产生错误的结果。“行为…是未知的”这句话暗示了一个真实的前置条件：一个正确的迭代器可以实现任何行为，包括无声的忽略方法调用、破坏数据结构、返回任意的数值或是无法终止运行。

作为测试者，我们可以在创建完上面的测试用例之后停下来，并且声称我们已经“努力地”去测试迭代器了。我们也可以声称因为“行为是未知的”，任何行为都是可以接受的，所以没有必要再去测试了。然而，如果我们拥有一个测试者思维的话，我们应该担心前置条件——它们可以作为安全黑客工具箱中的主要武器[⊖]。简短来说，我们应该担心在修改迭代集合之后马上使用迭代器可能产生的结果。我们认为这个担忧是合理的。

Java 迭代器许多的标准实现都将这个前置条件转化为由 ConcurrentModification-Exception 异常所表示的已定义的行为。特别指出的是，Java“集合（Collection）”类中的列表使用这个异常。因此我们添加一个特征 C5，称为 ConcurrentModificationException 异常。这个特征显然是和 remove() 方法相关联的，但是如果我们仔细考虑，就会意识到对于迭代集合的改动也会改变 hasNext() 和 next() 方法。所以我们将 C5 和所有的三个方法都关联，更新了表 6-8（表 A）并将新的版本显示在表 6-11 中。

表 6-11　迭代器例子的表 A：输入参数和特征（修改后的版本）

方法名称	参数	返回类型	可能的测试值	异常	特征 ID	特征	已覆盖
hasNext()	迭代状态	布尔型	真，假		C1	迭代有多个值	
				ConcurrentModification Exception			C5
next()	迭代状态	E(element)-泛型	E，null		C2	迭代返回一个非 null 的对象引用	
				NoSuchElementException			C1
				ConcurrentModification Exception			C5
remove()	迭代状态			UnsupportedOperation Exception	C3	支持 remove()	
				IllegalStateException	C4	满足了 remove() 的约束	
				ConcurrentModification Exception	C5	当迭代器使用时，迭代集合未被改变	

考虑到 ConcurrentModificationException 异常在表 6-9 中只添加了一行，所以我们决定不列出修改后的表 B。但是，新的特征可以应用到每个可测的方法，并影响所有已有的和新加的测试需求，所以我们将表 6-10 更新为表 6-12。ConcurrentModificationException 的基本选择是真，当使用迭代器时，迭代器保持在一个稳定的状态中。注意，正如之前提到的一样，这个分析显示了迭代的集合是表 A 中所识别的“迭代器状态”的一部分。

99 ~ 100

现在 hasNext() 已经有了 3 个测试需求：基本选择、C1 为假的情况和 C5 为假的情况。类似地，我们也为 next() 和 remove() 添加了测试用例。

表 6-12　迭代器例子的表 C：精炼测试需求（修改后的版本）

方法	特征	测试需求	不可行的测试需求	修改后的测试需求	测试需求的数目
hasNext()	C1 C5	{TT, FT, TF}	都是可行的	n/a	3
next()	C1 C2 C5	{TTT, FTT, TFT, TTF}	FTT TTF	FTT -> FFT TTF -> TFF	4
remove()	C1 C2 C3 C4 C5	{TTTTT, FTTTT, TFTTT, TTFTT, TTTFT, TTTTF}	FTTT	FTTTT -> FFTTT	6

“迭代器”接口的最后一个例子是 remove 的一个 JUnit 测试用例。在这个测试用例中，迭

⊖ 是否应该使用强前置条件是个有争议的话题，不属于本书讨论的范围。

代器处于一个不稳定的状态，因此，我们预计测试用例会抛出 ConcurrentModificationException。在 testRemove_5() 中，我们将一个元素加入到列表 list 对象中来解决可控性的问题。注意，这个发生在初始化迭代器的 setUp() 之后。这样迭代器就处于一个不稳定的状态，随后对 itr.remove() 的调用应该会抛出一个 ConcurrentModificationException 异常。

```
// remove()方法的第六个测试用例: testRemove_C5(): C1-T, C2-T, C3-T, C4-T, C5-F
@Test(expected=ConcurrentModificationException.class)
public final void testRemove_C5()
{
  itr.next();
  list.add ("elephant");
  itr.remove();
}
```

这个 JUnit 测试用例是通过的，另外一个类似的测试用例用 next() 替换了 remove() 也是通过的。（参见本书网站上的测试用例 testNext_C5。）但是另一个测试用例用 hasNext() 替换了 remove() 则不通过。（参见本书网站上的测试用例 testHasNext_C5。）

我们使用“迭代器”的例子不仅因为它阐释了应用输入域建模技术来设计 JavaDoc 测试用例的许多有意思的方面，而且因为它显示出了测试用例的强大。在我们看来，testHasNext_C5 揭示了 Java“迭代器”实现的一个缺陷。一个数据结构的内部状态只能是稳定或不稳定，所以当调用 hasNext() 返回真（暗示一个稳定的状态），而随后立即调用 next() 抛出 ConcurrentModificationException 异常（不稳定的状态）是无法理喻的。参见习题中一个类似的情况，调用 remove() 无法导致本应该抛出的 ConcurrentModificationException 异常。

101

习题

1. 有关 next() 和 remove() 之间的调用次序的约束是非常复杂的。IteratorTest.java 中的 JUnit 测试用例中只有一个是针对这种情况的，这样的测试还不够。探究这种情况，添加一个或多个特征来精炼输入域模型，在 JUnit 中实现测试用例。
2. （**有难度！**）考虑下列情况，不使用 remove() 方法来改动迭代的集合 ArrayList，改动之后立即调用 remove() 令其无法抛出 ConcurrentModificationException 异常，这种情况是可能发生的。完成一个实现这种情况的（失败的）JUnit 测试用例。

6.5　参考文献注解

学术文献已有的一类测试方法基于这样一个想法：测试对象的输入空间应该被划分为子集，我们假设相同子集中的所有输入都导致相似的行为。这些测试方法总称为划分测试（partition testing），其中包含等价划分 [Myers, 1979]、边界值分析 [Myers, 1979]、类型划分 [Ostrand and Balcer, 1988] 和输入域测试 [Beizer, 1990]。[Grindal et al., 2005] 发表了一个带有例子的拓展调查报告。

划分和测试值的推导来自 Balcer、Hasling 和 Ostrand 在 1988 年发明的类型划分方法 [Balcer et al., 1989, Ostrand and Balcer, 1988]。Grochtmann、Grimm 和 Wegnener 在 1993 年利用分类树（classification tree）提出一种替代的可视化方法 [Grochtmann et al., 1993；Grochtmann and Grimm, 1993]。分类树将输入空间划分的信息组织成树状结构。第一层节

点是参数和环境变量（特征），它们可以递归地切分为子类型。区块作为树的叶节点，之后组合从叶节点中选出。

Chen 等从实践中总结出测试者在使用输入参数建模技术时常犯的错误。本章中许多关于输入域建模的概念来自 [Grindal，1997；Grindal and Offutt，2007；Grindal et al.，2007]。[Cohen et al.，1997] 和 [Yin et al.，1997] 建议在输入参数建模时使用基于功能的方法。[Grindal 等，2006] 也使用了基于功能的输入参数建模的方法，只是没有明确地提出这种方法。还有两种其他的与 IDM 相关的方式是分类树 [Grochtmann and Grimm, 1993] 和一种基于 UML 活动图的方法 [Chen et al.，2005]。[Beizer, 1990] [Malaiya, 1995] [Chen et al.，2004] 也提出了方法来解决特征选择的问题。

Grindal 等发表了一个实践报告来分析和比较不同的处理约束的机制 [Grindal et al.，2007]。

[Stocks and Carrington, 1996] 提出了一个基于规范测试的正式定义，这包括了输入空间划分测试中大部分的方法。特别是，他们处理了将测试帧（test frame，在本书中，我们简单且非正式地将其称为测试需求）精炼为测试用例的问题。 102

Ammann 和 Offutt 在 1994 年发明了单一选择和基本选择准则 [Ammann and Offutt, 1994]。他们 1994 年的论文还暗示了多项基本选择准则（“许多系统有多个正常的操作模式，但我们这里简单起见只考虑一种正常模式”），但是本书第一次正式定义了这个准则。[Cohen et al.，1997] 指出有效的和无效的参数值应该根据覆盖来区别对待。这样基本选择准则可以用来实现一类压力测试。*有效*值处于正常操作范围之内，而*无效*值处于正常操作范围之外。无效值经常导致错误信息和执行中断。为了避免一个无效值影响另一个，Cohen 等建议在每一个测试用例中值只包括一个无效值。

[Burroughs et al.，1994] 和 [Cohen et al.，1997；Cohen et al.，1996；Cohen et al.，1994] 在自动高效测试用例生成器（Automatic Efficient Test Generator, AETG）中建议了一种启发式的结对覆盖。AETG 还包括了基本选择组合准则的一个变形。在 AETG 的版本中，这种测试被称为*默认测试*。测试者一次只改变一个特征的值，而其他特征保持某些默认的测试值。Burr 和 Young 也使用了“默认测试”这个定义 [Burr 和 Young，1998]，此外他们还描述了基本选择的另一个形式。在他们的版本中，只有一个特征不包含默认值，其余的特征包含最大值或最小值。这个准则的变种不一定满足单一选择覆盖。

Sherwood 开发了一个持续生成测试用例以满足结对覆盖的工具，受约束的数组测试系统（Constrained Array Test System，CATS）。对于有两个或超过两个特征的程序，参数递增顺序（in-parameter-order，IPO）组合策略 [Lei and Tai, 2001; Lei and Tai, 1998; Tai and Lei, 2002] 生成一个测试用例集首先满足前两个参数（即我们定义中的特征）的结对覆盖。之后这个测试用例集扩展满足前三个参数的结对覆盖，持续地再扩展下一个参数直至所有的参数都被包括。

Williams 和 Probert 发明了多项组合覆盖 [Williams and Probert, 2001]。[Cohen et al.，2003] 提出了多项组合覆盖的一个特殊情况，叫作*变量强度*。这个策略要求某个子集内的特征具有更高的覆盖但是其他子集内的特征具有更低的覆盖。考虑一个例子，一个测试问题有四个参数 A、B、C 和 D。变量强度可能要求对参数 B、C 和 D 使用三项组合覆盖而对参数 A 使用结对覆盖。[Cohen et al.，2003] 提议使用模拟退火（Simulated Annealing，SA）算法来生成测试用例满足多项组合覆盖。[Shiba et al.，2004] 提出使用一个遗传算法（GA）来满足结对覆盖。他们的文章还建议使用蚁群算法（Ant Colony Algorithm，ACA）。

Mandl 建议使用正交数组（Orthogonal Array，OA）来为多项组合覆盖生成测试值 [Mandl，1985]。Williams 和 Probert 在这个想法的基础上有了进一步的发展 [Williams and Probert, 1996]。覆盖数组（covering array）[Williams，2000] 是正交数组的一个延伸。正交数组的一个特性是它们是平衡的，即每个特征值在测试用例集中出现的次数是相同的。如果只想使用多项组合覆盖（例如结对覆盖），保持平衡特性就没有必要了，因为那样会导致算法低效。当使用覆盖数组满足多项组合覆盖时，每个由多个区块组合成的测试用例至少出现一次但是不需要出现相同的次数。使用正交数组的一个问题是由于某些问题的规模太大，我们没有足够的正交数组来表示整个问题。我们可以使用覆盖数组来避免这样的问题。

有些论文提供了使用输入空间划分技术上的经验的和实践结果。[Heller, 1995] 用了一个实际的例子来说明测试特征值所有的组合在实践中是不可行的。Heller 的结论是我们需要识别一组大小可控的组合。

[Kuhn and Reilly, 2002] 从两个实际的项目中调查了 365 份错误报告，发现结对覆盖在找到故障的有效性和测试所有组合的有效性几乎是一样的。[Kuhn et al.，2004] 给出了更多的数据。

[Piwowarski et al.，1993] 描述了在功能测试中如何成功地应用代码覆盖将其作为一种停止准则。作者将功能测试形式化地定义为在输入参数所有的组合中选取测试用例的问题。[Burr 和 Young，1998] 的研究表明持续地监控代码覆盖可以帮助改进输入域模型。初期的实验显示临时的非系统性的测试只有 50% 的判定覆盖率（decision coverage），但是当持续地应用代码覆盖和精炼输入域模型时，判定覆盖率上升到了 84%。

在实际中应用输入空间划分的大量实例已经发表。[Cohen et al.，1996] 通过在一系列的用户界面（屏幕）上测试输入域的稳定性和正确性，来展示如何用 AETG 来做基于屏幕的用户接口测试。[Dalal et al.，1999；Dalal et al.，1998] 给出了使用 AETG 工具的报告结果。这个工具用来为贝尔实验室的智能控制服务系统生成测试用例。智能控制服务系统是一个大型的应用程序，根据规定通过 GUI 接口将工作请求分配给技术人员。Offutt 和 Alluri 给房地美（Freddie Mac）开发了一个特殊用途的输入空间划分的工具 [Offutt and Alluri, 2014]，他们发现这个技术不仅在测试中发现了更多的故障，而且极大地降低了测试成本。

[Burr and Young, 1998] 也使用 AETG 工具测试了一个 Nortel 的应用程序，这个程序将电子邮件信息由一种格式转化为另一种格式。[Huller, 2000] 使用 IPO 相关的算法测试了卫星通讯的地面系统。

[Williams and Probert, 1996] 展示了如何应用输入空间划分来组合配置测试。[Yilmaz et al.，2004] 开始使用覆盖数组在复杂的配置空间中做故障定位。

[Huller, 2000] 的研究发现结对配置测试和准穷举的方法相比，在成本和时间上的节省超过 60%。[Brownlie et al.，1992] 在 PMX/StarMAL 产品的一个版本中对正交数组的结果和传统测试在之前版本上的结果进行了比较。作者估算如果 OA 用在第一个版本上的话会发现大约 22% 的故障。

有些研究比较了生成的测试用例的数目。当使用非确定的（non-deterministic）算法时，测试用例的数目是不定的。有些论文比较了满足结对覆盖或三项组合覆盖的输入空间划分策略：IPO 和 AETG [Lei and Tai，2001]、OA 和 AETG[Grindal et al.，2006]、覆盖数组和 IPO[Williams, 2000]、AETG、IPO、SA、GA 和 ACA[Shiba et al.，2004；Cohen et al.，

2003]。大部分的结论是它们差别不大。

另一个方面是比较算法的执行时间。[Lei and Tai, 1998] 显示了 IPO 的时间复杂度是优于 AETG 的。[Williams, 2000] 报告说在其研究的大型测试问题中，CA 的效率比 IPO 高了三个等级。

[Grindal et al.，2006] 比较了算法发现故障的能力。他们发现 BCC 的效果与 AETG 和 OA 的效果一样但是需要较少的测试用例。

我们也可以从代码覆盖率的角度来比较输入空间划分策略。[Cohen et al.，1994] 发现由 AETG 产生的满足结对覆盖的测试用例集达到了 90% 的块覆盖。[Burr and Young, 1998] 使用 AETG 也得到了类似的结论，AETG 只用了 47 个测试用例就达到了 93% 的块覆盖，而 BCC 的一个受限版本生成了 72 个测试用例却只有 85% 的块覆盖。 105

第7章

Introduction to Software Testing, Second Edition

图 覆 盖

工程学中的很多原理和打棒球一样。你不一定非常强壮才能打出全垒打。你只需要打在球的正中心。

本章我们介绍一些最广泛使用的测试覆盖准则。本章使用图来定义准则和设计测试用例。现在开始我们真正进入RIPR模型内部，因为这里生成的测试用例保证“到达”待测工件图模型的某个确定的位置。本章从基础理论开始，这样可以使得本章的实践和应用部分变得更容易理解。我们首先关注图的通用表示而不考虑图的来源。在图的模型建立后，本章的其余部分将会转向实际应用。在那里，我们会展示如何从不同的软件工件中获得图，以及如何将准则通用化地应用于这些图。

7.1 概述

有向图是许多覆盖准则的基础。它们来自许多不同来源和类型的软件工件，包括来自源代码的控制流图、设计结构、有限状态机、状态图、用例等。我们在最广泛的层面上使用工件这个概念，它可以是与软件相关联的任何东西，包括需求、设计文档、实现、测试、用户手册以及很多其他的东西。图覆盖准则通常需要测试者以遍历图的某些特殊部分的方式来覆盖图。本节的概述用通用的术语定义图，所以与离散数学、算法和图论的标准教材有重叠的地方。和那些理论教材不同的是，我们只关注测试所需的思想，此外我们还介绍一些用于支持测试设计的新术语。

给定一个待测的软件工件，我们的想法是从工件中提取出图。例如，源代码对应的最常见的图形化抽象是将可执行的语句和分支映射到控制流图。值得注意的是，图和工件不一样，通常会略去一些细节。从同样的工件中提取出有用的但是不相同的图形化抽象也是可能的。基于从工件中生成图的抽象，我们可以将工件的测试用例映射到图中的路径上。当使用基于图的覆盖准则来评判工件的测试用例时，我们可以检查测试用例对应的路径是如何“覆盖”工件图形化的抽象的。

106

下面给出图的基本概念，我们还会在章节后面的部分基于这个概念添加更多的结构。一个图G可以被形式化地定义为：

- 一个节点的集合N
- 一个初始节点的集合N_0，其中$N_0 \subseteq N$
- 一个终止节点的集合N_f，其中$N_f \subseteq N$
- 一个边的集合E，E是$N \times N$的一个子集

一个图想要产生有用的测试用例，那N、N_0和N_f中每个集合都必须包含至少一个节点。有时，只考虑图的一部分是必要的。例如，只考虑图代表的部分功能。注意，图中允许存在多个初始节点，就是说，N_0是一个集合。对某些软件工件来说，拥有多个初始节点是有必要的，例如，如果一个类有多个起始点，但是有时我们也会限制图只包括一个初始节点。图

的边可以看作从一个节点到另一个节点的连接，表示为（n_i, n_j）。边的初始节点 n_i 有时被称为*前驱节点*（predecessor），n_j 被称为*后继节点*（successor）。

我们经常需要识别终止节点，图中至少要有一个终止节点。其原因是每个测试用例必须起始于某个初始节点，终止于某个终止节点。终止节点的概念依赖于图代表的软件工件的种类。有些测试准则需要测试用例在某个特殊的终止节点结束。其他的测试用例则可以选取任意的节点作为终止节点，如果这样的话 N_f 和 N 一样的。

术语“节点”有若干同义词。图论的教材有时称一个节点为*顶点*（vertex），软件测试教程中的节点代表一定的结构，通常为语句、状态、方法或是一个基本块。类似地，图论的教材有时称边为*弧*（arc），软件测试教程中的边也代表着一定的结构，通常为分支或迁移。本节从宏观角度来讨论图准则，所以我们也使用图的通用术语。

通常我们用圆圈和箭头表示图。图 7-1 展示了三个图的例子。有入边（incoming edge）但没有前驱节点的是初始节点。有加粗边框的节点是终止节点。图 7-1 a 有 1 个初始节点。图 7-1 b 有 3 个初始节点。图 7-1 c 没有初始节点，因此无法产生测试用例。

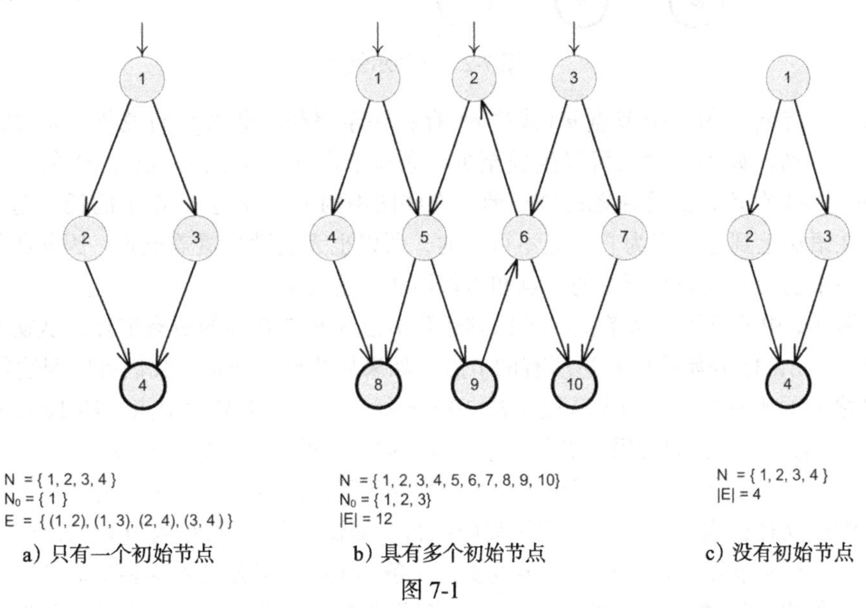

a）只有一个初始节点　　b）具有多个初始节点　　c）没有初始节点

图 7-1

路径（path）是一个节点序列 $[n_1, n_2, \cdots, n_M]$，其中每对邻近节点（n_i, n_i+1），$1 \leqslant i \leqslant M$，属于边集合 E。路径的长度被定义为所包含边的数目。我们有时会考虑长度为零的路径和子路径。路径 p 的*子路径*（subpath）是 p 的一个子序列（也可能是 p 自己）。根据边的概念，我们说路径是*起始于*该路径的第一个节点，*终止于*该路径的最后一个节点。有时我们也可以说一条路径*起始于*（或者*终止于*）一条边 e，即 e 是路径中的第（或者最后）一条边。*自环*（cycle）是一条初始节点和终止节点相同的路径。例如，图 7-1 b 中的路径 [2，5，9，6，2] 是一个自环。

图 7-2 展示了一个图、一些路径的例子和一些非路径的例子。例如，节点序列 [1，8] 不是一个路径，因为这两个节点没有边来连接。

许多测试准则要求测试输入从一个节点开始并在另一个节点结束。只有当这些节点可以由一个路径连接时，这个要求才是可行的。当我们在某些指定的图上应用这些准则时，我们有时会发现某个路径因为一些原因无法执行。例如，一条路径可能要求一个循环只执行零次，但实际上，所对应的程序循环总是要至少执行一次。这类问题来源于图代表的软件工件的**语义**。我们强调一下，目前我们只关注图的**语法**。

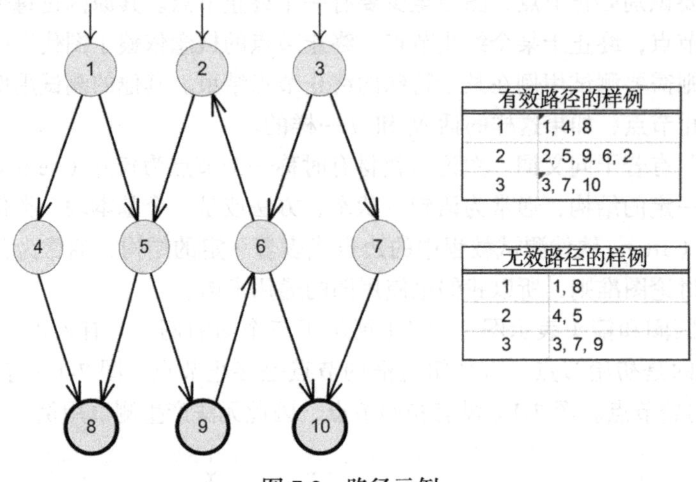

图 7-2 路径示例

如果从节点 n_i 到另一个节点 n（或边 e）存在一条路径，那么我们说节点 n（或边 e）在*语法上是可达的*。如果有输入可以生成至少一条从节点 n_i 到节点 n（或边 e）的路径，那么节点 n（或边 e）在*语义上同样也是可达的*。有些图中的节点或边从 N_0 中的任一初始节点开始都无法在语法上到达。因为它们是不可达的，所以也无法满足覆盖准则，因此我们将只关注那些从一个初始节点开始所有的节点和边都语法可达的图[⊖]。

考虑图 7-2 中的例子。从节点 1 可以到达除节点 3 和 7 之外的所有节点。从初始节点的整个集合 {1，2，3} 开始可以到达所有的节点。如果从节点 5 开始，我们可以到达除节点 1、3、4 和 7 之外的所有节点。如果从边（7，10）开始，我们只能到达节点 7 和 10 还有边（7，10）。另外，有些图（比如有限状态机）包含有指向自己的节点，即 (n_i, n_i)。

标准数据结构教材中的基本图论算法可以用来计算节点或边在语法上的可达性。

一条测试路径代表了一组测试用例集的执行。测试路径必须从 N_0 开始的原因是测试用例总是从一个初始节点开始。有一点很重要，一条测试路径可能会对应待测软件中的很多个测试用例。如果测试路径是不可行的话，这条测试路径有可能对应零个测试用例。我们在 7.2.1 节会就不可行性问题的关键理论展开讨论。

定义 7.30 *测试路径（Test Path）　一条长度可能为零的路径 p，它起始于 N_0 中的某个节点，终止于 N_f 中的某个节点。*

在有些图中，所有的测试路径都起始于一个节点且终止于一个节点。我们把这些图称为*单入 / 单出图*或是 SESE（single entry/single exit）图。对于 SESE 图，集合 N_0 只有一个节点，称为 n_0，集合 N_f 也只有一个节点，称为 n_f、n_f 和 n_0 有可能是同一节点。我们要求 n_f 从 N 中的每个节点开始都语法可达，而从 n_f 无法语法上到达 N 中的任何节点（除了 n_f），除非 n_0 和 n_f 是同样的节点。换句话说，除非 n_0 和 n_f 是同样的节点，否则没有从 n_f 开始的边。

⊖ 通过例子说明的方法，典型的控制流图几乎没有语法上不可达的节点，但是调用图特别是面向对象程序的调用图通常存在语法上不可达的节点。

图 7-3 是一个 SESE 图的例子。这个特别的结构有时称为“双菱形（double-diamond）”图，其对应的控制流图代表两个连续的“if-then-else”语句。初始节点 1 由一个进入箭头来标明（记住我们只有一个初始节点），终止节点 7 用一个粗的圆圈来标明。这个双菱形图正好包含了四条测试路径：[1，2，4，5，7]、[1，2，4，6，7]、[1，3，4，5，7] 和 [1，3，4，6，7]。

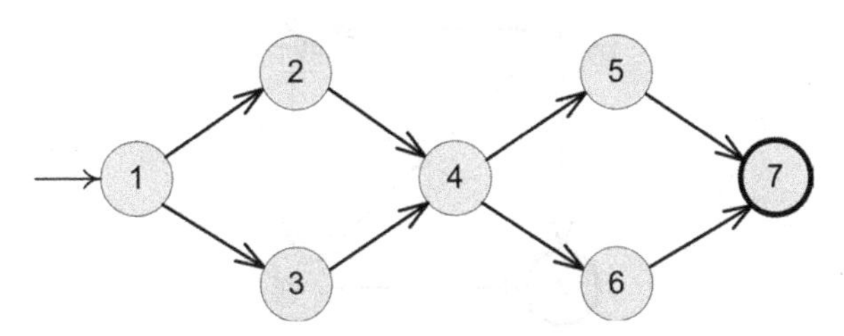

图 7-3 一个单入单出图

我们使用熟悉的旅行相关的术语来表达测试路径中所出现的节点、边和子路径的概念。如果一个节点 n 在一条测试路径 p 中，我们说 p *访问*（visit）了 n。如果一条边 e 存在于一条测试路径 p 中，那么 p *访问*（visit）了 e。将术语访问应用于单个节点和边没有问题，但是当考虑子路径时，有些不太适合。对于子路径，我们使用术语*游历*（tour）。如果路径 q 是另一条路径 p 的子路径，那么 p *游历*了子路径 q。图 7-3 中的第一条路径 [1，2，4，5，7] 访问了节点 1 和 2，也访问了边（1，2）和（4，5），还游历了子路径 [2，4，5]（这条路径还同时访问了其他的节点和边，同时也游历了其他的子路径）。因为子路径的关系是自反的（reflexive），所以游历的关系也是自反的。就是说，任何路径 p 总是游历其自身。

我们为测试用例定义一个映射路径 *pathG*，所以对于一个测试用例 t，$pathG(t)$ 为图 G 中 t 所执行的测试路径。如果我们确定在讨论哪个图，我们可以省去下标 G。我们还可以定义一组测试用例游历的测试路径集。对于一个测试用例集 T，*path*(T) 代表 T 中的测试用例所执行的测试路径集：$path\mathrm{G}(\mathrm{T}) = \{path\mathrm{G}(\mathrm{T}) | t \in \mathrm{T}\}$。

除了在本书中我们不考虑的非确定性（non-deterministic）结构，每个测试用例都只游历图 G 中的一条测试路径。图 7-4 阐述了测试用例和测试路径之间映射关系在确定性和非确定性软件上的不同。

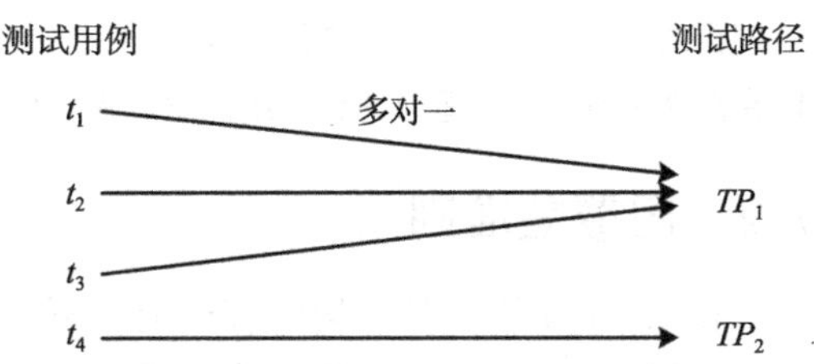

在确定性软件中，测试用例和测试路径中存在着多对一的关系

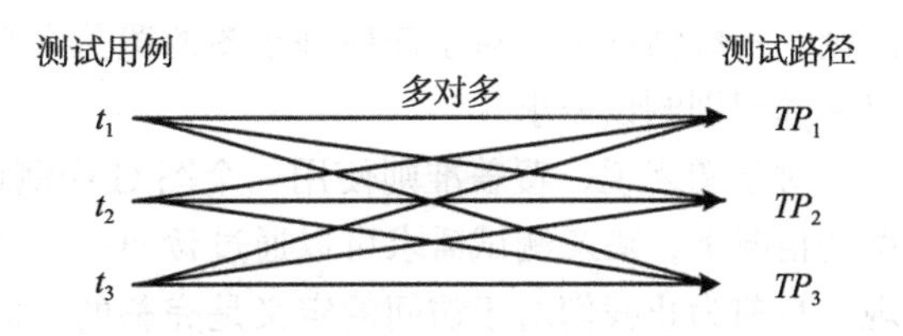

在非确定性软件中，测试用例和测试路径中存在着多对多的关系

图 7-4 测试用例映射到测试路径

图 7-5 举例说明了一组测试用例和对应的在 SESE 图上的测试路径，这个图的终止节点 $n_f = 3$。有些边使用谓词描述了遍历这些边所需要的条件（这个概念在本章会正式定义）。所以，在这个例子中，如果 a 小于 b，唯一的路径是从 1 到 2，再到 4，最后到 3。对于所有的图覆盖准则，本书都是以测试路径和所考虑的图之间的关系来描述的，但是一定要意识到，测试是由执行测试用例来完成的，测试路

径仅仅是测试用例在抽象模型——图中的一种表现。为了减少成本，通常我们想要产生满足测试需求的最少的测试路径。测试路径的*极小*（minimal）集合被定义为，如果从这个集合中拿走任意的测试用例，那么这个集合便不能满足我们的准则。

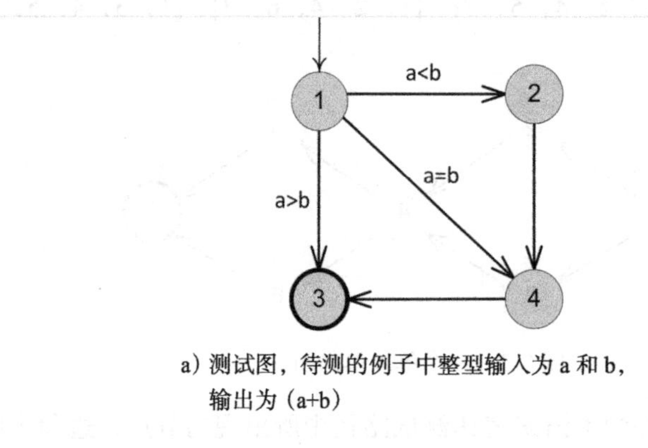

a）测试图，待测的例子中整型输入为 a 和 b，输出为（a+b）

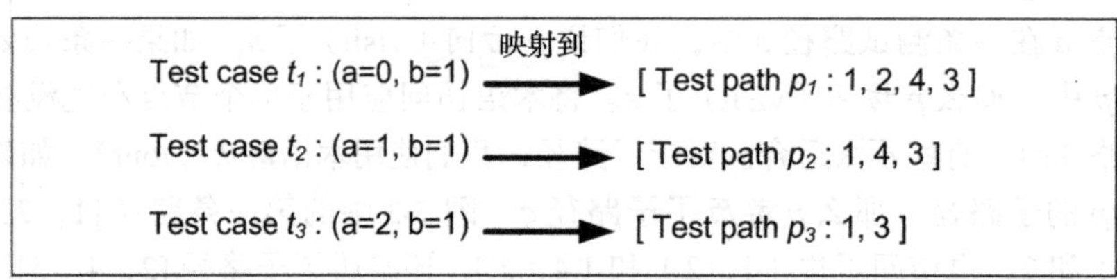

b）测试用例和测试路径之间的映射

图 7-5 测试用例集和对应的测试路径

习题

1. 给出图 7-2 中的集合 N、N_0、N_f 和 E。
2. 在图 7-2 中找出一个不是测试路径的路径。
3. 列出图 7-2 中所有的测试路径。
4. 在图 7-5 中，找到适当的测试用例的输入，使其对应的测试路径访问边（2，4）。

7.2 图覆盖准则

107~111

在 7.1 节中讲到的结构的基础上，下一步我们可以定义图上的覆盖了。在测试研究中，通常我们把这些图覆盖准则分为两类。第一类通常称为*控制流覆盖准则*，或者更加泛化地称为*结构图覆盖准则*。另一类准则基于代表软件工件的图中所使用的数据流，被称为*数据流覆盖准则*。根据第 1 章的论述，我们找到适合的测试需求，然后根据这些测试需求来定义每个准则。一般情况下，对于任何基于图的覆盖准则而言，我们的思路是使用图中的各种结构来定义和识别测试需求。

对于图来说，覆盖准则使用一个图 G 中测试路径的属性来定义测试需求 *TR*。在一个典型的情况下，*满足*测试需求可以通过*访问*一个特殊的节点或边或者*游历*一条特殊的路径来实现。目前为止我们对于访问的定义是完整的，但是*游历*的概念还需要进一步的完善。在本章的后面会再次讲到游历，然后在数据流准则的框架下进一步细化这个概念。下面的定义是对第 5 章中覆盖概念的精炼：

定义 7.31 图覆盖（Graph Coverage） 给定一个图覆盖准则 *C* 所包含的测试需求集 *TR*，当且仅当对于 *TR* 中的每个测试需求 *tr*，测试路径集 *path*(T) 中都至少存在一个测试路径 *p* 满足 *tr* 的时候，测试用例集 *T* 满足图 G 的覆盖准则 *C*。

上述定义是对所有图覆盖的总括，我们会针对不同类型的图对其覆盖的定义进一步细化。

7.2.1 结构化的覆盖准则

我们通过指明测试需求集（*TR*）的方式来定义图覆盖准则。我们首先定义访问图中每个节点的准则，然后在定义访问图中每条边的准则。第一个准则大家可能会很熟悉，它基于一个很早以前就出现的概念，即在程序中执行每条语句。这个概念在不同的场合被称为“语句覆盖”、“语句块覆盖”、“状态覆盖”和“节点覆盖”。我们使用图论的通用术语——节点覆盖。大家对这个概念可能很熟悉，同时这个概念也很简单，所以我们用它来介绍一些附加符号。这些符号最初看起来会使准则变得复杂，但是最终可以使随后的准则变得更简洁，在数学上更加精确，这样在更加复杂的情况下可以避免混淆。

由图准则生成的需求实际上是可以为真（满足需求）或假（不能满足需求）的谓词（predicate）。对于图 7-3 中的双菱形图，节点覆盖的测试需求为：*TR* = { 访问 1，访问 2，访问 3，访问 4，访问 5，访问 6，访问 7}。就是说，我们必须满足每个节点对应的谓词，谓词被定义为对应的节点是否已经被访问。有了这个概念，节点覆盖的正式定义如下[⊖]：

定义 7.32 节点覆盖（Node Coverage，形式化定义） 对于图 G 中的每个可达的节点 *n*，测试需求集 *TR* 包含谓词“访问 *n*”。

112

对节点覆盖使用这样的符号标记虽然在数学上是精确的，但在实用中就有些累赘。所以我们使用一个简化版本，这个定义对测试需求中的谓词问题进行了抽象。

准则 7.7 节点覆盖（Node Coverage，NC） *TR* 包含 G 中每个可达的节点。

在这个定义中，我们需要理解术语“包含”的实际意思是“包含谓词访问 n”。这样的简化使我们缩短了测试需求的表述，图 7-3 中的测试需求值需要包含节点：*TR* = {1，2，3，4，5，6，7}。测试路径 p_1 = [1，2，4，5，7] 满足了第一、第二、第四、第五和第七条测试需求；测试路径 p_2 = [1，3，4，6，7] 满足了第一、第三、第四、第六和第七条测试需求。所以，如果一个测试用例集 *T* 包含 {t_1，t_2}，且 *path*(t_1) = p_1 和 *path*(t_2) = p_2，那么 T 在 G 上满足节点覆盖。

下面我们给出节点覆盖的一个通用定义，这样的定义通常会省略明确识别测试需求这一中间步骤。注意相比于标准定义，我们的定义更为简洁。

定义 7.33 节点覆盖（Node Coverage，标准定义） 当且仅当对于 *N* 中每个语法上可达的节点 *n*，*path*（T）中都有一条路径 *p* 访问 *n*，那么测试用例集 *T* 在图 G 上满足节点覆盖。

⊖ 学数学的读者可能会注意到这个定义是具有建设性的，因为它只定义了集合 *TR* 中包含什么，而没有定义集合的边界。这正是我们的意图，*TR* 中只含有所列出的内容，而不含有其他的元素。

本章最后的习题要求读者使用形式化的方法和标准的方法来重新定义一些其余的覆盖准则。我们选择的是处于形式化和标准中间的定义，因为这种方式更紧凑，避免了标准覆盖定义中额外的繁冗，而把关注点集中在覆盖定义中准则之间变化的那部分。

许多商用测试工具已经实现了节点覆盖，通常使用语句覆盖的形式。另一种在商用测试工具中实现的常用准则是我们下面要讲到的边覆盖，通常使用分支覆盖：

准则 7.8　*边覆盖*（Edge Coverage，EC）*TR* *包含 G 中每个可达的长度小于等于 1 的路径。*

读者可能会想为什么边覆盖的测试需求会明确地包含节点覆盖的测试需求，即，为什么定义中包含“小于等于”。实际上，所有的图覆盖准则的定义都和边覆盖类似。这样做的动机是包含那些结构不复杂的图。例如，考虑一个只有一个节点而没有任何边的图。如果定义中没有“小于等于”，边覆盖就不会覆盖那个节点。直观地说，我们希望边覆盖的测试要求至少和节点覆盖的测试要求一样。这样的定义方式是实现这个要求的最好选择。为了增加 *TR* 集合的可读性，我们只列出了所要求路径的最大长度。

图 7-6 阐释了节点覆盖和边覆盖之间的差别。在程序语言术语中，图对应的结构是常用的没有 else 的 if-else 结构。

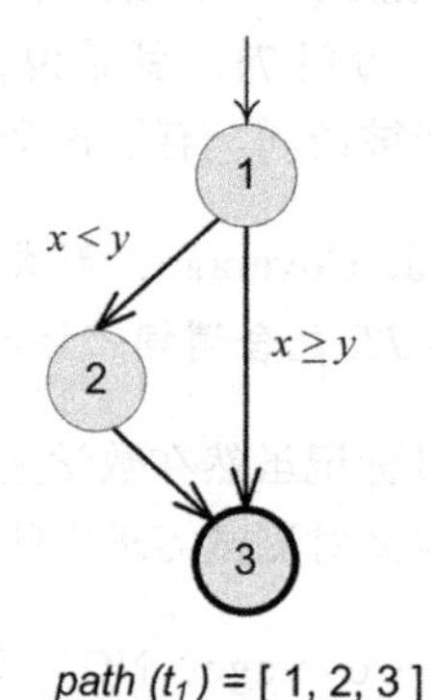

path (t_1) = [1, 2, 3]
path (t_2) = [1, 3]

$T_1 = \{ t_1 \}$
T_1 满足图上的节点覆盖
a）节点覆盖

$T_2 = \{ t_1, t_2 \}$
T_2 满足图上的边覆盖
b）边覆盖

图 7-6　节点覆盖和边覆盖

其他的覆盖准则也只用到了我们目前所讲到过的图的定义。例如，一个需求要求某个测试路径需要游历每个长度小于等于 2 的路径。在这个语境中，节点覆盖可以被重新定义为包含每条长度为零的路径。很明显，这个思路可以扩展到任意长度的路径，不过我们认为要求覆盖太长的路径意义不大。在这些准则中，我们只形式化地定义其中的一个，剩下的供有兴趣的读者作为练习。

准则 7.9　*对边覆盖*（Edge-Pair Coverage，EPC）*TR* *包含 G 中每个可达的长度小于等于 2 的路径。*

有一个测试准则很有用，它要求软件从某个状态（即有限状态机的一个节点）开始，然后经历一些迁移（即边），最后终止于初始节点。这种测试用来验证系统不受某些输入的影响。接下来我们会将这个概念正式定义为往返覆盖。

在定义往返覆盖之前，我们需要一些别的定义。有一条从 n_i 到 n_j 的路径，当且仅当在这条路径中没有任何节点出现超过一次（除了初始节点和终止节点相同的情况），我们称这条路径为简单路径。这就是说，虽然简单路径整体有可能是个自环，但是它没有内在的循环。简单路径的一个有用之处在于我们可以通过构建简单路径的方式来创建任何路径。

即使相对较小的程序也可能有大量的简单路径。我们不需要处理大部分的简单路径，因为它们都是其他简单路径的子路径。对于简单路径的覆盖准则，我们希望能避免穷举简单路径的整个集合。出于这个原因，我们只列出了最长的简单路径。为了阐明这个概念，我们正式定义了最长的简单路径，称为*主路径*，在下面的准则定义中我们也使用了“主”这个词。

113
~
114

定义 7.34 *主路径*（Prime Path） *有一条从 n_i 到 n_j 的路径，当且仅当这条路径是一条简单路径，而且它不是其他任何简单路径的子路径时，这条路径为主路径。*

准则 7.10 *主路径覆盖*（Prime Path Coverage，PPC） *TR 包含 G 中每条主路径。*

主路径覆盖定义的优点是在实际中可以减少测试需求生成的数目，但是它也存在一个问题，即一条不可行的主路径可能会包含多条可行的简单路径。这个问题的解决方案也是直接的——用相关的可行的子路径代替不可行的主路径。简单起见，我们在定义中没有提及取代不可行路径的问题，但在之后讨论主路径覆盖的时候会假设不可行路径是可以取代的。

由于历史原因，在下面我们列出了主路径覆盖的两个特殊情况。而从实际的角度来看，直接采用主路径覆盖通常是一种更好的选择。这两种情况都包含了对于“往返（round trip）”环的处理。

*往返路径*是一条长度非零且初始节点和终止节点相同的主路径。一类往返路径的覆盖要求包含至少一条往返路径，而另外一类要求包含所有的往返路径。

准则 7.11 *简单往返覆盖*（Simple Round Trip Coverage，SRTC） *对于 G 中所有可达的，且可以作为往返路径起点和终点的节点，TR 包含至少一条往返路径。*

准则 7.12 *完全往返覆盖*（Complete Round Trip Coverage，CRTC） *对于 G 中所有可达的节点，TR 包含所有的往返路径。*

现在我们回到传统测试文献中讲到的路径覆盖。

准则 7.13 *完全路径覆盖*（Complete Path Coverage，CPC） *TR 包含 G 中所有的路径。*

不幸的是，如果一个图有自环的话，完全路径覆盖是无用的，因为这会产生无穷的路径，因而产生无穷的测试需求。然而这个准则的一个变体是很有用的，我们不去要求所有的路径，而是只考虑所有路径中一个特定的集合。例如，客户以使用场景的形式来给出测试路径。

准则 7.14 *指定路径覆盖*（Specified Path Coverage，SPC） *TR 包含一个测试路径集合 S，其中 S 是一个参数。*

对于有自环的图，完全路径覆盖是不可行的，因此我们在上面也讲了使用其他替代准则的原因。图 7-7 对比了主路径覆盖和完全路径覆盖。图 7-7 a 展示了没有循环的“菱形”图。这个图上的两条路径可以满足主路径覆盖和完全路径覆盖。图 7-7 b 则包含一个从节点 2 到节点 4 到节点 5 再到节点 2 的循环，所以这个图有无穷多可能的测试路径，因此完全路径覆盖是不可行的。我们可以使用两条路径来游历主路径覆盖的需求，例如，[1，2，3] 和 [1，2，4，5，2，4，5，2，3]。

115

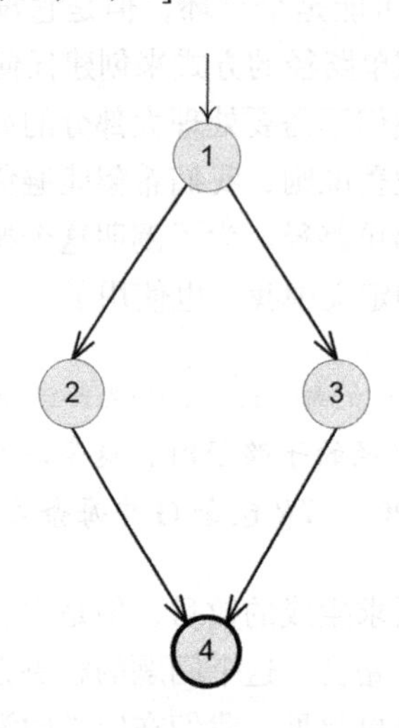

Prime Paths = { [1, 2, 4], [1, 3, 4] }
path (t_1) = [1, 2, 4]
path (t_2) = [1, 3, 4]
$T_1 = \{t_1, t_2\}$
T_1 满足图上的主路径覆盖

a）一个不带循环的图上的主路径覆盖

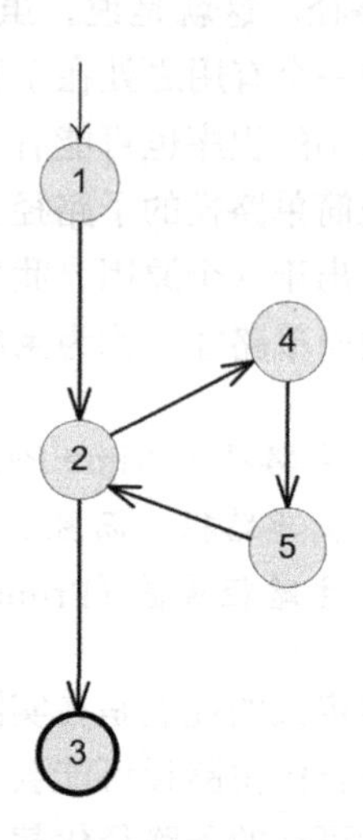

Prime Paths = { [1, 2, 3], [1, 2, 4, 5], [2, 4, 5, 2], [4, 5, 2, 4], [5, 2, 4, 5], [4, 5, 2, 3] }
path (t_3) = [1, 2, 3]
path (t_4) = [1, 2, 4, 5, 2, 4, 5, 2, 3]
$T_2 = \{t_3, t_4\}$
T_2 满足图上的主路径覆盖

b）一个带循环的图上的主路径覆盖

图 7-7 展示主路径覆盖的两个图

7.2.2 游历、顺路和绕路

有一个细微但是很重要的问题，就是虽然简单路径要求不包含内部循环，但是我们并不要求游历简单路径的测试路径也必须保持同样的属性（不包含内部循环）。我们想说的是，我们将**指定**一个测试需求的路径和测试路径中**满足**需求的部分区分开来。区分这两个概念的目的是为了更好地处理不可行的测试需求。在讲述这个优势之前，我们先完善游历的概念。

测试研究人员已经设计出许多方案来解决存在循环时产生无穷多路径的问题。这些方案有些实用，有些很巧妙，有些不切实际，有些则没有效用。我们介绍一种小巧精妙的区分方法来解决这个问题，这样我们可以全面、清晰地展开之前的思路。

之前我们定义了“访问”和“游历”，而且使用路径 p 游历一条子路径 [2，3，4] 来表示 [2，3，4] 是 p 的一条子路径。这个定义相对有些严格，因为子路径中的每个节点和每条边被访问的顺序必须和它们在子路径中出现的顺序**完全一致**。我们想放宽这个约束使游历路径时可以包含循环。图 7-8 就包含一个由节点 3 到节点 4 再到节点 3 的循环。

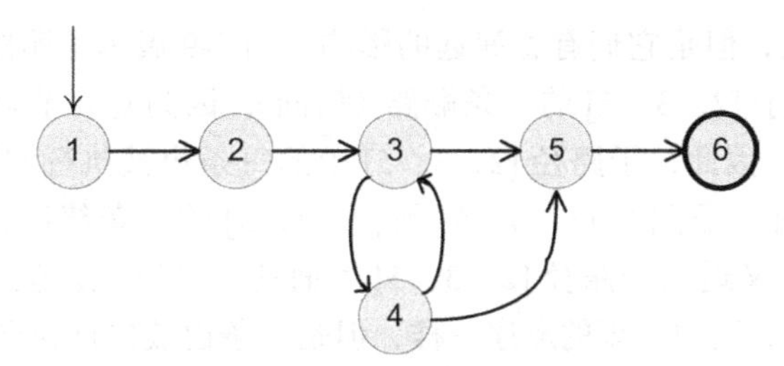

图 7-8 带有循环的图

如果我们需要游历子路径 q = [2，3，5] 的话，游历的严格定义禁止我们使用包含节点 4 的路径来满足测试需求，比如路径 p = [1，2，3，4，3，5，6]，这是因为我们访问节点 2、3 和 5 时的顺序和它们在子路径 q 中出现的顺序不一样。我们用两种方式来放宽游历的定义。第一种方式允许"顺路（sidetrip）"游历，意思是我们可以暂时离开路径中的一个节点，然后再回到相同的节点，即我们可以在游历一条主要的路径时，顺路访问一下其他的节点，再返回主要游历的路径。第二种方式则允许"绕路（detour）"游历，意思是我们离开路径中的一个节点，然后返回原路径中的**下一个**节点（跳过一条边），即绕过主要游历路径的一部分，绕路而行。在下面的定义中，q 是一条需求中所要求的简单子路径。

定义 7.35 *游历（Tour） 当且仅当子路径 q 是测试路径 p 的一条子路径时，那么 p 游历 q。*

定义 7.36 *顺路游历（Tour With Sidetrip） 当且仅当子路径 q 中的每条**边**出现的顺序和在测试路径 p 中出现的顺序相同，那么 p 顺路游历 q。*

定义 7.37 *绕路游历（Tour With Detour） 当且仅当子路径 q 中的每个**节点**出现的顺序和在测试路径 p 中出现的顺序相同，那么 p 绕路游历 q。*

图 7-9 中的图例在图 7-8 的基础上解释了顺路和绕路。在图 7-9 a 中，虚线显示了在顺路游历中被执行的一系列的边。虚线上的数字代表被执行的边的顺序。在图 7-9 b 中，虚线显示了绕路游历中被执行的边的顺序。

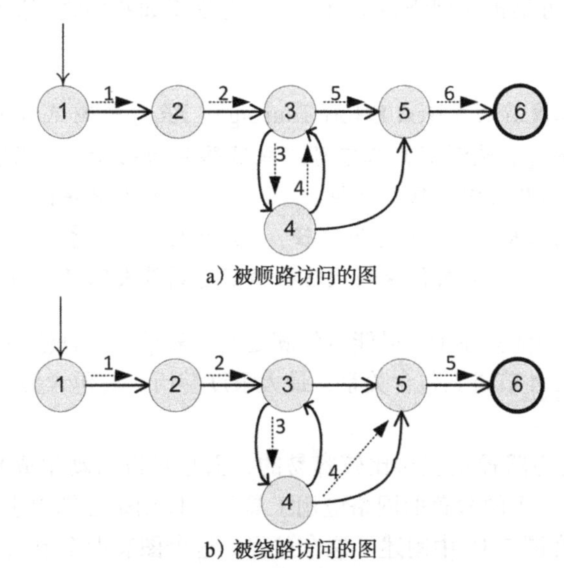

a）被顺路访问的图

b）被绕路访问的图

图 7-9 图覆盖中的游历、顺路和绕路

116 ~ 117

虽然这些差别不大，但是它们有着深远的影响。图 7-9 展示了顺路和绕路游历的不同。子路径 [3，4，3] 是基于 [2，3，5] 的一条顺路（访问），因为它在节点 3 离开，又在节点 3 返回子路径 [2，3，5]。因此，子路径 [2，3，5] 中的每条边被执行的顺序与它们自身在子路径中出现的顺序一样。子路径 [3，4，5] 是 [2，3，5] 的一条绕路，因为它离开节点 3，绕过了边（3，5）之后又返回子路径 [2，3，5] 后面的一个节点。就是说，[2，3，5] 中的每个节点被执行的顺序和它们出现的顺序一样，但是每条边被执行和出现的顺序不一样。绕路游历可能会极大地改变测试用例的行为。就是说，一条经过边（4，5）的测试用例和另一条经过边（3，5）的测试用例可能会展示出不同的行为以及测试程序的不同方面。

我们可以使用顺路游历和绕路游历中的一种来“装饰”每一个合适的图覆盖准则。例如，主路径覆盖可以使用游历的严格定义，也可以使用放宽约束的顺路游历，或甚至使用更加宽松的绕路游历。

本书所持的立场是：顺路游历是处理不可行测试需求的一种实用方法。我们下面还会讲到，因此我们在准则中明确地包括了它们。但是绕路游历不太实用，所以之后我们不会再继续讨论。

处理不可行的测试需求

如果我们不允许顺路游历的话，那么会存在大量的不可行的测试需求。再回到图 7-9，在许多程序中，如果要求必须执行循环内部不能直接跳过的话，那么不经过节点 4 直接从节点 2 到节点 5 是不可能的。如果这种情况发生的话，我们必须允许顺路，即游历 [2，3，5] 但不经过节点 4 是不可能的。

上面的论述建议我们放宽游历的严格定义，而允许使用顺路游历来满足测试需求。然而，这并不总是一个好主意！具体来说，如果我们可以不用顺路就能满足测试需求，那么就没有必要使用顺路游历。在上面循环的例子中，如果要求执行循环零次，那么我们无须顺路就可以游历路径 [2，3，5]。

上面的讨论实际上提出了一个既有实用意义且兼具理论功效的混合处理方案。其思路是首先使用游历的严格定义来满足测试需求，然后使用顺路游历来满足剩下的测试需求。很明显，我们也可以将这个方案扩展到绕路游历中去，但是正如我们之前提到过的，我们不建议使用绕路游历。

定义 7.38 *最大限度游历（Best Effort Touring）TR_{tour} 是测试需求中可以被游历的子集，$TR_{sidetrip}$ 是测试需求中可以被顺路游历的子集，$TR_{tour} \subseteq TR_{sidetrip}$。当且仅当对于 TR_{tour} 中的每条路径 p，测试用例集 T 中存在一条路径可以直接游历 p，对于 $TR_{sidetrip}$ 中的每个路径 p，T 中也存在一条路径可以直接游历或是顺路游历 p，这时我们说测试路径集 T 达到最大限度游历。*

118

最大限度游历的实用优势在于尽可能多的满足测试需求，并且使用尽可能严格的定义来满足它们。我们会在 7.2.4 节讲到包含关系，最大限度游历有着包含关系所要求的理论属性。

寻找主测试路径

在图中找到所有的主路径是相对比较容易的，而且可以自动生成测试路径来游历主路径。本书的网站上包含一个图覆盖的网络应用工具，可以用来在图上生成主路径（和其他准则要求的路径）。我们在图 7-10 中阐述了这个过程。这个图有七个节点和九条边，包括一个循环和一条由节点 5 指向自身的边（有时我们称为“自循环（self-loop）”）。

在寻找主路径时，我们可以从长度为 0 的路径开始，然后扩展到长度为 1 的路径，以此类推。使用这样的算法可以找到所有的简单路径，不论它们是不是主路径。然后我们可以再从简单路径中筛选出主路径。长度为 0 的路径集合就是节点的集合，长度为 1 的集合就是边的集合。简单起见，在下面的例子中我们只列出了节点的编号。

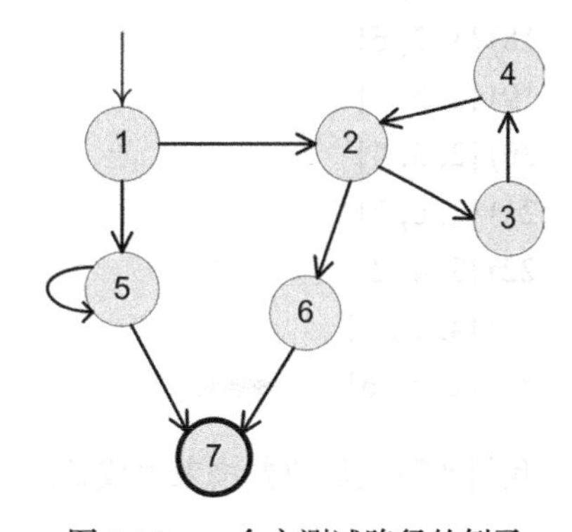

图 7-10 一个主测试路径的例子

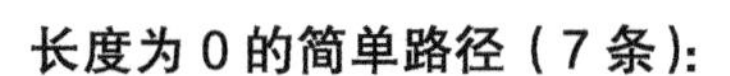
长度为 0 的简单路径（7 条）:

1) [1]
2) [2]
3) [3]
4) [4]
5) [5]
6) [6]
7) [7] !

路径 [7] 中的惊叹号告诉我们这个路径不能被扩展。具体来说，终止节点 7 没有外向的边，所以终止于节点 7 的路径不能继续延伸。如果一条长度为 0 的简单路径的终止节点与一条边的前驱节点相同的话，我们将这条边的后继节点添加到这条简单路径上，将此方法应用到所有长度为 0 的简单路径上，那么我们就得到了所有长度为 1 的简单路径。

长度为 1 的简单路径（9 条）:

8) [1, 2]
9) [1, 5]
10) [2, 3]
11) [2, 6]
12) [3, 4]
13) [4, 2]
14) [5, 5] *
15) [5, 7] !
16) [6, 7] !

119

路径 [5，5] 的星号告诉我们这条路径也不能再继续扩展，因为它的第一个节点和最后一个节点是一样的（这是一个自环）。为了得到长度为 2 的路径，我们首先需要识别每条长度为 1 的本身非自环的或是本身的终止节点没有外向边的路径。然后我们找到所有的可以从上面识别的长度为 1 的路径的终止节点到达的节点，使用这些节点在这些路径的基础上进行扩展（除非这些节点已经包含在路径中，而且不是初始节点）。第一条路径的长度为 1, [1, 2] 可以被扩展为 [1，2，3] 和 [1，2，6]。第二条路径 [1，5] 可以被扩展为 [1，5，7]，但不可以扩展为 [1，5，5]，因为节点 5 已经在路径中了（就是说，[1，5，5] 是一条简单路径但不是主路径）。

长度为 2 的简单路径（8 条）：

17) [1, 2, 3]
18) [1, 2, 6]
19) [1, 5, 7] !
20) [2, 3, 4]
21) [2, 6, 7] !
22) [3, 4, 2]
23) [4, 2 , 3]
24) [4, 2 , 6]

我们使用类似的方法来生成长度为 3 的路径。

长度为 3 的简单路径（7 条）：

25) [1, 2, 3, 4] !
26) [1, 2, 6, 7] !
27) [2, 3, 4, 2] *
28) [3, 4, 2, 3] *
29) [3, 4, 2, 6]
30) [4, 2 , 3, 4] *
31) [4, 2, 6, 7] !

最后我们只得到一条长度为 4 的路径。有三条长度为 3 的路径不能被扩展，因为它们是自环。其余的两个终止于节点 7。剩下的两条中，以节点 4 终止的路径也不能被扩展，因为 [1，2，3，4，2] 不是简单路径，所以也不是主路径。

长度为 4 的简单路径（1 条）：

32) [3, 4, 2, 6, 7]

通过发现并移除所有为其他简单路径子路径的路径，我们得到主路径。注意，我们移除所有不带有惊叹号或星号的路径，因为这样的路径可以被扩展，所以它们是其他简单路径的子路径。图 7-10 有 8 条主路径：

120

14) [5, 5] *
19) [1, 5, 7] !
25) [1, 2, 3, 4] !
26) [1, 2, 6, 7] !
27) [2, 3, 4, 2] *
28) [3, 4, 2, 3] *
30) [4, 2 , 3, 4] *
32) [3, 4, 2, 6, 7]

因为最长的主路径的长度为图上所有节点的长度，所以我们可以保证这个过程是可以终止的。虽然图中通常会有很多的简单路径（在这个例子中有 32 条简单路径，其中 8 条为主路径），但是我们只需要比这个数量少很多的测试路径就可以游历它们。有很多算法都可以产生测试路径来游历主路径，本书网站上的图覆盖网络应用程序实现了其中的两种算法。我们可以为图 7-10 中的图例手动生成测试路径。例如，四条测试路径 [1, 2, 6, 7]、[1, 2, 3, 4, 2, 3, 4, 2, 6, 7]、[1, 5, 7] 和 [1, 5, 5, 7] 就足够覆盖所有的主路径了。但是这种人工计算测试路径的方式容易出错。最容易发生的错误是只游历循环 [2, 3, 4] 一次，这样会忽略主路径 [3, 4, 2, 3] 和 [4, 2, 3, 4]。

对于更复杂的图，我们需要一种自动化的方法。如果使用人工计算的话，我们推荐在最长的主路径的基础上扩展直至图的初始节点和终止节点。例如，这样我们可以得到测试路径 [1, 2, 3, 4, 2, 6, 7]，这条测试路径游历三条主路径，即 25、27 和 32。

在剩下的最长的主路径当中，我们挑选其中的 30 并对其进行扩展。我们得到的测试路径为 [1, 2, 3, 4, 2, 3, 4, 2, 6, 7]。这条测试路径可以游历两条主路径，即 28 和 30（也游历路径 25 和 27）。

我们直接使用主路径 26 [1, 2, 6, 7] 作为下一条测试路径。这条测试路径只游历主路径 26。

继续使用这种方法我们可以得到另外的两条测试路径，[1, 5, 7] 来覆盖主路径 19 和 [1, 5, 5, 7] 来覆盖主路径 14。完整的测试路径集合如下：

1) [1, 2, 3, 4, 2, 6, 7]
2) [1, 2, 3, 4, 2 , 3, 4, 2, 6, 7]
3) [1, 2, 6, 7]
4) [1, 5, 7]
5) [1, 5, 5, 7]

我们可以直接使用这个集合。如果测试者想使用一个更小的测试集合，也可以把这个集合继续优化。我们可以很明显的发现第 2 条测试路径也游历第 1 条测试路径所覆盖的主路径，所以我们可以移除第 1 条测试路径。这样剩下的四条路径就是我们前面使用人工计算的方法所得到的路径。使用简单的算法比如本书网站的图覆盖网络应用程序中所实现的算法可以将这个过程自动化。

121

习题

1. 使用标准形式来重新定义边覆盖（参见有关节点覆盖的讨论）。
2. 使用标准形式来重新定义完全路径覆盖（参见有关节点覆盖的讨论）。
3. 包含关系有一个明显的弱点。假设准则 C_{strong} 包含准则 C_{weak}，测试用例集 T_{strong} 满足 C_{strong}，测试用例集 T_{weak} 满足 C_{weak}。但是 T_{weak} 不一定是 T_{strong} 的一个子集，而且如果 T_{weak} 揭示一个故障，那么 T_{strong} 未必也可以揭示一个故障。解释其中的原因。
4. 根据如下集合所定义的图，回答下列问题 a ～ d：

   $N = \{1, 2, 3, 4\}$

   $N_0 = \{1\}$

   $N_f = \{4\}$

   $E = \{ (1, 2), (2, 3), (3, 2), (2, 4) \}$

   a）画出这个图。

b）如果可能，找出满足节点覆盖但是不满足边覆盖的测试路径。如果不可能，解释为什么。

c）如果可能，找出满足边覆盖但是不满足对边覆盖的测试路径。如果不可能，解释为什么。

d）列出满足对边覆盖的测试路径。

5. 根据如下集合所定义的图，回答下列问题 a ～ g：

$N = \{1, 2, 3, 4, 5, 6, 7\}$

$N_0 = \{1\}$

$N_f = \{7\}$

$E = \{(1, 2), (1, 7), (2, 3), (2, 4), (3, 2), (4, 5), (4, 6), (5, 6), (6, 1)\}$

同时考虑下面的（备选）测试路径：

$p_1 = [1, 2, 4, 5, 6, 1, 7]$

$p_2 = [1, 2, 3, 2, 4, 6, 1, 7]$

$p_3 = [1, 2, 3, 2, 4, 5, 6, 1, 7]$

a）画出这个图。

b）列出对边覆盖的测试需求。（提示：你应该得到 12 条长度为 2 的需求。）

c）上面所给的测试路径满足对边覆盖吗？如果不行，找出未满足的需求。

d）考虑一条简单路径 [3，2，4，5，6] 和一条测试路径 [1，2，3，2，4，6，1，2，4，5，6，1，7]。这条测试路径直接游历这条简单路径吗？这条测试路径顺路游历这条简单路径吗？如果是的话，请写出作为顺路的路径。

e）列出图上节点覆盖、边覆盖和主路径覆盖的测试需求。

f）从已给的集合中，找出满足图上节点覆盖但不满足边覆盖的测试路径。

122

g）从已给的集合中，找出满足图上边覆盖但不满足主路径覆盖的测试路径。

6. 根据图 7-2 中的图，回答下列问题 a ～ c：

a）列出图上节点覆盖、边覆盖和主路径覆盖的测试需求。

b）列出图上满足节点覆盖但不满足边覆盖的测试路径。

c）列出图上满足边覆盖但不满足主路径覆盖的测试路径。

7. 根据如下列集合定义的图，回答下列问题 a ～ d：

$N = \{1, 2, 3\}$

$N_0 = \{1\}$

$N_f = \{3\}$

$E = \{(1, 2), (1, 3), (2, 1), (2, 3), (3, 1)\}$

同时考虑下面的（备选）测试路径：

$p_1 = [1, 2, 3, 1]$

$p_2 = [1, 3, 1, 2, 3]$

$p_3 = [1, 2, 3, 1, 2, 1, 3]$

$p_4 = [2, 3, 1, 3]$

$p_5 = [1, 2, 3, 2, 3]$

a）上面列出的路径哪些是测试路径？请解释哪些不是测试路径。

b）列出对边覆盖的八条测试需求（只是长度为 2 的路径）。

c）由 a 部分得出的测试路径集合满足对边覆盖吗？如果不满足的话，找出不满足的对边。

d）考虑一条主路径 [3, 1, 3] 和一条路径 p_2，p_2 直接游历这条主路径吗？ p_2 顺路游历这条主路径吗？

8. 设计并实现如下程序：计算一个图中所有的主路径，并产生游历这些主路径的测试路径。虽然用户界面可以很简单也可以很复杂，但一个最简单的版本应该读取图的所有节点、初始节点、终止节点和边来作为输入。

7.2.3 数据流准则

数据流准则

我们争论过是否在第2版中依然包含数据流方面的测试。从消极的方面来说，主路径覆盖已经包含了所有的数据流准则。因为主路径更容易理解和生成，所以有些人认为数据流准则目前已经过时了。另外，我们尚未知晓有任何的公司在实践中使用数据流准则。下面我们来讨论数据流测试积极的方面。首先，许多教育工作者坚信如果学生学习测试，那么学生一定要了解有关数据流覆盖的知识。其次，测试者有可能想避开使用主路径覆盖时带来的额外成本，而去选择全使用覆盖（数据流覆盖的一种）。第三，本书在后面章节讲到，当主路径覆盖不能使用的时候，我们还可以使用数据流覆盖。此外，数据流覆盖可能对于数据流编程语言是重要的。最后一点，在更加高级的分析技术比如符号执行（symbolic execution）技术或切片（slicing）技术中，数据流覆盖经常作为首要和基础的软件分析方法。

在考虑了所有的因素之后，我们决定包含数据流，我们给使用本书教师的建议是：当讲授软件测试课程时，可以选择跳过数据流部分。但是本节所讲的概念会在7.3.2和7.4.2节中用到。所以如果选择覆盖那两节中的任何内容的话，还需要提前讲述本节的知识。

123

下面的测试准则基于这样一个假设：为了能充分地测试一个程序，我们需要聚焦数据值的流向。具体来说，我们应该努力保证在程序中某处创建的数值在其他地方可以正确地重新创建或使用。要完成这一点，我们必须关注数值的定义和使用。定义（definition / def）是当一个变量的值被存于内存时这个变量所处的位置（变量赋值，输入变量值时等）。使用（use）是当获取一个变量的值时变量所处的位置。数据流测试准则所依据的一条事实是：数据值由定义转移到使用。我们将这种转移称为定义使用对（du-pair），在测试文献中它们也被称为定义－使用（definition-use / def-use）或定义使用关联（du association）。数据流准则的思想就是使用不同的方法来执行定义使用对。

首先我们必须将数据流整合到现有的图模型中来。对于一个基于图来建模的程序，我们用 V 代表程序中相关联的变量的集合。每个节点 n 和每条边 e 定义了 V 的一个子集，这样的集合表示为 $def(n)$ 或 $def(e)$（虽然从程序中导出的图不可能在边上有定义，但是从其他的软件工件比如有限状态机中导出的图允许在边上有定义）。每个节点 n 和每条边 e 同时也使用了 V 的一个子集，这样的集合表示为 $use(n)$ 或 $use(e)$。

图7-11展示了一个带有定义和使用的图。假设在判定分支中所有的变量在相关的边上都被使用了。所以 a 和 b 存在于所有三条边（1，2）、（1，3）和（1，4）的使用集合中。

当讨论数据流准则的时候，一个重要的概念是一个变量的定义可能到达或者可能不能到达一个特定的使用。最明显的一个原因是一个变量 v 在位置 l_i（这个位置可能是一个节点或是一条边）的定义不会到达处于位置 l_j 的一个使用，因为不存在一条从 l_i 到 l_j 的路径。一个

124

更为不易观察到的原因是这个变量的值在到达使用时可能会被另一个定义改变。因此，如果存在一条由 l_i 到 l_j 的路径，对于这条路径上的每个节点 n_k 和每条边 e_k，$k \neq i$ 且 $k \neq j$，变量 v 不属于 $def(n_k)$ 和 $def(e_k)$，那么我们说这条路径对变量 v 是无重复定义的（def-clear）。如果变量 v 存在一条从位置 l_i 到位置 l_j 的无重复定义的路径，我们说处于 l_i 的 v 的定义到达处于 l_j 的使用。

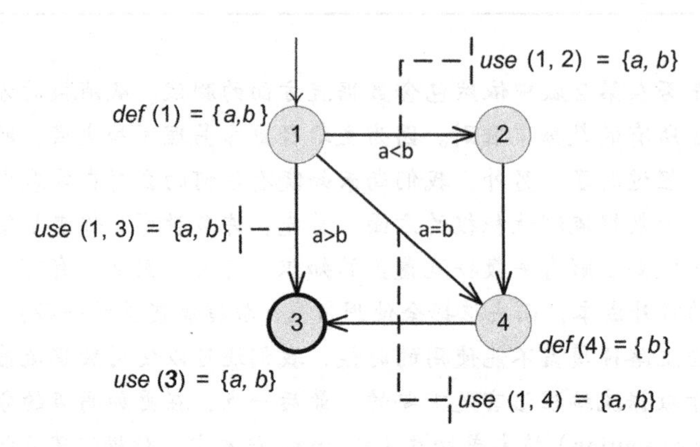

图 7-11　具有变量、定义集合和使用集合的图

简单起见，我们将定义使用路径（du-path）的起始和终止点称为节点，即使这些定义和使用可能发生在边上。在后面我们会讨论到放宽这种传统的定义。我们正式地将对于变量 v 的定义使用路径定义为一条简单路径，并且对于 v 这是一条由节点 n_i 到另一个节点 n_j 的无重复定义路径，v 在 n_i 存在于 $def(n_i)$ 中而在 n_j 存在于 $use(n_j)$ 中。我们要求路径必须是简单的这样可以保证路径不会太长。注意，一条定义使用路径和某个具体的变量 v 总是相关的，一条定义使用路径必须是简单的，而在这条路径上变量 v 的使用可能会多次发生。

图 7-12 给出一个标有定义和使用的图。我们没有展示所有的定义和使用集合，而是展示了程序中所有与节点和边相关联的语句。这对读者来说是一种更为常见的和更有信息量的方式，当然使用具体的定义和使用的集合对自动化工具来说更容易处理。注意参数（*subject* 和 *pattern*）在图中第一个节点被认为是显式定义了。就是说，节点 1 的定义集合为 $def(1) = \{subject, pattern\}$。还要注意程序中的判定分支（例如，*if subject[iSub] == pattern[0]*）导致在判定的两条边上都有相关变量的使用。就是说 $use(4, 10) \equiv use(4, 5) \equiv \{subject, iSub, pattern\}$。参数 *subject* 在节点 2（引用了自身的 *length* 属性），边（4，5）、（4，10）、（7，8）和（7，9）上被使用了，所以从节点 1 到节点 2 是定义使用路径，从节点 1 到另外四条边的路径也均为定义使用路径。

图 7-13 展示了相同的图，但这次在图上给具体的定义和使用集合做了明确的标注[⊖]。注意节点 9 同时定义和使用了变量 *iPat*，这是因为语句 *iPat++* 等同于 *iPat = iPat + 1*。在这种情况下，使用在定义前发生，所以对于变量 *iPat*，从节点 5 到节点 9 存在一条无重复定义的路径。

我们将数据流测试准则定义为定义使用路径的集合。这样使准则变得简单，但是首先我们需要将定义使用路径分成不同的组。

⊖ 读者可能会问为什么 NOTFOUND 没有出现在使用集合 *use*(2) 中，这个因为这是一个对变量的局部使用，我们会在 7.3.2 节中讲到。

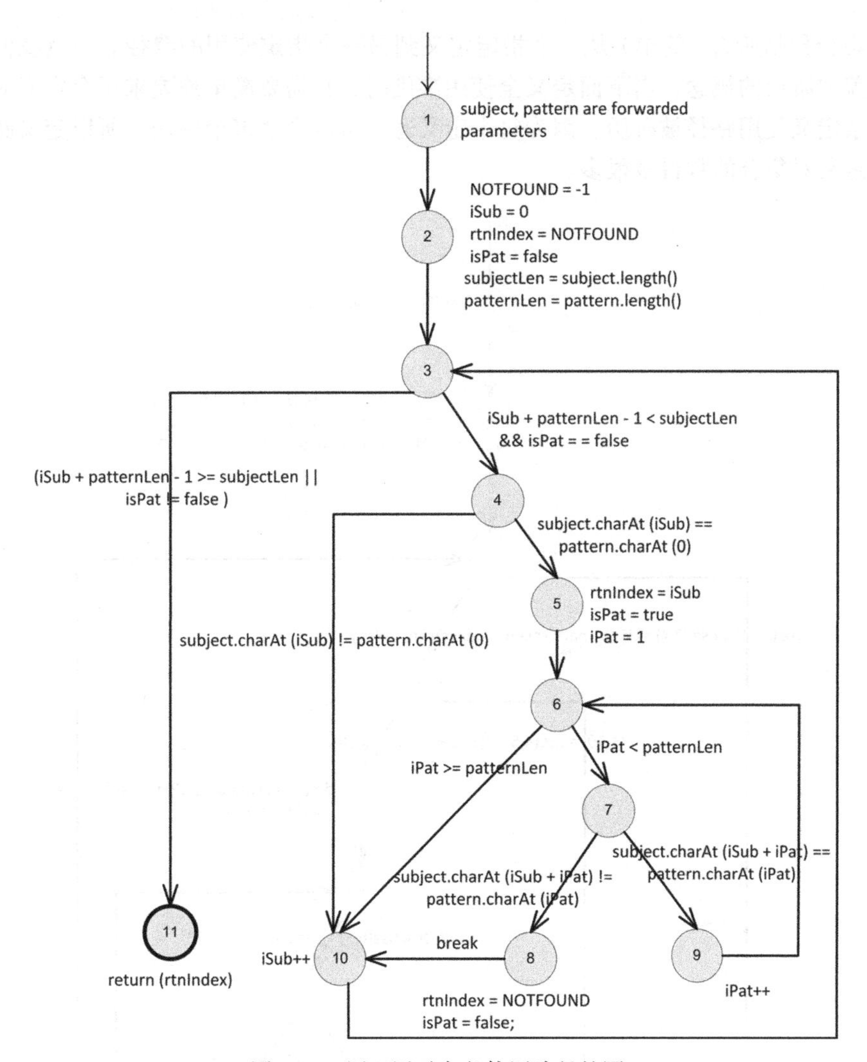

图 7-12 用于展示定义使用路径的图

我们根据定义来划分定义使用路径的第一组。具体来说，在某节点上对于一个给定的变量，我们考虑所有的定义使用路径。对于变量 v，定义路径（def-path）的集合 $du(n_i, v)$ 是起始于节点 n_i 的定义使用路径的集合。一旦我们明确了数据流覆盖中游历的概念，当我们制定全定义（all-defs）准则时，我们只需要要求在每个定义路径集合中至少游历一条定义使用路径。因为一个典型的图具有大量的节点，每个节点上可能会定义大量的变量，所以定义路径集合的数目可能会很大。即使是这样（拥有这样大数目的路径），基于定义路径分组的覆盖准则也并不十分有效。

图 7-12 令人感到意外的是，基于使用来将定义使用路径分组没有多大的帮助。所以我们不会像上面定义路径集合那样，给出一个“使用路径”集合的定义。

根据每对定义使用的组合是将定义使用路径分组的第二种方法，也是更为重要的方法。我们将这个称为定义对（def-pair）集合。毕竟，数据流测试的核心内容就是允许数据值由定义流向使用。具体来说，考虑一个指定变量所有的定义使用路径，这个变量定义在一个节点，使用在另外一个节点（可能与定义在同一节点）。在正式定义中，定义对集合 $du(n_i, n_j, v)$ 是变量 v 的定义使用路径的集合，这些路径起始于 n_i，终止于 n_j。一个非正式的说法是，一个定义对集合包括所有（简单）从一个指定定义到另一个指定使用的路径。一旦我们明白了数据流覆盖中游历的概念，当下面定义全使用准则时，只需要简单地要求每个定义对集合中至少有一条定义使用路径被游历。因为每个定义通常可以到达多个使用，所以定义路径集合的数目比定义对集合的数目多很多。

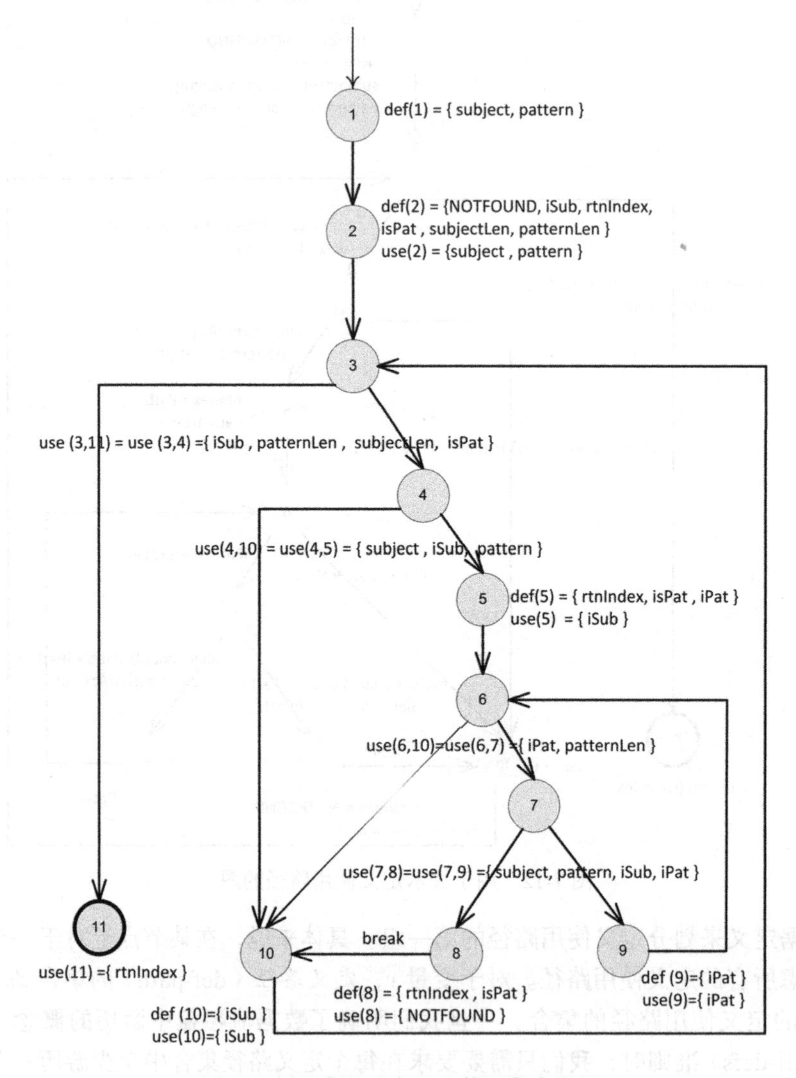

图 7-13　具有显式定义和使用集合的图

事实上，在节点 n_i 的某个定义的定义路径集合就是那个定义的所有定义对集合的合集。更为形式化的表述为：$du(n_i, v) = \cup_{n_j} du(n_i, n_j, v)$。

为了解释定义路径集合和定义对集合，考虑变量 *iSub* 的定义使用路径，在图 7-13 中的节点 10 上有这个变量的一个定义。对于 *iSub*，从节点 10 到不同节点和边都存在着它的定义使用路径，其中包括从节点 10 到节点 5 和 10，还有从节点 10 到边（3，4）、（3，11）、（4，5）、（4，10）、（7，8）和（7，9）。

在节点 10 对于 iSub 的使用的定义路径集合是：

du(10, i *Sub*) = {[10, 3, 4], [10, 3, 4, 5], [10, 3, 4, 5, 6, 7, 8], [10, 3, 4, 5, 6, 7, 9], [10, 3, 4,

5, 6, 10], [10, 3, 4, 5, 6, 7, 8, 10], [10, 3, 4, 10], [10, 3, 11]}

这个定义路径集合可以被拆分为下列的定义对集合：

du(10, 4, i *Sub*) = {[10, 3, 4]}

du(10, 5, i *Sub*) = {[10, 3, 4, 5]}

du(10, 8, i *Sub*) = {[10, 3, 4, 5, 6, 7, 8]}

du(10, 9, i *Sub*) = {[10, 3, 4, 5, 6, 7, 9]}

du(10, 10, i *Sub*) = {[10, 3, 4, 5, 6, 10], [10, 3, 4, 5, 6, 7, 8, 10], [10, 3, 4, 10]}

du(10, 11, i *Sub*) = {[10, 3, 11]}

接下来我们扩展游历的定义使其适用于定义使用路径。当一条测试路径 p 游历一条子路径 d，并且对变量 v 来说，p 中对应于 d 的部分是无重复定义的，那么我们说对于 v，p 基于定义使用游历（du tour）了 d。当有一条定义使用路径的时候，对于变量 v，允许或不允许无重复定义的顺路都是可能的。因为无重复定义的顺路可能可以游历更多的定义使用路径，所以我们在定义下面给出的数据流覆盖准则的必要时候，是可以允许顺路的。

现在我们可以定义主要的数据流覆盖准则了。理解这三个最常用准则的方法是使用非形式化的定义。第一个准则要求每个定义到达**至少一个使用**，第二个准则要求每个定义到达**所有可能的使用**，第三个准则要求每个定义通过**所有可能的定义使用路径**来到达所有可能的使用。正如我们在构造定义路径集合和定义对集合时讲到的那样，准则的形式化定义就是从那些合适的集合中选出适合的路径。对于下面的每个覆盖准则，我们假设最大限度的游历（参见 7.2.2 节），而且对于所考虑的变量，顺路必须是无重复定义的。

准则 7.15 全定义覆盖（All-Defs Coverage，ADC） 对于每个定义路径集合 $S = du(n, v)$，TR 包含 S 中至少一条路径 d。

记住定义路径集合 $du(n, v)$ 代表所有从节点 n 到全部使用的变量 v 无重复定义的简单路径。所以全定义覆盖要求我们游历至少一条路径而且这条路径至少到达一个使用。

准则 7.16 全使用覆盖（All-Uses Coverage，AUC） 对于每个定义对集合 $S = du(n_i, n_j, v)$，TR 包含 S 中至少一条路径 d。

记住定义对集合 $du(n_i, n_j, v)$ 代表所有从节点 n_i 变量 v 的定义到节点 n_j 变量 v 一处使用的无重复定义的简单路径。所以全使用覆盖要求对每个定义使用对，至少游历一条路径[⊖]。

准则 7.17 全定义使用路径覆盖（All-du-Paths Coverage，ADUPC） 对于每个定义对集合 $S = du(n_i, n_j, v)$，TR 包含 S 中的每一条路径 d。

这个准则也可以简单地写作“包括每一条定义使用路径”。我们选择了上面给定的定义是因为它强调了全使用覆盖和全定义使用路径覆盖的关键不同在于量词的不同。具体来说，全使用覆盖当中的“至少一条定义使用路径”的指令变成了全定义使用路径中的“每条路

125 ~ 128

⊖ 尽管全定义和全使用覆盖准则的名字相近，但是它们处理定义和使用的方式不同。具体来说，将全定义覆盖中的“定义”替换为“使用”不会转变为全使用覆盖。全定义覆盖聚焦在定义上，而全使用覆盖的关注点在定义使用对上。虽然这样的命名规则可能会产生误会，使用像是“全部定义使用对（All-Pairs）覆盖”这样的名称可能比全使用覆盖更为清楚，但是我们采用了数据流测试文献中的标准用法。

径”。如果从定义使用对的定义来看，全使用覆盖要求某些无重复定义的简单路径到达每处使用，而全定义使用路径要求所有的无重复定义的简单路径到达每处使用。

为了简化上面定义的推导，之前我们假设定义和使用都发生在节点上。而我们知道定义和使用自然也可以发生在边上，我们进一步发现上面的定义也适用于处于边上的使用，所以我们也可以很容易地在程序流程图上定义数据流（在程序流程图的边上的使用有时也被称为“程序使用（p-uses）”）。但是，上面的定义并不适用于边上有定义的图。其问题在于从一条边到另一条边的定义使用路径不一定是简单路径，这是因为这条路径不再是有共同的第一个和最后一个节点，而是有共同的第一条和最后一条边。我们可以修改定义来明确的提及定义和使用可能发生在边和节点上，但是这样定义会趋于混乱。本章的参考文献部分会包含关于这部分讨论的引用。

图 7-14 在一个双菱形图上阐释了三种数据流覆盖准则的差别。这个图有一个定义，所以只需要一条路径来满足所有的定义。这个定义有两个使用，所以需要两条路径来满足所有的使用。因为从定义出发到每处使用都存在两条路径，所以满足全定义使用路径需要四条路径。注意，数据流准则的定义是可以包括游历的。在相关的文献中有各种选择——有些要求直接游历，而有些则允许无重复定义的顺路游历。我们推荐最大限度的游历与文献中的处理方式不同，这样的方式可以在不可行测试需求存在的情况下，依然满足理想的包含关系。从实用的角度来说，最大限度游历也合乎逻辑——尽可能严格地满足每条测试需求。

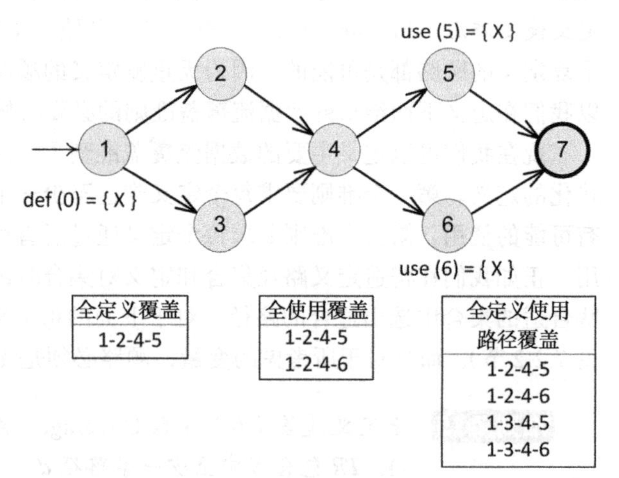

图 7-14　三个数据流覆盖准则的差别

习题

129　1. 下面有四个图，每个图都由节点的集合、初始节点、终止节点、边、定义和使用来定义。每个图也包含了一些测试路径。对于每个图，回答下列问题。

图 1

$N = \{1, 2, 3, 4, 5, 6, 7, 8\}$
$N_0 = \{1\}$
$N_f = \{8\}$
$E = \{(1,2), (2,3), (2,8), (3,4), (3,5), (4,3), (5,6), (5,7), (6,7), (7,2)\}$
$def(1) = def(4) = use(6) = use(8) = \{x\}$
测试路径
$t1 = [1, 2, 8]$
$t2 = [1, 2, 3, 5, 7, 2, 8]$
$t3 = [1, 2, 3, 5, 6, 7, 2, 8]$
$t4 = [1, 2, 3, 4, 3, 5, 7, 2, 8]$
$t5 = [1, 2, 3, 4, 3, 4, 3, 5, 6, 7, 2, 8]$
$t6 = [1, 2, 3, 4, 3, 5, 7, 2, 3, 5, 6, 7, 2, 8]$

图 2

$N = \{1, 2, 3, 4, 5, 6\}$
$N_0 = \{1\}$
$N_f = \{6\}$
$E = \{(1,2), (2,3), (2,6), (3,4), (3,5), (4,5), (5,2)\}$
$def(1) = def(3) = use(3) = use(6) = \{x\}$
// 假设在节点 3 上 x 的使用先于其定义
测试路径
$t1 = [1, 2, 6]$
$t2 = [1, 2, 3, 4, 5, 2, 3, 5, 2, 6]$
$t3 = [1, 2, 3, 5, 2, 3, 4, 5, 2, 6]$
$t4 = [1, 2, 3, 5, 2, 6]$

图3

$N = \{1, 2, 3, 4, 5, 6\}$

$N_0 = \{1\}$

$E = \{(1,2), (2,3), (3,4), (3,5), (4,5), (5,2), (2,6)\}$

$def(1) = def(4) = use(3) = use(5) = use(6) = \{x\}$

测试路径

$t_1 = [1, 2, 3, 5, 2, 6]$

$t_2 = [1, 2, 3, 4, 5, 2, 6]$

图4

$N = \{1, 2, 3, 4, 5, 6\}$

$N_0 = \{1\}$

$N_f = \{6\}$

$E = \{(1,2), (2,3), (2,6), (3,4), (3,5), (4,5), (5,2)\}$

$def(1) = def(5) = use(5) = use(6) = \{x\}$

// 假设在节点5上x的使用先于其定义

测试路径

$t1 = [1, 2, 6]$

$t2 = [1, 2, 3, 4, 5, 2, 3, 5, 2, 6]$

$t3 = [1, 2, 3, 5, 2, 3, 4, 5, 2, 6]$

a) 画出图。

b) 对于变量x，列出所有的定义使用路径。（注意：包括所有的定义使用路径，甚至是其他定义使用路径的子路径）。

c) 找出每条测试路径游历的定义使用路径。将它们写入一个表内，表的第一列为测试路径，第二列是它们所覆盖的定义使用路径。对于这部分练习，应该考虑直接游历和顺路游历。

d) 对于变量x，列出一个满足*全定义覆盖*的极小测试集（只考虑直接游历）。如果可以的话，只使用给定的测试路径。否则，写出满足准则所需要的额外的测试路径。

e) 对于变量x，列出一个满足*全使用覆盖*的极小测试集（只考虑直接游历）。如果可以的话，只使用给定的测试路径。否则，写出满足准则所需要的额外的测试路径。

f) 对于变量x，列出一个满足*全定义使用路径覆盖*的极小测试集（只考虑直接游历）。如果可以的话，只使用给定的测试路径。否则，写出满足准则所需要的额外的测试路径。

7.2.4 图覆盖准则间的包含关系

回顾第1章，我们经常通过包含关系将覆盖准则相互关联起来。我们首先注意到的关系是边覆盖包含节点覆盖。在大多数情况下，这是因为如果我们遍历一个图的每条边，我们也会访问这个图的每个节点。但是，如果一个图的一个节点没有入边和出边，那么遍历每条边就不会到达那个节点。因此，边覆盖的定义包括每条长度**不大于1**的路径，即包括长度等于0的路径（所有的节点）和长度等于1的路径（所有的边）。这个包含关系反过来则不成立。回顾图7-6中的例子，一个测试用例集满足了节点覆盖但是不满足边覆盖。所以，节点覆盖不包含边覆盖。

130

主路径覆盖不包含对边覆盖可能会让人有些惊讶。在大部分情况下，主路径覆盖是包含对边覆盖的。例外发生在当一个节点n有自循环的时候，在这种情况下这个节点所在的三条对边都不是主路径。这个节点前驱节点m的子路径构成一条对边$[m, n, n]$，这个节点后继节点o的子路径构成另一条对边$[n, n, o]$，自循环本身构成第三条对边$[n, n, n]$。所以，如果我们假设自循环不存在的话，主路径覆盖包含对边覆盖。

在准则中还存在着一些其他的包含关系。只要情况适用，结构化的覆盖关系总是应用最大限度游历。我们假设使用最大限度游历，所以，即使一些测试需求是不可行的，包含关系也是成立的。

数据流准则的包含关系基于三个假设：（1）每处使用都先于定义；（2）每个定义都到达至少一处使用；（3）对于每个有多个出边的节点来说，每条出边上都至少有一处变量使用，而且在任一条出边上不同使用对应的变量都相同。如果我们满足全使用覆盖，这也意味着每个定义都被使用了，所以全定义覆盖也满足了，那么全使用覆盖包含全定义覆盖。同理，如果我们满足了全定义使用路径覆盖，这意味着每个定义到达了每处使用，所以全使用覆盖也被满足了，那么全定义使用路径覆盖包含全使用覆盖。另外，执行每条边都需要满足一定的谓词，因此每条边包含至少一处使用。所以全使用覆盖保证每条边被执行至少一次，全使用覆盖包含边覆盖。

最后，每条定义使用路径也是一条简单路径，所以主路径覆盖包含全定义使用路径覆盖[⊖]。这个观察很重要，因为生成主路径比分析数据流关系要简单很多。图 7-15 展示了结构化和数据流覆盖准则之间的包含关系。

7.3　基于源代码的图覆盖

大部分图覆盖准则都是针对源代码而开发的，这些定义和 7.2 节中的定义非常接近。在 7.2 节，我们首先考虑了结构化的覆盖准则，之后又讨论了数据流准则。

131

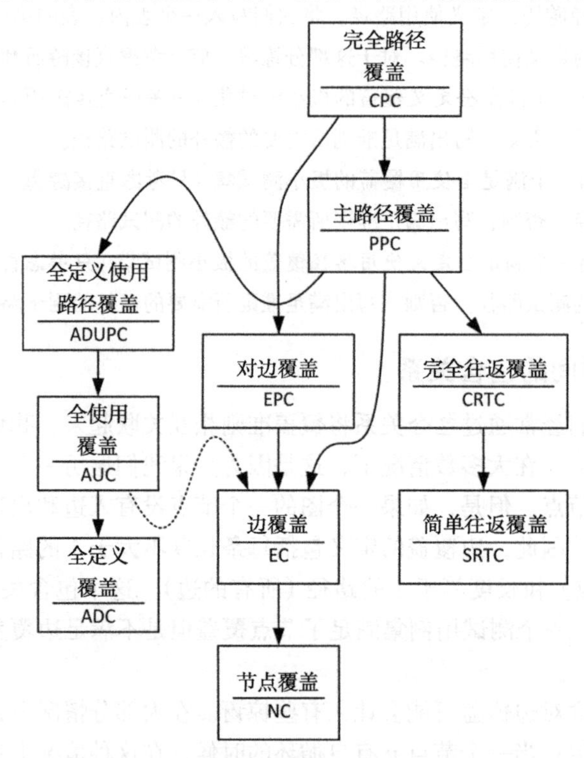

图 7-15　图覆盖准则之间的包含关系

7.3.1　基于源代码的结构化图覆盖

应用最广泛的图覆盖准则都定义在源代码之上。虽然不同编程语言的细节不同，但是对于大部分通用语义而言，基本的模式是一致的。应用图准则的第一步是定义图，对于源代

⊖ 这个描述有些夸大并不能覆盖所有的情况，和以往一样，这里的问题是不可行性。具体来说，对于变量 x，考虑一条只能被顺路游历的定义使用路径。假设这条路径有两条可能的顺路，一条对于 x 是无重复定义的，另外一条对于 x 有重复定义。从全定义使用路径测试集中产生的相关的测试路径一定游历前面的顺路，而从主路径测试集中产生的相应的测试路径可以游历后面的顺路。我们认为在绝大多数情况下，测试工程师可以忽略这种特殊情况，直接使用主路径覆盖是合理的。

码而言，最通用的图称为控制流图（Control Flow Graph，GFG）。控制流图将边和每条可能的分支相对应，将节点和一系列的语句相对应。在形式化的定义下，一个基本块就是一段最长的可以被同时执行的程序语句序列。具体来说，如果这个基本块中的一条语句被执行，那么这个块中的所有语句都要被执行。一个基本块只有一个起始点和一个终点。我们第一种语言结构是带有 else 子句的 if 语句，图 7-16 展示了 Java 代码和对应的控制流图。这个 if-else 结构产生两个基本块。

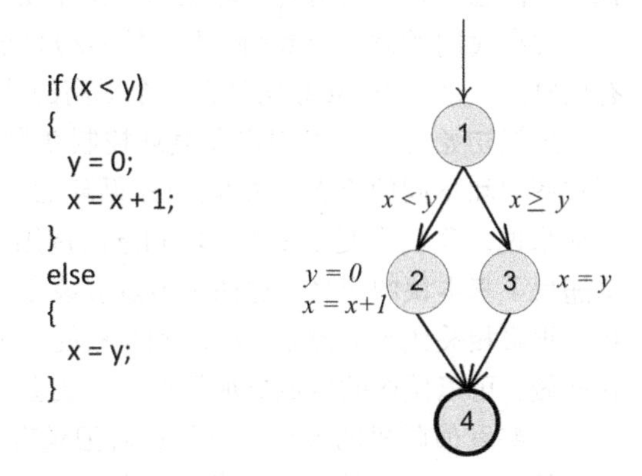

图 7-16 if-else 结构所对应的控制流图

注意 if 语句内部所执行的两条语句都出现在同一个节点中。节点 1 代表着所要判定的条件，它有两个外边，这个节点也被称为判定（decision）节点。节点 4 有超过一条以上的入边，被称为汇合（junction）节点。

下面我们转向一个没有 else 子句的简化版 if 语句，如图 7-17 所示。该图和之前看到的图 7-6 是一样的，但是该图基于实际的程序语句。这个结构的控制流图只有三个节点。读者应该注意到满足 $x < y$ 的测试用例遍历这个控制流图中所有的节点，但是不会遍历所有的边。

如果循环体包含一个返回（return）语句，图会发生改变，如图 7-18 所示。节点 2 和 3 都是终止节点，从节点 2 到节点 3 没有边。

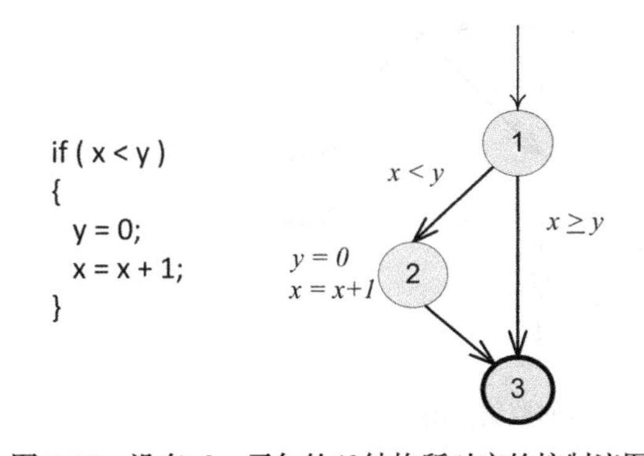

图 7-17 没有 else 子句的 if 结构所对应的控制流图

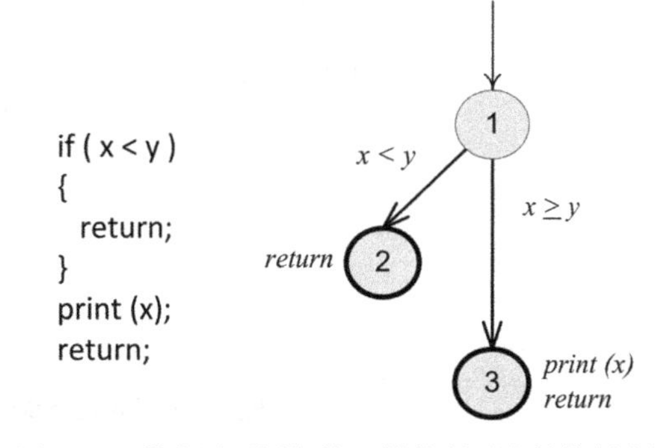

图 7-18 带有返回语句的 if 结构所对应的控制流图

表示循环有些棘手，因为我们必须包含一些不能从程序语句中直接推导出的节点。最简单的循环是带有初始化语句的 while 循环，如图 7-19 所示。（假设 y 在程序中有一个值。）

while 结构的图有个判定节点，这是条件判定所需要的，此外这个图还有一个节点代表 while 循环体。节点 2 有时被称为“虚拟节点”，因为它不代表任何实际的语句，但是可以使得用于迭代的边（3，2）

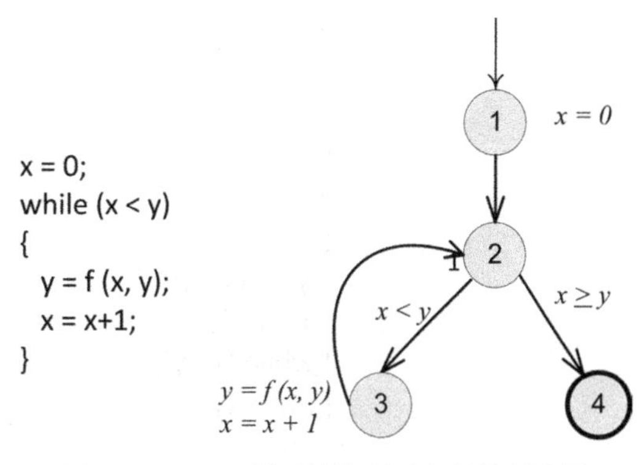

图 7-19 while 循环结构所对应的控制流图

继续下一次循环或是退出循环。节点 2 也可以被认为代表一个判定。初学者犯的一个常见错误是将边（3，2）返回到节点 1，这样做是错误的，因为初始化的步骤在循环的每一步都会执行。注意，方法调用 f(x, y) 在这个图中是不可扩展的，我们稍后再讨论这个问题。

现在我们考虑一个 for 循环。图 7-20 的例子和之前 while 循环具有相同的行为。这个图有些复杂，是因为 for 结构处在一个更高的抽象层面。

虽然初始化、条件判定和循环控制变量 x 的自增都处于程序中的同一行，但是它们需要在图中和不同的节点相关联。for 循环的控制流图和 while 循环的控制流图稍微有些不同。具体来说，我们将变量 x 的自增和方法调用 y = f(x, y) 放到了不同的节点中。技术上来说，这违反了基本块的定义，这两个节点应该合二为一。但是，为不同的程序结构开发不同的模板，再将相关代码的控制流图放到模板的正确位置，通常来说更容易一些。商用工具一般都这样做，可以使图的生成更加简单。事实上，商用工具经常不遵循基本块的严格定义，有时添加一些看似随机的节点。虽然这对记录有一些很小的影响（例如，我们可能覆盖 73 个节点中的 67 个，而不是 75 个节点中的 68 个），但是对测试来说并不重要。

do-while 循环也很类似，但是更为简单。循环体总是至少执行一次，所以如图 7-21 所示，循环体内的语句都和节点 2 相关联。

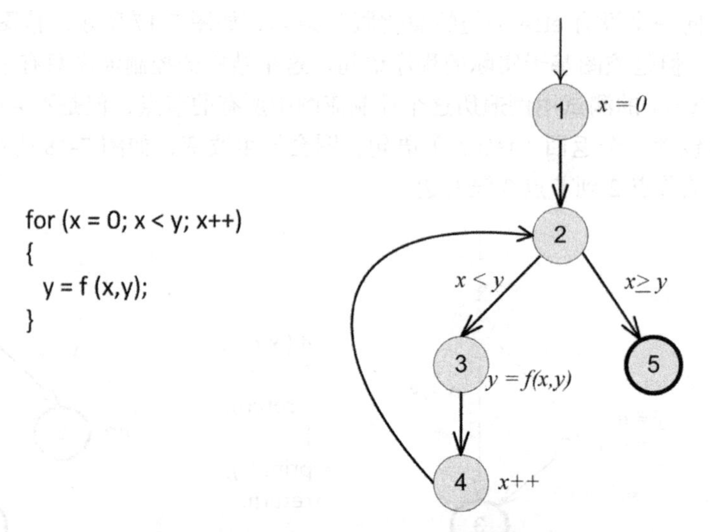

图 7-20　for 循环结构所对应的控制流图

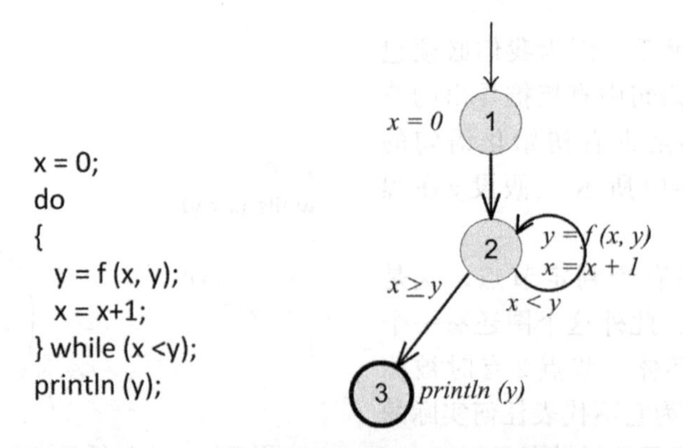

图 7-21　do-while 循环结构所对应的控制流图

图7-22展示了如何在while循环中处理break和continue语句。如果到达了节点4的break语句，控制流会立即跳出循环到达节点8。如果到达了节点6的continue语句，控制流会返回到位于节点2的循环的下一个迭代过程，而不用执行if结构之后的语句（节点7）。

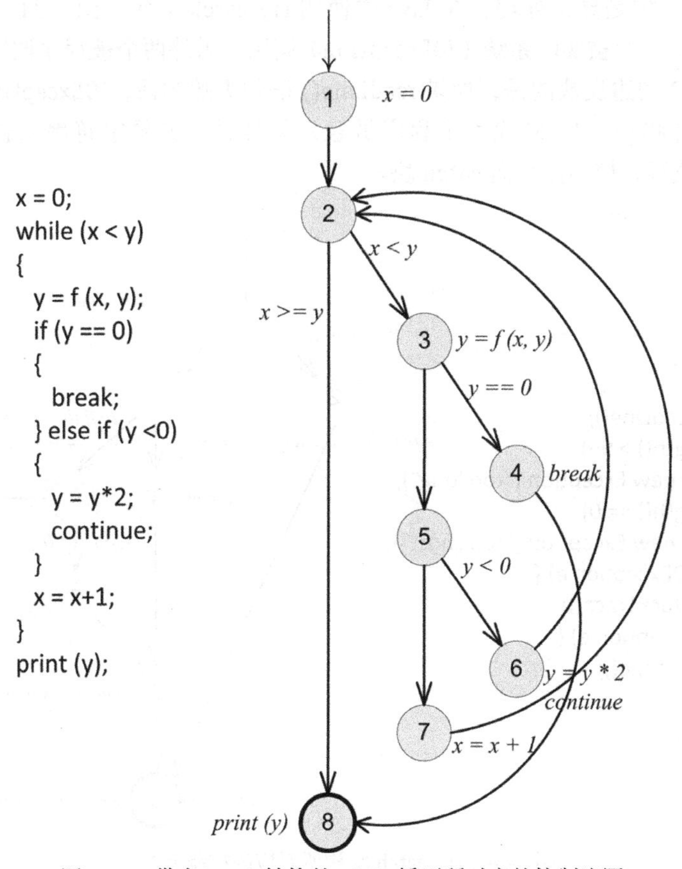

图7-22　带有break结构的while循环所对应的控制流图

下面要讨论的语言结构是case语句，在Java中被称为switch语句。在为case结构建图的时候，可以使用一个带有多个分支的节点或一系列的if-then-else结构。我们使用多分支结构来描述case结构，如图7-23所示。

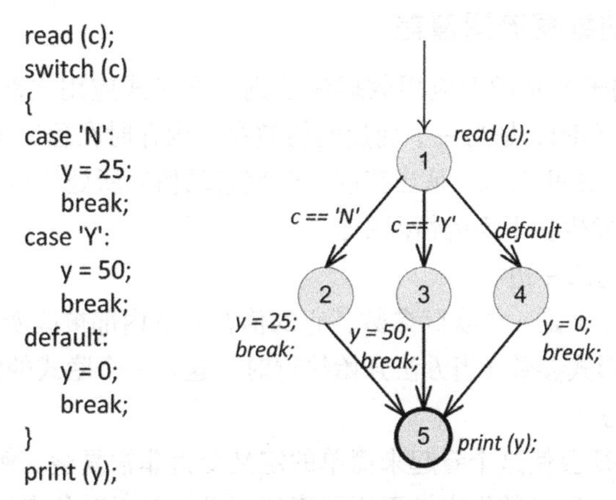

图7-23　case结构所对应的控制流图

如果程序员略去了 break 语句，在图上必须要反映出来。例如，如果 'N' 分支里没有 break 语句，那么这个图将会有一条从节点 2 到节点 3 的边，反映的是 Java case 结构中的“多个并联的分支只有一个跳出（fall-through）”的情况。

最后的语言结构是异常处理，在 Java 中使用 try-catch 语句。图 7-24 展示了带有三个异常的输入语句，一个被实时系统（IOException）调用，另外两个被程序调用（Exception）。从节点 1 到节点 2 的边反映的是，如果 readLine() 语句失败的话，IOException 异常被触发。子路径 [3，4，6] 和 [5，7，6] 代表了程序员触发的异常。如果字符串太长或太短，那么 throw 语句会被执行，控制流转向 catch 块。

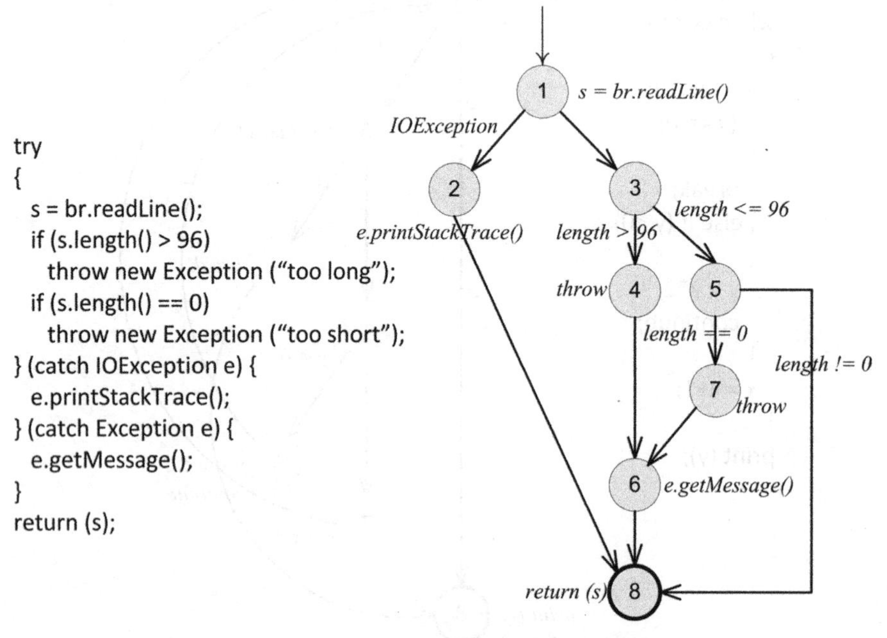

图 7-24　try-catch 结构所对应的控制流图

现在前面章节所讲的覆盖准则可以应用于从源代码转换的图上了。这样的应用是很直接的，因为只需改换一些名称。节点覆盖通常称为*语句覆盖*或*基本块覆盖*，边覆盖通常称为*分支覆盖*。

7.3.2　基于源代码的数据流图覆盖

本节在前面章节例子的基础上应用数据流准则。在正式应用之前，我们需要了解如何构成*定义*和*使用*。*定义*（def）是当一个变量的值被存于内存时在程序中所处的位置（变量赋值，输入变量值时等）。*使用*（use）是当获取一个变量的值时所处的位置。

变量 x 的定义可能发生在下面的情况中：

1. x 出现在赋值语句的左边
2. 在方法调用点时，x 是一个实际参数，它的值在方法内部被改变
3. x 是方法的一个形式参数（当方法开始执行时，这是一个隐式的定义）
4. x 是程序的一个输入

程序语言的有些特征会使这个看起来简单的定义变得非常复杂。例如，一个数组变量的定义是整个数组的定义，还是数组中被引用元素的定义？对于对象来说，定义应该考虑整个

对象，还是只考虑对象内部的一个具体的实例变量？如果两个变量引用指向同一个位置，即一个变量是另一个变量的别名，我们需要如何做这样的分析？初始源代码的覆盖、优化后源代码的覆盖和机器代码的覆盖之间的关系又是怎样的？在下面的讲述中我们会略去这些复杂的问题，有兴趣的读者可以通过参考文献作进一步的了解。

如果一个变量在单个基本块中有多个定义，那么只有最后那个定义和数据流分析相关。

变量 x 的使用可能发生在下面的情况中：

132~137

1. x 出现在赋值语句的右边
2. x 出现在条件判定中（注意这样的判定总是和至少两条边相关联）
3. x 是方法的一个实际参数
4. x 是程序的一个输出
5. x 是 return 语句中方法调用的输出，或是通过参数来返回

并不是所有的使用都和数据流分析相关。考虑下面带有局部变量引用的语句（忽略并发的情况）：

```
y = z;
x = y + 2;
```

第二条语句中 y 的使用被称为*局部使用*，另外一个基本块中的定义是不可能到达这个局部使用的。其原因是如果 y 已经在其他基本块中定义了，那么当 y 传到 y = z 时，之前的定义总是被这条语句中 y 的定义覆盖。就是说，从其他的定义到这个使用之间没有无重复定义路径。相反，z 的使用被称为*全局使用*，因为在这个基本块中 z 的定义一定起源于其他的基本块。数据流分析只考虑全局使用。

在图 7-25 的 patternIndex 例子中，我们基于一个简单的字符串模式匹配的方法 patternIndex() 来阐释数据流的分析。patternIndex() 的控制流图之前已经在图 7-12 中展示过了，图上的节点和边标注有与之相对应的 Java 语句。

图 7-13 将定义和使用集合明确地标注在了 patternIndex() 的控制流图上。虽然许多工具都可以为程序创建控制流图，但是学生手动创建控制流图对加深理解是有帮助的。建图时，一个好的习惯是先使用语句创建控制流图，然后再用定义和使用集合来重新绘制。

表 7-1 列出了 patternIndex() 的控制流图中每个节点上的所有定义和使用。虽然这个表表述的是和图 7-13 相同的内容，但是其方式更为便捷。表 7-2 中列出了 patternIndex() 的控制流图中每条边上的所有定义和使用。我们建议初学者通过验证这两个表中的内容是否正确来检验对于这些定义的理解。

表 7-1　patternIndex() 的控制流图中每个节点的定义和使用

节点	定义	使用
1	{subject, pattern}	{subject, pattern}
2	{NOTFOUND, isPat, iSub, rtnIndex, subjectLen, patternLen}	
3		
4		
5	{rtnIndex, isPat, iPat}	{iSub}
6		
7		
8	{rtnIndex, isPat}	{NOTFOUND}
9	{iPat}	{iPat}

（续）

节点	定义	使用
10	{iSub}	{iSub}
11		{rtnIndex}

```
/**
  * 找出 pattern 在 subject 字符串中的索引
  *
  * @参数 subject 要被搜索的字符串
  * @参数 pattern 所要寻找的字符串
  * @返回 pattern 在 subject 中第一次出现时的
  *（基于零的）索引；否则返回 -1
  * @如果 subject 或 pattern 为 null，抛出 NullPointerException 异常
  */
public static int patternIndex (String subject, String pattern)
{
  final int NOTFOUND = -1;
  int  iSub = 0, rtnIndex = NOTFOUND;
  boolean isPat  = false;
  int subjectLen = subject.length();
  int patternLen = pattern.length();

  while (isPat == false && iSub + patternLen - 1 < subjectLen)
  {
    if (subject.charAt (iSub) == pattern.charAt (0))
    {
      rtnIndex = iSub; // 从零开始
      isPat = true;
      for (int iPat = 1; iPat < patternLen; iPat ++)
      {
        if (subject.charAt (iSub + iPat) != pattern.charAt (iPat))
        {
          rtnIndex = NOTFOUND;
          isPat = false;
          break;  // 跳出 for 循环
        }
      }
    }
    iSub ++;
  }
  return (rtnIndex);
}
```

图 7-25　方法 patternIndex() 的数据流例子。

表 7-2　patternIndex() 的控制流图中每条边的定义和使用

边	使用
(1, 2)	
(2, 3)	
(3, 4)	{iSub, patternLen, subjectLen, isPat}
(3, 11)	{iSub, patternLen, subjectLen, isPat}
(4, 5)	{subject, iSub, pattern}
(4, 10)	{subject, iSub, pattern}
(5, 6)	
(6, 7)	{iPat, patternLen}
(6, 10)	{iPat, patternLen}

（续）

边	使用
（7，8）	{subject, iSub, iPat, pattern}
（7，9）	{subject, iSub, iPat, pattern}
（8，10）	
（9，6）	
（10，3）	

最后，在表 7-3 中，我们列出 patternIndex() 中每个变量的定义使用路径和每个定义使用对的所有定义使用路径。表的第一列是变量的名字，第二列是定义所在节点的标号和变量（如 7.2.3 节所示，公式的左边列出了所对应变量的所有定义使用路径）。第三列列出了所有以对应变量开始的定义使用路径。如果一个定义使用对有超过一条路径到达相同的使用，那么我们则在不同行中显示这些具有相同终止节点的路径。在第四列，我们使用“是否为前缀（prefix？）”符号来判断一条定义使用路径是否被测试路径覆盖，下面我们还会详细讲到。测试者手工推导这些信息是非常枯燥的，很容易犯错误。所以这种分析最好还是使用自动化来实现。

表 7-3　patternIndex() 中每个变量的定义使用路径集合

变量名	定义使用路径	定义使用路径集合	是否为前缀
NOTFOUND	du (2, NOTFOUND)	[2, 3, 4, 5, 6, 7, 8]	
rtnIndex	du (2, rtnIndex)	[2, 3, 11]	
	du (5, rtnIndex)	[5, 6, 10, 3, 11]	
	du (8, rtnIndex)	[8, 10, 3, 11]	
iSub	du (2, iSub)	[2, 3, 4] [2, 3, 4, 5] [2, 3, 4, 5, 6, 7, 8] [2, 3, 4, 5, 6, 7, 9] [2, 3, 4, 5, 6, 10] [2, 3, 4, 5, 6, 7, 8, 10] [2, 3, 4, 10] [2, 3, 11]	Yes Yes Yes
	du (10, iSub)	[10, 3, 4] [10, 3, 4, 5] [10, 3, 4, 5, 6, 7, 8] [10, 3, 4, 5, 6, 7, 9] [10, 3, 4, 5, 6, 10] [10, 3, 4, 5, 6, 7, 8, 10] [10, 3, 4, 10] [10, 3, 11]	Yes Yes Yes
iPat	du (5, iPat)	[5, 6, 7] [5, 6, 10] [5, 6, 7, 8] [5, 6, 7, 9]	Yes
	du (9, iPat)	[9, 6, 7] [9, 6, 10] [9, 6, 7, 8] [9, 6, 7, 9]	Yes

（续）

变量名	定义使用路径	定义使用路径集合	是否为前缀
isPat	du (2, isPat)	[2, 3, 4] [2, 3, 11]	
	du (5, isPat)	[5, 6, 10, 3, 4] [5, 6, 10, 3, 11]	
	du (8, isPat)	[8, 10, 3, 4] [8, 10, 3, 11]	
subject	du (1, subject)	[1, 2] [1, 2, 3, 4, 5] [1, 2, 3, 4, 10] [1, 2, 3, 4, 5, 6, 7, 8] [1, 2, 3, 4, 5, 6, 7, 9]	Yes Yes
pattern	du (1, pattern)	[1, 2] [1, 2, 3, 4, 5] [1, 2, 3, 4, 10] [1, 2, 3, 4, 5, 6, 7, 8] [1, 2, 3, 4, 5, 6, 7, 9]	Yes Yes
subjectLen	du (2, subjectLen)	[2, 3, 4] [2, 3, 11]	
patternLen	du (2, patternLen)	[2, 3, 4] [2, 3, 11] [2, 3, 4, 5, 6, 7] [2, 3, 4, 5, 6, 10]	Yes

patternIndex() 中若干个定义 / 使用对都有超过一条定义使用路径。例如，变量 iSub 在节点 2 定义，在节点 10 被使用。从节点 2 到节点 10 有三条定义使用路径，即 [2, 3, 4, 10]（iSub）、[2, 3, 4, 5, 6, 10]（iSub）和 [2, 3, 4, 5, 6, 7, 8, 10]（iSub）。

在判断测试路径和定义使用路径的覆盖关系时，我们可以应用一个优化，这个优化基于这样一个事实：如果有测试用例游历一条定义使用路径的扩展路径，那么这条定义使用路径一定也被游历。我们使用“Yes”在表的“前缀？”列标注这些定义使用路径。例如，任何游历定义使用路径 [2, 3, 4, 5, 6, 7, 8]（iSub）的测试用例也一定游历 [2, 3, 4]（iSub），因为 [2, 3, 4] 是 [2, 3, 4, 5, 6, 7, 8] 的前缀。因此，在表 7-5 中，当将定义使用路径和用于覆盖这些路径的测试用例路径相关联时，我们不再考虑这些作为其他路径前缀的路径。我们必须小心这个优化的使用，因为即使前缀路径是可行的，扩展之后的定义使用路径也可能是不可行的。

表 7-4 使用相同的例子展示了一个满足定义使用路径覆盖的测试用例集合。这个集合相对较小，含有 11 个测试用例（一条定义使用路径不可行）。读者可能想要尝试使用非数据流图覆盖的准则来评估这个测试用例集。在本书网站上的 DataDrivenPattenIndexTest.java 中可以找到这些测试用例。

表 7-4　满足 patternIndex() 全定义使用覆盖的测试路径

测试用例 (subject, pattern, output)	测试路径 (t)
(a, bc, −1)	[1, 2, 3, 11]
(ab, a, 0)	[1, 2, 3, 4, 5, 6, 10, 3, 11]
(ab, ab, 0)	[1, 2, 3, 4, 5, 6, 7, 9, 6, 10, 3, 11]

（续）

测试用例 (subject, pattern, output)	test path(t)
(ab, ac, −1)	[1, 2, 3, 4, 5, 6, 7, 8, 10, 3, 11]
(ab, b, 1)	[1, 2, 3, 4, 10, 3, 4, 5, 6, 10, 3, 11]
(ab, c, −1)	[1, 2, 3, 4, 10, 3, 4, 10, 3, 11]
(abc, abc, 0)	[1, 2, 3, 4, 5, 6, 7, 9, 6, 7, 9, 6, 10, 3, 11]
(abc, abd, −1)	[1, 2, 3, 4, 5, 6, 7, 9, 6, 7, 8, 10, 3, 11]
(abc, ac, −1)	[1, 2, 3, 4, 5, 6, 7, 8, 10, 3, 4, 10, 3, 11]
(abc, ba, −1)	[1, 2, 3, 4, 10, 3, 4, 5, 6, 7, 8, 10, 3, 11]
(abc, bc, 1)	[1, 2, 3, 4, 10, 3, 4, 5, 6, 7, 9, 6, 10, 3, 11]

表 7-5 展示了针对每个测试用例所采用的测试路径和被游历的定义使用路径。

表 7-5 patternIndex() 的测试路径和所覆盖的定义使用路径

测试用例 (subject, pattern, output)	测试路径 (t)	被游历的定义使用路径
(ab, ac, −1)	[1, 2, 3, 4, 5, 6, 7, 8, 10, 3, 11]	[2, 3, 4, 5, 6, 7, 8] (NOTFOUND)
(a, bc, −1)	[1, 2, 3, 11]	[2, 3, 11] (rtnIndex)
(ab, a, 0)	[1, 2, 3, 4, 5, 6, 10, 3, 11]	[5, 6, 10, 3, 11] (rtnIndex)
(ab, ac, −1)	[1, 2, 3, 4, 5, 6, 7, 8, 10, 3, 11]	[8, 10, 3, 11] (rtnIndex)
(ab, ab, 0)	[1, 2, 3, 4, 5, 6, 7, 9, 6, 10, 3, 11]	[2, 3, 4, 5, 6, 7, 9] (iSub)
(ab, a, 0)	[1, 2, 3, 4, 5, 6, 10, 3, 11]	[2, 3, 4, 5, 6, 10] (iSub)
(ab, ac, −1)	[1, 2, 3, 4, 5, 6, 7, 8, 10, 3, 11]	[2, 3, 4, 5, 6, 7, 8, 10] (iSub)
(ab, c, −1)	[1, 2, 3, 4, 10, 3, 4, 10, 3, 11]	[2, 3, 4, 10] (iSub)
(a, bc, −1)	[1, 2, 3, 11]	[2, 3, 11] (iSub)
(abc, bc, 1)	[1, 2, 3, 4, 10, 3, 4, 5, 6, 7, 9, 6, 10, 3, 11]	[10, 3, 4, 5, 6, 7, 9] (iSub)
(ab, b, 1)	[1, 2, 3, 4, 10, 3, 4, 5, 6, 10, 3, 11]	[10, 3, 4, 5, 6, 10] (iSub)
(abc, ba, −1)	[1, 2, 3, 4, 10, 3, 4, 5, 6, 7, 8, 10, 3, 11]	[10, 3, 4, 5, 6, 7, 8, 10] (iSub)
(ab, c, −1)	[1, 2, 3, 4, 10, 3, 4, 10, 3, 11]	[10, 3, 4, 10] (iSub)
(ab, a, 0)	[1, 2, 3, 4, 5, 6, 10, 3, 11]	[10, 3, 11] (iSub)
(ab, a, 0)	[1, 2, 3, 4, 5, 6, 10, 3, 11]	5, 6, 10] (iPat)
(ab, ac, −1)	[1, 2, 3, 4, 5, 6, 7, 8, 10, 3, 11]	[5, 6, 7, 8] (iPat)
(ab, ab, 0)	[1, 2, 3, 4, 5, 6, 7, 9, 6, 10, 3, 11]	[5, 6, 7, 9] (iPat)
(ab, ab, 0)	[1, 2, 3, 4, 5, 6, 7, 9, 6, 10, 3, 11]	[9, 6, 10] (iPat)
(abc, abd, −1)	[1, 2, 3, 4, 5, 6, 7, 9, 6, 7, 8, 10, 3, 11]	[9, 6, 7, 8] (iPat)
(abc, abc, 0)	[1, 2, 3, 4, 5, 6, 7, 9, 6, 7, 9, 6, 10, 3, 11]	[9, 6, 7, 9] (iPat)
(ab, ac, −1)	[1, 2, 3, 4, 5, 6, 7, 8, 10, 3, 11]	[2, 3, 4] (isPat)
(a, bc, −1)	[1, 2, 3, 11]	[2, 3, 11] (isPat)
无测试用例	不可行	[5, 6, 10, 3, 4] (isPat)
(ab, a, 0)	[1, 2, 3, 4, 5, 6, 10, 3, 11]	[5, 6, 10, 3, 11] (isPat)
(abc, ac −1)	[1, 2, 3, 4, 5, 6, 7, 8, 10, 3, 4, 10, 3, 11]	[8, 10, 3, 4] (isPat)
(ab, ac, −1)	[1, 2, 3, 4, 5, 6, 7, 8, 10, 3, 11]	[8, 10, 3, 11] (isPat)
(ab, c, −1)	[1, 2, 3, 4, 10, 3, 4, 10, 3, 11]	[1, 2, 3, 4, 10] (subject)
(ab, ac, −1)	[1, 2, 3, 4, 5, 6, 7, 8, 10, 3, 11]	[1, 2, 3, 4, 5, 6, 7, 8] (subject)
(ab, ab, 0)	[1, 2, 3, 4, 5, 6, 7, 9, 6, 10, 3, 11]	[1, 2, 3, 4, 5, 6, 7, 9] (subject)
(ab, c, −1)	[1, 2, 3, 4, 10, 3, 4, 10, 3, 11]	[1, 2, 3, 4, 10] (pattern)
(ab, ac, −1)	[1, 2, 3, 4, 5, 6, 7, 8, 10, 3, 11]	[1, 2, 3, 4, 5, 6, 7, 8] (pattern)
(ab, ab, 0)	[1, 2, 3, 4, 5, 6, 7, 9, 6, 10, 3, 11]	[1, 2, 3, 4, 5, 6, 7, 9] (pattern)

（续）

测试用例 (subject, pattern, output)	测试路径 (t)	被游历的定义使用路径
(ab, c, −1)	[1, 2, 3, 4, 10, 3, 4, 10, 3, 11]	[2, 3, 4] (subjectLen)
(a, bc, −1)	[1, 2, 3, 11]	[2, 3, 11] (subjectLen)
(a, bc, −1)	[1, 2, 3, 11]	[2, 3, 11] (patternLen)
(ab, ac, −1)	[1, 2, 3, 4, 5, 6, 7, 8, 10, 3, 11]	[2, 3, 4, 5, 6, 7] (patternLen)
(ab, a, 0)	[1, 2, 3, 4, 5, 6, 10, 3, 11]	[2, 3, 4, 5, 6, 10] (patternLen)

习题

1. 根据下面的一段程序回答 a ～ e 的问题。

```
w = x;        // 节点1
if (m > 0)

{
  w++;        // 节点2
}
else
{
  w=2*w;      // 节点3
}
// node 4 (no executable statement)
if (y <= 10)
{
  x = 5*y;    // 节点5
}
else
{
  x = 3*y+5;  // 节点6
}
z = w + x;    // 节点7
```

   a）基于这段程序，画出控制流图，并使用上面提供的节点标号。

   b）哪个节点有变量 w 的定义？

   c）哪个节点有变量 w 的使用？

   d）从节点 1 到节点 7 有没有变量 w 的定义使用路径？如果没有，解释为什么？如果有，请举例展示。

   e）列出变量 w 和 x 所有的定义使用路径。

2. 选择一个商用的代码覆盖工具。注意有些工具有免费的试用版本。选择一个工具，下载并在某个软件上运行这个工具。你可以使用本书中的例子，你工作中所用到的软件，或是网上获得的软件。写一小段关于你使用工具的总结。必须包括你实际安装或使用工具的经验。主要的评分标准依据你实际搜集的测试用例在所选程序上运行得到的覆盖数据。

3. 考虑图 7-25 中模式匹配的例子。使用程序插桩技术（instrument）使代码可以产生针对这个例子执行的路径。就是说，给定一个测试执行，被插桩的程序应该计算和打印出所对应的测试路径。使用 7.3 节最后列出的测试用例来运行插桩后的程序。

4. 考虑图 7-25 中模式匹配的例子。特别是考虑 7.3 节带有测试用例的最后一个表。针对变量 iSub，从表的 iSub 部分的顶部开始，给（独特的）测试用例从 1 开始编号。例如，（ab，c，−1）在表 iSub 的部分出现了两次，所以都应该标记为测试用例 t_4。

   a）使用已给的测试用例，找出一个满足全定义覆盖的极小测试用例集。

   b）给出一个满足全使用覆盖的极小测试用例集。

c）给出一个满足全定义使用路径覆盖的极小测试用例集。

5. 考虑图 7-25 中模式匹配的例子。使用程序插桩技术使得代码可以产生针对这个例子所执行的路径。就是说，给定一个测试执行，被插桩的程序应该计算和打印出所对应的测试路径。运行下面的三个测试用例，然后回答下面 a ～ g 的问题：
   - subject = “brown owl” pattern = “wl” 预期输出 = 7
   - subject = “brown fox” pattern = “dog” 预期输出 = −1
   - subject = “fox” pattern = “brown” 预期输出 = −1

   a）找出每个测试用例执行的实际路径。

   b）对于每条路径，找出在 7.3 节最后的表中该路径所游历的定义使用路径。为了减少这个练习的工作量，只考虑下列定义使用路径：du(10, iSub)，du(2, isPat)，du(5, isPat) 和 du(8, isPat)。

   c）解释为什么所有的测试路径都无法游历定义使用路径 [5，6，10，3，4]。

   d）找出在问题 a 中未覆盖的（可行的）定义使用路径，再从 7.3 节最后的表中找出测试用例来覆盖这些定义使用路径。

   138 ~ 144

   e）从上面的测试用例中，找出对于变量 isPat 满足全定义覆盖的极小测试用例集。

   f）从上面的测试用例中，找出对于变量 isPat 满足全使用覆盖的极小测试用例集。

   g）在 pat() 方法中，针对变量 isPat，全定义覆盖和全使用覆盖有没有什么区别？

6. 使用方法 fmtRewrap() 回答下列 a ～ e 的问题。在本书的网站上的 FmtRewrap.java 文件中，有一个 fmtRewrap() 方法的可编译版本。另一个更适合这个练习的带有行数标记的版本在本书网站的 FmtRewrap.num 文件中。

   a）画出 fmtRewrap() 方法的控制流图。

   b）对于 fmtRewrap() 方法，找出一个测试用例，使其相应的测试路径访问连接 *while* 语句的起点和 S = new String(SArr) + CR 语句的边，而**不必**执行 while 的循环体。

   c）列出节点覆盖、边覆盖和主路径覆盖的测试需求。

   d）找出满足图上节点覆盖但不满足边覆盖的测试路径。

   e）找出满足图上边覆盖但不满足主路径覆盖的测试路径。

7. 使用方法 printPrimes() 回答下面 a ～ f 的问题。本书网站上的 PrintPrimes.java 文件中有这个方法的可编译的版本。另一个更适合这个练习的带有行数标记的版本在本书网站的 PrintPrimes.num 文件中。

   a）画出 printPrimes() 方法的控制流图。

   b）考虑测试用例 $t_1 = (n = 3)$ 和 $t_2 = (n = 5)$。虽然它们都游历 printPrimes() 方法中相同的主路径，但是它们不一定发现相同的故障。设计一个简单故障，使得 t_2 比 t_1 更有可能发现这个故障。

   c）对于 printPrimes() 方法，找出一个测试用例，使其相应的测试路径访问连接 while 语句的起点和 for 语句的边，而**不必**执行 while 的循环体。

   d）列出节点覆盖、边覆盖和主路径覆盖的测试需求。

   e）找出满足图上节点覆盖但不满足边覆盖的测试路径。

   f）找出满足图上边覆盖但不满足主路径覆盖的测试路径。

8. 考虑 java.util.AbstractList 类中的 equals() 方法。

```
@Override
public boolean equals (Object o)
{
  if (o == this) // A
    return true;
```

145

```
    if (!(o instanceof List)) // B
        return false;

    ListIterator e1 = listIterator();
    ListIterator e2 = ((List) o).listIterator();
    while (e1.hasNext() && e2.hasNext()) // C
    {
        E o1 = e1.next();
        Object o2 = e2.next();
        if (!(o1 == null ? o2 == null : o1.equals (o2))) // D
            return false;
    }
    return !(e1.hasNext() || e2.hasNext()); // E
}
```

a）为这个方法画一个控制流图。一些已知的信息可以用来作为图中的节点标号，请选择合理的值。

b）将图中的边和节点用代码中对应的部分来标记。当标记图的时候，你可以使用如下所示的方法来简化谓词。

```
A: o == this
B: !(o instanceof List)
C: e1.hasNext() && e2.hasNext()
C: e1.hasNext() && e2.hasNext()
D: !(o1 == null ? o2 == null : o1.equals(o2))
E: !(e1.hasNext() $\parallel$ e2.hasNext())
```

c）在这个图上，节点覆盖需要（至少）四个测试用例。解释为什么。

d）提供在这个图中满足节点覆盖的四个测试用例（即对 equals() 的调用）。不要写太长的测试用例，你需要包括输出的断言。假设每个测试用例都是独立的，它们的起始程序状态都如下所示：

```
List<String> list1 = new ArrayList<String>();
List<String> list2 = new ArrayList<String>();
```

如有必要，使用常量 null、“ant”、“bat” 等。

7.4　设计元素的图覆盖

数据抽象和面向对象软件的使用导致我们更多地关注模块化和重用。这意味着基于设计中各种部分（设计元素）的软件测试比过去变得更加重要。这些活动通常和集成测试是相关联的。模块化的一个好处是软件组件可以独立测试，程序员通常在单元和模块测试时对单元和模块进行单独测试。 146

7.4.1　设计元素的结构化图覆盖

当开始在设计元素上使用图覆盖时，通常我们需要基于软件组件的耦合（coupling）关系来创建图。*耦合*（coupling）指两个单元通过它们之间的相互关联来反映它们之间的依赖关系，一个单元中的故障可能会影响耦合的另一个单元。耦合提供了软件设计和结构信息的总结。应用于设计元素的大部分测试准则要求必须访问程序组件之间的连接。

应用结构化设计覆盖最常用的图叫作*调用图*。在调用图中，节点代表方法（或单元），边代表方法的调用。图 7-26 表示了包含六个方法的小程序。方法 A 调用方法 B、C 和 D，方法 C 调用方法 E 和 F，方法 D 也调用方法 F。

7.2.1 节的覆盖准则也可以应用于调用图。节点覆盖要求每个方法至少被调用一次，所以也被称为*方法覆盖*。边覆盖要求每次调用都被至少执行一次，所以也被称为*调用覆盖*。对图 7-26 中的例子来说，节点覆盖要求每个方法被调用一次，而边覆盖要求方法 F 至少被调用两次，方法 C 和 D 都是至少被调用一次。

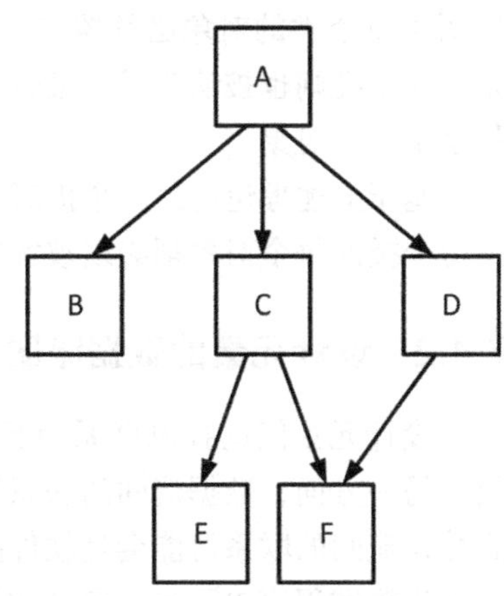

图 7-26 一个简单的调用图

基于模块的应用

回忆第 2 章我们提到一个模块是相关单元的集合。例如，在 Java 中，一个类就是一个模块。与完整的程序相对的是，一个类中的单元可能不会相互调用。所以，我们可能会生成一些没有相互连接的调用图，而不是一个连接的调用图。在一个简单的退化（degenerative）形式（比如简单的栈）中，单元之间是没有调用的。在这些情况中，应用这种技术的模块测试是不适合的，我们需要基于调用序列的技术。

继承和多态

面向对象语言的特征——继承和多态，给设计者和程序员提供了新的功能，但是也给测试者带来了新的问题。学术界依然在开发新的方法来测试这些语言特征，所以本书只介绍现有的最新知识。我们鼓励有兴趣的读者继续紧跟最新的有关测试面向对象软件的结果和技术。参考文献给出了一些已有的引用，根据这些引用读者可以找到最新的研究成果。一个最明显的用来测试这些特征（一并称为“面向对象语言的特征”）的图称为*继承等级关系图*（inheritance hierarchy）。图 7-27 表示了一个只有四个类的继承等级关系图。类 C 和 D 都由类 B 继承而来，而类 B 由类 A 继承。

147

7.2.1 节中的覆盖准则可以应用于继承等级关系图上，这样的应用表面上看起来很简单，但是有一些小问题。在面向对象的软件编程中，我们不能直接测试类因为它们是不可执行的。事实上，继承等级关系图中的边并不代表执行的流程，而是指代继承的依赖关系。为了应用这类覆盖，首先我们需要一个可以表明覆盖含义的模型。第一步是需要所有或部分的类实例化。图 7-28 在图 7-27 继承等级关系图的基础上对其中的每个类进行了实例化。

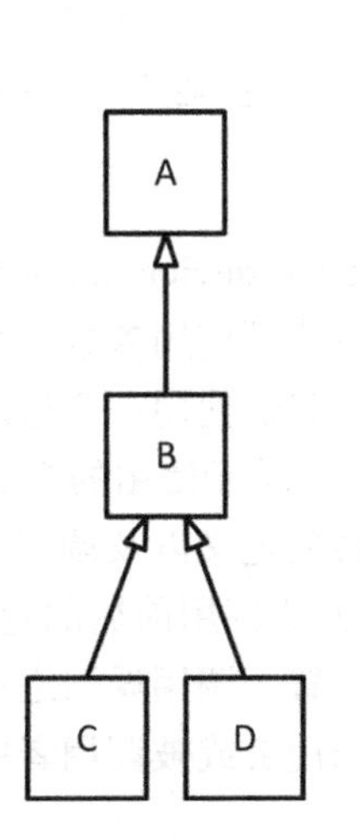

图 7-27 一个继承等级关系图

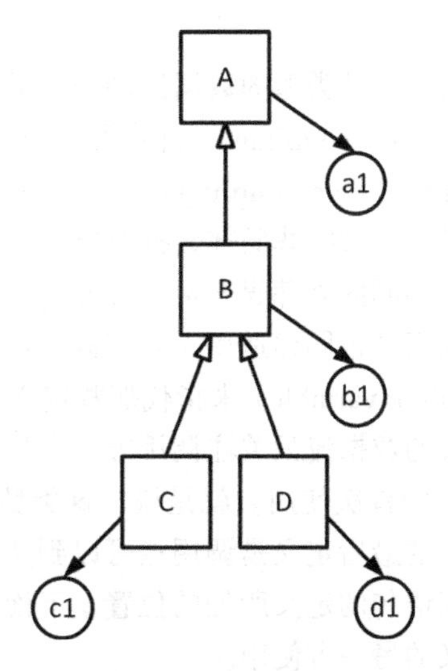

图 7-28 继承等级关系图包含了被初始化的对象

在这个图上节点覆盖最明显的解释就是要求每个类都需要实例化一个对象。但是这个要求很弱，因为这并没有涉及执行。一个合乎逻辑的扩展是根据上面的调用覆盖准则，要求调用图中每个类的对象必须覆盖，我们称这个为*面向对象的调用覆盖*（OO call Coverage）准则。这个准则也被认为是“聚合（aggregation）准则”，因为它要求调用覆盖必须包括每个类的至少一个对象。

基于上述理论的另一个扩展是*全对象调用*（All Object Call）准则。满足这个准则的条件是每个类的每个对象都必须被实例化。

7.4.2　设计元素的数据流图覆盖

设计元素间的控制联系简且直接，基于它们的测试用例在查找故障时可能不会非常有效。另一方面，数据流间的联系通常很复杂且很难分析。对一个测试者而言，应该马上意识到数据流间的联系可能会是软件故障多发之地。这里主要的问题是定义和使用发生在什么地方。当测试程序单元时，定义和使用都在同一个单元中。当进行集成测试时，定义和使用在不同的单元中。本节开始，我们先研究一些标准的编译器和程序分析所使用的术语。

当一个单元调用另一个单元时，前者成为*调用者*（caller），后者成为*被调用者*（callee）。调用实现时所在的语句被称为*调用点*（call site）。调用者拥有*实际参数*（actual parameter），实际参数赋值给被调用者中的*形式参数*（formal parameter）。两个单元间的调用界面就是由实际参数到形式参数的映射。

设计元素的数据流测试准则的基本前提是：为了保证所集成的程序单元接口正常工作，要求在调用者中定义的变量必须在被调用者中合理的使用。我们可以将这个技术限制在单元接口上，这样我们只需要关注在调用单元中和从被调用单元返回**之前**变量的**最后**定义，以及在调用单元中和从被调用单元返回**之后**变量的**首次**使用。

图 7-29 展示了数据流准则所要测试的对象之间的关系。这些准则要求实际参数定义的执行必须到达形式参数的使用。

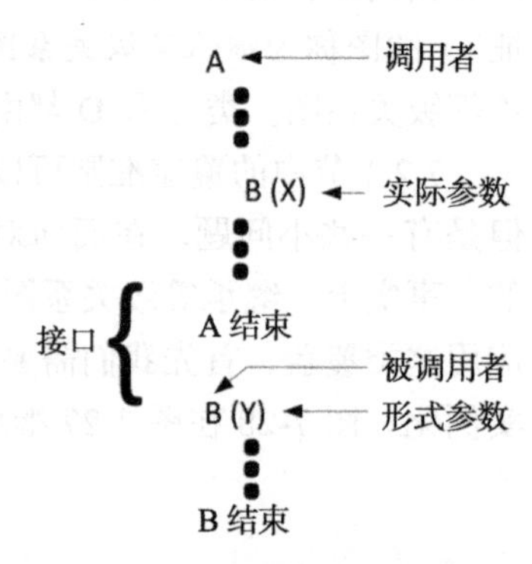

图 7-29　参数耦合的例子

我们定义了三种类型的数据流耦合。最显而易见的是*参数耦合*（parameter coupling），即参数在调用中传递。*共享数据耦合*（shared data coupling）发生在两个单元访问相同的全局的或其他类型的非局部数据对象时。*外部设备耦合*（external device coupling）发生在两个单元访问相同的外部媒介例如文件时。下面所有的例子和讨论都使用参数耦合，应用在参数耦合上的概念也同样适用于共享数据耦合和外部设备耦合。我们使用一个通用的术语*耦合变量*（coupling variable）来指代那些定义在一个单元而在另一个单元使用的变量。

这种形式的数据流只关注调用方法发生之前和返回之前的最后定义以及调用方法发生之后和返回之后的首次使用。就是说，这类数据流只关注紧接着方法调用前后的定义和使用。调用发生之前的最后定义是调用点可以到达使用的定义所处的位置，调用返回之前的最后定义是到达返回语句的定义所处的位置。下面的定义假设变量在调用者或被调用者中定义，然后在没有定义的另一方使用。

定义 7.39 最后定义（Last-def） 用来定义一个变量 x 的一组节点的集合。对于这个变量来说，存在着一条从这些节点经过调用点再到达另一单元中使用的无重复定义路径。

变量可以通过参数、返回值或共享变量的引用来传递。如果这个功能没有返回语句，我们假设方法的最后存在一个隐式的返回语句。

首次使用的定义是对最后定义概念的补充。其要求的路径不仅要无重复定义，而且要无重复使用。对于变量 v，如果在节点 n_i 到节点 n_j 的路径中的每个节点 n_k（$k \neq i$ 而且 $k \neq j$）都满足 v 都不在 $use(n_k)$ 中这个条件，那么这条路径就是无重复使用的（use-clear）。假设变量 y 在一个单元中定义，在另一个单元中使用。进一步假设 y 的值通过参数、返回语句、共享数据或其他方式从其他的单元传递过来。

定义 7.39 首次使用（First-use） 一个变量 y 的使用所在的一组节点的集合。对于 y 来说，存在着一条从起始点（如果使用是在被调用者）或调用点（如果使用是在调用者）到达这些节点的无重复定义且无重复使用的路径。

图 7-30 显示了一个调用者 F() 和一个被调用者 G()。在调用点有两个定义使用对，F() 中的 x 被传给 G() 中的 a，G() 中的 b 返回然后赋值给 F() 中的 y。注意 F() 中对 y 的赋值不是一个使用，而应该作为转移的一部分，其使用在下面的 print(y) 语句。

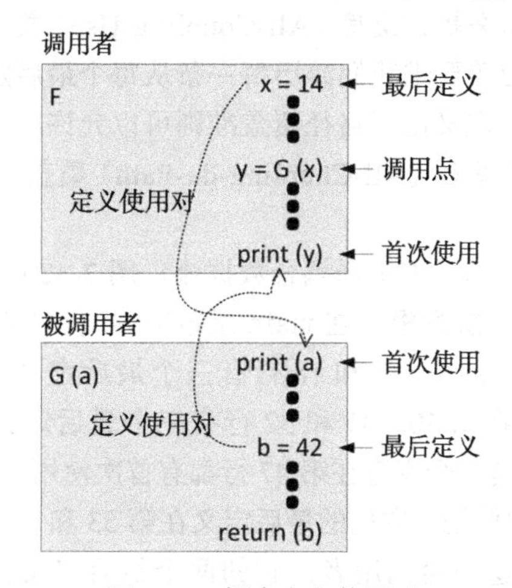

图 7-30 耦合定义使用对

这样的定义会导致一种非正常的情况：返回值没有被显式地赋值给一个变量，就如 print(f(x)) 语句所示。在这个例子中，我们假设存在一个隐式的赋值，首次使用就在 print(y) 语句中。

图 7-31 使用两个控制流图的部分展示了两个单元间的最后定义和首次使用。左侧的单元是调用者，调用被调用者 B()，被调用者有一个实际参数 X，它被赋值给形式参数 y。X 定义在节点 1、2 和 3 上，但是节点 1 上的定义不能到达位于节点 4 的调用点，所以 X 的最后定义是集合 {2，3}。形式参数 y 用于节点 11、12 和 13，但是从节点 10 的起始点到节点 13 之间不存在一条无重复定义路径，所以 y 的首次使用是集合 {11，12}。

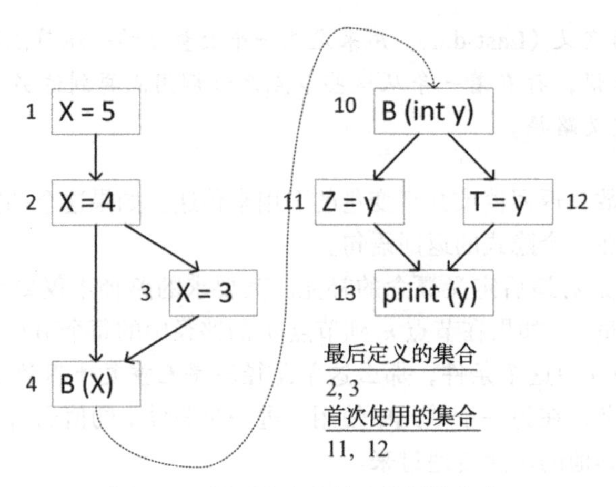

图 7-31　最后定义和首次使用的集合

回忆一下，定义使用路径是在同一图上从一个定义到一个使用的路径。对一个耦合变量 *x* 来说，这个概念被修改为*耦合的定义使用路径*（coupling du-path）。从一个最后定义到一个首次使用的路径称为是耦合的定义使用路径。

现在我们可以将 7.2.3 节的覆盖准则应用于耦合图。全定义覆盖要求执行从每个最后定义到达至少一个首次使用的路径。所以在这里，全定义覆盖也被称为*全耦合定义*（All-Coupling-Def）覆盖。全使用覆盖要求执行从每个最后定义到达每个首次使用的路径。所以在这里，全使用覆盖也被称为*全耦合使用*（All-Coupling-Use）覆盖。

148
~
151

最后，全定义使用路径覆盖要求我们游历每一条从每个最后定义到每个首次使用的简单路径。和以前的要求一样，全定义使用路径覆盖准则可以允许顺路游历。这里，全定义使用路径也被称为*全耦合定义使用路径*（All-Coupling-du-Path）覆盖。

具体的例子

现在我们使用一个具体的例子来阐释耦合数据流。图 7-32 中的类 Quadratic 根据三个整形的系数，计算一个公式的二次方根。在 main 函数第 34 行对 Root() 的调用传入了三个参数。在调用者中，变量 *X* 在第 16、17 和 18 行有三个最后定义，变量 *Y* 在第 23、24 和 25 行有三个最后定义，变量 *Z* 在第 30、31 和 32 行有三个最后定义。它们可以映射到 Root() 方法的形式参数 *A*、*B* 和 *C*。这三个变量在第 47 行都有首次使用。类变量 Root1 和 Root2 在被调用者中定义，并在调用者中使用。它们的最后定义在第 53 和 54 行，最后使用在第 37 行。

局部变量 Result 的值被返回给调用者，它的两个最后定义在第 50 和 55 行，首次使用在调用者中的第 35 行。

耦合定义使用对由三元组构成。每个三元组包含单元名称、变量名字和代码行标号。耦合定义使用对中的第一个三元组代表变量在哪里定义第二个三元组代表变量在哪里使用。Quadratic 类的耦合定义使用对的完整集合如下：

```
(main(), X, 16) — (Root(), A, 47)
(main(), Y, 17) — (Root(), B, 47)
(main(), Z, 18) — (Root(), C, 47)
(main(), X, 23) — (Root(), A, 47)
(main(), Y, 24) — (Root(), B, 47)
(main(), Z, 25) — (Root(), C, 47)
(main(), X, 30) — (Root(), A, 47)
(main(), Y, 31) — (Root(), B, 47)
(main(), Z, 32) — (Root(), C, 47)
```

(Root(), Root1, 53) — (main(), Root1, 37)
(Root(), Root2, 54) — (main(), Root2, 37)
(Root(), Result, 50) — (main(), ok, 35)
(Root(), Result, 55) — (main(), ok, 35)

```
 1  // 计算两个二次方根值的程序
 2  import java.lang.Math;
 3
 4  class Quadratic
 5  {
 6  private static double Root1, Root2;
 7
 8  public static void main (String[] argv)
 9  {
10     int X, Y, Z;
11     boolean ok;
12     if (argv.length == 3)
13     {
14        try
15        {
16           X = Integer.parseInt (argv[0]);
17           Y = Integer.parseInt (argv[1]);
18           Z = Integer.parseInt (argv[2]);
19        }
20        catch (NumberFormatException e)
21        {
22           System.out.println ("Inputs not integers, using 8, 10, -33.");
23           X = 8;
24           Y = 10;
25           Z = -33;
26        }
27     }
28     else
29     {
30        X = 8;
31        Y = 10;
32        Z = -33;
33     }
34     ok = Root (X, Y, Z);
35     if (ok)
36        System.out.println
37           ("Quadratic: Root 1 = " + Root1 + ", Root 2 = " + Root2);
38     else
39        System.out.println ("No solution.");
40  }
41
42  // 找到二次方根，A不能为零
43  private static boolean Root (int A, int B, int C)
44  {
45     double D;
46     boolean Result;
47     D = (double)(B*B) - (double)(4.0*A*C);
48     if (D < 0.0)
49     {
50        Result = false;
51        return (Result);
52     }
53     Root1 = (double) ((-B + Math.sqrt(D)) / (2.0*A));
54     Root2 = (double) ((-B - Math.sqrt(D)) / (2.0*A));
55     Result = true;
56     return (Result);
57  } // 方法 Root 结束
58
59  } // 类 Quadratic 结束
```

图 7-32 计算二次方根的程序

下面我们强调一下有关耦合数据流的一些重要事情。首先，我们只考虑在被调用者中使用或定义的变量。就是说，如果最后定义没有相对应的首次使用，这样的最后定义在测试中是不起作用的。其次，我们必须注意类和全局变量隐式的初始化。在一些语言（比如 Java 和 C）中，类和实例变量有默认的初始值。在分析时，这样的定义可以理解为发生在所在单元的开始。例如，类一级的初始化可以认为发生在 main() 方法或构造函数中。虽然可以访问类变量的其他方法也可能在第一次调用中使用默认的初始值，但是这些方法也可能使用由其他方法修改的值，因此我们需要通常的耦合数据流分析方法。再次，我们这里的分析不专门考虑“可传递的定义使用对”。就是说，如果单元 A 调用单元 B，单元 B 调用单元 C，A 中的最后定义**不会**到达 C 中的首次使用。使用现有的技术来做这类分析是非常昂贵的，而且所能带来的价值也存在疑问。最后，传统上数据流测试使用数组引用的抽象方法。识别和跟踪单个数组引用一般认为是一个不可判定的问题，即使使用有限的数据，代价也非常巨大。所以，大部分工具只考虑用数组中的一个元素的引用来代表对整个数组的引用。

152~153

继承和多态（高级题目）

之前的讨论覆盖了当数据流测试应用于方法层级之外时所最常用的形式。但是，处于调用者和被调用者之间耦合关系的数据流只是非常复杂的数据定义和使用对集合中的一种。图 7-33 展示了已讨论过的定义使用对的类型。在左边的是方法 A()，这个方法包括了一个定义和一个使用（简单起见，我们在这个讨论中会忽略变量）。右边展示了两种过程中的定义使用对。

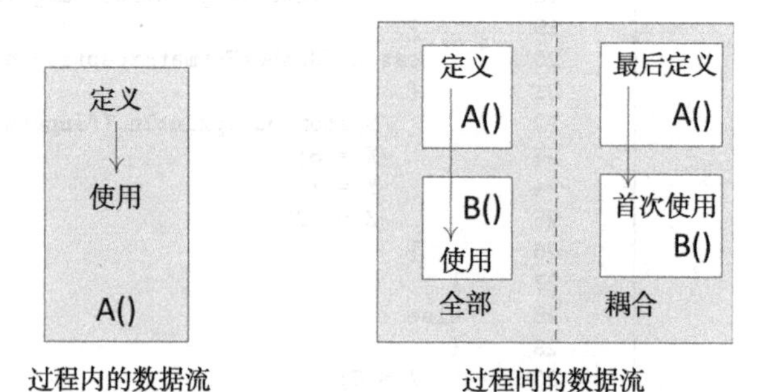

图 7-33　在过程内和过程间的数据流的定义使用对

全过程间（full inter-procedural）数据流，识别的是一个调用者（A()）和一个被调用者（B()）间的**所有的**定义使用对。耦合过程间（coupling inter-procedural）数据流如 7.4.2 节所表述，识别的是最后定义和首次使用之间的定义使用对。

图 7-34 展示了面向对象软件中的定义使用对。定义使用对通常基于定义于类中的类变量或实例变量。图 7-34 左边的图展示的是面向对象的定义使用对的“直接”使用情况。一个耦合的方法 F()，调用两个方法 A() 和 B()。A() 定义一个变量然后 B() 使用这个变量。如果想让这两个方法中的变量引用相同的话，A() 和 B() 都必须通过相同的实例上下文（instance context），或通过相同的对象引用来调用。就是说，如果方法调用是 o.A() 和 o.B()，那么它们都通过实例上下文 *o* 来调用。如果调用不通过相同的实例上下文，那么定义和使用将会发生在变量的不同实例上。

图 7-34 的右边展示的是定义使用对的“间接”使用情况。在这种情况下，耦合方法 F() 调用方法 M() 和 N()，这两个方法又分别调用了两个其他的方法 A() 和 B()。定义和使用分别在 A() 和 B() 中，所以引用是间接的。分析间接定义使用对比分析直接定义使用对要复杂很多。很显然，耦合方法和带有定义和使用的方法之间存在的调用可能不止一个。

在面向对象的数据流测试中，方法 A() 和 B() 可能在相同的类中，或者它们在不同的类中访问相同的全局变量。

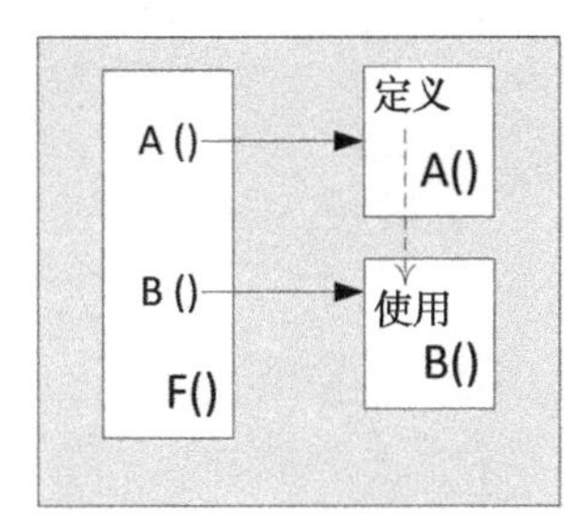

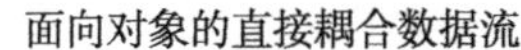
面向对象的直接耦合数据流

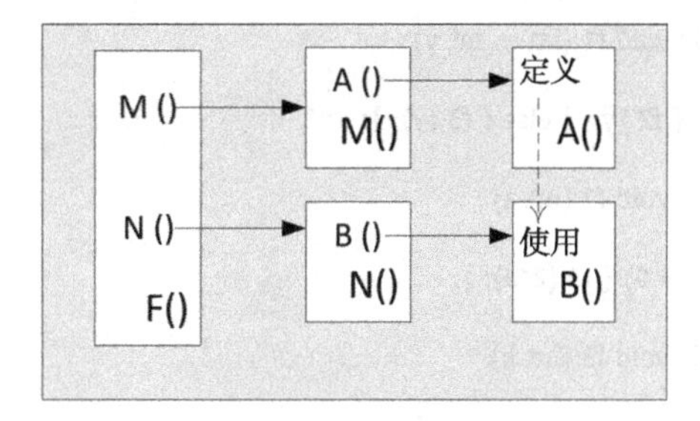

面向对象的间接耦合数据流

A() 和 B() 可能会在相同的类中，或是访问一个全局或其他的非局部变量

图 7-34　面向对象软件中的定义使用对

最后，图 7-35 阐释了在分布式软件中的定义使用对。P1 和 P2 可能是两个进程、线程或其他的分布式软件组件。它们分别调用拥有定义的 A() 和拥有使用的 B()。软件的分布和通信可以使用多种方法中的任意一种，包括 HTTP（基于网络的）、远程方法调用（remote method invocation，RMI）或是 CORBA。A() 和 B() 可能在同一个类中，或是可能访问一个持久化的（persistent）变量比如一个网络会话（web session）变量或永久性的数据存储。虽然这类“非常松散耦合的”软件所拥有的定义使用对会少很多，但是识别它们，找到它们中的无重复定义路径，再生成测试用例来覆盖它们将会非常复杂。

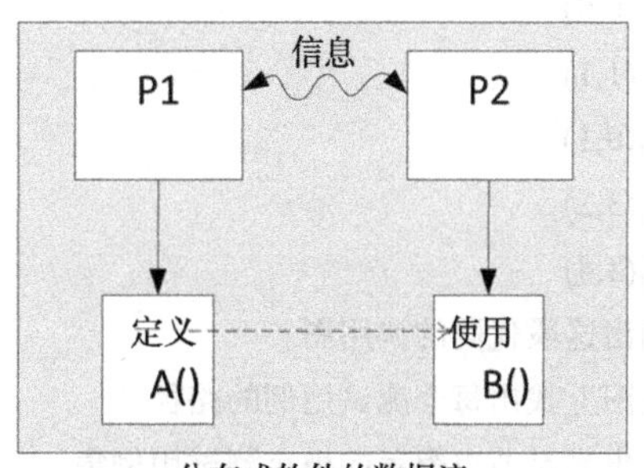

分布式软件的数据流

信息可能是 HTTP、远程方法调用或是其他的机制。A() 和 B() 可能处于同一个类中，或是访问一个持久化的变量，比如一个网络会话

图 7-35　网络应用和其他的分布式软件中的定义使用对

154 ~ 155

习题

1. 使用 7.5 节的图 7-38 和图 7-39 中的 Watch 类来回答下列 a ～ d 的问题。
   a）画出 Watch 类中方法的控制流图。
   b）列出所有的调用点。
   c）列出每个调用点的所有耦合定义使用对。
   d）为 Watch 类创建满足全耦合使用覆盖（All-Coupling-Use Coverage）的测试数据。
2. 使用 Stutter 类来回答下面 a ～ d 的问题。本书网站上有一个可编译的版本 Stutter.java。本书网站上还有一个带有代码行数的版本 Sutter.num，可用于这个练习。
   a）画出 Stutter 类中方法的控制流图。
   b）列出所有的调用点。
   c）列出每个调用点的所有耦合定义使用对。
   d）为 Sutter 类创建满足全耦合使用覆盖的测试数据。
3. 根据下面提供的部分程序代码来回答 a ～ e 的问题。

```
public static void f1 (int x, int y)
{
  if (x < y) { f2 (y); } else { f3 (y); };
}
public static void f2 (int a)
{
  if (a % 2 == 0) { f3 (2*a); };
}
public static void f3 (int b)
{
  if (b > 0) { f4(); } else { f5(); };
}
public static void f4() {... f6()....}
public static void f5() {... f6()....}
public static void f6() {...}
```

使用下面的测试输入：

- $t_1=f_1(0,0)$
- $t_2=f_1(1,1)$
- $t_3=f_1(0,1)$
- $t_4=f_1(3,2)$
- $t_5=f_1(3,4)$

a）画出这段代码的调用图。

b）在图上找出每个测试用例的路径。

156

c）找出满足节点覆盖的极小测试用例集。

d）找出满足边覆盖的极小测试用例集。

e）写出这个图的主路径。已给出的测试用例覆盖哪条主路径？

4. 使用下面的方法 trash() 和 takeOut() 来回答下面 a ～ c 的问题。

```
1 public void trash (int x)
2 {
3   int m, n;
4
5   m = 0;
6   if (x > 0)
7     m = 4;
8   if (x > 5)
9     n = 3*m;
10  else
11    n = 4*m;
12  int o = takeOut (m, n);
13  System.out.println ("o is: " + o);
14 }
```

```
15 public int takeOut (int a, int b)
16 {
17   int d, e;
18
19   d = 42*a;
20   if (a > 0)
21     e = 2*b+d;
22   else
23     e = b+d;
24   return (e);
25 }
```

a）使用已给的行数找到所有的调用点。

b）找出所有由最后定义和首次使用组成的配对。

c）生成满足全耦合使用覆盖的测试输入（注意 trash() 方法只有一个输入）。

7.5　设计规范的图覆盖

测试者可以使用软件规范来作为图的一种来源。测试学术文献已经存在许多产生图以及使用准则来覆盖图的技术，但是大部分的技术实际上都非常类似。我们首先关注基于类中方法间顺序约束的图，然后再转向代表软件状态行为的图。

7.5.1 测试顺序约束

我们在 7.4.1 节中指出，基于类的调用图经常是不连通的，在很多情况下比如带有抽象数据类型（Abstract Data Type）的时候，一个类内部的方法间不会相互调用。然而，调用的顺序几乎总是受到规则约束。例如，许多抽象数据类型在使用前都必须初始化；还有，我们只有向一个栈中压入元素后，才可以从这个栈中弹出元素；又如，我们只有向队列中加入元素后，才可以从这个队列中移除一个元素。这些规则将这些顺序约束施加于被调用的方法。通常来说，*顺序约束*（sequencing constraint）是将顺序限制施加于某些被调用的方法的规则。 157

顺序约束有时显式表示出来，有时隐式表示出来，有时不以任何的方式表示出来。有时顺序约束被写成前置条件，或是其他的规范，但不会被直接写作顺序条件。例如，考虑下面一个抽象数据类型——队列的通用方法 deQueue() 的前置条件：

```
public int deQueue ()
{
// 前置条件：队列中至少要有一个元素
.
:
public enQueue (int e)
{
// 后置条件：e 在队列的尾部
```

虽然在前置条件和后置条件中没有明确的说明，但是程序员可以推断出使元素“存在于队列中”的唯一方式是 enQueue() 之前被调用过。所以，enQueue() 和 deQueue() 之间存在一个隐式的顺序约束。

当然，正式规范可以使顺序约束关系更加精准。当正式规范可用时，聪明的测试者一定会使用它，但是一个负责任的测试者必须在没有明确正式规范的时候设法去寻找它们。还有要注意的是，顺序约束不能覆盖所有的行为，只能抽象出一些关键的方面。虽然我们知道顺序约束要求 enQueue() 必须在 deQueue() 之前调用，但是这个约束不能覆盖另一个情况：如果我们使用 enQueue() 只加入一个元素而尝试使用 deQueue() 去移除两个元素，那么队列将会为空。deQueue() 的前置条件能考虑到这种情况，但是自动化的工具却无法利用这种非形式化的方式。这种关系已经超越了简单的顺序约束的能力，但是可以通过下一节中一些基于行为状态的技术加以解决。

这种关系在测试中应用于两个地方。我们在例子中使用一个对文件进行操作的类来阐述这种关系的使用。这个类 FileADT 包含三个方法：

- open(String fName) // 打开一个名叫 fName 的文件
- close(String fName) // 关闭文件而且使其不可用
- write(String textLine) // 向文件中写入一行文字

这个类含有若干个顺序约束。下面的语句以非常特别的方式来使用“必须 / 一定”和“应该”。当使用“必须 / 一定”的时候，它意味着违反这个约束就是故障。当使用“应该”的时候，它意味着违反这个约束可能会是潜在的故障，但是软件不一定会失败。

1. 在每次执行 write(t) 前**必须**执行一次 open(F)。

2. 在每次执行 close() 前**必须**执行一次 open(F)。

3. 在执行 close() 之后，**一定**不能执行 write(t)，除非 open(F) 在这两个方法调用之间被执行一次。

4. 在每次执行 close() 之后，write(t) 不应该被执行。

5. 在执行 close() 之后，一定不能执行 close()，除非 open(F) 在这两个方法调用之间被执行一次。

6. 在执行 open(F) 之后，一定不能执行 open(F)，除非 close() 在这两个方法调用之间被执行一次。

根据 7.3.1 节中的控制流图，测试中通过两种方式使用约束来评价基于类（一个客户端）的软件。考虑图 7-36 中两个（不完整的）的控制流图，这两个图代表了使用 FileADT 的两个单元。在这两个图上，我们通过检查是否存在违反顺序约束的情况来测试 FileADT 类的使用。检查的方法有两种，静态分析或动态分析。

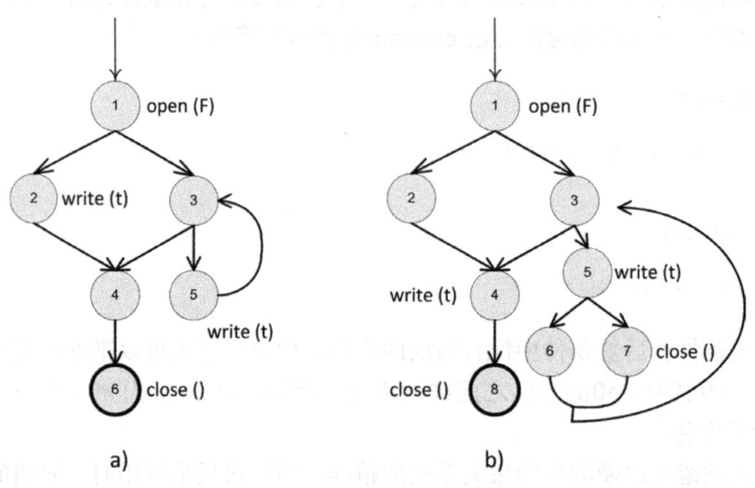

图 7-36 FileADT 的控制流图

静态分析（一般认为和传统测试不同）检查每项约束。首先考虑图 a 中节点 2 和节点 5 的 write(t) 语句。我们检查是否存在从节点 1 的 open(F) 语句到节点 2 和节点 5 的路径（约束 1）。我们还可以检查是否存在从节点 1 的 open(F) 语句到节点 6 的 close() 语句的路径（约束 2）。对于约束 3 和 4，我们可以检查是否存在一条从节点 6 的 close() 语句到任何的 write(t) 语句的路径，我们还可以检查是否存在一条从 open(F) 语句到 close() 语句且不经过 write(t) 语句的路径。这样我们发现了一个可能出现的问题，路径 [1，3，4，6] 从一个 open(F) 语句到另一个 close() 语句，但是中间没有调用 write(t) 方法。

对于约束 5，我们检查是否存在一条从 close() 语句到 close() 语句且不经过 open(F) 语句的路径。对于约束 6，我们检查是否存在一条从 open(F) 语句到 open(F) 语句且不经过 close() 语句的路径。

这种检查会在图 7-36 b 中发现一个更严重的问题。从节点 7 的 close() 语句到节点 5 的 write(t) 语句和节点 4 的 write(t) 的语句都分别存在着路径。虽然这样小的图看起来非常简单不需要形式化，但是在具有几十个或数百个节点的大图上执行这样的检查会变得非常困难。

动态分析使用另外一种不太一样的方法。考虑图 a 中没有 write() 语句的路径 [1, 3, 4, 6]，程序的逻辑非常有可能要求：除非循环 [3，5，3] 执行至少一次，否则不会执行边（3，4）。因为决定是否执行路径 [1，3，4，6] 已被证明是不可判定的，所以这种情况只能在执行程序的时候来动态检查。因此，我们产生测试需求来违反顺序约束。对 FileADT 类来说，生成下面的测试用例集：

158～159

1. 覆盖所有从起始点到每个包含 write(t) 语句的节点的路径，并且这条路径不经过包含 open(F) 语句的节点。

2. 覆盖所有从起始点到每个包含 close() 语句的节点的路径，并且这条路径不经过包含 open(F) 语句的节点。

3. 覆盖所有从每个包含 close() 语句的节点到每个包含 write(t) 语句的节点的路径，并且这条路径不经过包含 open(F) 语句的节点。

4. 覆盖所有从每个包含 open(F) 语句的节点到每个包含 close() 语句的节点的路径，并且这条路径不经过包含 write(t) 语句的节点。

5. 覆盖所有从每个包含 open(F) 语句的节点到每个包含 open(F) 语句的节点的路径。

当然，在完美的程序中，所有的这些测试需求都是不可行的。但是如果故障存在的话，由这些需求产生的测试用例几乎一定会揭示出故障来。

7.5.2 测试软件的行为状态

基于规范使用图的另一种主要方法是通过应用某种形式的有限状态机（finite state machine）来为软件的行为状态建模。在过去25多年的时间里，研究人员已经提出了许多如何创建有限状态机和如何基于有限状态机来测试软件的建议。有些教材整本书都在讲述如何创建、绘制和理解有限状态机，这些书的作者做了大量的工作，深入讲述了如何进入一个状态、如何定义一条边以及如何触发状态迁移（transition）。我们没有选择一种特定的语言，而是为有限状态机定义了一种通用的模型使其可以适用于几乎任意一种符号标记法。这些有限状态机本质上是图，已定义的图测试准则可以用来测试基于有限状态机的软件。

基于有限状态机生成测试用例的一大优势在于大量的实际软件应用是基于有限状态机模型的，或者这些软件可以抽象为有限状态机。几乎所有的嵌入式软件都可以这样做，包括远程控制设备、家用电器、手表、汽车、手机、飞机飞行导航、交通信号、铁路控制系统、网络路由器和工厂自动化中的软件。大部分软件确实可以用有限状态机来建模，但是主要的限制在于软件建模所需状态的数量。例如，文字处理软件包括许多命令和状态，使有限自动机建模变得不切实际。

创建有限状态机通常很有价值。如果测试工程师创建有限状态机来描述现有的软件，那么这个工程师几乎一定会发现设计中的缺陷。有人会提出一个相反的论点，如果设计者创建了有限状态机，那么测试者就不需要再次创建有限状态机了，因为出现问题的机率很小。如果程序员是完美的话，这个论点很有可能是正确的。

我们可以使用不同类型的动作（action）对有限状态机进行标注，包括迁移上的动作、进入节点的动作和离开节点的动作。许多语言都用于描述有限状态机，包括 UML 状态图、有限自动机状态表（SCR）和 Petri 网。本书的例子中使用对于大多数语言通用的基本特征。这和 UML 状态图很像，但是并不完全一样。

160

有限状态机（finite state machine）用节点代表软件运行行为中的状态，用边代表状态间迁移的图。*状态*（state）代表一个可识别的、在一定时间内存在的情况。状态可以由一组变量的特定值来定义，只要这些变量还保持这些值不变，那么软件就被认为还处于这个状态。（注意这些变量定义在模型设计层面上，不一定对应到软件实现中的变量。）*迁移*（transition）被认为是瞬时发生的，通常代表一个或多个变量值的改变。当变量改变时，软件从迁移的前

置状态（前驱状态）转到它的后置状态（后继状态）（如果迁移的前置状态和后置状态相同，那么状态变量的值没有发生改变）。有限状态机通常在迁移上定义前置条件（precondition）或监控条件（guard），这类条件定义了激活迁移变量所需的特殊值。触发事件（triggering event）是导致迁移发生所需的变量值的改变。触发事件“触发了”状态中的改变。例如，建模语言 SCR 调用 WHEN 条件和触发事件。在迁移前，触发事件中的值成为迁移前值（before-value），在迁移后触发事件中的值成为迁移后值（after-value）。当绘制图的时候，迁移通常使用监控条件和可能发生变化的值来标注。

图 7-37 展示了一个简单打开电梯门的迁移。如果按下电梯按钮的话（触发事件），只有当电梯不移动的时候（前置条件：elevSpeed = 0），门才会打开。

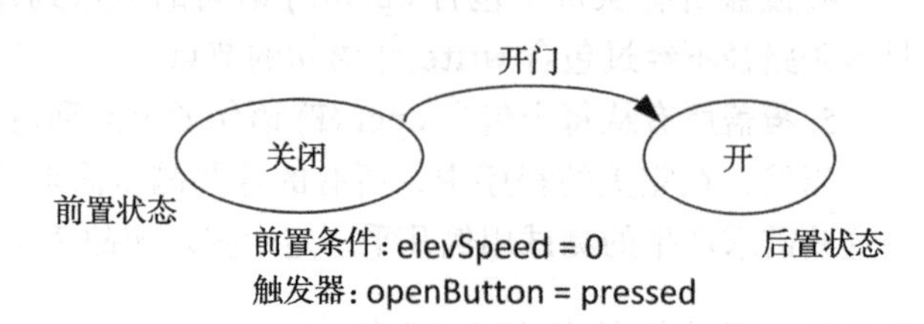

图 7-37 电梯开门的迁移

当准备测试用的有限状态机时，重点需要注意的是有限状态机不一定要有终止节点。用它们表示行为的设备经常会运行很长时间，在理想情况下会永远运行下去，就像我们在下一节将讲到的手表一样。但是基于有限状态机的抽象用于测试的图需要起始和终止节点，这样我们才可以推导出测试路径。有时决定哪些节点作为初始节点和终止节点都是非常随机的。

如果给定这样的测试图，之前的许多准则就都可以直接定义了。节点覆盖需要有限状态机中的每个状态被至少访问一次，也被称为状态覆盖（State Coverage）。应用边覆盖要求有限状态机中的每条迁移至少被访问一次，这个覆盖也被称为迁移覆盖（Transition Coverage）。对边覆盖准则最初就定义于有限状态机，也被称为迁移对（transition-pair）或双路径（two-trip）覆盖。

在有限状态机中应用数据流覆盖有些麻烦。在大部分有限状态机的定义中，节点不允许含有变量的定义或使用。就是说，所有的动作都必须在迁移上。与基于代码推导出的图不同，有限状态机中具有相同节点的不同边不需要一样的定义集合和使用集合。另外根据触发器（trigger）的语义，相关变量改变的影响会立即发生作用，随着迁移进入下一个状态。就是说，触发变量的定义会立即到达使用。

161

所以，全定义和全使用覆盖准则只有当应用于监控条件中的变量时才有意义。这又带来了一个更加实际的问题：有限状态机并不总能对所有变量的赋值进行建模。就是说，有限状态机可以清楚地标注出使用，但是不能总容易地找到定义。因为这些原因，尝试在有限状态机上使用数据流准则的人也很少。

推导有限状态机图

在有限状态机上应用图覆盖技术的一个困难是在一开始的时候推导出有限状态机模型。就像我们之前所说的一样，软件的有限状态机模型可能存在，也可能不存在。如果不存在的话，在推导有限状态机的过程中，测试者可以极大地加深他对软件的理解。然而，如何推导有限状态机并不是一件显而易见的事情，所以我们提出了一些建议。这并不是一个完整的创建有限状态机的指导方法，事实上在这个领域已经有一些完整的教材和书籍，我们建议有兴趣的读者去学习这些资料。

本节提出了简单而直接的建议来帮助不熟悉有限状态机的读者入门，并且帮助他们避免一些明显的错误。我们下面以一个可运行的例子（见图7-38和7-39中的Watch类）来解释这些建议。Watch类使用一个内部类Time实现了一个数字手表中的部分功能。

```
public class Watch
{
   //按钮的常量值（输入）
   private static final int NEXT = 0;
   private static final int UP   = 1;
   private static final int DOWN = 2;

   //状态的常量值
   private static final int TIME      = 5;
   private static final int STOPWATCH = 6;
   private static final int ALARM     = 7;

   //主要的状态变量
   private int mode = TIME;

   //三个分开的时间，每个对应一个状态
   private Time watch, stopwatch, alarm;

   //跟踪小时和分钟的内部类
   public class Time
   {
      private int hour   = 0;
      private int minute = 0;

      // 增加或是减少时间
      // 适当的时候重置时间
      public void changeTime (int button)
      {
         if (button == UP)
         {
            minute += 1;
            if (minute >= 60)
            {
               minute = 0;
               hour += 1;
               if (hour > 12)
                  hour = 1;
            }
         }
         else if (button == DOWN)
         {
            minute -= 1;
            if (minute < 0)
            {
               minute = 59;
               hour -= 1;
               if (hour <= 0)
                  hour = 12;
            }
         }
      } // changeTime() 方法结束

      public String toString ()
      {
         return (hour + ":" + minute);
      } // toString() 方法结束
   } // Time 类结束
```

图7-38 Watch类——A部分

```
   public Watch () // 构造函数
   {
      watch = new Time();
      stopwatch = new Time();
      alarm = new Time();
   }  // Watch 类的构造函数结束

   public String toString ()  // 将时间值转换为字符串
   {
      return ("watch is: " + watch + "\n"
              + "stopwatch is: " + stopwatch + "\n"
              + "alarm is: " + alarm);
   }  // toString() 方法结束

   public void doTransition (int button) // 处理输入
   {
      switch (mode)
      {
         case TIME:
            if (button == NEXT)
               mode = STOPWATCH;
            else
               watch.changeTime (button);
            break;
         case STOPWATCH:
            if (button == NEXT)
               mode = ALARM;
            else
               stopwatch.changeTime (button);
            break;
         case ALARM:
            if (button == NEXT)
               mode = TIME;
            else
               alarm.changeTime (button);
            break;
         default:
            break;
      }
   }  // doTransitions() 方法结束
}  // Watch 类结束
```

图 7-39　Watch 类——B 部分

类 Watch 和 Time 分别有一个有意思的方法 doTransition() 和 changeTime()。当从代码中生成有限状态机时，学生们通常会从下列的四种策略中挑选其一种。不过前两种并不有效我们也不推荐使用。下面依次来讨论每种策略。

（1）结合控制流图　对那些对有限状态机知之甚少的程序员来说，这通常是推导有限状态机最自然的方式。经验表明如果没有正确的指导，大部分的学生都会使用这种方法。图 7-40 给出了 Watch 类的基于控制流图的有限状态机。

图 7-40 中所示的图根本**不是**一个有限状态机，也不是一种从软件构建图的方式。这种方法有一些问题，第一个问题是节点不是状态。其所用的方法必须回到合适的调用点，这就意味着这样的图包含了内在的不确定性。例如，图 7-40 中，changeTime() 方法的节点 12 有三条边分别通向 doTransition() 方法的节点 6、8 和 10。具体执行哪条取决于在 doTransition() 中 changeTime() 是从哪个节点进入的。第二个问题是代码实现在构建图之前就必须完成。回忆在第 1 章中说过我们的目标之一是尽可能早的准备测试用例。更重要的

是，这类图无法适用于大型的软件产品。对于 Watch 这样小的一个类，图就已经很复杂了，面对更大规模的程序，情况会变得更糟。

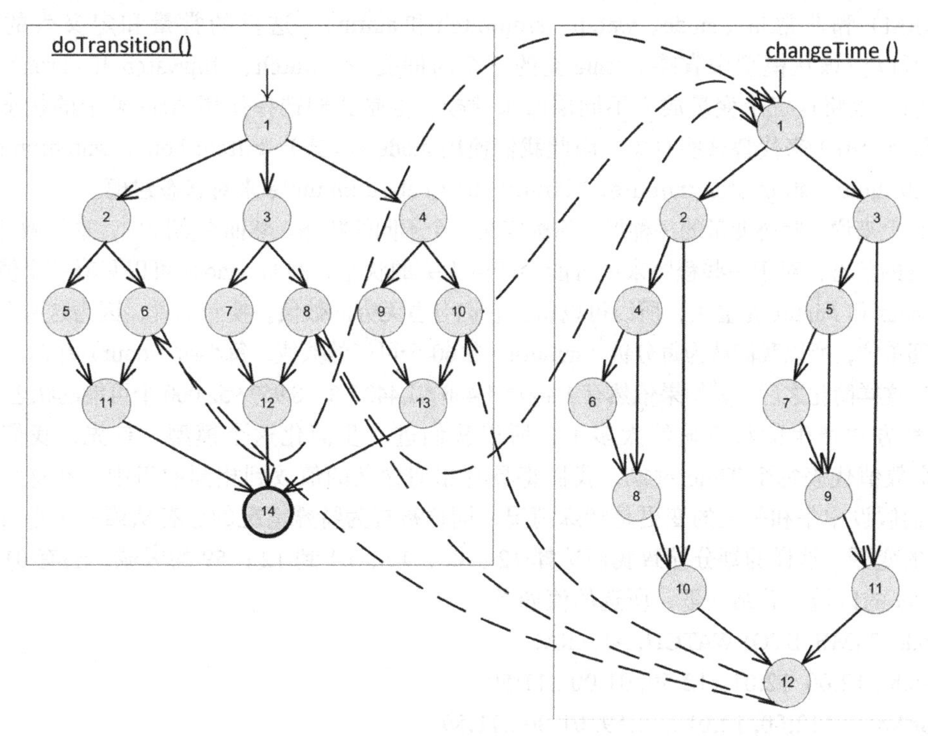

图 7-40　Watch 类的这个有限状态机由该类中方法的控制流图推导而来

（2）使用软件结构　更有经验的程序员可能会考虑软件操作的整体流程。这可能会产生如图 7-41 所示的图。尽管在控制流图上有所改进，但方法并不是真正的状态。这种推导同样也是非常主观的，就是说不同的测试者可能会画出不同的图，造成测试中的不一致性问题。这也需要对软件深入的了解，在详细设计完成之前是不可能开始构建图的，同样也很难适用于大型的程序。

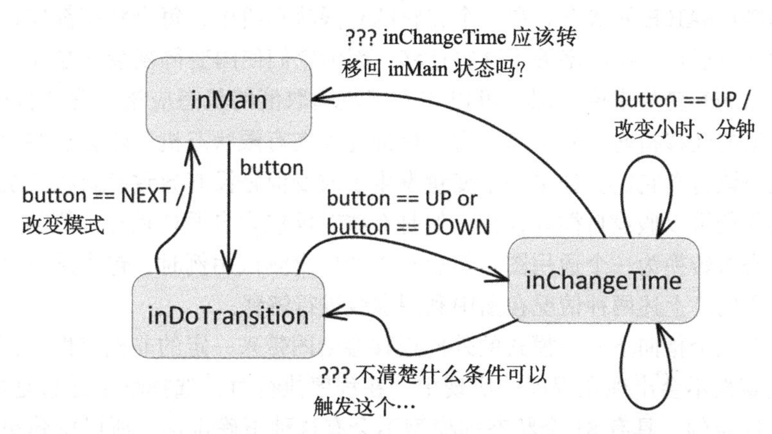

图 7-41　Watch 类的这个有限状态机由软件的结构推导而来

（3）基于状态变量建模　推导有限状态机的一个更为机械自动化的方式是考虑程序中的状态变量值。这些值通常在设计中很早就已经定义了。第一步是识别这些状态变量，然后选择哪些和有限状态机有着实际的联系（例如，全局变量和类变量）。

Watch 类的类变量可以被划分为不同的常量（NEXT、UP、DOWN、TIME、STOPWATCH 和 ALARM）和非常量（mode、watch、stopwatch 和 alarm）。这里的常量和定义表的状态无关，所以应该从模型中省略。Time 类的三个时间变量（watch、stopwatch 和 alarm）是对象。我们可以将这三个变量放入不同层级来建模，但是我们选择使用 Time 类中的状态变量（hour 和 minute）来代替这些对象。因此我们使用 mode（模式），watch::hour，watch::minute，stopwatch::hour，stopwatch::minute，alarm::hour 和 alarm::minute 来对状态建模。

162～165

理论上来说，状态变量的每种组合值都定义一个不同的状态。然而在实际中，这样做可能会产生大量的状态，对于一些程序来说可能会产生无穷的状态。例如，mode 可以只有三个值，但是变量 hour 和 minute 是整型，所以可以认为它们有着无穷的数值。换句话说，因为这两个变量代表时间单位，所以我们认为每分钟（minute）有 60 个可能的数值，每小时（hour）有 24 个可能的数值。这样简化之后，其结果依然有 1 440 * 1 440 * 1 440 * 3 = 8 957 952 000 个可能的状态。

这种方法产生的状态显然太多了，所以我们进一步简化这个模型。首先，我们不用 1 440 个数值代表每个 Time 对象，我们将具有相似含义的值放到相同的组中。在这个例子中，我们假设中午和午夜的变更是特殊情况，同样被视为特殊情况的还有从第一个小时到余下小时的变更。这样的划分导致我们选择 12：00，12：01 到 12：59 的区域，还有 01：00 到 11：59 的区域。总结一下，所选的值如下：

mode: TIME, STOPWATCH, ALARM

watch : 12:00, 12:01...12:59, 01:00...11:59

stopwatch : 12:00, 12:01...12:59, 01:00...11:59

alarm : 12:00, 12:01...12:59, 01:00...11:59

这样会导致 3 * 3 * 3 * 3 = 81 个状态。进一步观察发现 mode 并不是完全独立于三个 Time 的对象。例如，如果 mode == TIME，那么只有 watch 是相关的。所以我们实际上只需要考虑 3 + 3 + 3 = 9 个状态。

图 7-42 显示了最后生成的有限状态机，有两种迁移在图 7-42 中没有出现。首先，状态（mode = TIME ; watch = 12:00）有 3 个外向（outgoing）迁移指向下一个模式，每个迁移都指向 mode = STOPWATCH 的状态。在一个完整的有限状态机中，每个状态都应该有 3 个指向下一个模式的外向迁移。我们略去了这些迁移，因为它们使图变得复杂不好读。

其次对于 watch 变量来说，那些可以在一定范围取值的状态应该包含“自循环”，就是说，前进和后退的迁移指向它们自己。有些标准建议在有限状态机中略去这些自循环，然而其他的标准说应该包含它们。如果一个变量发生了改变但是没有导致有限状态机进入一个新的状态，那么我们可以假设自循环存在。但是有些时候包含自循环是有价值的。当我们的目标是将有限状态机转换为一个通用图，然后从中产生出测试用例时，包含从一个状态指向本身的迁移是有用的。上述两种情况在图中利用虚线进行解释。

一个状态有三个指向下一个模式的外向迁移会给图带来一定的非确定性，但是值得注意的是这种不确定性不会出现在程序的实现中。在程序执行时，选择哪个迁移是由 Time 对象的当前状态所决定的。具有 81 个状态的模型不会有这种不确定性，所以构建更小的具有非确定性的模型还是构建确定性的但是更大的模型是测试设计中的一个重要的决定。我们也可以利用有限状态机的层级来处理这种情况，我们可以将每种表的模式（time、stopwatch 和 alarm）放入一个单独的有限状态机中，再将它们结合起来。

166

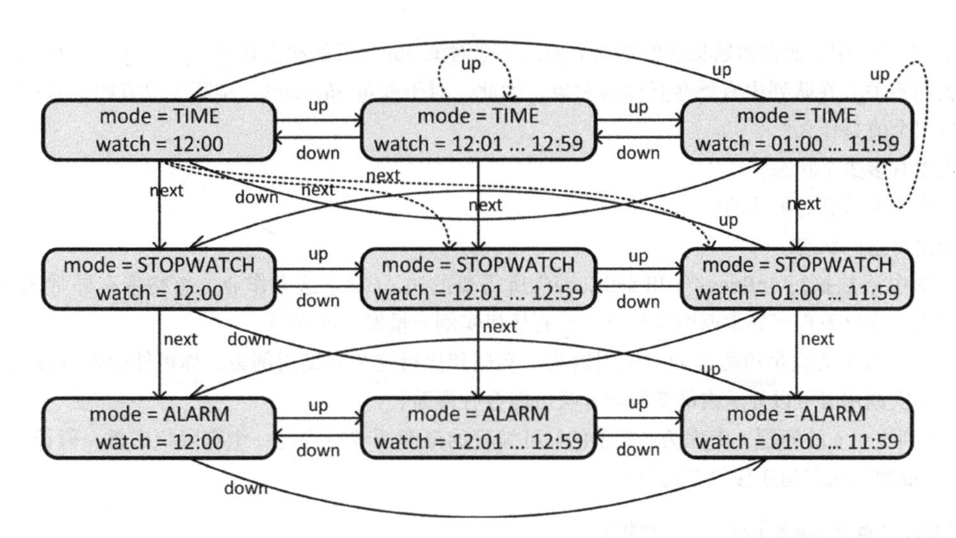

图 7-42 Watch 类的这个有限状态机由状态变量建模所得。这个图省略了很多的迁移。在完整的图中，每个节点都会包含三条指向下一个模式的迁移，分别指向另外的三个节点。在这个图中，其中的两条迁移使用了虚线

这个策略的机械化过程是很吸引人的，因为我们可以预料即使是不同的测试者也会推导出一样或类似的有限状态机。这种策略也没有前两种方法的缺点。目前我们还不能完全自动化这个过程，因为从代码中决定迁移是有困难的，而且选择哪些变量用来建模需要考量。我们并不需要软件的实现来推导出所需的图，但一定需要设计。通过状态变量建模推导出的有限状态机不一定要全面地反映出软件的所有实现。

（4）使用隐式或显式的规范　推导出有限状态机的最后一个方法是依靠可以描述软件行为的显式需求或形式化的规范。Watch 类的一个自然语言的规范如下：

> **Watch 类的规范**
>
> Watch 类为三种表的模式：现在时间（TIME）、秒表（STOPWATCH）和闹钟（ALARM），保存和更新时间。这个类为三个外部的按钮实现了软件内部的行为。下一个模式（next）按钮可以将 Watch 类从现在时间改为秒表和闹钟模式，也可以由其他的模式改回到现在时间。前进（up）按钮可以在表的当前模式下增加一分钟。后退（down）按钮可以在表的当前模式下减少一分钟。所有的模式都是用十二小时的标准，就是说，小时是从 1 到 12。

使用这个需求会产生一个有限状态机，它会和图 7-42 中应用状态变量建模得到的有限状态机非常的相似。基于规范的有限状态机通常更加简单且更容易理解。如果软件设计的好，这类有限状态机应该包含 UML 状态图所包含的相同信息。 167

习题

1. 使用 BoundedQueue2 类来回答下列 a ～ f 的问题。本书网站上的 BoundedQueue2.java 文件中有一个可以编译的版本。这个队列使用通用的先入先出方式。

   假设现在我们要构建一个有限状态机，其状态由 BoundedQueue2 中具有代表性的变量来定义。就是说，状态是由四元组的值 [elements, size, front, back] 来定义的。例如，初始状态的值为 [[null,

null]，0，0，0]，而在初始状态的基础上加入一个对象 obj 之后的状态是 [[obj, null]，1，0，1]。

a）我们不关心在队列中有哪些具体的对象。因此，对于变量 *elements*，实际上只有四个有用的值。这四个值是什么？

b）图中有多少个状态？

c）有多少个状态是可达的？

d）画出可达的状态。

e）在图中添加执行 enQueue() 和 deQueue() 所需要的边。（对于这个作业，忽略带有异常的返回，尽管你应该发现当异常返回执行时，没有任何实例变量发生改变。）

f）定义一组小的满足边覆盖的测试用例集。实现和执行这个测试用例集。你可能会发现编写一个在每次调用时可以显示内部变量的方法可能会有帮助。

2. 对于下列 a ～ c 的问题，考虑为（简单的）可编程的温度调节器构建一个有限状态机。假设定义状态的变量和在状态间迁移的方式是：

```
partOfDay: { 醒着 , 睡觉 } // 一天中的状态
temp    : { 低 , 高 } // 温度
// 起初，“醒着”时温度“低”
// 功能：前进到一天中的下一个状态
public void advance();
// 功能：如果可能的话，调高当前的温度
public void up();
// 功能：如果可能的话，调低当前的温度
public void down();
```

a）图中共有多少个状态？

b）画出和标记出状态（使用变量值）和迁移（使用方法名称）。注意上面已经包括了所有的方法，就是说，它们的行为覆盖所有可能的输入。

168

c）一个测试用例就是一系列方法调用。提供满足图上边覆盖的一个测试用例。

7.6　用例的图覆盖

UML 用例已经被广泛用来阐述和表达软件需求。它们用来描述软件根据用户输入所做出的一系列动作，就是说，它们帮助表达计算机应用程序的工作流程。因为用例是在软件开发的早期开发的，所以它们可以帮助测试者尽早地开展测试活动。

许多书籍和论文都可以帮助读者开发用例。就像对待有限状态机一样，本书的目的并不是解释如何开发用例，而是如何使用它们来生成有用的测试用例。我们利用一个例子来表述在用例中如何应用图覆盖产生测试用例的技术。

图 7-43 展示了自动取款机的三个通用的用例。在这些用例中，角色是使用待建模软件的人或是其他的软件系统，用简单的棍状人形图来表示。在图 7-43 中，角色是一个自动取款机的客户，这个客户有三个潜在的用例：取款、查询余额和转账。

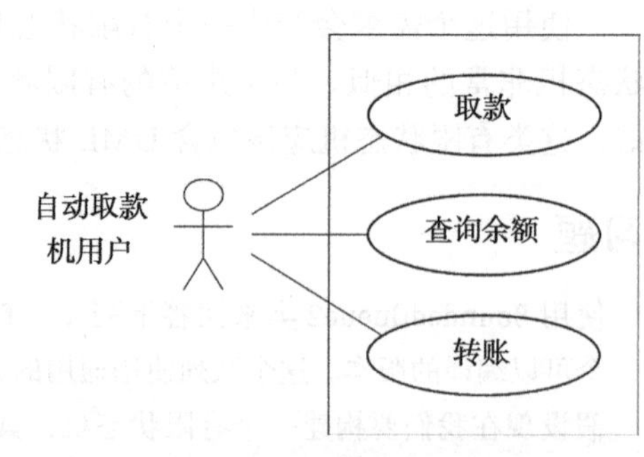

图 7-43　自动取款机例子中的角色和用例

虽然图 7-43 是一个图，但不是一个对测试非常有用的图。作为测试者，我们能做到最好的就是使用节点覆盖，等同于“每个用例试一次”。但是，用例通常会使用更加详细的文本描述来加

以解释或“记录”。这样的描述包含了操作的细节和替换选项，替换选项对执行中的选择或条件进行建模。图 7-43 中的取款用例可以描述如下：

用例名：取款

总结：客户使用有效的卡从一个有效的银行账户中取款。

角色：自动取款机的客户

前置条件：空闲时自动取款机显示的欢迎信息

描述：

1. 客户将一张银行卡插入到自动取款机的读卡器中。 169
2. 如果银行卡是可以识别的，那么系统读取卡号。
3. 系统提示客户输入密码。
4. 客户输入密码。
5. 系统检查银行卡的有效日期，并判断卡是否被盗或遗失。
6. 如果银行卡是有效的，那么系统检查输入的密码和该卡预设的密码是否一致。
7. 如果密码吻合，系统会找到该卡可以访问的账户。
8. 系统显示客户的账户并提示客户从下面的三种交易方式中选择一种：取款、查询余额和转账。之前的八个步骤属于这三个用例的共同部分，接下来的步骤只针对取款的用例。
9. 客户选择取款交易，选择账户号并输入金额。
10. 系统检查账户是否有效，保证客户在该账户中有足够的资金，并且保证取款的金额没有超过每天取款额度的上限，最后还要检查自动取款机是否有充足的现金。
11. 如果上述四项检查全部通过，客户将从系统中得到所取的现金。
12. 系统打印出带有交易序号、交易类型、所取金额数目和新的账户余额的收据。
13. 系统将卡退出。
14. 系统空闲，显示欢迎信息。

替换选项：

- 如果系统无法识别银行卡，那么系统弹出卡，然后显示空闲时的欢迎信息。
- 如果当前的日期超过了银行卡上的有效日期，那么没收卡然后显示空闲时的欢迎信息。
- 如果银行卡已经挂失，系统没收该卡然后显示空闲时的欢迎信息。
- 如果客户输入的密码和银行卡的密码不一致，那么系统提示输入新的密码。
- 如果客户连续三次输入错误的密码，那么系统没收银行卡然后显示空闲时的欢迎信息。
- 如果客户输入的账号是无效的，那么系统显示错误的信息，弹出银行卡，然后显示空闲时的欢迎信息。
- 如果取款的请求金额超过了每天允许取款的最高上限，那么系统显示一条抱歉的信息，弹出银行卡，然后显示空闲时的欢迎信息。
- 如果取款的请求金额超过了自动取款机内的现金数目，那么系统显示一条抱歉的信息，弹出银行卡，然后显示空闲时的欢迎信息。
- 如果客户输入取消，那么系统取消所执行的交易，弹出银行卡，然后显示空闲时的欢迎信息。

170

- 如果取款的请求金额超过了账户中的现金总额，那么系统显示一条抱歉的信息，取消交易，弹出银行卡，然后显示空闲时的欢迎信息。

后置条件：资金已经从客户的账户中取出

现在有些学生可能会好奇为什么图覆盖这章会包括上述的讨论。这些内容看上去和图没有什么明显的关系。这里我们想重申 Beizer 的忠告中的第一句："测试者找到一个图，然后覆盖它。"事实上，在文字描述的用例中已经包含了一个很好的图结构，当然这个图最后的表现方式取决于测试者。我们可以使用 Beizer 书中第 4 章中的事务流图或 UML 活动图来给这个图建模。

活动图展示的是活动之间的流动。活动可以用来给不同的事情建模，包括状态的改变、返回值和逻辑计算。我们推荐使用这些活动来为用例建模，建模之后图中的活动代表着用户层级的行为。活动图有两种节点，动作状态和顺序分支[⊖]。

我们依据下面的步骤构建活动图。用例**描述**中的数字标注的步骤表达了角色所做的行为。这些步骤对应于软件的输入或输出，它们在活动图中就是行为状态**节点**。用例中的**替换选项**代表的是软件或角色所做的决定，它们在活动图中就是顺序分支**节点**。

图 7-44 显示的是取款场景的活动图。当从用例中构建活动图时，有些东西虽然是**预计**出现的但不是**必要**的。首先，活动图通常不包含许多循环，所含的大部分循环都有严格的上限和下限，或者有着确定的循环数。例如在图 7-44 中，当输入不正确的密码时，其对应的循环有三次迭代。这就意味着完全路径覆盖通常是可行的而且有时还是合理的。其次，含有多项子句的复杂谓词是很少见的。因为用例通常以客户可以理解的方式来表达。这就意味着第八章中的逻辑覆盖准则通常来说不会太有用。第三，活动图中没有明显的数据定义使用对，就是说数据流覆盖准则是不适用的。

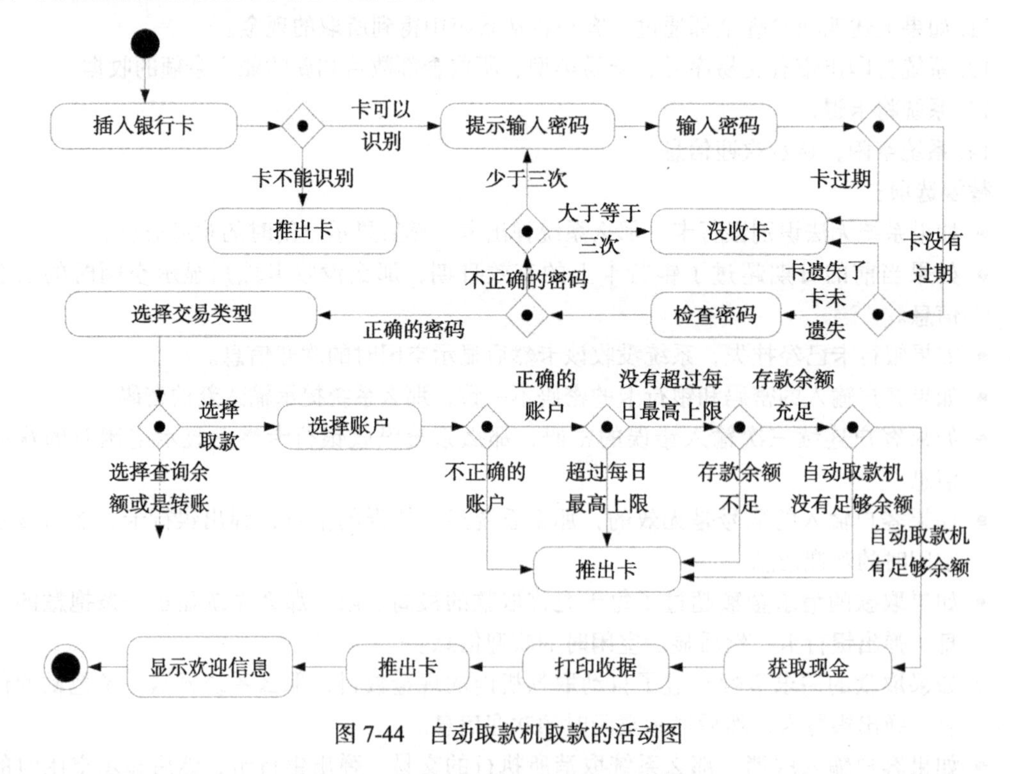

图 7-44　自动取款机取款的活动图

⊖ 和之前的章节一样，我们不考虑并发的情况，所以并发中的分支（fork）和合并（join）不予考虑。

最显而易见的适用于用例图的两个准则是节点覆盖和边覆盖。我们从软件的输入，即节点和谓词中推导出测试用例值。另外一个适用于用例图的准则是基于“场景”的概念。

7.6.1 用例场景

用例场景是一条用例的*实例*，或是贯穿用例的一条完整路径。对用户来说，场景在语义上应该是合乎情理的，而且通常在构建用例的时候，场景就已经产生了。如果用例图是有限的（通常是这样的），那么我们就有可能列出所有可能的场景。然而，我们可以用该领域的专业知识帮助减少场景的数量，无论从建模还是生成测试用例的角度来说这都是有用和有意义的。注意在本章开始时定义的*指定路径覆盖*就是我们现在所想要的。使用指定路径覆盖得到的集合 S 就是所有场景的集合。

如果测试者或编写需求的人员包括了所有的路径来作为场景，那么指定路径覆盖就等同于完全路径覆盖。选择场景由人们的专业领域知识来决定。所以指定路径覆盖**不**一定会包含边覆盖或节点覆盖。就是说，选择的一组场景可能不会包括每一条边。但是这很可能是一个错误，在实际情况中，指定路径覆盖应该覆盖所有的边。

习题

1. 基于银行自动取款机的交互功能，创建两个不同的用例及其用例场景。不要试图在一个图中包括自动取款机的所有功能，考虑使用自动取款机的两类不同的人以及他们的行为。
为你的用例场景设计测试用例。

171～172

7.7 参考文献注解

在编写第1版的时候，我们清晰地认识到一点，在图覆盖领域，研究人员独立地、并行地发明了大量相同的技术。有些研究人员发现了一个技术中的不同方面，而后这些方面被精炼为不同的测试准则。其他的研究人员基于不同类型的图，发明了相同的技术，或是给相同的技术起了不同的名字。所以，评判软件测试准则的贡献是一个冒险的任务。我们尽最大的努力来完成这一任务，但是我们认为本书的参考文献注解部分只是之后深入研究文献的开始。

覆盖图的研究有着漫长而丰富的历史，最早应该是从在有限状态机上产生测试用例开始的。最早的论文发表于20世纪70年代 [Chow, 1978; Howden, 1975; Huang, 1975; McCabe, 1976, Pimont and Rault, 1976]。大部分论文主要关注如何使用有限状态机来为电信系统（telecommunication system）生成测试用例，这些电信系统使用标准的有限自动机（finite automata）来定义，不过这里大部分的工作也都适用于通用图。控制流图看起来是由 Legard 在1975年发明的（或者应该说是“发现”）[Legard and Marcotty, 1975]。在1975年发表的两篇论文中，[Huang, 1975] 建议覆盖有限状态机的每条边，Howden[Howden, 1975] 建议覆盖有限状态机的不包含循环的完全路径。1976年，[McCabe, 1976] 也针对控制流图有着相同的建议，圈复杂度（cyclomatic complexity）标准则主要应用于控制流图。同样在1976年，[Pimont and Rault, 1976] 建议覆盖一对边，或是“边的转换”，他们将这种技术称为“转换测试（switch-testing）”，也被称作“转换覆盖（switch cover）”。1978年，[Chow, 1978] 建议从有限状态机中产生一个生成树（spanning tree），然后以这个树的路径作为基础产生测试用例。他还将一个转换的想法扩展为“n个转换（n-switch）”，即n个边的序列。[Fujiwara 等，

1991] 将 Chow 的方法称作"W- 方法"，然后开发出具有"部分"W- 方法的方法（"Wp-方法"）。同时他们还认为转换的想法是由 Chow 提出的，而不是 Pimont 和 Rault。90 年代，覆盖对边的想法被重新提了出来。英国计算机协会关于软件组件测试的标准将其称为双路径（two-trip）[British Computer Society, 2001]，[Offutt et al.，2003] 将其成为迁移对（transition-pair）。

其他的基于有限状态机的测试生成方法包括了游历（tour）[Naito and Tsunoyama, 1981]，特殊序列方法（distinguished sequence method）[Gonenc, 1970]，还有独特的输入 - 输出方法（unique input-output method）[Sabnani and Dahbura, 1988]。他们的目标是基于由输入驱动的迁移，检测输出的错误。基于有限状态机的测试生成已经用于测试不同类型的应用，包括词法分析器（lexical analyzer）、实时的过程控制软件、协议（protocol）、数据处理和电话（telephony）。在写本书第一版时，我们很早就意识到覆盖有限状态机的准则和用于其他图的准则没有本质区别。

本书在介绍边覆盖时，明确指出它的需求包括了节点覆盖的需求（"小于等于"的那个子句）。这样的包含性对于典型的控制流图并不是必要的（当然边覆盖包含节点覆盖通常做为一个基本定理出现在控制流图中），然而对于从其他工件中推导出的图来说却经常是必需的。 173

之后的一些论文关注的是生成自动测试数据以覆盖程序中的结构元素 [Borzovs et al.，1991；Boyer et al.，1975；Clarke，1976；DeMillo and Offutt，1993；Ferguson and Korel，1996；Howden，1977；Korel，1990a；Korel，1992；Offutt et al.，1999；Ramamoorthy 等，1976]。这其中的大部分都基于下列的分析技术：符号评估（symbolic evaluation）[Cheatham et al.，1979，Clarke and Richardso，1985；Darringer and King，1978；DeMillo and Offutt，1993；Fairley，1975；Howden，1975]，动态符号评估（dynamic symbolic evaluation）[Offutt et al.，1999；Korel，1990b；Korel，1992] 和切片（slicing）技术 [Tip，1994；Weiser，1984]。20 世纪 90 年代，动态符号执行已经和不同类型的约束解决器（constraint solver）组合使用 [Korel，1990a；Korel，1992；Offutt et al.，1999]。具体符号执行（concolic execution, concolic = concrete + symbolic）更进一步，它可以推导出可以跟踪"附近的"执行轨迹的输入。Anand 等发表了一篇组织完善的调查报告，这篇报告总结了当前最新的测试生成技术，处理了很多类产生测试数据的方法，包括符号执行方法、基于模型的技术、组合测试（combinatorial）方法、适应性的随机采样方法（adaptive random sampling）和基于搜索（search-based）的方法。这篇报告为这个主题提供了丰富的索引。

如何处理循环从一开始就是基于图准则的一个棘手问题。很明显我们想要覆盖路径，但是循环产生了无穷多的路径。在 Howden 1975 年发表的论文中 [Howden, 1975]，他处理循环的方法是覆盖全部的"没有循环"的路径。Chow 在 1978 年发表的论文建议使用生成树的方法来尝试避免去执行循环 [Chow, 1978]。[Binder, 2000] 使用 Chow 论文中的技术，但是将其改名为往返路程（round trip），这也是本书中使用的名称。

另一个早期的建议是测试没有循环的程序 [Cherniavsky, 1979]，从理论的角度来看很有意思，但是并不十分实际。

[White and Wiszniewski, 1991] 建议根据特别的模式来限制循环所执行的次数。Weyuker、Weiss 和 Hamlet 尝试基于数据定义和使用选择指定的循环来做测试 [Weyuker et al.，1991]。

[Jin and Offutt，1998；Offutt et al.，2000] 定义了子路径集（subpath sets）的概念，用来支持类间路径测试，这个概念本质上等同于本章所讲的绕路游历。Ammann 和

Offutt在2004年一篇没有发表的文章中定义了主路径，它最早出现在学术圈中是在Li、Praphamontripong和Offutt的一篇实验比较的文章中 [Li et al.，2009]。游历、顺路和绕路的概念也出现在本书的第一版中。

我们能够找到最早的有关数据流测试的文献是Osterweil和Fosdick在1974年发表的一篇技术报告 [Osterweil and Fosdick, 1974]。紧接着这篇技术报告发表的是1976年ACM计算调查的一篇杂志论文和另一篇几乎同期的是由Herman发表于澳大利亚计算机杂志的一篇文章 [Herman, 1976]。一篇有深远影响的数据流分析过程（没有特指测试方面）是 [Allen and Cocke, 1976]。

174

其他根本的和理论性的参考文献还包括：Laski和Korel在1983年建议从定义到使用来执行路径 [Laski and Korel，1983]，Rapps和Weyuker在1985年定义了一些术语例如全定义和全使用覆盖 [Rapps and Weyuker，1985]，Frankl和Weyuker在1988年的论文成果 [Frankl和Weyuker，1988]。这些论文细化和澄清了数据流测试的想法，也是本书所讲内容的基础。基于本书所定义的术语，[Frankl and Weyuker，1988] 对全定义使用路径要求直接游历，但是对全定义覆盖和全使用覆盖允许顺路游历。本书允许所有的数据流准则都可以顺路游历，或者要求所有的数据流准则不可以顺路游历。本书中所用的模式匹配的例子在学术圈使用了几十年，据我们所知，[Frankl and Weyuker, 1988] 是第一个使用这个例子来阐释数据流覆盖的。

Forman建议了一种可以检测数据流异常但是不用执行程序的方法 [Forman, 1984]。

有些数据流测试的细节问题已经出现过很多次。它们包括当定义和使用之间的路径不能执行时数据流的应用 [Frankl and Weyuker，1986] 以及处理指针和数组 [Offutt et al.，1999；Weyuker et al.，1991]。

使用定义使用路径的集合来定义数据流准则的方法和最大限度游历的建议都是本书的原创。

许多论文都通过实验研究了数据流测试的不同方面。最早之一是由Clake、Podgurski、Richardson和Zeil完成的，它们比较了一些不同的准则 [Clake et al.，1989]。和变异测试（在第9章中会介绍）的比较开始于 [Mathur, 1991]，接下来还有 [Mathur and Wong, 1994；Wong and Mathur, 1995；Offutt et al.，1996b；Frankl et al.，1997；Frankl and Weiss, 1993；Hutchins et al.，1994]，[Frankl and Deng, 2000] 还发表了有关数据流测试和其他测试准则的比较的实验。

研究人员还开发了一些工具来支持数据流测试。大部分工具以程序和测试用例作为输入，然后判断测试用例是否满足一个或多个数据流准则（识别器（recognizer））。Frankl、Weiss和Weyuker在20世纪80年代中期开发了ASSET [Frankl et al.，1985]，Girgis和Woodward在20世纪80年代中期也开发了一个工具，这个工具同时实现了数据流和变异测试，Laski在20世纪80年代晚期开发了STAD [Laski，1990]。在Bellcore的研究人员于20世纪90年代的早期开发了基于C语言程序的ATAC数据流工具 [Horgan and London, 1991; Horgan and London, 1992]。第一个基于数据流准则的测试数据生成器工具是由Offutt、Jin和Pan在20世纪90年代晚期开发的 [Offutt et al.，1999]。

Constantine和Yourdon首先将耦合作为一种设计度量（design metric）[Constantine and Yourdon，1979]，Harrold、Soffa和Rothermel将其隐式地应用于测试中 [Harrold and Rothermel，1994；Harrold and Soffa，1991]，[Jin and Offutt，1998] 显式地将耦合应用于测试中，并提出了首次使用和最后定义的概念。

Kim、Hong、Cho、Bae 和 Cha 使用基于图的方法从 UML 状态图中生成测试用例 [Kim et al.，1999]。

175

美国联邦航空局已经意识到模块化和集成测试日益增长的重要性，所以在做软件的结构覆盖分析时，要求“分析应该确认代码组件之间的数据耦合和控制耦合” [RTCA-DO-178B，1992]，第 33 页，6.4.4.2 节。

[Harrold and Soffa, 1991 ； Harrold and Rothermel, 1994 ； Jin and Offutt, 1998] 将数据流测试应用到集合测试中。这部分的工作关注类级别的集合问题，但是不涉及集成和多态。[Alexander and Offutt, 2004; Alexander and Offutt, 2000; Alexander and Offutt, 1999]，以及 [Buy et al.，2000 ； Orso and Pezze，1999] 将数据流测试应用到了面向对象软件的集成和多态中。Gallagher 和 Offutt 将类建模为可交互的状态机，并且测试了状态机之间的并发性和通信问题 [Gallagher et al.，2007]。

[Olender and Osterweil, 1989; Olender and Osterweil, 1986] 生成测试用例来满足序列约束。

[Henninger, 1980] 首先讨论了 SCR，[Atlee, 1986] 将 SCR 应用于模型检验和测试中。

虽然相对直接，但是从 UML 图中构建测试用例是较为最近的工作。这是由 Abdurazik 和 Offutt 首先提出的 [Abdurazik and Offutt, 2000; Abdurazik and Offutt, 1999]，之后 [Briand and Labiche, 2001] 在此基础上继续研究。这些基础研究开拓了一个崭新的领域——基于模型的测试，每年都有数十篇论文发表，还诞生了几十个研讨会，比如基于模型测试的年度研讨会。

176

第8章

逻辑覆盖

不要让你的弱点妨碍你的优势。

本章我们利用逻辑表达式定义准则和设计测试用例。根据RIPR模型我们有了更高的要求，这次不仅要保证测试用例到达指定的位置，而且当使用多种组合的取值给表达式赋值时，还要影响表达式的内部状态。尽管从逻辑覆盖准则的提出到现在已经经历了很长时间，但是这种覆盖准则的使用在近些年才有了稳步地增长。在实践中使用的原因之一是这种覆盖已经成为标准，例如，美国联邦航空管理局已经在商业飞机上使用逻辑覆盖来测试安全关键（safety-critical）航空软件。

与第7章一样，我们首先提出逻辑谓词和子句的完备的理论基础，这样会使后面的测试准则变得简单易懂。和之前一样，我们先从全局的高度来介绍结构和准则，然后再讨论如何从各种软件工件包括源代码、规范和有限状态机中，推导出逻辑表达式。

本章将会讲述两种互补的逻辑测试方法。第一种被称为*语义逻辑覆盖*（semantic logic coverage），这种覆盖只考虑逻辑表达式的*含义*而不管表达式的构成。语义逻辑覆盖的优点在于即使谓词被写成一种表面不同但具有等价语义的形式，我们依然可以产生相同的测试用例。对读者来说，语义逻辑覆盖更常见也可能更为熟悉一些。第二种方法我们称作*语法逻辑覆盖*（syntactic logic coverage），这种覆盖专门根据逻辑表达式的构成来生成测试用例。语法逻辑覆盖的优势在于可以处理一些当开发者不正确地构建逻辑表达式时发生的特殊情况。

研究发现语法逻辑覆盖通常可以检测到更多的故障，但是这种测试准则相对复杂而且其使用成本可能会很高。最近几年中，学术界已经研究发现了一些可以降低测试用例数量，并且无须牺牲故障检查率的方法。这里具体指语法覆盖所需的测试用例数目显著下降——降到可以和语义覆盖所需测试用例数目相匹敌的程度。虽然安全领域仍然依赖基于语义的方法，但是也许是时候开始考虑基于语法的方法了。

本章将会介绍两种方法，但是读者可以选择略去阅读有关基于语法的方法的部分。8.1节介绍了基于语义的方法，8.2节介绍了基于语法的方法。随后的章节展示了如何将基于语义的方法应用于来自软件开发生命周期各个部分的软件工件。习题部分的练习覆盖了如何将基于语法的方法应用于相同的软件工件。我们的用意是本书的读者可以选择学习这两种方法，或者选择跳过8.2节基于语法的方法以及相应的练习。

对于已经熟悉一些常用准则的读者来说，本书列出的准则可能看上去有些不一样。这是因为我们引入了测试准则的一个通用集合，这样我们可以更好地给所有准则命名。就是说，我们将一些已知的，具有相近关系的，但使用冲突术语的准则抽象出来。当讲到具体的准则时，我们会涉及到更多传统术语，并给出更详细的有关文献的引用。

8.1 有效的语义逻辑覆盖准则

在介绍语义逻辑覆盖准则之前，我们要介绍相关的术语和符号。对于这些概念，目前还没有标准的术语和符号，它们在不同的学科分支、书和论文中的使用都不一样。这里我们将逻辑表达式形式化，使其更接近于离散数学教材的定义。

谓词是结果为布尔值的表达式，也是我们最重要的结构。有个简单的例子写作：$((a > b)\vee C)\wedge p(x)$。谓词可能包含布尔变量、使用操作符 $\{>, <, =, \geqslant, \leqslant, \neq\}$ 做比较的非布尔变量和函数调用。谓词内部的结构用逻辑操作符创建：

- ¬ 非（negation）操作符
- ∧ 与（and）操作符
- ∨ 或（or）操作符
- →蕴含（implication）操作符
- ⊕异或（exclusive or）操作符
- ↔等价（equivalence）操作符

其中有些操作符对偏爱源代码的读者来说看起来有些不习惯，但是其实它们在一些规约语言（specification language）中还是很常见的，而且在我们的计算中也很好用。和与或操作符的简化（short-circuit）版本有时很有用处，必要的时候我们会讲到它们。我们采用常用的优先级，优先级的高低顺序和上面列表中的顺序一致。当顺序不是很明显的时候，用括号标注。

子句是不包含任何逻辑操作符的谓词。例如，谓词 $(a = b)\vee C)\wedge p(x)$ 包含三个子句即一个关系表达式（$a = b$）、一个布尔变量 C 和函数调用 $p(x)$。因为关系表达式可能含有它们自己的结构，所以这种结构需要特殊处理。

谓词可以写成各种逻辑上相等但看起来不同的形式。例如，$((a = b)\vee C)\wedge((a = b)\vee p(x))$ 在逻辑上等价于上一段中出现的谓词，但是 $((a = b)\wedge p(x))\vee(C\wedge p(x))$ 和上一段中的谓词不相同。我们可以使用布尔代数的规则（规则的总结在 8.1.5 节）将布尔表达式转换为等价的形式。

178

逻辑表达式可以来源于不同的地方。大部分读者最熟悉的来源是程序的源代码。比如下面的 if 语句：

```
if ((a > b) || C) && (x < y)
  o.m();
else
  o.n();
```

产生一个表达式 $((a > b)\vee C)\wedge(x < y)$。逻辑表达式的其他来源还包括有限状态机中的迁移。一条迁移（如按下按钮二（当停车时））可以转换为表达式停车 ∧ 按下按钮二 = 真。类似地，规范中的前置条件比如栈不能满且插入的对象引用参数不能为 null 会产生一个逻辑表达式 $\neg stackFull()\wedge newObj \neq null$。

在之前的材料中，我们根据语义而不是语法来处理逻辑表达式。这样做的结果是，无论所用的逻辑表达式的形式如何变化，在一个给定的逻辑表达式上应用覆盖准则总可以产生相同的测试需求。

8.1.1　简单的逻辑覆盖准则

我们使用子句和谓词来介绍不同的覆盖准则。我们将 P 定义为一组谓词，C 定义为 P 中谓词的一组子句。对于每个谓词 $p \in P$，C_p 为 p 中的子句，就是说 $C_p = \{c|c \in p\}$。C 是 P 中每个谓词所有子句的集合。公式为：

$$C = \bigcup_{p\in P} C_p$$

准则 8.18 谓词覆盖（Predicate Coverage，PC） 对于每个 $p \in P$，*TR* 包括两个需求：p 的结果为真和 p 的结果为假。

谓词覆盖也被称为判定覆盖（decision coverage）。在第 7 章我们已经介绍过谓词覆盖在图上的形式，即边覆盖。这就是图覆盖准则和逻辑表达式覆盖准则的重叠之处。对控制流图来说，P 是与图中分支所关联的谓词的集合，谓词覆盖和边覆盖是相同的。对于上面已给的谓词 $((a > b) \vee C) \wedge p(x))$，两组满足谓词覆盖的测试用例是（$a = 5$，$b = 4$，$C =$ 真，$p(x) =$ 假）和（$a = 5$，$b = 6$，$C =$ 假，$p(x) =$ 假）。

该准则的一个明显的缺点是不能测试单独的子句。我们也可以使用（$a = 5$，$b = 4$，$C =$ 真，$p(x) =$ 真）和（$a = 5$，$b = 4$，$C =$ 真，$p(x) =$ 假）来满足上面表达式的谓词覆盖，但是表达式中前两个子句的结果都不为假！为了纠正这个问题，下面我们进入子句层级。

准则 8.19 子句覆盖（Clause Coverage，CC） 对于每个 $c \in C$，*TR* 包括两个需求：c 的结果为真和 c 的结果为假。

179

子句覆盖也被称为条件覆盖（condition coverage）。我们的谓词 $((a > b) \vee C) \wedge p(x))$ 需要不同的值来满足 CC。子句覆盖需要 $(a > b) =$ 真和假，$C =$ 真和假，以及 $p(x) =$ 真和假。我们可以使用两个测试用例来满足这些测试需求，即（$(a = 5, b = 4)$，$(C =$ 真$)$，$p(x) =$ 真）和（$(a = 5, b = 6)$，$(C =$ 假$)$，$p(x) =$ 假）。

子句覆盖并不包含谓词覆盖，谓词覆盖也不包含子句覆盖，我们以一个谓词 $p = a \vee b$ 为例来讲解。这个表达式的子句集 C 为 $\{a, b\}$。那么下面的四组测试输入穷举出了子句逻辑值的所有组合：

	a	b	$a \vee b$
1	T	T	T
2	T	F	T
3	F	T	T
4	F	F	F

考虑两个测试用例集，每个集合都有一对测试输入。测试用例集 $T_{23} = \{2, 3\}$ 满足子句覆盖，但不满足谓词覆盖，因为 p 的结果从不会为假。相反的，测试用例集 $T_{24} = \{2, 4\}$ 满足谓词覆盖，但不满足子句覆盖，因为 b 的取值从不会为真。这两个测试用例集说明了谓词覆盖和子句覆盖不能相互包含对方。

从测试的角度来看，我们肯定希望一个覆盖准则既可以测试单条子句也可以测试整个谓词。修正这个问题最直接的方法就是尝试子句的所有组合：

准则 8.20 组合覆盖（Combinatorial Coverage，CoC） 对于每个 $p \in P$，*TR* 的测试需求要求 C_p 中子句的结果覆盖真值取值的每种可能的组合。

组合覆盖也被称为多项条件覆盖（multiple condition coverage）。对于谓词 $(a \vee b) \wedge c$，完整的真值表包含八行：

	a	b	c	$(a \vee b) \wedge c$
1	T	T	T	T
2	T	T	F	F

（续）

	a	b	c	$(a \vee b) \wedge c$
3	T	F	T	T
4	T	F	F	F
5	F	T	T	T
6	F	T	F	F
7	F	F	T	F
8	F	F	F	F

一个具有 n 条独立子句的谓词 p 会有 2^n 个可能的真值赋值。因此组合覆盖对拥有超过一定数量子句的谓词来说很难使用且不切实际。我们所需的准则既要抓住每条子句的影响，又要产生合理数量的测试用例。经过一些思索[⊖]，上述的观察最终产生了一个强大的测试准则的集合，这些测试准则基于使单独子句“有效”的想法，这个思路将会在下一节讲到。具体来说，我们检查是否存在一种情况，即当改变一条子句时，该子句可以影响所在谓词的结果。而事实上，这种子句影响谓词的情况是存在的。之后我们检查一类互补的问题，是否存在一种情况，即当改变一条子句时，该子句不应该影响谓词。而事实上，这种子句不影响谓词的情况也是存在的。

180

8.1.2　有效子句覆盖

子句覆盖和谓词覆盖之间不能相互包含是令人遗憾的，但是子句覆盖和谓词覆盖还有着更深层次的问题。具体来说，当我们在子句层面上生成测试用例的时候，我们也想同时对谓词产生影响。这里一个关键的概念是*决定*（determination），即一条子句可以影响谓词结果的条件。虽然下面的正式定义有些烦琐，但是基本的想法是简单的，即如果改变一条子句的值，也同时改变了所在谓词的结果，那么该子句决定了这个谓词。为了将这条我们感兴趣的子句和其他的子句分开，我们采用了如下的传统表示法。主子句 c_i 是我们关注的子句。其余剩下的子句 c_j，$j \neq$ i 是次子句。为了满足一个给定的准则，每条子句都轮流当作主子句。形式化的定义如下：

定义 8.41　*决定（Determination）给定谓词 p 中的一条主子句 c_i，如果次子句 $c_j \in p$，$j \neq i$ 的某些特定取值可以使得在改变 c_i 的真值（即布尔值）时也会改变 p 的真值，我们说 c_i 决定 p。*

注意这个定义不要求 $c_i = p$。之前的定义对于这个问题含糊其词，有些定义要求谓词和主子句必须有相同的取值。这样的解释并不实际，当使用非操作符时，例如如果谓词 $p = \neg a$，那么主子句和谓词是不可能含有相同的取值的。

考虑下面这个例子 $p = a \vee b$。如果 b 为假，那么子句 a 决定 p，因为 p 的取值和 a 的取值完全一样。但是如果 b 为真，那么 a 不会决定 p，因为无论 a 的值是什么，p 的结果都为真。

从测试的角度来看，我们想要一种测试环境去测试每条子句，以至于我们可以判定子句决定谓词。我们可以将这个比作让不同的人管理一个组，只有尝试了才会知道哪些人可以成为有效的领导者。再考虑谓词 $p = a \vee b$，即使 b 可以决定 p，但如果我们不实际改变 b 的取

⊖ 实际上，这些思索汇集了在几十年中许多研究人员的集体努力和他们发表的数十篇论文的内容。

值，我们也不知道p是否会改变，那么就没有证据说明我们正确使用了b。例如，测试用例集$T=\{TT, FF\}$，同时满足子句覆盖和谓词覆盖，但是并不能有效地测试a和b。

在准则方面，我们首次使用通用的方法定义了主子句覆盖的概念，然后细化了定义中的歧义部分，最后得到了形式化的覆盖准则。这样我们将主子句覆盖作为一个归纳了类似准则的框架，其中的准则包括修订的条件判定覆盖（Modified Condition Decision Coverage, MCDC）的一些变形。 181

定义 8.42 *有效子句覆盖（Active Clause Coverage，ACC）* 对于每个$p \in P$和每条主子句$c_i \in C_P$，选择次子句c_j，$j \neq i$，使得c_i决定p。对于每个c_i，TR包括两个测试需求：c_i的取值结果为真和c_i的取值结果为假。

例如，对于$p=a \vee b$，最后我们在TR中产生四个测试需求，子句a有两个，子句b有两个。对于子句a，当且仅当b为假的时候，a决定p。所以我们有两个测试需求{（a=真，b=假)，（a=假，b=假）}。对于子句b，当且仅当a为假时，b决定p。所以我们得到了另外两个测试用例{（a=假，b=真)，（a=假，b=假）}。下面给出了真值表的一部分，总结了所需的测试用例（主子句所用的值加粗标注）。本章中有时用T / t表示真，F / f表示假。

	a	b
$c_i=a$	**T**	f
	F	f
$c_i=b$	f	**T**
	f	**F**

这些测试需求中有两个是相同的，所以对于谓词$a \vee b$，主子句覆盖最后产生三个不同的测试需求，即{（a=真，b=假)、（a=假，b=真)、（a=假，b=假）}。这样的重叠很常见，一个具有n条子句的谓词满足主子句覆盖需要至少n个测试用例，但是不会超过$2n$个测试用例。

ACC与早期论文中描述的另一种技术MCDC几乎一样。MCDC的定义有一些歧义，很多年来，在如何诠释MCDC这个问题上给大家造成了很大的困惑。最重要的一个问题是当主子句c_i为真或为假的时候，其他的次子句c_j是否需要取同样的值。解决这个歧义产生了主子句覆盖三种不同且有趣的形式。例如，对于一个简单的谓词$p=a \vee b$，这三种形式是一样的，但是当谓词足够复杂的时候，这三种形式会产生不一样的测试用例。其中最通用的形式允许次子句拥有不同的取值。

准则 8.21 *广义有效子句覆盖（General Active Clause Coverage，GACC）* 对于每个$p \in P$和每条主子句$c_i \in C_p$，选择次子句c_j，$j \neq i$，使得c_i决定p。对于每个c_i，TR包括两个测试需求：c_i的取值结果为真和c_j的取值结果为假。当c_i为真或为假的时候，次子句c_j的取值不必相同。

遗憾的是，广义有效子句覆盖不包含谓词覆盖，如下所示。

考虑谓词$p=a \leftrightarrow b$。无论b所取的真值是什么，子句a都决定p。所以，当a为真时，我们也选择b为真，当a为假时，我们也选择b为假。对子句b我们做出同样的选择。最后我们只得到两个测试输入：$\{TT, FF\}$。在这两个测试用例中，p的结果总是真，所以谓词覆盖并没有满足。当使用异或操作符的时候，GACC也同样不满足子句覆盖。我们将这个例子留在练习中。 182

许多研究人员强烈认为 ACC 应该包含谓词覆盖，所以 ACC 的第二种形式要求当主子句 c_i 取一种真值时 p 的结果为真，当主子句 c_i 取另一种真值时 p 的结果必须为假。注意正如在决定的定义中所提到的那样，c_i 和 p 不一定必须拥有相同的取值。

准则 8.22　相关性有效子句覆盖（Correlated Active Clause Coverage，CACC）对于每个 $p \in P$ 和每条主子句 $c_i \in C_p$，选择次子句 c_j，$j \neq i$，使得 c_i 决定 p。对于每个 c_i，*TR* 包括两个测试需求：c_i 的取值结果为真和 c_j 的取值结果为假。次子句 c_j 的取值必须使得主子句 c_i 取一种值时 p 的结果为真，而主子句取另一种值时 p 的结果为假。

所以上面提到的谓词 $p = a \leftrightarrow$ b，对于子句 a，测试用例集 {*TT*，*FT*} 可以满足 CACC；对于子句 b，测试用例集 {TT，TF} 也可以满足 CACC。将这两个测试用例集合并产生了 CACC 的测试用例集 {*TT*，*TF*，*FT*}。

下面考虑例子 $p = a \wedge (b \vee c)$。为了使 a 可以决定 p 的结果，表达式 $b \vee c$ 必须为真。有三种方式可以达成这个目的，即 b 为真和 c 为假、b 为假和 c 为真、b 和 c 同时为真。所以，对于子句 a，两组测试输入 {*TTF*，*FFT*} 就可以满足相关性有效子句覆盖。对于 a 来说还有其他可能的选择。下面的真值表列出了这些可能的测试用例，行号与前面谓词的完整真值表相一致。具体来说，对于 a，从 1、2 和 3 行中选出一个测试需求，再从 5、6 和 7 行中选出另一个测试需求就可以满足 CACC。当然，共有九种可能的选择。

	a	b	c	$a \wedge (b \vee c)$
1	T	T	T	T
2	T	T	F	T
3	T	F	T	T
5	F	T	T	F
6	F	T	F	F
7	F	F	T	F

最后一种形式要求不论主子句 c_i 的赋值为真还是为假，剩余的非主子句 c_j 的取值必须完全相同。

准则 8.23　限制性有效子句覆盖（Restricted Active Clause Coverage，RACC）对于每个 $p \in P$ 和每条主子句 $c_i \in C_p$，选择次子句 c_j，$j \neq i$，使得 c_i 决定 p。对于每个 c_i，*TR* 包括两个测试需求：c_i 的取值结果为真和 c_j 的取值结果为假。当 c_i 为真或是假的时候，次子句 c_j 的取值必须相同。

注意，即使 CACC 的定义要求谓词的取值需要不同于 c_i 的每个取值，RACC 的定义没有明确说谓词的取值必须要与 c_i 的每个取值不同。但实际上 RACC 的测试用例会导致谓词不同于主子句的每个取值，这是由决定的定义造成的直接结果。就是说，当 P_a 为真的时候，如果我们改变一个主子句的 a 的值，而其他的次子句保持不变，这样**必然**会改变谓词的结果。

183

在 $p = a \wedge (b \vee c)$ 这个例子中，对于子句 a 来说，满足相关性有效子句覆盖的九组测试需求中只有三组可以满足限制性的有效子句覆盖。基于前面已给出的完整的真值表，第 2 行可以和第 6 行组合，第 3 行可以和第 7 行组合，第 1 行可以和第 5 行组合。因此，不像前面满足 CACC 的有九种方式，这里满足 RACC 的方法只有三种。

	a	b	c	$a \wedge (b \vee c)$
1	T	T	T	T
5	F	T	T	F
2	T	T	F	T
6	F	T	F	F
3	T	F	T	T
7	F	F	T	F

CACC 和 RACC 的比较

对于一个谓词，稍后我们会给出例子解释如何满足它的每种测试准则。现在看起来尚不清楚的是 CACC 和 RACC 在实用中有什么区别。

对于逻辑表达式，我们发现可以产生测试用例满足 CACC，但是使用 RACC 时会产生不可行的测试需求。这些特殊的表达式只有当子句间存在依赖关系时才存在，就是说，子句取值的有些组合是被禁止的。因为在实际的程序中这种情况经常发生，程序变量经常相互依存，所以我们介绍下面的例子。

考虑一个系统中有一个阀门，它可以开、关或是处于其他的模式，其中的两种模式为“运行中”和“待命中”。假设存在下面的两个约束：

1. 阀门处于“运行中”时必须开发，处于其他模式时必须关闭。
2. 阀门的模式不能同时处于“运行中”和“待命中”。

这样的约束引出了下面子句的定义：

a = “阀门关闭”

b = “系统处于运行中”

c = “系统处于待命中”

假设只有当阀门关闭且系统状态处于运行中或待命中时，有些命令才可以实施。即：

p = 阀门关闭 和（系统处于运行中 或 系统处于待命中）

$= a \wedge (b \vee c)$

184

这个谓词和我们上面研究的谓词是一样。上面的约束可以形式化地写作：

1 $\neg a \leftrightarrow b$

2 $\neg(b \wedge c)$

这些约束限制了真值表中的可行的值。这个谓词的完整的真值表包括了每组值违反的约束，如下所示：

	a	b	c	$(a \wedge (b \vee c))$	
1	T	T	T	T	违反约束 1 & 2
2	T	T	F	T	违反约束 1
3	T	F	T	T	
4	T	F	F	F	
5	F	T	T	F	违反约束 2
6	F	T	F	F	
7	F	F	T	F	违反约束 1
8	F	F	F	F	违反约束 1

记住如果要使 a 可以决定 p 的结果，那么 b 或 c 或者两者必须同时为真。约束 1 排除了 a 和 b 拥有同样值的行的组合，即行 1、2、7 和 8。约束 2 排除了 b 和 c 同时为真的行的组

合，即行 1 和 5。所以，可行的行的组合只有 3、4 和 6。如果要满足 CACC，我们需要从行 1、2 或 3 中选择一个，再从行 5、6 和 7 中选择另外一个。但是 RACC 需要行的组合 2 和 6、3 和 7 或 1 和 5 中的一对。因此，对于谓词中的子句 a，RACC 是不可行的。

8.1.3　无效子句覆盖

8.1.2 节的有效子句覆盖着重确保主子句影响谓词。无效子句覆盖确保的是，当改变那些本不应该影响谓词的主子句的值时，在实际上也不会影响谓词的结果。

定义 8.43　无效子句覆盖（Inactive Clause Coverage，ICC）　对于每个 $p \in P$ 和每条主子句 $c_i \in C_p$，选择次子句 c_j，$j \neq i$，使得 c_i 不能决定 p。对于每个 c_i，TR 包括下面四个测试需求：（1）c_i 的取值结果为真并且 p 的结果为真，（2）c_i 的取值结果为假并且 p 的结果为真；（3）c_j 的取值结果为假并且 p 的结果为真；（4）c_i 的取值结果为假并且 p 的结果为假。

虽然无效子句覆盖（ICC）和 ACC 一样有相同的歧义之处，但是我们只能进一步定义两种形式，即广义无效子句覆盖（GICC）和限制性无效子句覆盖（RICC）。相关性的概念对于无效子句覆盖不适用，因为 c_i 不能决定 p，所以 c_i 与 p 不相关。另外，根据无效子句覆盖的定义，其所有的形式都可以保证满足谓词覆盖，当然实际判断覆盖时我们还要考虑可行性的因素。

下面的例子解释了无效子句覆盖准则的取值。假设你正在测试反应堆关闭系统的控制软件，规范要求一个特殊阀门（开或关）和正常模式中的重置操作相关，但和重写模式不相关。就是说，当阀门开启或关闭的时候，重置在重写模式中的表现应该是完全一样的。当阀门处于两种位置时，具有怀疑精神的测试工程师会检查重写模式中的重置功能是否符合预期，因为一个可能的代码失误就会认为所有模式都和阀门的设置相关。

185

GICC 和 RICC 的形式化定义如下所示。

准则 8.24　广义无效子句覆盖（General Inactive Clause Coverage，GICC）　对于每个 $p \in P$ 和每条主子句 $c_i \in C_p$，选择次子句 c_j，$j \neq i$，使得 c_i 不能决定 p。对于每个 c_i，TR 包括下面四个测试需求：（1）c_i 的取值结果为真并且 p 的结果为真；（2）c_i 的取值结果为假并且 p 的结果为真，（3）c_j 的取值结果为假并且 p 的结果为真，（4）c_i 的取值结果为假并且 p 的结果为假。次子句 c_j 在这种情况下的取值可以不同。

准则 8.25　限制性无效子句覆盖（Resticted Inactive Clause Coverage，RICC）　对于每个 $p \in P$ 和每条主子句 $c_i \in C_p$，选择次子句 c_j，$j \neq i$，使得 c_i 不能决定 p。对于每个 c_i，TR 包括下面四个测试需求：（1）c_i 的取值结果为真并且 p 的结果为真；（2）c_i 的取值结果为假并且 p 的结果为真；（3）c_j 的取值结果为假并且 p 的结果为真；（4）c_i 的取值结果为假并且 p 的结果为假。在（1）和（2）的情况下，次子句 c_j 在这种情况下的取值必须相同。在（3）和（4）的情况下，次子句 c_j 在这种情况下的取值也必须相同。

8.1.4　不可行性和包含

有效子句覆盖准则的使用面临着各种技术问题，就像许多准则一样，最令人头疼的是不可行性问题。不可行性问题之所以经常存在是因为子句之间有时是相互联系的。就是说，选择一个子句的真值可能会影响另外一个子句的真值。例如，考虑下面一个常见的循环结构，假设一个简化的（short-circuit）的语义：

```
while (i < n && a[i] != 0) { 对 a[i] 进行操作 }
```

这里的想法是如果 i 发生数组越界的情况，那么我们就要避免检查 a[i]，所以循环内部的实现完全依赖判定条件。显然，当 i < n 为假而且 a[i] != 0 为真时，我们不可能执行任何的测试用例。

本质上来说，子句和谓词准则的不可行性问题和图覆盖的不可行性问题没有什么不同。这两种情况的解决方案都是满足可行的测试需求，然后再决定如何处理不可行的测试需求。最简单的方案就是直接忽略不可行的需求，这样通常也不会影响测试用例的质量。这里的难点在于确认测试需求是真的不可行还是只是很难满足。理论上来讲，识别不可行性被证明是一个不可判定问题。

然而，处理一些不可行的测试需求更好的方案是找到这些不可行的需求在一个被包含的覆盖准则中所对应的需求。例如，如果对于谓词 p 中的子句 a，RACC 的测试需求是不可行的（由于子句间额外的约束），而 CACC（被包含的覆盖准则）的测试需求是可行的，那么使用 CACC 可行的测试需求来代替 RACC 中不可行的测试需求则是合理的。该方法和图覆盖中的最大限度游历的概念是相似的。

图 8-1 显示了逻辑表达式准则之间的包含关系。注意，无效子句覆盖准则不包含有效子句覆盖的任何准则。同样的，有效子句覆盖准则也不包含无效子句覆盖中的任何准则。正如我们之前所解释的那样，这个图假设我们使用最大限度覆盖来处理不可行的测试需求。当使用这种方法依然不能产生可行的测试需求时，建议忽略不可行的测试需求。

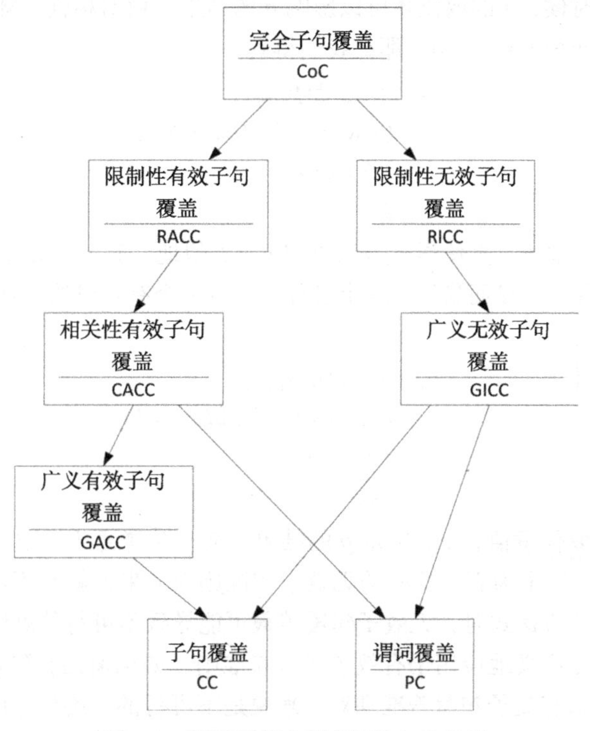

图 8-1 逻辑覆盖准则之间的包含关系

8.1.5 让子句决定谓词

下一个需要我们处理的问题是如何对次子句 c_j 取值才能保证主子句 c_i 可以决定 p 的结果。有许多方法可以有效地解决这个问题。我们建议每个学生采用一种能和自己数学背景和经验产生共鸣的方法。我们首先使用一种基于数学的直接定义的方法，然后再给出简化的基于表格的快捷方法（tabular shortcut）。参考文献注释部分包括了作者知道的所有方法的出处。

基于决定的直接定义的方法

对于包含子句（或是布尔变量）c 的谓词 p，让 $p_{c=true}$ 表示谓词 p 中每处 c 都由真来替换，$p_{c=false}$ 表示谓词 p 中每处 c 都由假来替换。在下面的推导中，我们假设没有重复（即 p 只包含一处 c）。注意 $p_{c=true}$ 和 $p_{c=false}$ 都不包含子句 c。现在我们使用异或操作符将这两个表达式连接起来：

186
~
187

$$p_c = p_{c=true} \oplus p_{c=false}$$

我们发现 p_c 描述的正是 c 的取值决定 p 所需的条件。就是说，如果 p_c 中的子句取值使 p_c 为真，那么 c 的真值就可以决定 p 的真值。如果 p_c 中的子句取值使 p_c 为假，那么 p 的真值与 c 所取的真值是相互独立的。这也正是我们实现有效子句覆盖和无效子句覆盖的各种形式所需要的。

我们以 $p = a \vee b$ 为第一个例子。根据定义，p_a 的计算如下：

$$\begin{aligned} p_a &= p_{a=true} \oplus p_{a=false} \\ &= (true \vee b) \oplus (false \vee b) \\ &= true \oplus b \\ &= \neg b \end{aligned}$$

这就是说，要使主子句 a 决定谓词 p，唯一的次子句 b 必须为假。直观上看这很合理，因为只有当 b 为假的时候，a 的取值才可以影响 p 的结果。由对称性可知，p_b 为 $\neg a$。

如果我们将谓词变为 $p = a \wedge b$，那么我们得到

$$\begin{aligned} p_a &= p_{a=true} \oplus p_{a=false} \\ &= (true \wedge b) \oplus (false \wedge b) \\ &= b \oplus false \\ &= b \end{aligned}$$

这就是说，我们需要 b = 真使得 a 可以决定 p。类似地，我们可以得出 $p_b = a$。

等价操作符的推导不太显而易见，这个过程也引出一个有意思的问题。考虑一个谓词 $p = a \leftrightarrow b$。

$$\begin{aligned} p_a &= p_{a=true} \oplus p_{a=false} \\ &= (true \leftrightarrow b) \oplus (false \leftrightarrow b) \\ &= b \oplus \neg b \\ &= true \end{aligned}$$

这就是说，对 b 取任意值，a 都决定 p 的结果，而无须考虑 b 的取值。这就意味着对于这样的谓词 p，p_c 的值恒定为真，这样的无效子句准则对 c 来说就是不可行的。当应用于包含等价或异或操作符的表达式时，无效子句覆盖很可能导致不可行的测试需求。

这个结论也可以更广义地应用于有效子句覆盖准则。如果谓词 p 包含一个子句 c 而且 p_c 的结果恒定为假，那么有效子句覆盖准则对 c 来说是不可行的。终极原因是所考虑的子句是多余的，我们可以去掉多余的子句来重写谓词。虽然这听起来像是一个由好奇心驱使的理论

188

探究，但实际上这对测试者来说是非常有帮助的。如果谓词包含一个多余的子句，那么这便是谓词有问题的一个强烈信号！

考虑谓词 $p = a \wedge b \vee a \wedge \neg b$。这其实就是谓词 $p = a$，b 是不相关的。我们计算 p_b，得到

$$\begin{aligned} p_b &= p_{b=true} \oplus p_{b=false} \\ &= (a \wedge true \vee a \wedge \neg true) \oplus (a \wedge false \vee a \wedge \neg false) \\ &= (a \vee false) \oplus (false \vee a) \\ &= a \oplus a \\ &= false \end{aligned}$$

所以 b 是不可能决定 p 的。

对于一些更复杂的表达式，我们需要考虑如何使子句决定谓词。对于表达式 $p = a \wedge (b \vee c)$，我们得到

$$\begin{aligned} p_a &= p_{a=true} \oplus p_{a=false} \\ &= (true \wedge (b \vee c)) \oplus (false \wedge (b \vee c)) \\ &= (b \vee c) \oplus false \\ &= b \vee c \end{aligned}$$

这个例子给出的结果是不确定的，它指出了 CACC 和 RACC 之间的关键区别。有三种选择可以使 $b \vee c$ 的结果为真，（$b = c =$ 真）、（$b =$ 真，$c =$ 假）、（$b =$ 假，$c =$ 真）。对于相关性有效子句覆盖，当 a 为真时，我们可以选择一对值，当 a 为假时，我们可以选取另一对。对于限制性有效子句覆盖，当 a 为真和假时，我们必须选取相同的值。

对 b 的推导和等价的对 c 的推导比 a 要略微复杂一些：

$$\begin{aligned} p_b &= p_{b=true} \oplus p_{b=false} \\ &= (a \wedge (true \vee c)) \oplus (a \wedge (false \vee c)) \\ &= (a \wedge true) \oplus (a \wedge c) \\ &= a \oplus (a \wedge c) \\ &= a \wedge \neg c \end{aligned}$$

上面化简的最后一步可能不是很显而易见。如果是这样的话，试着建立 $a \oplus (b \vee c)$ 的真值表。P_c 的计算与之相类似，产生的最后结果为 $a \wedge \neg b$。 189

布尔代数定律

读者可能在很久以前学习过逻辑。虽然软件测试者不必是一名逻辑专家，但是有时拥有布尔代数法则的“工具箱”可以帮助测试者在计算决定时简化谓词。所以，在设计和开发中使用布尔代数可以帮助简化谓词。下面我们总结了一些最有用的法则。它们来自一些标准的逻辑和离散数学教科书。有些书用（‘+’）代表“或”（我们用 $\vee$），用点（‘.’）或乘号（‘*’）代表“与”（我们用 $\wedge$）。通常两个符号挨在一起也表示“与”，就是说，$a \wedge b$ 可以写作 ab。下面，a 和 b 是布尔值。操作符的优先级从高到低为 $\wedge$，$\vee$，$\oplus$。

否定律

$\neg(\neg a) = a$

$\neg a \vee a = true$

$\neg a \wedge a = false$

$a \vee \neg a \wedge b = a \vee b$

与恒等律

$false \wedge a = false$

$true \wedge a = a$

$a \wedge a = a$

$a \wedge \neg a = false$

或恒等律

$false \vee a = a$

$true \vee a = true$

$a \vee a = a$

$a \vee \neg a = true$

异或恒等律

$false \oplus a = a$

$true \oplus a = \neg a$

$a \oplus a = false$

$a \oplus \neg a = true$

异或等价律

$a \oplus b = (a \wedge \neg b) \vee (\neg a \wedge b)$

$a \oplus b = (a \vee b) \wedge (\neg a \vee \neg b)$

$a \oplus b = (a \vee b) \wedge \neg (a \wedge b)$

交换律

$a \vee b = b \vee a$

$a \wedge b = b \wedge a$

190

$a \oplus b = b \oplus a$

结合律

$(a \vee b) \vee c = a \vee (b \vee c)$

$(a \wedge b) \wedge c = a \wedge (b \wedge c)$

$(a \oplus b) \oplus c = a \oplus (b \oplus c)$

分配律

$a \wedge (b \vee c) = (a \wedge b) \vee (a \wedge c)$

$a \vee (b \wedge c) = (a \vee b) \wedge (a \vee c)$

对偶律

$\neg(a \vee b) = \neg a \wedge \neg b$

$\neg(a \wedge b) = \neg a \vee \neg b$

基于表格的计算决定的快捷方法

前面所讲的找到次子句值使得主子句决定谓词结果的方法是一个通用的方法，在任何情况下都适用于所有谓词。然而，数学对某些读者来说有些挑战，所以下面我们介绍一个简单的快捷方法。

这种方法的使用是基于真值表的。首先，我们为一个谓词列出完整的真值表，该表中包含一列来显示谓词的最后结果。对于表中的任意两行，如果它们的次子句取值相同但主子句取值不同，那么我们检查谓词的结果是否不同。如果谓词的结果不同，那么这两行可以使主子句决定谓词的结果。这种技术实际上就是上面计算方法的一种快捷的基于表格的形式。

在下面的例子中我们使用谓词 $p = a \wedge (b \vee c)$，其完整的真值表共有八行：

	a	b	c	$a \wedge (b \vee c)$
1	T	T	T	T
2	T	T	F	T
3	T	F	T	T
4	T	F	F	F
5	F	T	T	F
6	F	T	F	F
7	F	F	T	F
8	F	F	F	F

现在我们在真值表中为 p_a、p_b 和 p_c 的每一项都加一列。对于 p_a，我们注意到当 b 为真且 c 为真时（第 1 行和第 5 行，b 和 c 有着相同的值），如果 a 为真，谓词的结果为真，如果 a 为假，那么谓词的结果为假。所以，TTT 和 FTT 会使得 a 决定 p 的结果。当 b 为真且 c 为假（第 2 行和第 6 行）或是当 b 为假且 c 为真时（第 3 行和第 7 行），a 也决定 p 的结果。但是，当 b 和 c 均为假时（第 4 行和第 8 行），p 为假，所以这两行**不会**让 a 决定 p 的结果。因此，当 b 为真或 c 为真，以及它们都为真时，a 决定 p 的结果。在数学上我们可以写作 $p_a = b \vee c$，这与我们之前一章所展示的内容是相符的。 191

p_b 和 p_c 决定的计算是类似的，尽管只有更少的几行允许 b 和 c 决定谓词的结果。对于 b，p 在第 2 行（TTF）和第 4 行（TFF）的情况下有着不同的结果。但是，对于 a 和 c 相同的其他行的配对组合（第 1 行和第 3 行、第 5 行和第 7 行、第 6 行和第 8 行），p 的结果是相同的，所以它们不能使 b 决定谓词的结果。同样的，第 3 行（TFT）和第 4 行（TFF）让 c 可以决定谓词的结果。因此，当 a 为真且 c 为假时，b 决定 p 的结果；当 a 为真且 b 为假时，c 决定 p 的结果。

基于表格的方法使我们可以直接计算 RACC、CACC 和 GACC。对于子句 b 和 c，RACC、CACC 和 GACC 是相同的，因为只有两行允许它们决定 p 的值。对于 a，GACC 要求当 a 为真且 p_a 为真时，即行 $\{1, 2, 3\}$，以及当 a 为假且 p_a 为真时，即行 $\{5, 6, 7\}$ 的测试用例的交叉乘积。这样的交叉乘积产生九对组合。CACC 有一条额外的要求，即 p 的真值不能相同，因此 CACC 是 GACC 中包含不同谓词的一个子集。对于这个谓词，a 依然有九条组合。RACC 要求使用“相对应的行”，即第 1 行和第 5 行、第 2 行和第 6 行、第 3 行和第 7 行，一共三组。本书网站上的网络应用工具使用了基于表格的方法。

8.1.6 找到满足准则的取值

应用逻辑覆盖准则的最后一步是选择满足准则需求的取值。本节使用一个例子来展示如何产生测试值。在练习和本章后面关于准则应用的节中会包含更多的例子。我们使用 8.1.1 节中的例子：

$$p = (a \vee b) \wedge c$$

找到**谓词覆盖**所需的测试值比较容易，我们在 8.1.1 节已经展示过了。所需的两个测试需求为：

$$TR_{PC}=\{p=\text{真}，p=\text{假}\}$$

下面子句的取值可以满足这两个测试需求：

	a	*b*	*c*
p＝真	真	真	真
p＝假	真	真	假

192

为了运行测试用例，我们需要进一步细化真值的赋值为子句 *a*、*b* 和 *c* 创建测试值。假设子句 *a*、*b* 和 *c* 都使用 Java 程序变量，如下所示：

a	x < y，程序变量 x 和 y 的一个关系表达式
b	done，一个布尔型的变量
c	list.contains(str)，用于 List 和 String 对象

所以，完整扩展后的谓词实际上是这样的：

$$p=(x<y \vee done) \wedge list.containts(str)$$

然后满足谓词覆盖的测试需求的程序变量的取值如下：

	a	*b*	*c*
p＝真	x＝3 y＝5	done＝true	list＝[“Rat”，“Cat”，“Dog”] str＝“Cat”
p＝假	x＝0 y＝7	done＝true	list＝[“Red”，“White”] str＝“Blue”

注意，如果我们的目标是将子句设置为一个特殊值的话，那么每个测试用例中的程序变量的值不一定需要完全相同。例如，在这两个测试用例中，子句 *a* 均为真，尽管程序变量 *x* 和 *y* 有着不同的取值。

在 8.1.1 节还展示了满足**子句覆盖**的取值。其测试需求为：

$$TR_{CC}=\{a=\text{真}，a=\text{假}，b=\text{真}，b=\text{假}，c=\text{真}，c=\text{假}\}$$

我们可以使用下面子句的取值来满足（表格的空白处表示这些子句“可以任意取值”）：

	a	*b*	*c*
a＝true	t		
a＝false	f		
b＝true		t	
b＝false		f	
c＝true			t
c＝false			f

进一步精炼以给程序变量 *x*、*y*、*done*、*list* 和 *str* 真值赋值的任务留给读者在练习中完成。

在讨论其他准则之前，我们首先为次子句取值以保证主子句可以决定 *p* 的结果。我们之前已经给出了计算 p_a、p_b 和 p_c 的方法。对于例子中的这个谓词的计算过程留作练习。其计算结果如下：

p_a	$\neg b \wedge c$
p_b	$\neg a \wedge c$
p_c	$a \vee b$

193

现在我们开始处理其他的子句覆盖准则。第一个是**组合覆盖**，这个准则要求所有子句的取值都必须完全组合。在这种情况下，我们有八个测试需求，下面的取值可以满足这八个需求：

	a	b	***c***	$(a \vee b) \wedge c$
1	t	t	t	t
2	t	t	f	f
3	t	f	t	t
4	t	f	f	f
5	f	t	t	t
6	f	t	f	f
7	f	f	t	f
8	f	f	f	f

回忆一下，**广义有效子句覆盖**（GACC）要求每条主子句为真和假，而且次子句的取值必须保证主子句决定谓词的结果。类似于子句覆盖，这个准则定义了三组测试需求：

$TR_{GACC}=\{(a=真 \wedge p_a,\ a=假 \wedge p_a),\ (b=真 \wedge p_b,\ b=假 \wedge p_b),\ (c=真 \wedge p_c,\ c=假 \wedge p_c)\}$

下面列出的子句的取值可以满足所定义的测试需求。注意这些取值和子句覆盖需要的值是一样的，区别在于在分析主子句是否决定谓词时推导出的值代替了子句覆盖中空白的单元。在下面的（**部分**真值）表中，主子句的值用大写的加粗的布尔型值来表示：

	a	***b***	**c**	***p***
$a = true \wedge p_a$	**T**	f	t	t
$a = false \wedge p_a$	**F**	f	t	f
$b = true \wedge p_b$	f	**T**	t	t
$b = false \wedge p_b$	f	**F**	t	f
$c = true \wedge p_c$	t	f	**T**	t
$c = false \wedge p_c$	f	t	**F**	f

注意，这其中存在着重复的情况：第1行和第5行是相同的，第2行和第4行也是相同的。因此，满足GACC只需要四个测试用例。

另外一种看待GACC的方法是考虑每一对测试需求所有可能的测试输入对。回忆有效子句覆盖准则总是成对的产生测试需求，待测谓词中的每条子句都产生一对测试需求。我们使用真值表中的行号来标明这些测试输入。因此，配对（3，7）表示上面真值表中的前两个测试用例。

我们发现对于子句 a（当 a 为主子句时），（3，7）是仅有的满足GACC测试需求的配对。对于子句 b，（5，7）是仅有的满足GACC测试需求的配对。对于子句 c 的情况更加有趣。对于子句 c，共有九个配对满足GACC的测试需求，即

{（1，2），（1，4），（1，6），（3，2），（3，4），（3，6），（5，2），（5，4），（5，6）} [194]

回忆一下，**相关性主子句覆盖**（CACC）要求每条主子句为真和假，而且次子句的取值必须保证主子句决定谓词的结果，同时谓词必须包含真和假的结果。和GACC一样，CACC定义了三对测试需求：对于子句 a，测试需求对为：

$$a=真 \wedge p_a \wedge p=x$$
$$a=假 \wedge p_a \wedge p=\neg x$$

这里 x 可以为真或是假。关键是 p 必须在两个测试用例中拥有不一样的真值。对于子句 b 和

c，我们将写出相应 CACC 测试需求的任务留给读者。

在我们的例子中，经过仔细检查 GACC 的测试用例对，我们发现 p 在每一对中的取值都包括真和假。因此，对于谓词 p, GACC 和 CACC 是一样的，它们使用相同的测试输入对。在练习中，读者会发现对于有些子句 c，满足 GACC 的测试用例对不会满足 CACC。

然而，对于例子中的谓词 p，**限制性有效子句覆盖**（RACC）的情况很不一样。RACC 的要求和 CACC 一样，除了一点区别，即 RACC 要求对于主子句 c_i 的两种赋值（真和假），其余的次子句 c_j 的取值必须相同。对于子句 a，RACC 产生的测试需求对为：

$$a = \text{真} \wedge p_a \wedge b = B \wedge c = C$$

$$a = \text{假} \wedge p_a \wedge b = B \wedge c = C$$

其中 B 和 C 为布尔型的常量。经过检查，对于子句 a 和 b，之前 GACC 和 CACC 使用的测试用例配对和 GACC 所需要的配对是一样的。所以对于子句 a，配对（3，7）满足 RACC。对于子句 b，配对（5，7）满足 RACC。但是对于子句 c，有三组配对满足 RACC，即，

$$\{(1, 2), (3, 4), (5, 6)\}$$

这个例子引出一个关于不同类型的有效子句覆盖准则的问题。即在实际中，这些准则的区别是什么？换句话说，除了在算法上细微的差别之外，在实践中它们是如何影响测试者的？通常我们不会看到这其中真正的区别，但是当区别显现的时候，会很明显而且很烦人。

对于每条子句的测试需求，GACC 不要求满足谓词覆盖，所以使用这类准则可能意味着我们不会非常详尽地测试我们的程序。在实际使用时，当谓词很小的时候（一两个子句），我们比较容易创建满足 GACC 但不满足谓词覆盖的测试用例，但是当谓词包含三个或更多子句时，创建这样的测试用例会变得困难起来，因为对于其中的一条子句，所选择的 GACC 测试用例也非常有可能是满足 CACC 的测试用例。

195

另一方面，RACC 限制性的特征有时会导致很难满足准则。当有些子句取值的组合不可行时更是如此。假设在上面使用的谓词中，程序的语义要求从真值表中删除第 2、3 和 6 行。那么对于子句 *list.containts(str)*，我们就无法满足 RACC（即我们有不可行的测试需求），但是依然可以满足 CACC。此外，我们没有证据显示 RACC 可以产生更多或是更好的测试用例。聪明的读者（如果你现在还清醒的话），应该已经意识到相关性有效子句覆盖通常是有效子句覆盖中最实际的一类。

习题

1. 列出下面谓词的所有子句：

$$((f <= g) \wedge (X > 0)) \vee (M \wedge (e < d + c))$$

2. 列出下面谓词的所有子句：

$$(G \vee ((m > a) \vee (s <= o + n)) \wedge U)$$

3. 写出表示下面需求的谓词（只需要写谓词）：列出所有零售价格超过 100 元或是店内存量超过 20 件的无线鼠标。以及列出所有零售价格超过 50 元的非无线鼠标。
4. 使用从（i）到（x）的谓词回答下列问题。使用本书网站上的逻辑覆盖工具来验证你的计算是否正确。

i. $p = a \wedge (\neg b \vee c)$

ii. $p = a \vee (b \wedge c)$

iii. $p = a \wedge b$

iv. $p = a \rightarrow (b \rightarrow c)$

v. $p = a \oplus b$

vi. $p = a \leftrightarrow (b \wedge c)$

vii. $p = (a \vee b) \wedge (c \vee d)$

viii. $p = (\neg a \wedge \neg b) \vee (a \wedge \neg c) \vee (\neg a \wedge c)$

ix. $p = a \vee b \vee (c \wedge d)$

x. $p = (a \wedge b) \vee (b \wedge c) \vee (a \wedge c)$

a）列出每条谓词 p 的子句

b）计算（和简化）当每个子句决定谓词 p 时的条件

c）写出每个子句完整的真值表。从 1 开始标注每一行。使用 8.1.1 节组合覆盖下面的例子中的格式。对于每个子句决定谓词的条件都应该有单独的一列，另外还应该包括一列显示谓词本身的结果。

d）对于每个子句，列出真值表中满足广义有效子句覆盖（GACC）要求的**所有的**行的配对。

e）对于每个子句，列出真值表中满足相关性有效子句覆盖（CACC）要求的**所有的**行的配对。

f）对于每个子句，列出真值表中满足限制性有效子句覆盖（RACC）要求的**所有的**行的配对。 196

g）对于每个子句，列出真值表中满足广义无效子句覆盖（GICC）要求的 4 行组合的**所有**可能。列出所有的不可行的 GICC 的测试需求。

h）对于每个子句，列出真值表中满足限制性无效子句覆盖（RICC）要求的 4 行组合的**所有**可能。列出所有的不可行的 RICC 的测试需求。

5. 当使用异或操作符的时候，说明为什么 GACC **不会**包含谓词覆盖。假设 $p = a \oplus b$。
6. 在 8.1.6 节，我们使用了一个例子 $p = (a \vee b) \wedge c$，还基于程序变量扩展了这个谓词。我们给出了满足谓词覆盖的具体的取值。同时我们还提供了满足子句覆盖的（抽象的）真值。找出满足子句覆盖程序变量所需的具体取值。就是说，将抽象测试用例精炼为具体的测试用例。
7. 进一步改进 GACC、CACC、RACC、GICC 和 RICC 覆盖准则的定义使得次子句上的约束更加的形式化。
8. （**有挑战！**）找到一个谓词和一组额外的约束使得对于某个子句，CACC 是不可行的，但 GACC 是可行的。

8.2 语法逻辑覆盖准则

一个逻辑谓词无论写成何种形式，语义逻辑覆盖准则（有效的）都可以应用于这个谓词。这类准则的优势在于可以不计谓词的形式而测试软件的逻辑，但是这种优点有时也是缺点，因为使用这种方法创建的测试用例不能发现某些类型的故障。本节介绍另一种方法，基于这种方法的准则比语义覆盖更好，但是这些准则也相对更难理解和使用。

具体来说，本节考虑待测的谓词处于一种特殊的形式，称为析取范式（Disjunctive Normal Form，DNF）。DNF 是表达逻辑表达式的一种通用形式，因为这样可以使用小而独立的部分来表述复杂的情况。假设一个规范定义，当符合某个条件时某种行为应该被触发。那么使用 DNF 形式可以直接表达这个规范所定义的思维模型。DNF 表达式与规范中对于问题的理解是非常接近的，这有助于测试结果的推导。具体来说，这建议测试应该关注谓词表示的细节。换句话说，它强烈地激发我们从语法的角度来处理逻辑覆盖准则的问题。

与之前的章节相比，这节使用不同的术语和标记法。因为这些术语和标记法与学术界最新的研究成果相一致，同时这些标记法可以更好地适用于 DNF 形式的谓词。熟悉 DNF 的读者可能还熟悉另一种形式，合取范式（Conjunctive Normal Form，CNF）。DNF 的每种结果都有等价的 CNF 形式。无论在工业界还是学术界中，CNF 与 DNF 相比都较少使用，所以我们在本书中也不会对其做深入讲解。

我们依然使用语义覆盖中用到的子句的概念。对于本节中大部分的内容，将子句简单地想象成一个布尔变量会很有帮助。字（literal）就是子句或是子句的否定（逻辑非运算）。项（term）是由逻辑与连接的一组字。一个 DNF 谓词就是由逻辑或连接的一组项。DNF 谓词中的项称为蕴涵项（implicant），因为如果一个单独的项为真，那么这意味着这个谓词为真。

197

例如，这个谓词的形式就是一个析取范式：

$$(a \wedge \neg c) \vee (b \wedge \neg c)$$

但是这样（语义上等价的）谓词不是析取范式：

$$(a \vee b) \wedge \neg c$$

这个例子有三条子句：a、b 和 c；三个字：a、b 和 $\neg c$；还有两个项：$(a \wedge \neg c)$ 和 $(b \wedge \neg c)$。

通常来说，谓词的 DNF 表示不是唯一的。例如，上面的谓词可以写成下面的形式，但也是一个析取范式：

$$(a \wedge b \wedge \neg c) \vee (a \wedge \neg b \wedge \neg c) \vee (\neg a \wedge b \wedge \neg c)$$

本节基于 DNF 测试文献中所使用的惯例，让字相邻来表示逻辑与的操作符，“+”表示逻辑或的操作符，上横线表示逻辑非的操作符。这种方式有时可以使长的表达式变得更容易理解。所以，上面的最后一个 DNF 谓词可以写作：

$$ab\overline{c} + a\overline{b}\overline{c} + \overline{a}b\overline{c}$$

8.2.1　蕴涵项覆盖

下面的 3 节会解释如何应用析取范式设计测试用例。与语义逻辑覆盖准则一样，我们从简单的准则开始讲起，最后介绍非常强大的覆盖准则 MUMCUT。

关于 DNF 表示的一种简单的测试方法是对子句赋值使 DNF 表达式中的每个蕴涵项被至少一个测试用例所满足。所有的测试用例中，谓词的结果均为真，所以从来不会出现待测谓词为假的情况。处理这个问题时，测试谓词以及谓词的否定形式。将得到的待测谓词的否定形式转换为 DNF 表达式，然后使用与谓词本身使用的相同的覆盖准则来测试这个否定形式。依据这些想法，我们定义了第一个 DNF 覆盖准则：

准则 8.26　*蕴涵项覆盖*（Implicant Coverage，IC）*已知一个谓词 f 和非 f（$\overline{f}$）的 DNF 表达式，对于 f 和 $\overline{f}$ 中的每个蕴涵项，TR 包括的测试需求要求蕴涵项的取值为真。*

在下面解释 IC 的例子中，谓词 f 的 DNF 表达式包括三条子句（a、b 和 c）以及两个项（ab 和 $b\overline{c}$）。

$$f(a, b, c) = ab + b\overline{c}$$

非 p 可以通过下面的代数计算得出：

$$\begin{aligned}\overline{f}(a,b,c) &= \overline{ab \vee b\overline{c}} \\ &= \overline{ab} \wedge \overline{b\overline{c}} \text{ ——对偶律} \\ &= (\overline{a} \vee \overline{b}) \wedge (\overline{b} \vee c) \text{ ——对偶律}\end{aligned}$$

$$= \overline{a}\overline{b} \vee \overline{a}c \vee \overline{b}\overline{b} \vee \overline{b}c \text{——分配律}$$
$$= \left(\overline{a}\overline{b} \vee \overline{b}\overline{b}\right) \vee \overline{b}c \vee \overline{a}c \text{——交换律}$$
$$= \left(\overline{b} \vee \overline{b}c\right) \vee \overline{a}c \text{——吸收律}$$
$$= \overline{\mathbf{b}} \vee \overline{\mathbf{a}}\mathbf{c} \text{——吸收律}$$

198

最后 f 和 $\overline{f}$ 共有四个蕴涵项：

$$\{ab, b\overline{c}, \overline{b}, \overline{a}c\}$$

为这四个蕴涵项产生测试用例的一个明显而简单的方法是为每个蕴涵项都创建一个测试用例。但是，我们也可以使用更少的测试用例来满足它们。考虑下面的表，这个表包含了每个蕴涵项所选的真值赋值：

	a	b	c		
1) ab	T	T		a	b
2) $b\overline{c}$		T	F	b	$\overline{c}$
3) $\overline{b}$		F		$\overline{b}$	
4) $\overline{a}c$	F		T	$\overline{a}$	c

第 1 行和第 2 行可以同时满足，第 3 行和第 4 行也可以同时满足。所以在这个例子中满足 IC 只需要两个测试用例：

$$T_1 = \{TTF, FFT\}$$

IC 保证谓词的结果中包含真和假，所以它包含谓词覆盖。但是它并不能包含任何的有效子句覆盖准则。

使用 IC 的问题之一是一个测试用例可能会满足多个蕴涵项。在上面的例子中，测试用例集 T_1 确实也只包含了两个测试用例。虽然这样可以使测试者最小化测试用例集，但是也使单独测试每个蕴涵项变得更加困难。使用 IC 的另一个问题是谓词否定形式的 DNF 表达式不一定具有固定的形式。总体来说，IC 是一种比较弱的覆盖准则，还存在着更加强大的 DNF 覆盖准则。在讲述这些准则之前，我们还需要介绍更多的数学体系。

8.2.2 极小 DNF

与有效子句准则一样，我们也想让 DNF 表达式中的每个蕴涵项“起作用”。就是说，我们想要一种 DNF 的形式，其中只满足一个蕴涵项，不满足其他的蕴涵项。幸运的是，已经有一些标准的方法可供我们使用。蕴涵项的*适当子项*（proper subterm）是一个去除了一个或多个子项的蕴涵项。例如，abc 的适当子项是 ab、bc、ac、a、b 和 c。*主蕴涵项*（prime implicant）是一个蕴涵项，并且它的适当子项不能是所在谓词中的一个蕴涵项。就是说，在一个主蕴涵项中，移除一个项而不改变谓词的结果是不可能的。例如，我们对之前的例子中的谓词进行了重构：

$$f(a, b, c) = abc + ab\overline{c} + b\overline{c}$$

199

abc 不是一个主蕴涵项，因为其中的一个适当子项 ab 也是一个蕴涵项。$ab\overline{c}$ 也不是一个主蕴涵项，因为其中的适当子项 ab 也是一个蕴涵项，另一个适当子项 $b\overline{c}$ 也同样如此。

我们需要一个额外的概念。一个蕴涵项是*冗余的*（redundant）如果去掉这个蕴涵项不会改变谓词的结果。例如，表达式：

$$f(a, b, c) = ab + ac + b\overline{c}$$

有三个主蕴涵项，但是第一个蕴涵项 ab 是冗余的，因为 $ac + b\overline{c}$ 和 $ab + ac + b\overline{c}$ 的效果是完全一样的。一个 DNF 表达式是*极小的*（minimal），如果其每个蕴涵项都是主蕴涵项而且没有一个蕴涵项是冗余的。极小 DNF 表达式可以通过代数计算或卡诺图（Karnaugh map）手动计算来实现。卡诺图将会在 8.2.4 节讲到。因为非主蕴涵项意味着带有没有必要的约束，而冗余的蕴涵项由定义得知是没有必要的，因此软件工程师有充分的理由将 DNF 表达式简化为极小的形式。

基于上面的定义，我们假设已经有一个谓词的极小 DNF 表达式。已知一个谓词 f 的极小 DNF 表达式，第 i 个蕴涵项的*唯一真值点*（unique true point，UTP）指的是对所有子句赋值，使得只有第 i 个蕴涵项为真，其余的蕴涵项为假。注意，如果其他蕴涵项的结果不能为假的话，那么这个蕴涵项是冗余的，违反了我们关于 f 是极小 DNF 形式的假设。如果 f 是：

$$f(a, b, c, d) = ab + cd$$

那么，对于蕴涵项 ab，$TTFT$、$TTTF$ 和 $TTFF$ 都是唯一真值点。$TTTT$ 是一个真值点，但不是一个唯一真值点，因为两个蕴涵项 ab 和 cd 对于 $TTTT$ 来说均为真。

对于唯一真值点，存在一个相对应的假值点。已知一个谓词 f 的 DNF 表达式，f 中蕴涵项 i 的子句 c 的一个*近似假值点*（near false point，NFP）指的是对所有子句赋值，使得 f 为假。但是如果对 c 取反（逻辑非运算）而其他子句取值保持不变，那么 i 的结果将变为真（因此 f 的结果也为真）。例如，如果 f 是：

$$f(a, b, c, d) = ab + cd$$

那么对于蕴涵项 ab 中的子句 a 来说，近似假值点是 $FTFF$、$FTFT$ 和 $FTTF$，对于蕴涵项 ab 中的子句 b 来说，近似假值点是 $TFFF$、$TFFT$ 和 $TFTF$。

8.2.3 MUMCUT 覆盖准则

学术界已经研究出许多 DNF 覆盖准则。产生这些准则的动机在于它们可以检测到一些类型的故障。本节我们介绍 MUMCUT，它是这些准则中最重要的一种，因为它可以保证在一个故障等级关系中检测到所有可能的单个故障的实例。首先，我们需要介绍逻辑表达式中的故障类型，然后再介绍基础的准则。

200

表 8-1 为 DNF 形式[⊖]的谓词定义了九种语法上的故障。这些故障归纳了由于包含一个错误导致谓词无法正确表达的情况。例如，LIF 故障表达的是一个额外的约束错误的加入到一个项中的情况。这些故障类型已经经过了学术界严格的审查，可以被认为是一个完整的集合。还有一些明显的故障，例如“真值替代”（stuck-at，即一个字被布尔常量*真*或*假*来代替）的故障，没有明确地包含在这个列表中。我们没有包括这些故障是因为如果表中所包括故障被发现的话，这些故障也可以被发现。

表 8-1　DNF 故障类型

故障	描述
表达式否定故障（Expression Negation Fault，ENF）	一个表达式被不正确地写成它的否定形式：$f = ab + c$ 写作 $f' = \overline{ab + c}$
项否定故障（Term Negation Fault，TNF）	一个项被不正确地写成它的否定形式：$f = ab + c$ 写作 $f' = \overline{ab} + c$
项遗漏故障（Term Omission Fault，TOF）	一个项被不正确地遗漏了：$f = ab + c$ 写作 $f' = ab$

⊖ 第 9 章中介绍的变异操作符的概念和这里的故障类型的概念非常接近。

（续）

故障	描述
字否定故障（Literal Negation Fault，LNF）	一个字被不正确地写成它的否定形式：$f = ab + c$ 写作 $f' = a\bar{b} + c$
字引用故障（Literal Reference Fault，LRF）	一个字被另一个字不正确地取代了：$f = ab + bcd$ 写作 $f' = ad + bcd$
字遗漏故障（Literal Omission Fault，LOF）	一个字被不正确地遗漏了：$f = ab + c$ 写作 $f' = a + c$
字插入故障（Literal Insertion Fault，LIF）	一个字被不正确地加入到一个项中：$f = ab + c$ 写作 $f' = ab + \bar{b}c$
操作符引用故障（Operator Reference Fault，ORF+）	一个‘或’操作符被‘与’操作符不正确地替换：$f = ab + c$ 写作 $f' = abc$
操作符引用故障（Operator Reference Fault，ORF*）	一个‘与’操作符被‘或’操作符不正确地替换：$f = ab + c$ 写作 $f' = a + b + c$

图 8-2 给出了表 8-1 中故障类型间的检测关系。如果一个测试用例集一定可以发现一个已知的故障类型，那么这个测试用例集也同样一定可以检测到这个故障类型“下游（downstream）”的故障类型。例如，一个测试用例集可以保证检测到所有的 LIF 故障，那么它一定可以检测到所有的 TOF 和 LRF 故障类型。根据蕴涵的定义，也可以检测到所有的 ORF+、LNF、TNF 和 ENF 故障。注意所有的测试用例都可以检测到 ENF 故障。

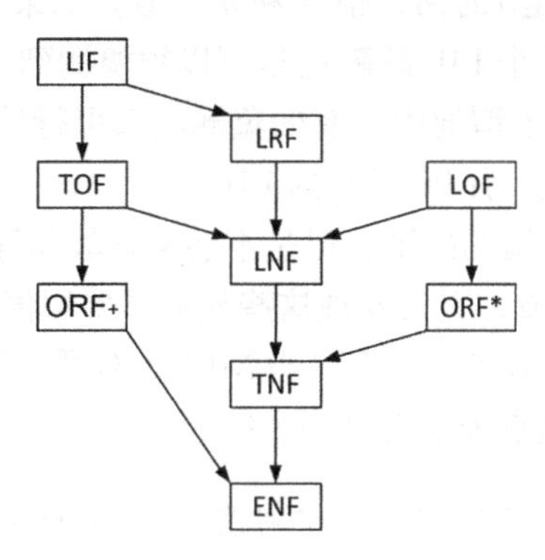

图 8-2　故障检测关系

我们介绍的第一种覆盖准则可以检测到 LIF 故障，关注这种故障是因为 LIF 是故障等级关系的最上层。多项唯一真值点（Multiple Unique True Points，MUTP）的定义如下：

准则 8.27　*多项唯一真值点覆盖*　已知一个谓词 f 的极小 DNF 表达式，对于 f 中的每个蕴涵项 i，选择唯一真值点（UTP）使得不在 i 中的子句的取值包括真和假。

对于这个准则的例子，考虑如下谓词：

$$f(a, b, c, d) = ab + cd$$

对于蕴涵项 ab，如果我们所选的唯一真值点是 $TTFT$ 和 $TTTF$，那么不在蕴涵项 ab 中的子句 c 和 d 都有真和假的取值。类似地，对于蕴涵项 cd，如果我们所选的唯一真值点是 $FTTT$ 和 $TFTT$，那么不在蕴涵项 cd 中的子句 a 和 b 的取值都包含真和假。对于谓词 $ab + cd$，MUTP 的最后结果是：

$$\{TTFT, TTTF, FTTT, TFTT\}$$

MUTP 在检测故障方面是一种强大的准则。就像之前提到的那样，MUTP 可以检测到字插入故障（LIF），这类故障处于图 8-2 中故障等级关系中的顶部。如果 MUTP 是可行的，即，如果存在着唯一真值点使得不在蕴涵项中的子句的取值包含真和假，那么 MUTP 可以检测到所有的 LIF 故障。如果这个假设成立的话，根据故障等级关系，我们发现如果 MUTP 是可行的，它可以检测到九个故障类型中的七个。唯一不能被检测到的故障类型是 LOF 和 ORF*。

为了理解 MUTP 为什么这么强大，下面我们考虑当在一个项中插入一个字时会发生什么。因为 MUTP 在不同的测试用例中保证了不在蕴涵项中的子句会包含真和假的取值，所以插入的字在某个测试用例中的取值一定包含假。这就意味着整个蕴涵项的结果为假，而这个蕴涵项本来应该为真，因此谓词的实际结果为假而不是真，这个 MUTP 测试用例是失败的。

201 ~ 202

为了能够更具体的说明这个情况，考虑我们之前用到的谓词 $ab + cd$ 中的蕴涵项 ab。在这个谓词中 MUTP 对于每个蕴涵项都是可行的，就是说我们可以找到唯一真值点使得 c 和 d 的取值都包括真和假，即 *TTFT* 和 *TTTF*。

现在考虑如果我们将一个字 l 插入到蕴涵项 ab 中会发生什么：

$$abl$$

如果 l 是 a 的话，那么这个字是冗余的，功能没有改变，因此，不会检测到故障。如果 l 是 $\bar{a}$ 的话，那么两个 MUTP 测试用例 *TTFT* 和 *TTTF* 导致谓词的结果为假，那么这个 LIF 故障可以被检测到。如果 l 是 b 或是 $\bar{b}$ 的话，情况和 a 类似。如果 l 是 c 的话，那么在测试用例 *TTFT* 中，谓词的结果为假，这个 LIF 故障还是可以被检测到。如果 l 是 d 或是 $\bar{d}$，情况和 c 类似。当然，当 MUTP 不是对于谓词中所有的蕴涵项都可行的话，这个结论不成立。因此，MUTP 不能保证可以检测到任意谓词中所有的 LIF 故障。

总结一下，MUTP 是一个不错的准则，但是不能覆盖故障等级关系的每个方面。特别是，它不能检测到 LOF 和 ORF* 故障，因为发现这些故障需要假值点（使得蕴涵项为假的赋值），但是 MUTP 的定义只能产生真值点。还有，当 MUTP 不可行的时候也不能发挥作用。下一个准则 CUTPNFP，包含了假值点来处理第一个问题。

准则 8.28 唯一真值点 – 近似假值点配对覆盖（Corresponding Unique True Point and Near False Point Pair Coverage，CUTPNFP） 已知一个谓词 f 的极小 DNF 表达式，对于每个蕴涵项 i 中的每个字 c，*TR* 包含对于 i 的一个唯一真值点和 i 中 c 的一个近似假值点，使得这两个点的区别只在于 c 的取值。

对于这个准则的例子，考虑如下谓词：

$$f(a, b, c, d) = ab + cd$$

如果我们考虑蕴涵项 ab 中的子句 a，我们可以选择三个唯一真值点 *TTFF*、*TTFT* 和 *TTTF* 中的一个，以及对应的三个近似假值点 *FTFF*、*FTFT* 和 *FTTF* 中的一个。所以，为了满足蕴涵项 ab 中子句 a 的 CUTPNFP，我们可能选择第一对 *TTFF* 和 *FTFF*。同样的，为了满足蕴涵项 ab 中子句 b 的 CUTPNFP，我们可能选择 *TTFF* 和 *TFFF*；为了满足蕴涵项 cd 中子句 c 的 CUTPNFP，我们选择 *FFTT* 和 *FFFT*；为了满足蕴涵项 cd 中子句 d 的 CUTPNFP，我们选择 *FFTT* 和 *FFTF*。最后 CUTPNFP 的结果为：

$$\{TTFF, FFTT, FTFF, TFFF, FFFT, FFTF\}$$

注意前两个测试用例是唯一真值点，其余的四个是对应的近似假值点。

和 MUTP 不同，当 CUTPNFP 可行的时候，CUTPNFP 可以有效地检测出 LOF 故障。

原因是对于项 i 中的每个子句，CUTPNFP 要求一个唯一真值点和一个近似假值点。这两个测试用例在子句 c 的取值是不同的。因此如果 c（或$\bar{c}$）在实现中错误地被删除了，这两个测试用例会导致相同的结果，进而揭示故障的存在。根据图 8-2 中的检测关系，如果 CUTPNFP 可行的话，它可以检测出 ORF*、LNF、TNF 和 ENF 故障。值得指出的是 CUTPNFP 包含 RACC，如果我们考虑 CUTPNFP 是如何产生测试用例对的话，这也并不令人惊讶。还有，CUTPNFP 不一定可以检测到 LIF 故障，因此不能代替 MUTP。

203

有些情况下 MUTP 和 CUTPNFP 是不可行的，因此需要额外的测试用例。MNFP 准则可以提供这些额外的测试用例：

准则 8.29 多项近似假值点覆盖（Multiple Near False Point Coverage，MNFP） 已知一个谓词 f 的极小 DNF 表达式，对于每个蕴涵项 i 中的每个字 c，选择近似假值点（NFP）使得不在 i 中的子句的取值包括真和假。

再一次使用下面的谓词：

$$f(a, b, c, d) = ab + cd$$

对于蕴涵项 ab，考虑字 a。如果我们选择 $FTFT$ 和 $FTTF$ 作为子句 a 的近似假值点（NFP），那么不在蕴涵项 ab 中的字 c 和 d 均有真和假的取值。类似地，对于蕴涵项 ab 中的字 b，我们可以选择 $TFFT$ 和 $TFTF$。对于蕴涵项 cd，如果我们选择 $FTFT$ 和 $TFFT$ 作为子句 c 的近似假值点（NFP），那么不在蕴涵项 cd 中的字 a 和 b 均包含真和假的取值。类似地，对于蕴涵项 cd 中的字 d，我们可以选择 $FTTF$ 和 $TFTF$。在这些选择中有一些重叠，即最后只需要四个测试用例。对于谓词 $ab + cd$，最后所需要的 MNFP 集合为：

$$\{TFTF, TFFT, FTTF, FTFT\}$$

我们发现如果同时使用 MUTP、CUTPNFP 和 MNFP，那么产生的测试用例集将可以检测到整个故障等级中的所有故障类型，即使有些测试需求是不可行的。大致上来说，一个准则中可行的测试需求可以用来补偿其他准则中不可行的测试需求。因此 MUMCUT 结合了这三种准则：

准则 8.30 MUMCUT 已知一个谓词 f 的极小 DNF 表达式，对于 f 应用 MUTP、CUTPNFP 和 MNFP。

与一种语义覆盖准则例如 RACC 进行比较，如果我们基于所需测试用例的数目来衡量，那么使用 MUMCUT 的代价很大。但是我们已经开发出一些低成本的 MUMCUT 的变形，这些版本需要更少的测试用例。尽管比语义（ACC）准则所需的测试用例依然要多，但是这些额外的测试用例带来了巨大的好处。下面让我们在故障等级关系中考虑 RACC 检测故障的效果。

从理论的角度来看，RACC 只能保证检测出 TNF 和 ENF 故障的所有实例。RACC 测试用例不能保证检测出其余的七种故障类型。

在实践中，研究人员发现 RACC 测试用例只能检测出故障等级关系中三分之一的故障，不能发现其余三分之二的故障。因此，当测试应用程序时，如果失败导致的结果特别严重的话，我们应该考虑使用 MUMCUT。

204

8.2.4 卡诺图

本节我们来介绍前面提到过的卡诺图，对于有着数目不多子句的谓词，使用卡诺图来产生 DNF 表达式非常有用。对深入理解卡诺图感兴趣的同学可以去查询其他的教科书和网络资料。

卡诺图使用表格表示带有特殊属性的谓词，表中相邻项的组合与简单的 DNF 表达式相对应。卡诺图对于具有不超过四条或五条子句的谓词来说是很有用的，超过这个数目，卡诺图的使用就变得繁琐了。一个带有四条子句的谓词的卡诺图如下所示：

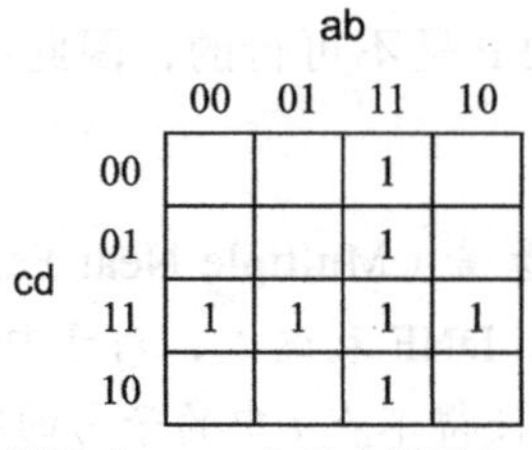

谓词“$ab + cd$”的卡诺图表

现在，假设表格中限制只能输入真值。n 条子句会有 2^n 个表格，那么可能的真值赋值的数目就是2^{2^n}。所以，表中所代表的四条子句会有 2^4 个，即 16 个表格；2^{16} 个，即 65 536 个可能的功能。读者可以放心，我们不会在书中穷举出所有的可能。我们需要注意沿着行和列标记真值。特别是，注意邻近的两个表格单元只有一个子句的真值不同。可以认为卡诺图的边是连接着的，所以图的顶部和底部都是相邻的，左边的列和右边的列也都是相邻的（这是一个从二维到三维的环形映射（toroidal mapping））。

卡诺图代表的特殊的功能可以被完整地表述为：

$$ab\overline{c}\overline{d} + ab\overline{c}d + abcd + abc\overline{d} + \overline{a}\overline{b}cd + \overline{a}bcd + a\overline{b}cd$$

这个表达式可以简化为：

$$ab + cd$$

该简化在卡诺图上可以理解为将邻近的标记为 1 的单元分组到一个大小为 2^k（$k > 0$）的矩形中，再将没有邻近标记为 1 的单元构成大小为 1 的矩形。分组间允许有重叠。现在我们使用一个具有三条子句的例子来解释。考虑下面的卡诺图：

		a, b			
		00	01	11	10
	0		1	1	
c	1	1		1	1

[205]

从这个图中我们可以提取出四个大小为 2 的矩形。它们是功能$b\overline{c}$、ab、ac 和$\overline{b}c$，可由下面的卡诺图分别来代表：

		a, b			
		00	01	11	10
	0		1	1	
c	1				

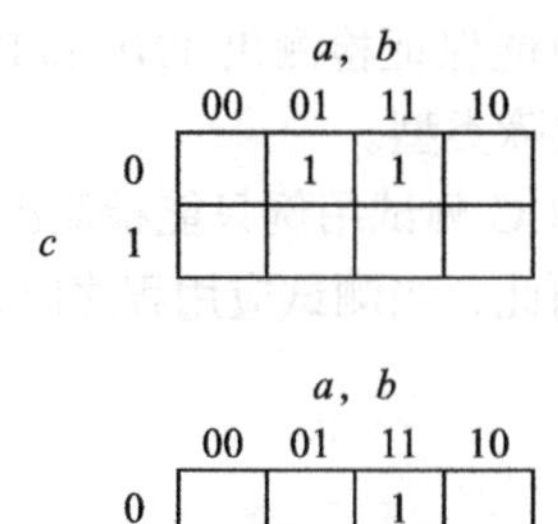

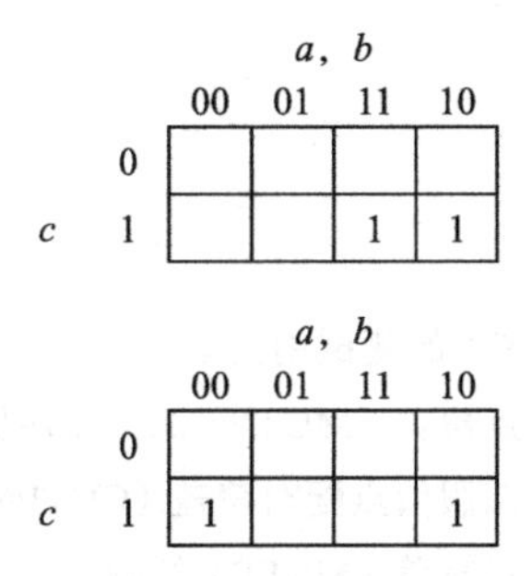

首先，最后一个图带有1的两个单元可能不太容易看作一个矩形，但是记住卡诺图从左到右，从上到下，在边上都是连接着的。我们可以将原始的功能写成这四个卡诺图的析取连接，每个图都是一个主蕴涵项，但是注意第二个蕴涵项相对于其他的三个蕴涵项来说是冗余的，因为其所有的单元都可以被另一个卡诺图覆盖。最后的极小DNF表达式为：

$$f = b\bar{c} + ac + \bar{b}c$$

还要注意到 ac 的所有单元也被其他的卡诺图覆盖，所以 ac 对其余的蕴涵项来说也是冗余的。所以另外一种极小DNF表达式为：

$$f = b\bar{c} + ab + \bar{b}c$$

从卡诺图中可以很容易得到DNF的否定形式。例如，对于上面的功能 f，可以通过将所有空白的单元改变为1，再将所有的1改变为空白来得出 f 的否定形式：

	a, b: 00	01	11	10
c = 0	1			1
c = 1		1		

这里，卡诺图中的三个单元可以使用两个矩形来覆盖，一个大小为2的矩形，一个大小为1的矩形。最后无冗余的、主蕴涵项的形式为： 206

$$\bar{f} = \bar{b}\bar{c} + \bar{a}bc$$

对许多逻辑覆盖准则来说，卡诺图是产生测试用例集的一种非常便捷的标记法。例如，下面我们再以谓词 $ab + cd$ 为例。唯一真值点就是由单一矩形覆盖的真值点。因此，在 $ab + cd$ 的所有真值点中，除了 *TTTT* 剩下的都是唯一真值点。对于任何已知的真值点，近似假值点就是那些在卡诺图上直接相邻的假值点。对于MUTP，当项中的子句包含真和假时，我们可以识别唯一真值点。CUTPNFP则要求对 f 中的每个子句，将近似假值点和唯一真值点配对。对于MNFP，识别每个字的近似假值点使得除待处理子句之外的子句都包含真和假的取值。卡诺图也可以很容易地来计算决定：只需简单地识别邻近单元的所有配对使得待研究变量的取值和谓词的取值可以同时改变。将真值点和近似假值点配对也是产生RACC测试用例的一种简单方法。注意，对于RACC测试用例，真值点是不是唯一无关紧要。本书的网站上有关于卡诺图使用的讲义动画以及视频解说。

习题

1. 使用谓词（i）到（iv）来回答下面的问题。

i. $f = ab\bar{c} + \bar{a}\bar{b}c$

ii. $f = \bar{a}\bar{b}\bar{c}\bar{d} + abcd$

iii. $f = ab + a\bar{b}c + \bar{a}\bar{b}c$

iv. $f = \bar{a}\bar{c}\bar{d} + \bar{c}d + bcd$

a）画出f和$\bar{f}$的卡诺图。

b）找出f和$\bar{f}$的无冗余的主蕴涵项。

c）给出一个满足f的蕴涵项覆盖（IC）的测试用例集。

d）给出一个满足f的多项唯一真值点覆盖（MUTP）的测试用例集。

e）给出一个满足f的唯一真值点近似假值点配对覆盖（CUTPNFP）的测试用例集

f）给出一个满足f的多项近似假值点覆盖（MNFP）的测试用例集。

g）给出一个保证检测出图 8-2 中所有故障的测试用例。

2. 使用下面的谓词来回答 a ～ f 的问题。

$W = (b \wedge \neg c \wedge \neg d)$

$X = (b \wedge d) \vee (\neg b \neg d)$

$Y = (a \wedge b)$

$Z = (\neg b \wedge d)$

a）画出谓词的卡诺图。将 ab 放在顶部，cd 放在侧面。使用 W、X、Y 或 Z 来合理地标注每个单元。

b）使用极小 DNF 表达式来描述具有超过一个定义的所有单元。

207 c）使用极小 DNF 表达式来描述没有定义的所有单元。

d）使用极小 DNF 表达式来描述 $X \vee Z$。

e）生成 X 的一个测试用例集使得每个主蕴涵项仅使用一次。

f）生成一个测试用例集使其保证可以检测到图 8-2 中所有的故障。

3. 考虑“真值替代”故障，即一个字被布尔常量*真*或*假*来代替。这些故障没有出现在表 8-1 中或是图 8-2 中相应的故障检测关系中。

a）对于常量*真*来说，哪种故障类型可以“主导”真值替代故障？就是说找出图 8-2 中的一种故障，使得如果测试用例集可以找到这种故障，那么这个测试用例集也一定可以检测到所有的使用*真*来替换的故障。请解释你的答案。

b）对于常量*假*来说，哪种故障类型可以“主导”真值替代故障？就是说找出图 8-2 中的一种故障，使得如果测试用例集可以找到这种故障，那么这个测试用例集也一定可以检测到所有的使用*假*来替换的故障。请解释你的答案。

8.3 程序的结构化逻辑覆盖

和图覆盖准则一样，逻辑覆盖准则可以直接应用到程序当中。我们可以从程序（if、case 和循环语句）的判定语句中直接得到谓词。当谓词中子句的数目增大的时候，高级的准则，比如有效子句覆盖是最有用处的。但是，实际上程序中绝大多数的谓词只有一条子句，程序员倾向于写最多包含两条或三条子句的谓词。有一点很明确，当谓词只有一条子句时，所有的逻辑覆盖准则都和谓词覆盖的效果一样。

在程序中应用逻辑覆盖的主要复杂性来自可达性而不是准则本身。就是说，逻辑覆盖准则产生的需求和程序中指定的判定点（语句）相关联。产生满足这些需求的测试值只是问题的一部分，到达指定的语句有时会更加困难。到达指定的语句与两个问题有关，第一个就是第 3 章中讲到的可达性，测试用例必须包括可以到达指定语句的测试值。在小程序中（例如大部分的方法）这个问题不是太难，但是当应用到一个超大程序中时，满足可达性会非常复杂。满足可达性的测试值是测试用例中的前缀值。

“到达指定语句”的另一部分更加困难。使用程序变量表达的测试需求可能局部定义于一个待测单元或待测语句块中。而在另一方面，测试用例只包括我们测试程序的输入值。因此，我们必须从外部的输入变量着手来解决那些*内部变量*的取值。虽然测试需求中变量的取值最终应该是输入变量值的一个函数表达，但是这种关系的复杂度是很难预测的。事实上，这个*内部变量*的问题在理论上被证明是不可判定的。

考虑我们通过查询表得到一个内部变量 X，其中 X 对于表的索引是由一个复杂的函数来决定的，这个函数的输入就是程序的输入。为了能让 X 选择一个特殊的取值，测试者不得不从判定所在的语句开始倒推回去，推到 X 被选中的表，产生表索引的函数，最后到让函数生成预期取值的输入。测试数据自动生成领域已经对这个可控性问题进行了深入的研究，所以我们不会在这里详细讨论，除了一点，这个可控性问题是导致程序级逻辑覆盖准则通常受限于单元测试和模块测试活动的一个主要原因。 208

下面我们通过一个例子来阐述逻辑覆盖的概念。图 8-3 展示了一个类 Thermostat，是家用可编程温度调节器的一部分。这个类包括一个主要的方法 turnHeaterOn()，该方法使用一些实例变量来决定是否需要打开加热器。每个实例变量都有一个简短的“赋值（setter）”方法，所以可以认为是“半个豆子（half-bean)”，JavaBean 要求通过 getter 和 setter 方法控制内部属性，这里半个豆子指只有 setter 方法，没有 getter 方法的 JavaBean）。虽然这是一个小例子，但是 Thermostat 有一些优点：它的功能目的很容易理解，这个类很小刚好适合课堂练习，其中的逻辑结构又足够复杂可以解释大部分的概念。图中已经加入了行号，这样我们可以直接引用指定的决策语句。

当将逻辑准则应用于程序时，我们从程序中的判定点（包括 if 语句、case/switch 语句、for 循环、while 循环和 do-until 循环）得到谓词。我们使用 Thermostat 类中的 turnHeaterOn() 方法来解释这一点。turnHeaterOn() 方法中的谓词如下（行号显示在左边，位于第 40 行的 else 语句没有自己的谓词）：

```
28–30: (((curTemp < dTemp - thresholdDiff) ||
         (Override && curTemp < overTemp - thresholdDiff)) &&
        timeSinceLastRun.greaterThan (minLag))
34:    (Override)
```

在第 28 行到 30 行的谓词有四条子句，使用了七个变量（有两个变量使用了两次）。我们使用下面的替代语句来简化讨论：

```
a:  curTemp < dTemp - thresholdDiff
b:  Override
c:  curTemp < overTemp - thresholdDiff
d:  timeSinceLastRun > minLag
```

所以我们得到：

```
28–30: (a || (b && c)) && d
34:    b
```

turnHeaterOn() 方法有一个输入参数，该对象包含了用户输入的温度设定。turnHeaterOn() 方法也使用由赋值方法（setter）控制的实例变量。dTemp 是一个内部的变量，它决定了想要的温度。该变量使用一天中的时段（如早上）和日期类型（如工作日）来向 ProgramedSettings 对象要求目前想要的温度。本节剩余部分阐释了如何在 turnHeaterOn() 209 ~ 210

中满足逻辑覆盖准则。在处理实际的准则之前，我们首先需要分析谓词来找到能够到达谓词的测试值（可达性问题）和理解如何给内部变量 dTemp 赋值（内部变量问题）。

```
 6  import java.io.*;
 7  import java.util.*;
 8
 9  // 可编程的温度调节器
10  public class Thermostat
11  {
12     private int curTemp;              // 读取当前温度
13     private int thresholdDiff;        // 将加热器打开前的温差
14     private int timeSinceLastRun;     // 加热器已停止的时间
15     private int minLag;               // 我需要等多长时间
16     private boolean override;         // 用户是否有重写程序
17     private int overTemp;             // 重写温度
18     private int runTime;              // turnHeaterOn 的输出 - 运行时长
19     private boolean heaterOn;         // turnHeaterOn 的输出 - 是否运行
20     private Period period;            // 时段
21     private DayType day;              // 一天的类型
22
23     // 决定是否打开加热器和决定运行时长
24     public boolean turnHeaterOn (ProgrammedSettings pSet)
25     {
26        int dTemp = pSet.getSetting (period, day);
27
28        if (((curTemp < dTemp - thresholdDiff) ||
29            (override && curTemp < overTemp - thresholdDiff)) &&
30            (timeSinceLastRun > minLag))
31        {  // 打开加热器
32           // 多长时间？假设一分钟加热一度（华氏）
33           int timeNeeded = curTemp - dTemp;
34           if (override)
35              timeNeeded = curTemp - overTemp;
36           setRunTime (timeNeeded);
37           setHeaterOn (true);
38           return (true);
39        }
40        else
41        {
42           setHeaterOn (false);
43           return (false);
44        }
45     } // turnHeaterOn 方法结束
46
47     public void setCurrentTemp (int temperature)   { curTemp = temperature; }
48     public void setThresholdDiff (int delta)        { thresholdDiff = delta; }
49     public void setTimeSinceLastRun (int minutes)  { timeSinceLastRun = minutes; }
50     public void setMinLag (int minutes)            { minLag = minutes; }
51     public void setOverride (boolean value)        { override = value; }
52     public void setOverTemp (int temperature)      { overTemp = temperature; }
53
54     // programmedSettings 所需的方法
55     public void setDay (DayType curDay)            { day = curDay; }
56     public void setPeriod (Period curPeriod)       { period = curPeriod; }
57
58     // trunHeaterOn 的输出，需要相应的获取（getter）方法来激活加热器
59     void setRunTime  (int minutes)          { runTime = minutes; }
60     void setHeaterOn (boolean value)        { heaterOn = value; }
61  } // Thermostat 类结束
```

图 8-3　thermostat 类

首先我们考虑可达性。位于第 28 到 30 行的谓词总是可达的，所以到达第 28 到 30 行所需要满足的条件（其可达性的条件）为真，如表 8-2 所示。位于第 34 行的谓词所在的 if 结构起始于第 28 行，所以如果位于第 28 到 30 行的谓词为真的话，这个谓词也是可达的。因

此，它的可达性的条件是 (a || (b && c)) && d)。if结构的else分支将控制转到第42行，它的可达性条件是进入if结构条件的否定：!(a || (b && c)) && d)，这个条件可以简化为 !c || (!a && (!b || !d))。

表 8-2 Thermostat 类中谓词的可达性

28-30:	true
34:	(a || (b && c)) && d
40:	!((a || (b && c)) && d)

注意子句a是实际条件 curTemp < dTemp - thresholdDiff 的缩写，这个条件使用局部（内部）变量 dTemp。我们无法将 dTemp 作为测试输入的一部分来直接赋值，所以我们不得不间接地来控制它的取值。因此产生测试值的下一步是如何给 dTemp 具体赋值。

第26行的代码使用 ProgrammedSettings 的对象来调用带有参数 period 和 day 的 getSetting() 方法。假设我们希望室内理想的温度为69F（大约20.5C）。这个可控性的问题使测试自动化变得复杂。一个简单的解决方法是使用直接赋值而不是方法调用的方式改变待测方法。但是这种方法有两个弊端：（1）在运行每个测试用例前必须重新编译 Thermostat 类；（2）由于改变了赋值，这和我们原来计划部署的方法是不一样的，实际上我们在测试另一个方法。

一个更好的方法是学习如何设置程序状态使 turnHeaterOn() 中的方法调用可以返回想要的值。在 Thermostat 程序中，我们可以调用 ProgrammedSettings 对象中的 setSetting() 方法来实现。Period 和 day 变量都是 Java enum 类型。Thermstat.java、ProgrammedSettings.java、Period.java 和 DayType.java 在本书网站上都有。我们选择在工作日的早上设置温度，所以我们需要测试下面的三个调用：

- setSetting(Period.MORNING, DayType.WEEKDAY, 69);
- setSetting(Period.MORNING);
- setDay(DayType.WEEKDAY)。

这些语句必须在调用 turnHeaterOn() 之前出现在自动化的测试用例中。这也阐释了自动化测试中一个暗含的前提——测试小组必须让充分理解软件的程序员创建这些调用。 211

8.3.1 满足谓词覆盖

对于 turnHeaterOn() 方法中第28到30行的谓词，找到满足其谓词覆盖的测试值需要考虑四条子句和七个变量，其中包括内部变量 dTemp。为了将谓词 (a || (b && c)) && d 设置为真，d 必须为真，而且左边的部分 (a || (b && c)) 也必须为真。下面我们考虑一种简单的情况，我们将所有四个子句 a、b、c 和 d 都设置为真，如表8-3所示。

表 8-3 Thermostat 类中第28到30行的谓词的子句

子句标号	子句的细节	真值
a:	curTemp < dTemp - thresholdDiff	真
b:	Override	真
c:	curTemp < overTemp - thresholdDiff	真
d:	timeSinceLastRun > minLag	真

子句a很明了，尽管我们必须记住为了解决内部变量的问题，我们将 dTemp 固定为69。如果我们将当前的温度（curTemp）设置为63度，阈值差（thresholdDiff）为5度，那么63小于69-5，a为真。（阈值差是加热器再次循环加热之前我们所允许的当前温度和理想温度之间的最大温差。）

子句b更为简单，重写意味着有人设置了新的理想温度，这个温度会暂时更改已有的程序。所以变量 Override 的取值就是真。

子句 c 和重写有关联。一次重写意味着一个新的温度（overTemp），只有在当前温度小于新的重写后的温度和阈值的差额，加热器才会打开。我们已经将 thresholdDiff 设定为 5 度，curTemp 设定为 63 度，所以当我们将 overTemp 设定为 70 度的话，子句 c 为真。

最后，子句 d 比较 timeSinceLastRun 和 minLag。MinLag 变量定义了加热器在再次开启之前应该关闭的时间（这是一个来自加热器厂家的安全或是工程上的约束）。假设这个值为 10 分钟，那么我们必须将 timeSinceLastRun 设置为大于 10，比如 12。

将所有的判定组合在一起，得出一个可执行的测试用例，如图 8-4 所示。

```
// 类 Thermostat 中 turnHeaterOn() 方法的部分测试用例
// 准则：谓词覆盖（PC）
// 谓词结果：真
// 谓词：第 28-30 行
// 预期输出：真

// 初始化必要的对象
thermo   = new Thermostat();
settings = new ProgrammedSettings();

// 设置内部变量 dTemp
settings.setSetting (Period.MORNING, DayType.WEEKDAY, 69);
thermo.setPeriod (Period.MORNING);
thermo.setDay (DayType.WEEKDAY);

// 子句 a: curTemp < dTemp - thresholdDiff : 真
thermo.setCurrentTemp (63);
thermo.setThresholdDiff (5);

// 子句 b: Override : 真
thermo.setOverride (true);

// 子句 c: curTemp < overTemp - thresholdDiff : 真
thermo.setOverTemp (70);

// 子句 d: timeSinceLastRun.greaterThan (minLag) : 真
thermo.setMinLag (10);
thermo.setTimeSinceLastRun (12);

// 运行测试用例
assertTrue (thermo.turnHeaterOn (settings));
```

图 8-4　Thermostat 类谓词覆盖返回为真的测试用例

测试用例的注释中已经标明了预期的结果为真。结果返回假的情况很类似，这个留作练习。还包括一个在测试框架（JUnit）下完成自动化的测试用例的练习。

从这个例子可以很明显地看出程序中的谓词覆盖就是边覆盖准则的另一种形式。为逻辑覆盖画图是没有必要的，但是控制流图可以用来为可达性找到测试值。

之前我们说过“可以任意取值的”输入应该直到可达性确定之后再做决定。这是因为可达性需求和取值之间存在着潜在的交互关系。就是说，有些输入对于测试需求是“无关的”，但是可能需要具体的取值来到达相对应的判定语句。因此，如果我们太早取值，满足可达性会变得很困难或不可能。

8.3.2　满足子句覆盖

当第 28 ～ 30 行的谓词满足其谓词覆盖时，满足子句覆盖的大部分工作就已经完成了。

我们使用来自表 8-3 中相同的子句符号（a、b、c 和 d）。为了满足子句覆盖，我们需要将每条子句设置为真和假。因为在谓词覆盖的测试用例中，我们已经将每条子句设置为真，所以已完成了一半的工作。

对于子句 a，我们已经明白了如何将 dTemp 设置为 69，所以我们可以重用那部分的测试用例。我们依然可以将 thresholdDiff 设置为 5，下一步如果我们将 curTemp 设置为 66，那么子句 a 的结果为假。

对于子句 b，我们只需要将其设置为假即可。

对于子句 c，已知 thresholdDiff 为 5 且 curTemp 为 66。我们将 overTemp 设置为 67 即可使子句 c 为假。

最后，子句 d 比较 timeSinceLastRun 和 minLag。回忆前面提到过，MinLag 变量定义加热器在再次开启之前应该关闭的时间（这是一个来自加热器厂家的安全或是工程上的约束）。为了与其他的测试用例保持一致，我们依然假设它的值为 10 分钟。那么我们必须将 timeSinceLastRun 设置为小于等于 10，比如 8。

212
~
213

子句覆盖的定义没有说明每个子句的取值是否应该属于不同的测试用例，或是合成在同一个测试用例中。我们可以使用两个测试用例来满足这个谓词的子句覆盖——一个测试用例中所有的子句取值全为真，另外一个的所有子句的取值全为假。这种方法的第一个缺点是谓词覆盖和子句覆盖产生一样的测试用例。第二个缺点是这种简便的验证方式意味着有些子句永不会被判定。对于谓词 (a || (b && c)) && d 来说，如果 (a || (b && c)) 为假，那么 d 就不会被判定；如果 a 为真，那么 (b && c) 也不用被判定。因此，如果在一个测试用例中所有的子句取值为真，导致 (a = 真 || (b = 真 && c = 真)) && d = 真，那么 b 和 c 根本不会得到验证。同理，如果在一个测试用例中所有的子句取值为假，导致 (a = 假 || (b = 假 && c = 假)) && d = 假，那么 c 和 d 也不会得到验证。

这里我们不会去解决这个问题，在图 8-5 中只是列出了用于子句赋值自动化所需的 Java 语句。每条子句都分开列出，测试者可以按照他们的想法来合并这些子句。

8.3.3 满足有效子句覆盖

这里我们只关注**相关性有效子句覆盖**，而不会考虑所有的有效子句准则。我们使用的谓词是 $p = (a \lor (b \land c)) \land d$。为了计算 p_a，我们得到：

$$
\begin{aligned}
p_a &= p_{a=true} \oplus p_{a=false} \\
&= (true \lor (b \land c)) \land d \oplus (false \lor (b \land c)) \land d \\
&= true \land d \oplus (b \land c) \land d \\
&= d \oplus (b \land c) \land d \\
&= \neg(b \land c) \land d \\
&= (\neg b \lor \neg c) \land d
\end{aligned}
$$

就是说，当 d 为真，且 b 或 c 为假的时候，子句 a 决定谓词的值。我们建议同学们使用表格的方法和本书网站上的工具来验证这步计算。对于子句 b、c 和 d，经过类似的计算得出：

$$
\begin{aligned}
p_b &= \neg a \land c \land d \\
p_c &= \neg a \land b \land d \\
p_d &= a \lor (b \land c)
\end{aligned}
$$

```
// Thermostat 类中 turnHeaterOn() 方法的测试值
// 准则：子句覆盖 (CC)
// 谓词：第 28-30 行

// 将必要的对象进行初始化
thermo   = new Thermostat();
settings = new ProgrammedSettings();

// 设置内部变量 dTemp
settings.setSetting (Period.MORNING, DayType.WEEKDAY, 69);
thermo.setPeriod (Period.MORNING);
thermo.setDay (DayType.WEEKDAY);

// 子句 a = 真  : curTemp < dTemp - thresholdDiff : 真
thermo.setCurTemp (63);
thermo.setThresholdDiff (5);
// 子句 a = 假  : curTemp < dTemp - thresholdDiff : 假
thermo.setCurTemp (66);
thermo.setThresholdDiff (5);

// 子句 b = 真  : Override : 真
thermo.setOverride (true);
// 子句 b = 假  : Override : 假
thermo.setOverride (false);

// 子句 c = 真  : curTemp < overTemp - thresholdDiff : 真
thermo.setOverTemp (72);
// 子句 c = 假  : curTemp < overTemp - thresholdDiff : 假
thermo.setOverTemp (67);

// 子句 d = 真  : timeSinceLastRun > minLag : 真
thermo.setMinLag (10);
thermo.setTimeSinceLastRun (12);
// 子句 d = 假  : timeSinceLastRun > minLag : 假
thermo.setMinLag (10);
thermo.setTimeSinceLastRun (8);
```

图 8-5 Thermostat 类中满足子句覆盖的测试用例的赋值

基于子句决定谓词的计算过程，表 8-4 展示出了满足 CACC 的所有的四条子句所需的真值赋值。这个表显示了各种子句的真值赋值。表最左边的列显示的是主子句，主子句的取值使用大写的 T 和 F 来表示。

表 8-4 Thermostat 类的相关性有效子句覆盖

	(a || (b && c)) && d			
a	T	t	f	t
	F	t	f	t
b	f	T	t	t
	f	F	t	t
c	f	t	T	t
	f	t	F	t
d	t	t	t	T
	t	t	t	F

在表 8-4 中，作为主子句，a 的第二组真值赋值和 c 的第二组真值赋值是一样。类似的，b 的第一组真值赋值和 c 的第一组也是相同的。这些都是冗余的真值赋值，应该被移除，所以我们只需要六组测试用例就可以满足这个谓词的 CACC 准则。

214 ~ 215

我们可以利用 8.3.1 节和 8.3.2 节中已有的合适的子句取值来将表 8-4 中的六个测试用例转化为可执行的测试用例。将上面提到的所有部分整合起来最后产生六个测试用例。再次强调，每个测试用例必须先初始化对象，然后在设定内部变量 dTemp：

```
//初始化所需的对象
thermo   = new Thermostat();
settings = new ProgrammedSettings();
//设置内部变量 dTemp
settings.setSetting (Period.MORNING, DayType.WEEKDAY, 69);
thermo.setPeriod (Period.MORNING);
thermo.setDay (DayType.WEEKDAY);
```

因为所有的测试用例都会用到这些步骤，所以它们应该出现在 Junit @Setup 方法中（或是另一个测试框架中一个类似的地方）。将对 dTemp 的设置放入 @Setup 方法的时候必须小心，因为别的测试用例可能会需要一个不同的值。在测试用例中重写 @Setup 方法中的定义是有可能的，但是当测试用例的生命周期跨度很大的话（这里指变量在不同地方定义和使用），也会让人感到困惑。

我们将测试用例中关键的赋值列在下面。第五个测试用例中的所有子句均为真，所以这个测试用例的取值可以从 8.3.1 节的图 8-4 中直接获得。以下对测试用例中子句取值为假的情况做出了说明：

1. // 主子句 a 为真

   // 通过设定 overTemp 为 65 使子句 c 为假

```
thermo.setCurrentTemp (63);
thermo.setThresholdDiff (5);
thermo.setOverride (true);
thermo.setOverTemp (65);
thermo.setMinLag (10);
thermo.setTimeSinceLastRun (12);
```

2. // 主子句 a 为假，主子句 c 为假

   // 通过设定 curTemp 为 66 使子句 a 为假

   // 通过设定 overTemp 为 65 使子句 c 为假

```
thermo.setCurrentTemp (66);
thermo.setThresholdDiff (5);
thermo.setOverride (true);
thermo.setOverTemp (65);
thermo.setMinLag (10);
thermo.setTimeSinceLastRun (12);
```

3. // 主子句 b 为真，主子句 c 为真

   // 通过设定 curTemp 为 66 使子句 a 为假

   // 但是这会使得子句 c 为假，所以我们将 overTemp 设置为 72

```
thermo.setCurrentTemp (66);
thermo.setThresholdDiff (5);
thermo.setOverride (true);
thermo.setOverTemp (72);
thermo.setMinLag (10);
thermo.setTimeSinceLastRun (12);
```

216

4. // 主子句 b 为假

   // 通过设定 curTemp 为 66 使子句 a 为假

   // 通过设定 thresholdDiff 为 5 使子句 c 为真

   // 通过设定 timeSinceLastRun 为 12 使子句 d 为真

```
thermo.setCurrentTemp (66);
thermo.setThresholdDiff (5);
```

```
thermo.setOverride (false);
thermo.setOverTemp (70);
thermo.setMinLag (10);
thermo.setTimeSinceLastRun (12);
```

5. // 主子句 d 为真

```
thermo.setCurrentTemp (63);
thermo.setThresholdDiff (5);
thermo.setOverride (true);
thermo.setOverTemp (70);
thermo.setMinLag (10);
thermo.setTimeSinceLastRun (12);
```

6. // 主子句 d 为假

```
thermo.setCurrentTemp (63);
thermo.setThresholdDiff (5);
thermo.setOverride (true);
thermo.setOverTemp (70);
thermo.setMinLag (10);
thermo.setTimeSinceLastRun (8);
```

测试者可以很自信地说，这六个测试用例将会详尽地运行 turnHeaterOn() 方法，并对谓词进行严格的测试。

8.3.4 谓词转换问题

测试者认为使用 ACC 准则的代价很高，所以已经尝试了降低使用这些准则成本的方法。一种方法是重写程序移除带有多个子句的谓词，从而将问题降低为分支测试。一种猜想认为这样产生的测试用例和 ACC 一样有效。但是，我们明确的建议不要这样做，有两个原因。第一，重写后的程序可能会包括比初始程序（包括重复的语句）更加复杂的控制逻辑，这样将会危及可靠性和可维护性。第二，就像下面的例子所展示的，转化后的程序所需的测试用例可能不会与初始程序 ACC 准则要求的测试用例相同。

217

考虑下面的程序部分，这里 a 和 b 可以是任意布尔型子句，S1 和 S2 可以是任意语句。S1 和 S2 可能是单独的语句、语句块或是函数调用：

```
if (a && b)
  S1;
else
  S2;
```

相关性有效子句覆盖准则对于谓词 $a \wedge b$ 的测试需求为（真，真），（真，假）和（假，真）。但是，如果这部分程序转换为下面功能上相等的结构：

```
if (a)
{
  if (b)
    S1;
  else
    S2;
}
else
  S2;
```

谓词覆盖准则需要三个测试用例：（真，真）到达语句 S1，（真，假）到达语句 S2 第一次出现的位置，以及（假，假）或（假，真）到达语句 S2 第二次出现的位置。选择（真，真）、（真，假）和（假，假）意味着我们的测试用例不会满足 CACC，因为它们不能使 a 完全决定谓词的结果。此外，上面的例子重复使用了S2，一直以来这都被认为是不好的编程方式，因为代码重复会造成潜在的错误。

使用一个更大的例子可以更为清晰地揭示这样的错误。考虑下面的程序部分：

```
if ((a && b) || c)
  S1;
else
  S2;
```

如果我们直接将具有多子句的谓词移除，那么这样的重写将会导致下面复杂且丑陋的代码：

```
if (a)
  if (b)
    if (c)
      S1;
    else
      S1;
  else
    if (c)
      S1;
    else
      S2;
else
  if (b)
    if (c)
      S1;
    else
      S2;
  else
    if (c)
      S1;
    else
      S2;
```

218

这部分的代码中S1出现了五次，S2出现了两次，极度繁冗且很容易出错。在这段代码上应用谓词覆盖与在初始谓词上应用组合覆盖是一样的。聪明的程序员（或好的优化编译器）可以将上面的代码简化为：

```
if (a)
  if (b)
    S1;
  else
    if (c)
      S1;
    else
      S2;
else
  if (c)
    S1;
  else
    S2;
```

简化后的代码依然比初始代码难以理解。想象一下负责维护的程序员尝试去更改这部分代码时的痛苦！

下面的表展示了用于满足初始程序CACC准则和修改后程序的谓词测试所需的真值赋值。CACC和谓词下面的“X”表示满足程序准则所需的真值赋值。显然，修改后的程序的谓词覆盖与初始程序的CACC准则是不一样的。修改后的程序的谓词覆盖不能包含CACC，而CACC也不包含谓词覆盖。

	a	b	c	$((a \wedge b) \vee c)$	CACC	谓词
1	t	t	t	T		X
2	t	t	f	T	X	
3	t	f	t	T	X	X
4	t	f	f	F	X	X
5	f	t	t	T		X
6	f	t	f	F	X	
7	f	f	t	T		
8	f	f	f	F		X

8.3.5　谓词中的副作用

在谓词上应用逻辑准则有一个更加困难的问题。如果一个谓词包含相同的子句两次，那么在这两个子句之间的另一个子句会产生副作用。即可以改变那个出现两次的子句的值，这样就更难生成测试值。

考虑谓词 A && (B || A)，其中 A 出现了两次。我们假设一个实时系统会首先检查 A，然后再检查 B。如果 B 为假，那么再次检查 A。但是如果实际上 B 是一个方法调用，例如 changeVar(A)，那么这个方法调用会改变 A 的取值。

这样就引出了一个很难的可控性的问题——如何编写测试用例来控制一个谓词中 A 的两个不同的值？学术界的逻辑测试领域和测试自动化领域对这个问题都没有给出明确的答案，所以测试者需要将这个问题作为一个特殊案例来对待。

我们的建议是最好从社会学的角度而不是技术方面来处理这个问题，就是去问程序员是否愿意修改这个谓词。这个例子最好的解决方法也许是用等价的谓词 A 替换谓词 A && (B || A)。

习题

1. 对 Thermostat 类完成并运行满足谓词覆盖的测试用例。
2. 对 Thermostat 类完成并运行满足子句覆盖的测试用例。
3. 对 Thermostat 类完成并运行满足限制性有效子句覆盖的测试用例。
4. 对 Thermostat 类，使用本书网站上的工具来验证每个主子句决定谓词的计算结果，再使用基于表格的方法来验证子句决定谓词的计算。
5. 对于下面的 checkIt() 方法回答下面的问题：

```
public static void checkIt (boolean a, boolean b, boolean c)
{
  if (a && (b || c))
    System.out.println ("P is true");
  else
    System.out.println ("P isn't true");
}
```

219～220

a) 将 checkIt() 转化为 checkItExpand()，checkItExpand() 方法中每条 if 语句只能验证一个布尔变量。在 checkItExpand() 方法中使用插桩技术来记录所遍历的每条边（可以使用“print”语句这种基础的插桩技术）。

b) 为 checkIt() 方法产生一个 GACC 的测试用例集 *T*1。为 checkItExpand() 方法产生一个边覆盖的测试用例集 *T*2，使得 *T*2 不能满足 checkIt() 方法中谓词的 GACC 准则。

c）在 checkIt() 和 checkItExpand() 方法中同时运行 $T1$ 和 $T2$。

6. 对于 twoPred() 方法回答下面的问题：

```
public String twoPred (int x, int y)
{
  boolean z;

  if (x < y)
    z = true;
  else
    z = false;

  if (z && x+y == 10)
    return "A";
  else
    return "B";
}
```

a）列出满足 twoPred() 的限制性有效子句覆盖（RACC）的测试输入。

b）列出满足 twoPred() 的限制性无效子句覆盖（RICC）的测试输入。

7. 根据下面的程序代码回答问题：

```
fragment P:          fragment Q:
  if (A || B || C)     if (A)
  {                    {
    m();                 m();
  }                      return;
  return;              }
                       if (B)
                       {
                         m();
                         return;
                       }
                       if (C)
                       {
                         m();
                       }
```

221

a）对程序 P 产生一个满足 GACC 的测试用例集。（注意对于这个例子 GACC、CACC 和 RACC 产生相同的测试用例集。）

b）程序 P 的 GACC 测试用例集满足程序 Q 的边覆盖吗？

c）对于程序 Q 产生一个边覆盖测试用例集使得这个测试用例集包含尽可能少的 GACC 测试用例。

8. 对于第 7 章的 Index() 程序，生成测试用例集来满足下列的覆盖准则，要包含所有的测试值，包括“无关的”值。保证可达性，然后产生预期输出。下载程序，编译并运行测试用例来验证正确的输出。

a）谓词覆盖（PC）

b）子句覆盖（CC）

c）组合覆盖（CoC）

d）相关性有效子句覆盖（CACC）

9. 对于第 7 章的 Quadratic 程序，完成测试用例集满足下列的覆盖准则，要包含所有的测试值，包括“可以任意取值的”值。保证可达性，然后产生预期输出。下载程序，编译并运行测试用例来验证正确的输出。

a）谓词覆盖（PC）

b）子句覆盖（CC）

c）组合覆盖（CoC）

d）相关性有效子句覆盖（CACC）

10. TriTyp 程序是一个在单元测试领域经典而广泛使用的例子。出于下列同样的原因，TriTyp 程序也作为一个教学工具来使用：所处理的问题大家都很熟悉；控制结构很有趣可以阐释大部分的问题；没有包含使分析变得复杂的语言特征，比如循环和间接引用。我们使用的 TriTyp 的版本与其他的版本相比要复杂一些，但是这有助于解释一些概念。TriTyp 是一个简单的三角形分类的程序。程序已添加了行号，这样我们可以在回答问题时方便的引用具体的判定语句。

使用本书网站上的带有行号的版本来回答下面的问题。只考虑 triang() 方法。

a）列出 triang() 方法中所有的谓词。使用程序中的行号给他们添加索引。

b）计算每个 triang() 方法的谓词的可达性。你可以使用输入变量的简称 S1、S2 和 S3。

c）许多可达的谓词都包含一个内部变量（triOut）。使用输入变量来表示这个内部变量。就是说，决定输入变量的取值使得 triOut 可以得到各种可能的值。

222

d）通过处理 triOut 变量来重写所有可达的谓词。就是说，我们只用输入变量来表示所有的可达的谓词。

e）对每个谓词产生满足谓词覆盖（PC）的测试值。

f）对每个谓词产生满足子句覆盖（CC）的测试值。

g）对每个谓词产生满足相关性有效子句覆盖（CACC）的测试值。

11. (**有挑战！**）对于 TriTyp 程序，完成测试用例集满足下列的覆盖准则，要包含所有的测试值，包括“可以任意取值的”值。保证可达性，然后产生预期输出。下载程序，编译并运行测试用例来验证输出。

a）谓词覆盖（PC）

b）子句覆盖（CC）

c）组合覆盖（CoC）

d）相关性有效子句覆盖（CACC）

12. 考虑 GoodFastCheap 类，这个类在本书网站上有。这个类实现了一个经典的工程学上的笑话：“质量、效率、成本：三选二！(Good, Fast, Cheap: Pick any two）!”

a）对 isSatisfactory() 方法中的谓词生成满足 RACC 的测试用例。使用 Junit 实现这些测试用例。

b）假设我们按照下面的代码重构了 isSatisfactory() 方法：

```
public boolean isSatisfactory()
{
  if (good && fast) return true;
  if (good && cheap) return true;
  if (fast && cheap) return true;

  return false;
}
```

初始方法的 RACC 测试用例不能满足重构方法的 RACC 准则。列出缺失的测试需求，将缺失的测试用例加入到 a）中的 JUnit 测试用例中去。

c）产生满足 GoodFastCheap 类 isSatisfactory() 方法中的谓词的 MUMCUT 准则。使用 JUnit 来实现这些测试用例。

8.4 基于规范的逻辑覆盖

软件规范，不论是正式的还是非正式的，都存在于各种各样的形式或语言中。这些规范几乎总会包括逻辑表达式，这样我们就可以在规范中应用逻辑准则。我们首先来看如何将逻辑覆盖准则应用于方法中简单的前置条件上。

程序员经常将前置条件作为方法的一部分。有时前置条件写作设计的一部分，有时在设计之后添加作为文档的一部分。规约语言通常使用常量的形式来分析前置条件，这样可以使前置条件变得更加明确。如果前置条件不存在的话，测试者可能需要考虑将开发具体的前置条件作为测试过程的一部分。出于各种原因，包括防御性编程（defensive programming）和安全考虑，将前置条件转化为异常是一种通用方法。简言之，前置条件很常见，也是规范中谓词的主要来源，所以这里它们是我们主要关注的对象。当然，其他的规范结构，比如后置条件和常量，也是复杂谓词的主要来源。 223

考虑图 8-6 中的 cal() 方法。该方法使用自然语言列出了前置条件。这些前置条件可以转化为下面谓词的形式：

$month1 >= 1 \land month1 <= 12 \land month2 >= 1\ month2 <= 12 \land month1 <= month2 \land day1 >= 1 \land day1 <= 31 \land day2 >= 1 \land day2 <= 31 \land year >= 1 \land year <= 10000$

```
public static int cal (int month1, int day1, int month2,
                       int day2, int year)
{
//***********************************************************
// 计算同一年中两天之间的间隔
// 前置条件: day1 和 day2 必须在同一年
//               1 <= month1, month2 <= 12
//               1 <= day1, day2 <= 31
//               day2 >= day1
//               month1 <= month2
//               year 的范围是 1 … 10000
//***********************************************************
  int numDays;

   if (month2 == month1) // 在同一个月
      numDays  = day2 - day1;
   else
   {
      // 忽略第 0 个月
      int daysIn[] = {0, 31, 0, 31, 30, 31, 30, 31, 31, 30, 31, 30, 31};
      // 今年是闰年么?
      int m4 = year % 4;
      int m100 = year % 100;
      int m400 = year % 400;
      if ((m4 != 0) || ((m100 == 0) && (m400 != 0)))
         daysIn[2] = 28;
      else
         daysIn[2] = 29;

      // 先计算首尾两个月的天数
      numDays = day2 + (daysIn[month1] - day1);

      // 添加首尾两月所间隔月份的天数
      for (int i = month1 + 1; i <= month2-1; i++)
         numDays = daysIn[i] + numDays;
   }
   return (numDays);
}
```

图 8-6　计算日历的方法

在注释中，我们可以忽略关于 $day1$ 和 $day2$ 必须在同一年的要求而不会引发任何的问题，因为 *year* 只有一个参数，所以这个先决条件在语法上是满足的。这些前置条件很有可能并不全面。具体指第 31 天只有在一些月份中是存在的。这个条件应该在规范或程序中反映出来。

这个谓词有一个非常简单的结构。它有 11 条子句（听起来很多！），但是唯一的逻辑操作符是“与”。满足 cal() 的谓词覆盖并不难——对于谓词结果为真的情况，所有的子句都为真；对于谓词结果为假的情况，只要存在至少一条子句为假即可。所以（$month1 = 4$，$month2 = 4$，$day1 = 12$，$day2 = 30$，$year = 1961$）满足谓词结果为真的情况。对于谓词结果为假的情况，我们选择测试值使子句 $month1 <= month2$ 不成立，测试用例为（$month1 = 6, month2 = 4$，$day1 = 12$，$day2 = 30$，$year = 1961$）。子句覆盖要求所有的子句取值包括真和假，我们尝试使用两个测试用例来满足测试需求，但是有些子句是相关的，不能同时为假。例如，*month*1 不能同时小于 1 且大于 12。谓词覆盖结果为真的测试用例使得所有的子句为真，那么我们使用下面的测试用例使每条子句为假：（$month1 = -1$，$month2 = -2$，$day1 = 0$，$day2 = 0$，$year = 0$）和（$month1 = 13$，$month2 = 14$，$day1 = 32$，$day2 = 32$，$year = 10500$）。

为了应用有效子句覆盖准则，我们必须首先找到如何使每个子句可以决定谓词的结果。我们发现，对于处于析取范式的谓词，只需要保证每个次子句为真。接下来，只要将其他的子句依次改为假，就可以得到其余的测试用例。因此，表 8-5 列出了满足 CACC（还有 RACC 和 GACC）的测试用例。（为了节省空间，我们只列出了变量名称的简称。）

表 8-5　cal() 前置条件的相关性有效子句覆盖

	$m1 \geq 1$	$m1 \leq 12$	$m2 \geq 1$	$m2 \leq 12$	$m1 \leq m2$	$d1 \geq 1$	$d1 \leq 31$	$d2 \geq 1$	$d2 \leq 31$	$y \geq 1$	$y \leq 10000$
1. $m1 \geq 1 = T$	T	t	t	t	t	t	t	t	t	t	t
2. $m1 \geq 1 = F$	F	t	t	t	t	t	t	t	t	t	t
3. $m1 \leq 12 = F$	t	F	t	t	t	t	t	t	t	t	t
4. $m2 \geq 1 = F$	t	t	F	t	t	t	t	t	t	t	t
5. $m2 \leq 12 = F$	t	t	t	F	t	t	t	t	t	t	t
6. $m1 \leq m2 = F$	t	t	t	t	F	t	t	t	t	t	t
7. $d1 \geq 1 = F$	t	t	t	t	t	F	t	t	t	t	t
8. $d1 \leq 31 = F$	t	t	t	t	t	t	F	t	t	t	t
9. $d2 \geq 1 = F$	t	t	t	t	t	t	t	F	t	t	t
10. $d2 \leq 31 = F$	t	t	t	t	t	t	t	t	F	t	t
11. $y \geq 1 = F$	t	t	t	t	t	t	t	t	t	F	t
12. $y \leq 10000 = F$	t	t	t	t	t	t	t	t	t	t	F

习题

1. 考虑 Java Interator 接口中的 remove() 方法。remove() 方法对 Iterator 的状态有个复杂的前置条件，当程序员检测到这个前置条件不能满足时，可以选择抛出 IllegalStatException 异常。

   a）将这个前置条件形式化。

   b）找到（或是写出）一种 Iterator 的实现。Java Collection 类会是很好的来源。

   c）基于实现来产生和运行 CACC 测试用例。

224
~
225

8.5　有限状态机的逻辑覆盖

第 7 章讨论了如何将图覆盖准则应用于有限状态机。回忆一下，有限状态机中节点代表状态，边代表迁移，每一条迁移都有一个前置状态和后置状态。有限状态机通常为软件的行为建模，可以基本认为有限状态机是形式化的且精确的，当然这取决于开发者的需求和爱好。本书从宏观的角度来处理有限状态机，将其视为图。只有当应用准则产生实际效果时，我们才会考虑使用不同的标记法。

将逻辑覆盖准则应用于有限状态机最通常的方式是将迁移中的逻辑表达式视为谓词。在第 7 章电梯的例子中，触发器（trigger）的谓词是 openButton = pressed。通过将 8.1.1 节的准则应用于这些谓词，我们创建了测试用例。

考虑图 8-7 中的例子。这个有限状态机对汽车（Nissan Maxima 2012）记忆座椅的行为进行了建模。这个记忆座椅对两个不同的驾驶员有分别的设置，它还可以控制两侧的后视镜（sideMirrors），座椅的竖直高度（seatBottom），从方向盘到座椅的水平距离（seatBack）和腰部的支撑（lumbar）。这个系统的作用是记忆设定的配置，这样驾驶员只需要一个按键就可以方便地在不同的设置间切换。图中每个状态都带有一个数字方便我们索引所有的状态。

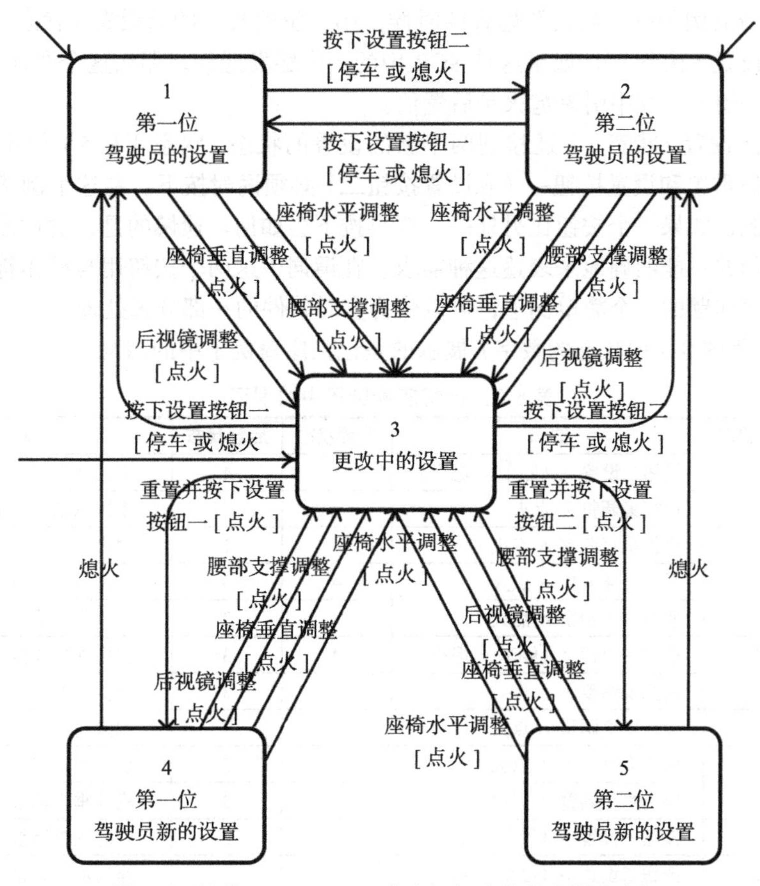

图 8-7 尼桑 Maxima 2012 汽车记忆座椅的有限状态机

这个有限状态机的初始状态保存的是系统上一次关闭时的设置，可能是第一位驾驶员、第二位驾驶员或是更改中的设置。驾驶员可以通过变动下面四个控制来更改设置：改变两侧的后视镜，向前或向后移动座椅，升高或降低坐骑，或是更改腰部的支撑（这些都是触发事件）。只有当汽车处于点火状态（ignition = on）的时候（这个是监控条件），这些控制才会起作用。当汽车处于点火状态的时候，驾驶员可能想通过按设置按钮一（Button1）或是设置按钮二（Button2）来将系统调整为另一个设置。在这种情况下，只有当处于停车（Gear =

park）或熄火的时候（ignition = off），监控条件才允许改变设置。这些监控条件为安全约束，因为在汽车移动的时候更改座椅设置是危险的。

当驾驶员更改其中一个控制时，记忆座椅处于更改设置的状态。当系统处于点火状态，同时按下重置和设置按钮一或设置按钮二时，新的状态可以被保存下来。当系统熄火时，新的设置将会被永久保存下来。

虽然在有限状态机中创建谓词和测试值时我们还必须要理解和处理一些问题，但是这类有限状态机还是为测试软件提供了有效的模型。监控条件并不总是采用合取式（conjunct），但是从实际效果上来看它们就是合取式，所以我们应该使用与操作符将监控条件和触发器结合起来。在一些规约语言中（例如最著名的 SCR），触发器实际上暗示了两种值。在 SCR 中，如果一个事件被标记为触发事件，则意味着产生的表达式的值必须改变。这暗含两种值——触发的前置值和触发的后置值，我们可以使用一个新的变量来给这种情况建模。例如，在记忆座椅的例子中，当引擎熄火的时候，第一位驾驶员的新设置（状态 4）迁移至第一位驾驶员的设置（状态 1），如果这是 SCR 中的一个触发迁移，那么这个谓词需要两部分：引擎点火和引擎熄火，其中引擎熄火是后置值。

从更改中的设置（状态 3）迁移到两个新的设置的状态（状态 4 和 5）引出了另外一个问题。两个按钮重置和设置按钮一（或设置按钮二）必须**同时**按下。在这个例子中实际操作时，我们想要测试如果一个按钮比另外一个略早按下会如何。遗憾的是，这章使用的逻辑表达式的数学表示并不能明确地来表述这种需求。在谓词中这两个按钮用与操作符来连接。实际上，这是时序问题的一个简单例子，可以作为实时软件的一部分来处理。

表 8-6（使用图 8-7 中状态的数字）展示的是记忆座椅例子中的谓词。

表 8-6　记忆座椅例子中的谓词

前置状态	后置状态	谓词	前置状态	后置状态	谓词
1	2	按钮二设置 ∧（停车 ∨ 熄火）	3	4	重置 ∧ 按钮一设置 ∧ 点火
1	3	后视镜调整 ∧ 点火	3	5	重置 ∧ 按钮二设置 ∧ 点火
1	3	座椅垂直调整 ∧ 点火	4	1	熄火
1	3	腰部支撑调整 ∧ 点火	4	3	后视镜调整 ∧ 点火
1	3	座椅水平调整 ∧ 点火	4	3	座椅垂直调整 ∧ 点火
2	1	按钮一设置 ∧（停车 ∨ 熄火）	4	3	腰部支撑调整 ∧ 点火
2	3	后视镜调整 ∧ 点火	4	3	座椅水平调整 ∧ 点火
2	3	座椅垂直调整 ∧ 点火	5	2	熄火
2	3	腰部支撑调整 ∧ 点火	5	3	后视镜调整 ∧ 点火
2	3	座椅水平调整 ∧ 点火	5	3	座椅垂直调整 ∧ 点火
3	1	按钮一设置 ∧（停车 ∨ 熄火）	5	3	腰部支撑调整 ∧ 点火
3	2	按钮二设置 ∧（停车 ∨ 熄火）	5	3	座椅水平调整 ∧ 点火

生成测试用例以满足各种覆盖准则相对直接明了，这一步留作练习。当为测试用例选择测试值时，有些问题必须得到处理。第一个是可达性的问题，测试用例必须包含前缀值以到达前置状态。对于大部分的有限状态机，这个问题实质上是找到一条从初始状态到前置状态的路径（这里可以使用深度优先算法），再解决路径中与迁移相关的谓词以产生测试输入。记忆座椅的例子有三个初始状态，测试者并不能控制从哪个状态进入，因为这取决于系统上次关闭时所处的状态。在这种情况下，有一个简单的解决方案。在每个测试用例的开始，我们都将汽车置于停车状态，然后按下设置按钮一（这是前置条件的一部分）。如果系统处于

第二位驾驶员的设置或是更改中的设置的状态，这些输入会导致系统转向第一位驾驶员的设置。如果系统已经处于第二位驾驶员的设置的状态，那么这些输入没有影响。在所有的三种情况下，系统都会有效地从第一位驾驶员设置的状态开始。

为了使测试自动化，我们也必须定义一条经过有限状态机的完整的路径执行。有限状态机也有退出状态，完整的路径必须到达这些状态并保证满足后缀值。找到后缀值实质上与找到前缀值的方法一样，就是说，找到一条从后置状态到最后状态的路径。记忆座椅的例子没有（最后的）退出状态，所以这一步可以省略。我们也需要一种方法来看到测试用例的结果（验证值），可以通过给定程序输入打印出当前状态，或是引发一些其他的独立于状态的输出来实现。其实际形式和语法构成依赖具体的实现，所以在软件的输入输出行为的语法设计完成之前都无法最后确定。

这种测试方法的一个主要优点在于可以决定预期的输出。输出就是迁移后置状态的值和迁移前置状态的值（如果测试用例没有满足前置状态的要求，则迁移不会发生，系统处于当前的状态）。这条规则唯一的例外是有时结果为假的谓词恰巧使另一条迁移中的谓词为真（例如一个状态有两条外向的迁移，每条都有一个谓词），在这种情况下，预期输出就是另外一条迁移的后置状态。这种情况是可以自动识别的。还有，如果一个迁移从一个状态回到其本身，那么前置状态和后置状态是一样的，不论迁移为真还是假，预期输出是一样的结果。

最后一个问题是将测试用例转换（包括前缀值、测试用例值、后缀值和预期输出）为可执行的测试脚本。一个潜在的问题是谓词中变量的赋值必须转换为软件的输入，这被称为是有限状态机的*映射问题*（mapping problem），这和8.3节中的内部变量问题是类似的。有时这一步只是简单地从语法上重写谓词赋值（设置按钮一到程序输入 button1）。有些情况下，输入值可能直接转化为方法调用再嵌入到程序中（例如，设置按钮一变为 PressButton1()——按下设置按钮一的方法）。在一些其他的情况下，这个问题会变得很复杂，在有限状态机中看起来很小的输入可能会变为一系列很长的输入或是方法调用。具体的情况依赖软件的实现，目前还没有通用的有效的解决方案。

习题

1. 对于记忆座椅的有限状态机，产生满足谓词覆盖准则的测试用例集，保证满足可达性并计算预期输出。
2. 对于记忆座椅的有限状态机，产生满足相关性有效子句覆盖准则（CACC）的测试用例集，保证满足可达性并计算预期输出。
3. 对于记忆座椅的有限状态机，产生满足相关性无效子句覆盖准则（CICC）的测试用例集，保证满足可达性并计算预期输出。
4. 对图8-7重新画图使得有限状态机拥有更少的迁移，更多的子句。具体来说，节点1、2、4和5都包含四个指向节点3的迁移。重写这些迁移使得节点1、2、4和5只有一条迁移指向节点3，并且子句之间使用逻辑或来连接。然后对于这四条迁移上的谓词产生满足CACC的测试用例。（你可以忽略其他的谓词。）将这些测试用例与从原图生成的测试用例进行比较。
5. 考虑下面的确定性的有限状态机：

当前状态	条件	下一个状态
空闲	$a \vee b$	激活
激活	$a \wedge b$	空闲

（续）

当前状态	条件	下一个状态
激活	¬b	冷却
冷却	a	空闲

a）画出有限状态机。

b）这个状态机没有指明在什么情况下会导致一个状态的迁移指向本身。为每个状态推导出指向本身的条件。

b）为每个从激活状态出发的迁移产生 CACC 测试用例（包含从激活状态到其本身的迁移）。

6. 选择一个家用电器比如手表、计算器、微波炉、VCT、收音机或是可编程的温度调节器。画出代表这种家电行为的有限状态机。产生抽象的测试用例以满足谓词覆盖、相关性有效子句覆盖和广义无效子句覆盖。（抽象测试用例指的是定义于模型上而非定义在代码实现上的测试用例。）

226 ~ 230

7. 完成记忆座椅有限状态机的实现。为你的实现设计一种合适的输入语言，然后将由问题 1、2 和 3 中所得到的测试用例转化为测试脚本，并运行这些测试脚本。

8.6　参考文献注解

有效子句覆盖看起来起源于 [Myers，1979]。Zhu 发表了一篇定义更清晰的论文 [Zhe 等，1997]，他定义了判定覆盖和条件覆盖，在本书中我们将它们称为谓词覆盖和子句覆盖。Chilenski 和 Miller 之后使用这些定义作为 MCDC 的基础概念 [Chilenski and Miller，1994；RTCA-DO-178B，1992]。最初的定义等同于本书中所讲的广义有效子句覆盖 GACC，并没有处理当主子句为真和假的时候，次子句是否应该拥有同样的值。Chilenski 还强调准则的简称为“MCDC”，不是“MC/DC”，他从没有将“/”放在准则名称的中间 [Chilenski，2003]。航空界的大部分成员起初都将 MCDC 理解为次子句的值应该相同，这样的理解被称为“独立原因（unique-cause）MCDC（意思是所有的子句 / 条件都是相互独立的）”[Chilenski，2003]。独立原因 MCDC 与我们的 RACC 相对应。最近，美国联邦航空管理局（FAA）已经接受了次子句可以不同的观点，称为“掩蔽（masking）MCDC（意思是某些子句 / 条件可以掩盖其他子句 / 条件的影响）”[Chilenski and Richey，1997]，掩蔽 MCDC 与我们的 CACC 相对应。我们之前的论文 [Ammann et al.，2003] 澄清了本书所使用的各种形式的定义并且介绍了“ACC”的概念。

无效子句覆盖准则是从 [Vilkomir and Bowen，2002] 的 RC/DC 方法中发展而来的。

内部变量问题是不可判定的，这一结论来源于 [DeMillo and Offutt，1993；Offutt，1988]。这是测试数据自动生成领域的一个主要问题 [Bird and Munoz，1983；Borzovs et al.，1991；DeMillo and Offutt，1993；DeMillo and Offutt，1991；Hanford，1970；Ince，1987；Jones et al.，1998；Korel，1990a；Korel，1992；Millder and Melton，1975；Ramamoorthy et al.，1976；Offutt et al.，1999]。

Jasper 等提出了生成测试用例满足 MCDC 的技术 [Jasper et al.，1994]。他们起初采用“默认”的解释来理解 Chilenski 和 Miller 的 MCDC 的定义，即对于主子句为真和为假的情况，次子句必须保持相同的值。后来他们对默认的解释进行了修改，如果两个子句是耦合的，即这种情况意味着两个子句同时满足决定是不可能的，那么这两个子句允许次子句有不同的取值。当子句有耦合情况时允许次子句有不同取值的这一解释实际是介于本书的 RACC 和 CACC 之间。

Weyuker、Goradia 和 Singh 对仅限于布尔变量的软件规范提出了一些产生测试数据的技术 [Weyuker et al.，1994]。基于生成测试用例来杀死变异体（在第 9 章会介绍）[DeMillo 等，1978；DeMillo and Offutt，1993] 的能力，他们对这些技术进行了比较。比较的结果是他们的技术和 MCDC 非常接近，比其他技术要好。Weyuker 等将语法和意义结合到了他们的准则当中，提出了一个叫作“*有意义的影响*（meaningful impact)”的概念，这和我们决定的概念相关，但是他们的概念基于语法而不是语义。 231

Kuhn 研究了产生测试用例满足各种基于判定的准则的方法，包括 MCDC 测试用例 [Kuhn，1999]。他使用了 [Chilenski and Miller，1994；RTCA-DO-178B，1992]，建议使用布尔衍生方法（boolean derivative）来满足 MCDC。实际上，这种 MCDC 的解释相当于 CACC。

Dupuy 和 Leveson 在 2000 年的论文中基于实验对 MCDC 进行了评估并发表了结果 [Dupuy and Leveson，2000]。这个实验比较了纯功能测试和经过 MCDC 增强后的功能测试。这个实验是在测试 HETE-2（高能瞬时探测器）科学卫星的高度控制软件中进行的。他们的文章使用传统的 MCDC 的定义，即使用美国联邦航空管理局和 Chilenski 和 Miller 的论文中的定义：“程序中的每个进入点和退出点都至少执行一次，程序中判定的每个条件的可能结果都要出现至少一次，每个条件都要独立影响判定的结果。当一个条件独立影响判定的结果时，只改变这个判定的值，保持其他所有可能的条件不变”。

注意上面的最后一句“只改变这个判定的值”有误，应该改为“只改变这个条件的值”。这并不是说当条件的值改变时，判定应该有一个不同的值。最后一句中“其他所有可能的条件不变”可以理解为当主子句拥有不同的值时，次子句的取值不变（即 RACC，不是 CACC）。

[Offutt et al.，2003] 提出的完全谓词方法放宽了主子句必须和谓词取值相同的要求。这等价于 CACC，与掩蔽 MCDC 几乎一样。

Jones 和 Harrold 提出了一种回归测试的方法，可以用来减少满足 MCDC 覆盖的测试用例 [Jones and Harrold，2003]。他们定义 MCDC 如下：“MCDC 是判定（或分支）覆盖的一个更为严格的形式，…，MCDC 要求判定中的每个条件必须独立的影响判定的结果”。这个定义直接取自 Chilenski 和 Miller 最初的论文，他们对 MCDC 的解释和 CACC 是一样的。

Henninger 首次讨论了 SCR[Henninger，1980]，Atlee 将其应用于模型验证和测试 [Atlee，1994；Atlee and Gannon，1993]。

Chilenski 和 Miller 最初报告了有效子句覆盖的成本 [Chilenski and Miller，1994；RTCA-DO-178B，1992]，满足 MCDC 所需要的测试用例的数目最少为 n+1(n 为子句的数目)，最多为 2n 个。Kaminski 在他的博士论文 [Kaminski，2012] 中确认了 MCDC 和 RACC 准则需要至少 n+1 个测试用例，但是一定少于 2n 个测试用例。Kaminski 还指出当 $n < 4$ 时，只需要 n+1 个测试用例，因为测试用例间的冗余关系，但是当 n 变大的时候，对于一些功能所需要的测试用例的数目会接近 2n。

Durelli 等得出一个结论“实际程序中大部分的谓词只包含一个子句”[Durelli et al.，2016]，Durelli 等测量了 64 个开源 Java 程序中的 400 811 个谓词的子句数目。他们发现 88.02% 的谓词只包含一条子句，9.97% 的谓词包含两条子句，1.29% 的谓词包含三条子句，0.47% 的谓词包含四条子句，0.11% 的谓词包含五条子句，只有少于 0.15% 的谓词包含超过五条子句。 232

本书中所使用的决定 P_c 的方法来自 Akers 的布尔衍生法 [Akers，1959]。[Chilenski and Richey，1997] 以及 [Kuhn，1999] 都将 Akers 的衍生方法应用于本章所给出的问题。其他的方法还包括 Chilenski 和 Miller 的配对表的方法和基于树的方法，其中 [Chilenski and Richey，1997] 以及 [Offutt et al.，2003] 分别独立地提出了基于树的方法。基于树的方法可以理解为以使用程序的方式来实现布尔衍生法。

有序二元判定图（Ordered Binary Decision Diagram，OBDD）为决定 P_c 提供了另一种方法。我们来特别考虑一个 OBDD，其中子句 c 排在最后。那么任何一条经过 OBDD 到达标注为 c 的节点（可能会有零个、一个或两个这样的节点）的路径，事实上就是对其他变量赋值使得 c 决定谓词 p。继续延续这条路径到达常量真（T）和假（F），那么对于 c 就产生了一对满足 RACC 的测试用例。选择两条到达标有 c 的相同节点的不同路径，再延长每条路径使得一条路径到达真，另外一条达到假，这样对于 c，可以产生一对满足 CACC，但不满足 RACC 的测试用例。最后，如果两个节点都标注为 c，选择两条路径分别到达这两个节点，选择 c 为真来延长其中一条路径，选择 c 为假来延长另外一条路径，那么对于 c 就可能满足 GACC 但不满足 CACC。这两条路径必须要终止于相同的节点，真或假。对于 c，当产生 ICC 的测试用例时，我们可以考虑在 OBDD 上产生到达真和假且不包含变量 c 的路径来实现。使用 ODBB 方法生成 ACC 或 ICC 测试用例的吸引人的地方在于有各种现成的工具可以用来处理相对大量的子句。这种方法的缺点在于对于一个具有 N 个子句的谓词，一个给定的功能需要 N 个不同的 OBDD，因为待考虑的子句在顺序上需要出现在最后。据我们所知，目前学术界还没有使用 OBDD 来生成 ACC 或 ICC 测试用例。

[Beizer，1990] 包括关于 DNF 测试的一个章节，其中包括对 f 的 IC 覆盖的一个变种，但没有关于 $\overline{f}$ 的覆盖，这本书还包括卡诺图的扩展。[Kuhn，1999] 提出了第一种故障检测关系，Yu、Lau 和 Chen 在此基础上进行了极大的扩展，他们发展出了与故障检测能力相关的 DNF 覆盖准则的关键元素。开启这个主题研究的是两个论文，[Chen and Lau，2001] 提出了 MUMCUT，以及 [Lau and Yu，2005]，这篇论文是图 8-2 中故障类型等级关系的来源。[Kaminski and Ammann，2009；Kaminski and Ammann，2011] 提出了极小化的 MUMCUT，之后 [Kaminski and Ammann，2010] 使用优化技术发展出了最小化的 MUMCUT。[Kaminski et al.，2013] 基于测试用例集的大小和故障检测的能力比较了 RACC 和 MUMCUT。[Gargantini and Fraser，2011] 提出了一种不同的算法来减少 MUMCUT 的测试用例集。以私人通信的方式，Greg Williams 和 Gary Kaminski 在组织和扩展 DNF 故障检测的内容方面给作者提供了很有价值的帮助。

233

基于语法的测试

如果你已经实现了所有的梦想，只能说明你的理想还不够强大。

在前面的章节中，我们学习了如何从输入空间、图和逻辑表达式中产生测试用例。这些准则要求可达性（对于图而言）和影响（对于逻辑表达式而言）。第4种主要的测试覆盖准则来源于软件工件的语法描述，这类准则要求影响必须要传播到输出。与图和逻辑表达式一样，基于语法的覆盖也可以应用于不同类型的工件，其中包括源代码和输入需求。

基于语法测试的根本特征就是使用语法的描述，例如程序语法或BNF。第6章讨论了如何基于输入空间的描述来构建输入的模型。第7章和第8章讨论了如何从软件工件（例如程序、设计描述和规约）中构建图模型和逻辑模型。然后我们将覆盖准则应用于构建的模型。在基于语法的测试中，我们使用软件工件的语法构建模型，然后从中产生测试用例。

9.1 基于语法的覆盖准则

语法结构可以以多种形式应用于测试中。我们可以使用语法生成有效的工件（正确的语法），或是无效的工件（不正确的语法）。基于语法产生的结构有时是测试用例本身，有时用来帮助我们设计测试用例。我们会在本章的各节中来探索这些不同之处。和前面一样，首先我们在语法结构上定义通用的准则，然后再在实际的工件中具体应用。

9.1.1 基于通用语法的覆盖准则

在软件工程中，使用自动化理论中的结构描述软件工件的语法是非常常见的。程序语言可以使用BNF语法标记法描述，程序行为可以在有限状态机中描述，而程序允许的输入也可以用语法来定义。在这方面，正则表达式和上下文无关语法是尤其有用的。考虑下面的正则表达式：

234

$$(G\,s\,n \mid B\,t\,n)^*$$

表达式中的星号是“闭包”操作符，表示其修改的表达式可以出现零次或多次。表达式中的竖线是“选择”操作符，表示两种选择都可以。因此，这个正则表达式描述“$G\ s\ n$”和“$B\ t\ n$”的任意的顺序。G和B可能为程序中的命令，而s、t和n可能是参数、带有参数的方法调用或是带有数值的消息。参数s、t和n可能是字或是代表包含很多值的一个大的集合。例如，数字或字符串。

测试用例可以是满足正则表达式的一系列字符串。例如，假设参数是数字，那么下面的数据代表的可能是一个具有四部分的测试用例、可能是两个独立的测试用例、也可能是三个独立的测试用例、还可能是四个独立的测试用例。

```
G 25 08.01.90
B 21 06.27.94
G 21 11.21.94
B 12 01.09.03
```

虽然正则表达式有时可以满足我们的需要，但是更常用的是一种表述更为清晰的语法。之前的例子可以精炼为如下的语法形式：

```
stream ::= action*
action ::= actG | actB
actG   ::= "G" s n
actB   ::= "B" t n
s      ::= digit^(1-3)
t      ::= digit^(1-3)
n      ::= digit^2 "." digit^2 "." digit^2
digit  ::= "0" | "1" | "2" | "3" | "4" | "5" | "6" | "7" | "8" | "9"
```

BNF 语法

在我们的例子中我们将语法进行了简化。具体来说，我们省去了空格。形式化语言的教材中包含更为形式化的处理方式，但是测试并不需要那种程度的形式化描述。当测试需求转化为可执行的测试用例时，测试用例中会添加更多的语法的细节。

语法中有一个特殊的符号称为*初始符号*（start symbol）。在这个例子中，初始符号是stream。语法中的符号分为两种：*终结符*（terminal）和*非终结符*（non-terminal）。终结符不能被重写（或者说是替换），而非终结符可以被继续重写。在这个例子中，在 ::= 标志符左边的符号均为非终结符，所有引号中的符号都是终结符。一个已知的非终结符的每种可能的重写被称作*产生式*（production）或*规则*（rule）。在这个语法中，右上角的星号代表零次或多次，加号的上角标代表至少一次，带数字的上角标表示的是指定的重复次数，数字范围（a–b）意味着重复次数不会少于 a 次，但不能超过 b 次。

235

语法有两个用途。首先语法可以作为*识别器*（在第 5 章中介绍过），它用于决定一个已知的字符串（或测试用例）是否符合语法。这是自动机理论中经典的语法分析问题，一些自动化工具（例如广受好评的 lex 和 yacc）使得构建识别器非常容易。识别器在测试中极其有用，因为它使决定一个测试用例是否符合一个特定的语法成为可能。语法的另外一种用途是构建*生成器*（在第 5 章也介绍过）。生成器从语法的初始符号开始推导出最终由终结符构成的字符串。在这个例子中，字符串就是测试输入。例如，下面的推导产生出测试用例 G 25 08.01.90。

```
stream → action^*
       → action action^*
       → actG action^*
       → G s n action^*
       → G digit^(1-3) digit^2 . digit^2 . digit^2 action^*
       → G digitdigit digitdigit.digitdigit.digitdigit action^*
       → G 25 08.01.90 action^*
       ⋮
```

推导的过程就是系统性地将下一个非终结符替换为一个产生式，推导持续进行直到所有的非终结符都被替换，最后只剩下终结符。测试的关键在于推导方式的选择，这也造就了基于语法定义的准则。

虽然我们可以定义很多种测试准则，但是最常见也最直接的准则是*终结符覆盖*（terminal symbol coverage）和*产生式覆盖*（production coverage）。

准则 9.31　*终结符覆盖*（Terminal Symbol Coverage，TSC）TR 包括语法 G 中的每个

终结符 t。

准则 9.32 产生式覆盖（Production Coverage，PDC） *TR* 包括语法 G 中的每个产生式 p。

现在，我们应该很容易地发现 PDC 包含 TSC（如果覆盖每条产生式，那么覆盖每个终结符）。一些读者可能会意识到语法和图有一种自然的关系。所以，终结符覆盖和产生式覆盖在代表语法的图上等价为节点覆盖和边覆盖。当然，这意味着基于图覆盖的其他准则也可以在语法上定义。但据我们所知，在学术界和工业界还没有人这样做。 236

其他准则中唯一相关的一种覆盖是在图上产生所有可能的字符串，所以这个准则并不实际。

准则 9.33 推导覆盖（Derivation Coverage，DC） *TR* 包括语法 G 中的每个可能的字符串。

TSC 产生的测试用例数目的上限不会超过终结符的数目。上面讲到的 stream BNF 有 13 个终结符：G、B、.、0、1、2、3、4、5、6、7、8 和 9。这个语法有 18 个产生式（注意产生式由‘|’符号分割开来，所以 action 有两个产生式，而 digit 有 10 个产生式）。由 DC 产生的推导数目取决于语法的细节，但是总体来说是无穷的。如果我们忽略 stream BNF 的第一个产生式，那么我们可以产生有限数目的字符串。两个可能的 action 为 actG 和 actB，s 和 t 每个最多包含三位数，每位有 10 个选择，总共 1000 个选择。非终结符 n 由三组两位数来构成，每位可以选 10 个数，总共 10^6 个数。所以总共加起来，stream 语法可以产生 $2 * 1\,000 * 10^6 = 2\,000\,000\,000$ 个字符串。DC 在理论上有些价值但是在实践中无法使用。（如果下次有销售人员或是面试者声称他们可以做到“全字符串覆盖”或“全路径覆盖”，我们应该想到这一点。）

TSC、PDC 和 DC 产生的测试用例都属于语法定义的字符串集合。有时产生**不**属于语法的测试用例非常有用，我们会在下一节讨论相关的准则。

习题

1. 思考覆盖节点和边的想法在软件测试中多长时间就会出现一次？写一篇短文来解释。
2. 与图覆盖的理论类似，从语法中可能产生出无穷的测试用例。请解释为什么。

9.1.2 变异测试

使用语法可以做到的有趣的一点是用来描述什么样的输入是不合乎语法的。如果语法所定义的语言中包含了一个输入，那么这个输入是*有效的*，反之就是*无效的*。例如，要求一个程序来拒绝畸形的输入是很常见的，我们应该很明确的对程序进行这方面的测试，因为程序员很容易忘记或将其搞错。

因此，从语法中产生无效的字符串通常是很有用的。基于已有字符串推导出各种不同的有效字符串在测试中也是有用的。上述的这两种字符串都被称为*变异体*（mutant）[⊖]。我们可以变异语法再产生字符串，或是在推导中变异相应的取值。 237

变异可以应用于各种软件工件，在文后节中我们会讨论。但是，它主要是一种基于程序的测试方法，大部分的理论和许多详细的概念植根于基于程序的变异。因此，9.2.2 节将会

⊖ 这里使用的变异和遗传算法没有关系，两者的共同点只在于它们的比喻都是基于生物学的变异。测试中变异的概念比遗传算法早了几十年。

讲到更多的细节。

变异总是使用一个"变异操作符"的集合，变异操作符使用"基础的"字符串来表示。

定义 9.44 基础字符串（Ground String）符合语法的一个字符串。

定义 9.45 变异操作符（Mutation Operator）对由语法产生的字符串指明其语法变换的规则。

定义 9.46 变异体（Mutant）运用一次变异操作符得出的结果。

变异操作符通常应用于基础字符串，但是也可以应用于语法或动态地应用于一个推导过程。变异操作符是一个通用的概念，所以将变异应用于所有软件工件的重点在于设计合理的变异操作符。一个设计良好的变异操作符集合可以产生强大的测试，但是设计糟糕的集合会导致无效的测试用例。例如，如果一个商用的"变异测试"工具只是将谓词改为真和假，这其实只是实现了分支覆盖。

有时我们脑海中浮现一个具体的基础字符串，有时基础字符串就是没有应用任何变异操作符的程序本身。例如，当把变异应用于程序语句时，我们需要考虑基础字符串。基础字符串就是待测程序中一系列的程序语句，变异体就是这个程序微小的语法变化。而在测试无效输入时，它的目标是测试程序是否可以正确地回应无效输入，这时我们不必在意基础字符串。基础字符串是有效的输入，而变异体则是无效的输入。例如，一个有效的输入可能是来自正常登录用户的一个交易请求。无效的输入可能来自没有登录用户的相同的交易请求。

考虑 9.1.1 节的语法。如果第一条字符串 `G 25 08.01.90` 是一个基础字符串，那么两个可能的*有效的*变异体是：

```
B 25 08.01.90
G 43 08.01.90
```

两个可能的*无效的*变异体是：

```
12 25 08.01.90
G 25 08.01
```

238

当基础字符串无关紧要时，我们可以使用之前章节中介绍过的生成器的方法，从推导中直接修改语法产生式来创建变异体。这就是说，如果基础字符串没有直接联系的话，就没有必要生成它们。

当应用变异操作符时，我们可能会遇到两个问题。首先，我们应该同时应用多个变异操作符来创建一个变异体吗？就是说，一个变异后的字符串应该包含一个还是多个变异后的元素？常理分析这是没有必要的，强有力的实验和理论证据也显示对于基于程序的变异来说，我们一次通常只需要变异一个元素。唯一的例外是被称为"包含性的高阶变异体（subsuming higher order mutant）"，这种变异有时会很有用，但是我们在本书中不做进一步的讨论。其次，另一个问题是我们是否需要在基础操作符上应用每一种可能的变异操作符。在基于程序的变异中我们通常要求应用所有的操作符。一个理论上的原因是，基于程序的变异包含很多其他的测试准则，如果我们不能全面地应用所有的操作符，那么我们就不能保证包含关系。但是，当基础字符串不相关时，我们并不总是使用所有的操作符，例如，当测试无效输入时。在下面讨论应用的章节中，我们会对这个问题的细节做进一步的探讨。

研究人员已经为一些编程语言、形式化的规约语言、BNF 语法和至少一种数据定义语言（XML）设计出了变异操作符。对于一个给定的软件工件，其变异体的集合为 M，那么每

个变异体 $m \in M$ 就是一个测试需求。

当变异推导过程产生出有效的字符串时，测试的目标为通过使变异体产生不同的输出来“杀死”变异体。更加形式化的定义为，对于一个推导 D 和一个测试用例 t，已知一个变异体 $m \in M$，当且仅当 t 在 D 上的输出不同于 t 在 m 上的输出，我们说 t 杀死 m。推导 D 可能由随后完整的产生式表达出来，也可能很简单就是最后的字符串。例如，在 9.2.2 节，字符串是程序或程序组件。我们基于杀死变异体来定义覆盖。

准则 9.34　变异覆盖（Mutation Coverage，MC）　对于每个变异体 $m \in M$，TR 只包括一个需求，杀死变异体。

所以，衡量变异覆盖等同于评估杀死变异体的情况。覆盖程度通常被定义为杀死的变异体数目除以所有变异体数目的比率，称为“变异体死亡率（mutation score）”。

当变异语法产生无效字符串时，测试的目的是运行变异体来检测其行为是否正确。覆盖准则因此更为简单，因为变异操作符就是测试需求。

准则 9.35　变异操作符覆盖（Mutation Operator Coverage，MOC）　对于每个变异操作符，TR 只包括一个需求，产生一个由变异操作符推导出的变异字符串 m。

239

准则 9.36　变异产生式覆盖（Mutation Production Coverage，MPC）　对于每个变异操作符和该操作符可以应用的每条产生式，TR 要求从该产生式中创建一个变异字符串。

变异需求的数目比较难以定量，因为这依赖于软件工件的具体语法构成和使用的变异操作符。在大部分情况下，变异覆盖会比其他的覆盖准则产生更多的测试需求。随后节将会包含对指定的变异操作符集合进行定量计算变异体的一些数据，文献注释中会包含更多的细节。

手动应用变异测试是很困难的，其自动化的方法也比大多数其他的准则更加复杂。因此，变异覆盖被广泛地认为是一个“高阶的”覆盖准则，比其他的准则更加有效但是代价也更高。变异覆盖在实验中通常作为“黄金标准（gold standard）”来和其他的测试准则进行比较。

本章剩余的部分探索 BNF 和变异测试的各种形式。下表总结了之后节和各种语法测试的特征。对于 BNF 和变异测试，语法测试的使用是否会创建出有效或无效的测试用例也做出了标注。对于变异测试，我们还标注了是否使用基础字符串、变异体是否是测试用例以及变异体是否可以被杀死。

	基于程序的测试	集成测试	基于规约的测试	输入空间测试
BNF	9.2.1	9.3.1	9.4.1	9.5.1
语法	编程语言	没有已知的应用	代数规约	输入语言，包括 XML
总结	编译测试			输入空间测试
变异	9.2.2	9.3.2	9.4.2	9.5.2
语法	编程语言	编程语言	有限状态机	输入语言，包括 XML
总结	变异程序	测试集成	使用模型检测	错误检查
使用基础字符串？	是	是	是	否
有效的测试用例？	是，必须可以编译	是，必须可以编译	是	否

（续）

	基于程序的测试	集成测试	基于规约的测试	输入空间测试
测试用例?	变异体不是测试用例	变异体不是测试用例	变异体不是测试用例	变异体是测试用例
杀死变异体?	是	是	是	没有杀死变异体的概念
标注	分为强变异和弱变异，包含许多其他的技术	包含面向对象的测试	自动检测等价变异体	有时先变异语法，再产生字符串

240

习题

1. 定义变异体死亡率。
2. 如何将变异体死亡率和第 5 章的覆盖联系起来？
3. 考虑 9.1.1 节的 stream BNF 和基础字符串“ B 21 06.27.94”。基于该基础字符串，分别产生三个有效的和三个无效的变异体。
4. 考虑下面的 BNF：

```
A  ::= O B | O M | O B M
O  ::= "w" | "x" | "s" | "m"
B  ::= "i" | "f" | "c" | "r"
M  ::= "o" | "t" | "p" | "a" | "h"
```

   a）这个语法中有多少个非终结符？
   b）这个语法中有多少个终结符？
   c）根据 BNF，写出两个有效的字符串。
   d）基于你写出的每个字符串，再生成两个有效的变异体。
   e）基于你写出的每个字符串，再生成两个无效的变异体。
5. 考虑下面的 BNF：

```
P  ::= I D Y | I Y D | D I Y | D Y I | Y I D | Y D I
I  ::= "j" | "j"
D  ::= "9" | "21"
Y  ::= "0" | "4"
```

   a）这个语法中有多少个非终结符？
   b）这个语法中有多少个终结符？
   c）根据 BNF，写出两个有效的字符串。
   d）基于你写出的每个字符串，再生成两个有效的变异体。
   e）基于你写出的每个字符串，再生成两个无效的变异体。

9.2　基于程序的语法

和其他大部分的测试准则一样，大多数时候基于语法的测试准则只应用于程序而非其他的工件。BNF 覆盖准则已经被用于生成程序来测试编译器。变异测试已经应用于方法（单元测试）和类（集成测试）。我们将会在下节讨论应用于类的部分。

9.2.1　编译器的 BNF 语法

基于语言的 BNF 测试的主要目的就是为编译器生成测试用例集。因为这是一个非常特殊的应用，所以我们选择在本书中不做更多的介绍。参考文献部分会包括相关的索引，大部分的内容是一些相对陈旧的研究成果。

241

9.2.2　基于程序的变异

变异最初是从程序中发展而来的，所以本章中的这节比其他的小节包含更为深入的内容。基于程序的变异根据编程语言的语法来定义操作符。首先我们从**基础字符串**开始，这里的基础字符串就是待测的程序。然后我们应用变异操作符产生变异体，这些变异体必须是可编译的，所以基于程序的变异生成的是**有效的**字符串。变异体并不是测试用例，但是它们可以帮助我们设计测试用例。

已知一个程序或方法作为基础字符串，一个满足变异覆盖的测试用例集可以将原程序与它的语法变化（即原程序的变异体）区分开来。对于一个程序，一个简单的变异操作符例子是*算术运算变异*（Arithmetic Operation Mutation）操作符，这个操作符可以将“`x = a + b`”这样的赋值语句更改为不同的替代语句，包括“`x = a - b`”“`x = a * b`”和“`x = a / b`”。除非这个赋值语句出现在一个非常特殊的程序中，不然具体使用哪种赋值操作符还是有关系的，一个好的测试用例集应该是可以区分这些不同的算术操作符的。我们发现如果仔细选取合适的变异操作符，测试者可以生成非常强大的测试用例集。

变异测试用来帮助用户不断地提高测试数据的质量。测试数据用来评估作为基础字符串的程序，目的是使每个变异体展示出与原程序不同的行为。当这样预期的行为出现的时候，我们认为变异体*死亡*（dead）且不再需要保留在测试过程中，因为杀死变异体的测试用例集会检查到这个变异体所代表的故障。更重要的是，这个变异体已经满足了下面的需求：产生或识别一个有用的测试用例。

成功使用变异的关键在于变异操作符，对于每种编程语言、规约语言或设计语言，我们都需要设计操作符。在基于程序的变异中，无效的字符串在语法上是非法的，编译器应该可以识别出这种错误。这些被称为是*夭折的*（stillborn）变异体，它们不应该被生成或者应该被立即删除。几乎任意的测试用例都可以杀死*平凡的*（trivial）变异体。有些变异体在功能上*等价于*（equivalent）原始程序。就是说，它们总是与原始程序产生一样的输出，所以没有测试用例可以杀死它们。等价的变异体代表的是不可行的测试需求（之前的章节讲到过这个概念）。

对于基于程序的变异，我们对杀死变异体和覆盖的概念做进一步的提炼。这些定义与之前章节的定义是一致的。

定义 9.47　*杀死变异体（Killing Mutant）　已知一个程序作为基础字符串 P 和一个测试用例 t，对于每个变异体 $m \in M$，当且仅当 t 在 P 上运行时的输出与 t 在 m 上运行时的输出不同的时候，我们说 <u>t 杀死 m</u>。*

正如 9.1.2 节所讲，定量变异测试的需求数目是很难的。事实上，这取决于具体使用的操作符的集合和操作符所应用的语言。最广为使用的变异系统之一为 Mothra。这个工具可以为使用 Fortran 语言所写的 Min() 函数产生 44 个变异体，如图 9-1 所示。对于大部分的变异操作符的集合，基于程序的变异体的数目大致与变量引用数目和所声明变量数目的乘积（$O(Refs * Vars)$）成正比。在下面“设计变异操作符”的部分会提到一种选择性变异（selective mutation）的方法，这种方法可以去除数据对象，这样变异体的数目与变量引用（$O(Refs)$）的数目成正比。参考文献中会包括更多的细节。

242

初始的方法	带有嵌入变异体的 Min() 方法

int Min (int A, int B)
{
  int minVal;
  minVal = A;
  if (B < A)
  {
    minVal = B;
  }
  return (minVal);
} //Min 方法结束
	int Min (int A, int B)
	    {
	      int minVal;
	      minVal = A;
	Δ1 minVal = B;
	      if (B < A)
	Δ2 if (B > A)
	Δ3 if (B < minVal)
	      {
	        minVal = B;
	Δ4 Bomb();
	Δ5 minVal = A;
	Δ6 minVal = failOnZero (B);
	      }
	      return (minVal);
	    } // Min 方法结束

图 9-1 Min 方法和六个变异体

基于程序的变异传统上应用于单元测试，所以操作符应用于单独的语句。图 9-1 包含了一个带有六行变异语句（每条前面有△符号）的简单的 Java 方法。注意每个变异的语句分别代表一个程序。我们定义变异操作符来满足下列两个目标中的一个。一个目标是模仿一些程序员的典型失误，因此确保测试用例可以检测到这些失误。另外一个目标是强制测试者来创建可以有效测试软件的测试用例。在图 9-1 中，变异体 1、3 和 5 使用一个变量引用来代替了另外一个，变异体 2 改变了一个关系操作符，变异体 4 是一个特殊的变异操作符，当到达这条语句时它可以导致程序运行失败。这样可以强制执行每条语句，因此也保证了语句覆盖或节点覆盖。

变异体 6 看起来不太寻常，因为这个操作符可以强制测试者创建一个有效的测试用例。*failOnZero()* 方法是一个特殊的变异操作符，当参数为零的时候，这个操作符会导致程序运行失败；当参数不为零时，这个操作符什么都不做（只是返回参数值）。因此，只有 B 的值为零时，才可以杀死变异体 6，这迫使测试者必须遵循一种历经千锤百炼的启发式的方法；即让每个变量和表达式的取值为零。

变异测试有时让人迷惑的一点是如何生成测试用例。当应用基于程序的变异时，测试者直接的目标是杀死变异体，间接的目标是生成好的测试用例。甚至更加间接一些，测试者的目的是找到故障。测试者可以靠直觉来生成杀死变异体的测试用例，如果有更加严格的要求，测试者还可以分析杀死变异体所需的条件。

第 2 章介绍了 RIPR 故障 / 失败模型。基于程序的变异表示了变异体可以造成的软件失败，而可达性、影响和传播分别指代到达变异体、变异体导致不正确的程序状态和最终不正确的程序输出。

弱变异（weak mutation）放宽了“杀死”变异体的定义，要求只包括可达性和影响，而不必包括传播。弱变异在执行完变异组件（表达式、语句或基本块）之后立即检测程序内部状态。如果状态不正确，变异体被杀死。这比标准的（或是*强的*（strong））变异要更弱一些，因为不正确的状态不一定传播到输出。这就是说，满足强变异可能比满足弱变异需要更多的测试用例。而实验表明在大多数的情况下这两者间的差距很小。

243

我们可以在之前杀死变异体定义的基础上，给出这两种变异方式的形式化的定义。

定义 9.48　强杀变异体（Strongly Killing Mutant）　已知一个程序作为基础字符串 P 和一个测试用例 t，对于每个变异体 $m \in M$，当且仅当 t 在 P 上运行的输出与 t 在 m 上运行的输出不同的时候，我们说 t 强杀 m。

准则 9.37　强变异覆盖（Strong Mutation Coverage，SMC）　对于每个变异体 $m \in M$，TR 只包含一个需求，强杀变异体。

定义 9.49　弱杀变异体（Weakly Killing Mutant）　已知一个程序作为基础字符串 P 和一个测试用例 t，对于每个变异体 $m \in M$，当且仅当 t 在 P 上运行的执行状态与 t 在 m 上运行的执行状态不同的时候，我们说 t 弱杀 m。

准则 9.38　弱变异覆盖（Weak Mutation Coverage，WMC）　对于每个变异体 $m \in M$，TR 只包含一个需求，弱杀变异体。

考虑图 9-1 中的变异体 1，这个变异体处于第一条语句，因此其可达性的条件总是满足的（真）。为了造成影响，B 的值必须与 A 的值不同，我们可以形式化地写作（A ≠ B）。为了将影响传播到输出，Min 变异后的版本必须返回不正确的值。在这个例子中，Min 必须要返回第一条语句中的赋值，这意味着 if 结构中的语句一定不能执行，即（B < A）= 假。杀死变异体 1 的完整的测试规约为：

可达性：真

影响：$A \neq B$

传播：$(B < A) =$ 假

完整的测试规约：真 $\wedge$ $(A \neq B)$ $\wedge$ $((B < A) =$ 假$)$

$\equiv (A \neq B) \wedge (B \geqslant A)$

$\equiv (B > A)$

所以，测试用例值（$A = 5, B = 7$）应该可以导致执行变异体 1 时失败。原来的方法返回 5（A），但是变异的版本返回 7。

变异体 3 是一个等价变异体。从直觉上来看，minVal 和 A 在程序中的那个位置有着相同的值，所以将它们相互替换应该没有什么影响。和变异体 1 一样，它的可达性条件也是真。触发影响的条件是（$B < A$）≠（$B < minVal$）。但是，认真分析之后我们发现还应该加上一个断言（$minVal = A$），这样组合之后的条件为（$(B < A) \neq (B < minVal)$）$\wedge$（$minVal = A$）。去掉不等式≠简化之后得到： 244

$$(((B < A) \wedge (B \geqslant minVal)) \vee ((B \geqslant A) \wedge (B < minVal))) \wedge (minVal = A)$$

重新整理后得到：

$$(((A > B) \wedge (B \geqslant minVal)) \vee ((A \leqslant B) \wedge (B < minVal))) \wedge (minVal = A)$$

如果（$A > B$）而且（$B \geqslant minVal$），那么通过传递性（$A > minVal$）。将传递性应用于前两个析取式（disjunct），我们得到：

$$((A > minVal) \vee (A < minVal)) \wedge (minVal = A)$$

最后，第一个析取式可以化简为一个简单的不等式，这样导致了如下矛盾的情况：

$$(A \neq minVal) \wedge (minVal = A)$$

这个矛盾的公式意味着没有值可以满足这些条件，因此，这个变异体被证明是等价的。大体上来说，检测等价变异体和检测不可行路径一样，都是不可判定问题。但是，一些策略比如代数操作（algebraic manipulation）和程序切片（program slicing）可以检测到一些等价的变异体。

在最后一个例子中，考虑下面的方法，其中在第四行嵌入了一个变异体：

```
1     boolean isEven (int X)
2     {
3        if (X < 0)
4           X = 0 - X;
Δ4          X = 0;
5        if (float) (X/2) == ((float) X) / 2.0
6           return (true);
7        else
8           return (false);
9     }
```

变异体△ 4 的可达性条件为（$X < 0$），触发影响的条件为（$X \neq 0$）。如果已知测试用例 X = −6，那么在执行完语句 4 之后 X 的值为 6，而在执行完**变异**的语句 4 之后 X 的值为 0。因此，这个测试用例满足了可达性和影响，在弱杀变异体的准则下，这个变异体是可以被杀死的。但是，6 和 0 都是偶数，所以开始于语句 5 的决策对变异和未变异的版本都返回真。这就是说，传播没有被满足，所以在强杀变异体的准则下，这个测试用例 X = −6 不能杀死变异体。这个变异体的传播条件是数字必须为奇数，因此，为了满足强杀变异准则，我们要求（$X < 0$）∧（$X \neq 0$）∧ $odd(X)$，这个式子可以简化为 X 必须为负的奇数。 245

基于变异测试程序

一个测试过程包含一系列的步骤来产生测试用例。一个测试准则可能会用于多个测试过程，而测试过程则可能不会包括测试准则。很多人认为变异测试与其他的覆盖准则相比不是很直观。“杀死”变异体的想法与“到达”节点、“遍历”路径或“满足”一组真值赋值相比，并不是显而易见的。但是有一点很明确，我们利用变异测试很好地测试了软件，否则测试用例不会杀死变异体。我们可以通过研究一个典型的变异分析过程来很好地理解这一点。

图 9-2 展示了应用变异测试的过程。测试者将一个待测程序提交给一个自动化的变异测试工具，这个系统开始生成变异体。之后，系统可以选择使用一种启发式的算法来分析这些变异体以检查并清除尽可能多的等价变异体⊖。系统自动产生一组测试用例，然后首先在原程序上运行测试用例，再在变异体上运行测试用例。如果运行一个变异体产生的输出与初始的（正确的）程序输出不同，那么我们将这个变异体记录为死亡，并且这个变异体是被测试用例强杀的。之后的测试用例不会在已死的变异体上运行。没有强杀一个变异体的测试用例（即便它可以弱杀一个或多个变异体）被认为是“无效的”而且应该被清除掉。这是因为上面的需求明确要求输出（不是内部状态）必须不一样。

一旦执行完所有的测试用例，下一步就是计算覆盖率，这里称之为变异体死亡率。变异体死亡率是已死的变异体除以所有变异体的比率。如果变异体死亡率达到 1.00，这意味着测试用例检测到了所有的变异体。相对变异体来说，我们将能够杀死所有变异体的测试用例集称为*充分的*（adequate）。

变异体死亡率达到 1.00 通常是不切实际的，所以测试者可以定义一个阈值，就是可以接受的最低的变异体死亡率。如果没有达到这个阈值，那么需要重复这个过程，每次只生成可以杀死活的变异体的测试用例，直到达到阈值所规定的变异体死亡率。从开始到这个步骤，整个过程都是完全自动化的。为了完成测试，测试者还需要检验有效测试用例的预期输

⊖ 当然，因为变异体检测是不可判定的，启发式的算法是最好的选择。

出，如果发现故障的话，进一步来修正程序。这就引出了变异测试的基本前提：**实践中，如果软件含有一个故障，那么通常存在这样一组变异体，只有能够检测到这个故障的测试用例才能杀死这组变异体**。

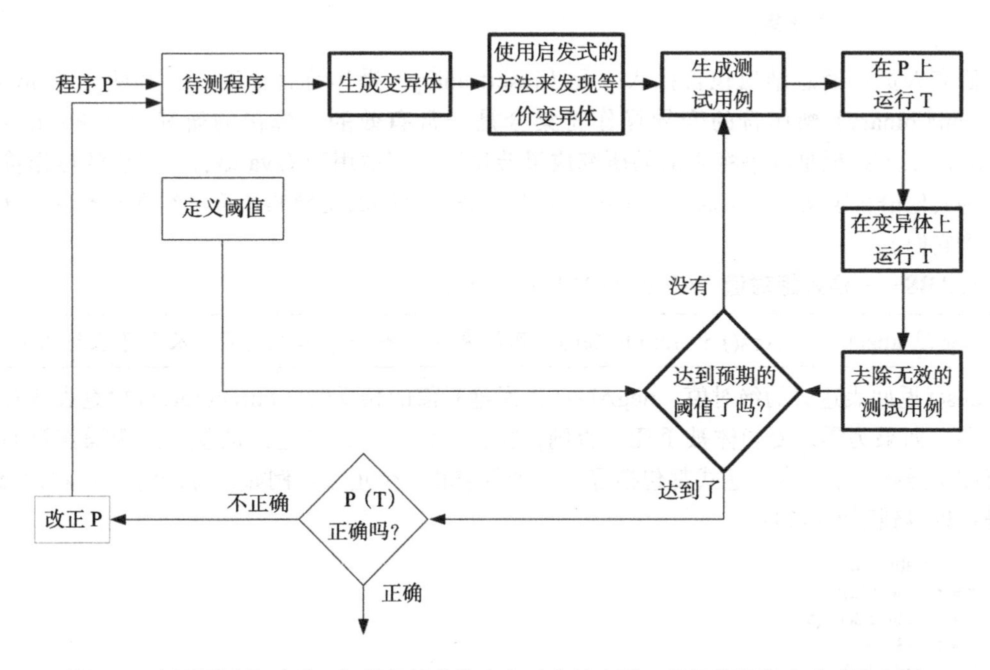

图 9-2 变异测试的过程，加粗的部分代表自动化的步骤；其他部分代表手动的步骤。 246

设计变异操作符

每种语言都必须选择相应的变异操作符，虽然不同语言之间的操作符有重叠之处，但是一些差异对语言来说是特别的，这通常取决于语言的特征。研究人员已经为许多编程语言设计出了变异操作符，包括 Fortran IV、COBOL、Fortran 77、C、C 语言的集成测试、Lisp、Ada、Java 和 Java 类的关系。研究人员还为形式化的规约语言 SMV（将在 9.4.2 节讨论）和 XML 消息（将在 9.5.2 节讨论）设计了变异操作符。

在变异测试领域，过去我们已经掌握了很多设计变异操作符的方法。本章的参考文献部分包含了不同语言的变异操作符的详细列表。通常来讲，设计变异操作符的目的是模仿程序员的典型失误，或鼓励测试者遵循通用的启发式的测试方法。改变关系操作符或变量引用的操作符是模仿程序员的失误的例子。在图 9-1 中应用 *failOnZero()* 操作符是第二个目的的一个例子，我们鼓励测试者遵循通用的启发式测试方法，即“将每个表达式变为零。”

当为一个新的语言设计变异操作符时，“具备包含性”是一种合理的选择。即，包括尽可能多的操作符。但是，这通常会导致大量的变异操作符，以及更多的变异体。研究人员已经付出很多努力试图找到产生更少变异操作符和变异体的方法：（1）从所有的变异体中随机选取一些样本；（2）使用特别有效的变异操作符。

选择性变异（selective mutation）是一种只使用特别有效的变异操作符的策略。我们使用如下方法评估有效性：如果由杀死变异操作符 o_i 产生的变异体创建的测试用例也可以以很高地概率杀死变异操作符 o_j 产生的变异体，那么变异操作符 o_i 比 o_j 更有效。

这个概念可以从单个的有效操作符扩展为有效变异操作符的集合，如下所示： 247

定义 9.50 有效变异操作符（Effective Mutation Operator）　已知变异操作符集合 $O = [o_1, o_2, \cdots]$，如果由杀死 O 产生的变异体创建的测试用例也可以以很高地概率杀死其余的变异操作符产生的变异体，那么 O 是一个有效的变异操作符集。

研究人员已经总结出包含插入一元（insert unary）操作符且修改一元和两元（modify unary and binary）操作符的变异操作符集合是非常**有效的**。最初的研究基于 Fortran-77（Mothra 系统），但是本书将之前的研究成果转化后将其适用于 Java 语言。对应的操作符通常是为其他语言定义的。下面定义的操作符都是程序级别的变异操作符，本章的剩余部分将会用到它们。

1. **ABS——插入绝对值**（Absolute Value Insertion）：

通过 abs()、negAbs() 和 failOnZero() 函数来修改每个算术表达式（及其子表达式）。

abs() 返回表达式的绝对值，negAbs() 返回绝对值的相反值。failOnZero() 检查表达式是否为零，如果为零，变异体被杀死；否则，执行继续，返回表达式的值。这个操作符的设计意图是强制每个算术表达式都包括零、一个负数和一个正数。例如，将语句“`x = 3 * a;`”变异可以得到下列语句：

```
x = 3 * abs (a);
x = 3 * - abs (a);
x = 3 * failOnZero (a);
x = abs (3 * a);
x = - abs (3 * a);
x = failOnZero (3 * a);
```

2. **AOR——替换算术操作符**（Arithmetic Operator Replacment）：

使用其他算术操作符来替换每个出现的算术操作符（+、−、*、/、** 和 %）。另外，使用特殊的变异操作符 leftOp、rightOp 和 mod 来替换每个算术操作符。

leftOp 返回左边的操作数（忽略右边的操作数）。rightOp 返回右边的操作数。mod 计算的是左边的操作数除以右边的操作数得到的余数。例如，将语句“`x = a + b;`”变异可以得到下列的 7 条语句：

```
x = a - b;
x = a * b;
x = a / b;
x = a ** b;
x = a;
x = b;
x = a % b;
```

248

3. **ROR——替换关系操作符**（Relational Operator Replacement）：

使用其他关系操作符、falseOp 和 trueOp 来替换每个出现的关系操作符（<、≤、>、≥、==、≠）。

falseOp 总是返回假，trueOp 总是返回真。例如将语句“if(m > n)”变异可以得到下列的 7 条语句：

```
if (m >= n)
if (m < n)
```

```
if (m <= n)
if (m == n)
if (m != n)
if (false)
if (true)
```

4. **COR——替换条件操作符**（Conditional Operator Replacement）：

> 使用其他条件操作符来替换每个出现的逻辑操作符（与操作符 &&、或操作符 ||、不带条件判断的和 &、不带条件判断的或 |、不等 ^）。此外，使用 falseOp、trueOp、leftOp 和 rightOp 来替换每个条件操作符。

leftOp 返回左边的操作数（忽略右边的操作数），rightOp 返回右边的操作数。falseOp 总是返回假，而 trueOp 总是返回真。例如，将语句“if(a && b)”变异得到下列的 8 条语句：

```
if (a || b)
if (a & b)
if (a | b)
if (a ^ b)
if (false)
if (true)
if (a)
if (b)
```

5. **SOR——替换按位移动操作符**（Shift Operator Replacement）：

> 使用其他按位移动操作符来替换每个出现的按位移动操作符（<<、>> 和 >>>）。此外，使用特殊的变异操作符 leftOp 来替换每个按位移动操作符。

leftOp 返回没有移动的左边的操作符。例如，将语句“x = m << a;”变异得到下列的 3 条语句：

```
x = m >> a;
x = m >>> a;
x = m;
```

249

6. **LOR——替换逻辑操作符**（Logical Operator Replacement）：

> 使用其他的按位逻辑操作符来替换每个出现的按位逻辑操作符（按位与 &、按位或 |，按位异或 ^）。此外，使用 leftOp 和 rightOp 来替换每个按位逻辑操作符。

leftOp 返回左边的操作数（忽略右边的操作数），rightOp 返回右边的操作数。例如，将“x = m & n;”语句变异得到下列语句：

```
x = m | n;
x = m ^ n;

x = m;
x = n;
```

7. **ASR——替换赋值操作符**（Assignment Operator Replacement）：

> 使用其他赋值操作符来替换每个出现的赋值操作符（=、+=、-=、*=、/=、%=、&=、|=、^=、<<=、>>=、>>>=）。

例如，将语句“x += 3;”变异得到下列的 10 条语句：

```
x = 3;
x -= 3;
x *= 3;
x /= 3;
x %= 3;
x &= 3;
x |= 3;
x ^= 3;
x <<= 3;
x >>= 3;
x >>>= 3;
```

8. **UOI——插入一元操作符**（Unary Operator Insertion）：

> 在类型正确的每个表达式前插入每个一元操作符（算术操作符+、算术操作符–、条件操作符！和逻辑操作符~）。

例如，将语句“x = 3 * a;”变异得到下列的4条语句：

```
x = 3 * +a;
x = 3 * -a;
x = +3 * a;
x = -3 * a;
```

250

9. **UOD——删除一元操作符**（Unary Operator Deletion）：

> 删除每个一元操作符（算术操作符+、算术操作符–、条件操作符！和逻辑操作符~）。

例如，将语句“if ! (a > -b)”变异得到下面的2条语句：

```
if (a > -b)
if !(a > b)
```

另外两个有用的操作符例子是标量变量替换和“炸弹（Bomb）”操作符。使用标量变量替换操作符会产生许多变异体（如果V是变量数目的话，产生的变异体数目为V^2），我们发现如果已经使用了上面的操作符，那么就没有必要再使用这个操作符了。我们把它包含在这里是为了举例方便。炸弹操作符对每条语句产生一个变异体，但是如果我们已经使用了上面的操作符，也没有必要使用炸弹操作符。

10. **SVR——替换标量变量**（Scalar Variable Replacement）：

> 使用当前可见域中已声明的具有合适类型的其他变量来替换每个变量引用。

例如，将语句“x = a * b;”变异可以得到下面的6条语句：

```
x = a * a;
a = a * b;
x = x * b;
x = a * x;
x = b * b;
b = a * b;
```

11. **BSR——替换炸弹语句**（Bomb Statement Replacement）：

> 使用特殊的Bomb()函数来替换每条语句。

当执行Bomb()语句时，程序执行失败，所以它要求测试者到达每条语句。例如，将语句“x = a * b;”变异可以得到下列语句：

```
Bomb();
```

包含其他的测试准则（高阶知识点）

如果从找到最多故障的角度来衡量，变异测试被广泛地认为是最强的覆盖准则，但同时也是成本最高的覆盖准则。这节表明变异覆盖包含很多其他的覆盖准则。证明的过程如下，我们使用一些变异操作符来产生测试需求，然后说明这些需求和某个具体的覆盖准则的需求一致。

251

对由一个准则定义的各个具体的测试需求来说，如果一个变异体只能被满足这个需求的测试用例杀死，那么这个变异体和这个需求相关。所以，当且仅当与这个准则需求相关的变异体都被杀死的时候，就满足了这个覆盖准则。在这种情况下，确保了这个覆盖准则的变异操作符产生了这个准则。如果一个或几个变异操作符产生了一个准则，那么变异测试包含了这个准则。虽然变异操作符随着语言和变异分析工具的不同而变化，但是本节使用在大多数实现中通用的操作符。我们还可以通过设计变异操作符来使变异测试强制包含其他的测试准则。本章的参考文献部分会包含更多的细节。

这种证明有一个小问题。之前所有的覆盖准则只有一个**局部的**（可达性）需求。例如，边覆盖要求执行程序中的每条分支。另一方面，除了局部的需求，变异覆盖还有**全局的**（传播）需求。即变异覆盖还要求变异后的程序产生不正确的输出。对于边覆盖，只有当执行每一条分支**并且**变异体的最后输出不正确的时候，一些特定的变异体才能被杀死。一方面，这意味着变异覆盖比条件覆盖准则有着更强的要求。另一方面，有些出乎意料的是，这也意味着满足一个覆盖准则的测试用例集不能强杀所有相关的变异体。因此，正如之前定义的一样，变异覆盖不能严格地包含条件测试准则。

如果基于*弱变异*的包含关系，这个问题就可以得到解决。当考虑包含其他覆盖准则时，弱变异只有局部的需求。在弱变异中，杀死在影响阶段**不等价**但是在传播阶段**等价**（即不正确的状态被遮掩或修复了）的变异体的测试用例被保留了下来，所以这样变异覆盖就包含了边覆盖。这个事实精确地说明正是由于这些测试用例被删除了，所以强变异不包含边覆盖。

因此，本节说明的是弱变异，而不是强变异可以包含其他覆盖准则。

第 7 章和第 8 章分别展示了图覆盖准则的包含关系和逻辑覆盖准则的包含关系。有些变异操作符只能用于源程序语言，而其他操作符可以应用于任意的结构，比如逻辑表达式。举个例子，有个通用的变异操作符使用“炸弹”来替换语句，这样可以使程序立即终止执行或抛出异常，这种变异操作符只能用于程序语句。另外一个常用的变异操作符使用其他的关系操作符（ROR 操作符）来替换关系操作符（<、>、等）。这类关系替换的操作符可以应用于任何的逻辑表达式，包括有限状态机中的监控条件。

节点覆盖要求执行程序中的每条语句或基本块。将语句替换为“bombs”的变异操作符可以产生节点覆盖。为了杀死这些变异体，我们需要设计到达每个基本块的测试用例。因为这正是节点覆盖的要求，这个操作符产生节点覆盖，变异覆盖包含节点覆盖。

边覆盖要求执行控制流图中的每条边。ROR 变异操作符将每个谓词替换为*真*和*假*。当测试用例执行判断为*假*的分支时，就可以杀死赋值为*真*的变异体；当测试用例执行判断为*真*的分支时，就可以杀死赋值为*假*的变异体。这个操作符强制执行程序中的每条分支，因此可以产生边覆盖，变异覆盖包含边覆盖。

252

子句覆盖要求每条子句都必须为真和假。ROR、COR和LOR操作符联合起来将每个谓词中的每条子句都替换为真和假。为了杀死赋值为真的变异体，测试用例必须使得子句（以及整个谓词）为假；为了杀死赋值为假的变异体，测试用例必须使得子句（以及整个谓词）为真。这正是子句覆盖的需求。一种简单的方法解释，它是使用真值表的一种变型。

考虑一个谓词有两条子句，由逻辑与连接。假设这个谓词写作（$a \wedge b$），a 和 b 是任意的布尔型子句。图9-3显示了真值表的一部分，其中最上面的一行展示了 a 和 b 赋值的四种可能的组合。接下来的四行显示的是4种变异，即用真和假来分别替代 a 和 b。为了杀死这些变异体，测试者必须选择输入（表顶端四种赋值组合之一）使这个变异体的结果与原始谓词的结果不同。考虑变异体1——$true \wedge b$，对于四组赋值中的三组，这个变异体和原始的谓词有相同的结果。因此，为了杀死这个变异体，测试者必须使用真值赋值为（F T）的测试输入，如方框中所示。类似的，只有在使用真值赋值（T F）的时候，才能杀死变异体3——$a \wedge true$。因此，当且仅当满足子句覆盖的时候，才能杀死变异体1和3。注意包含子句覆盖并不需要变异体2和4。

	$a \wedge b$	(T T) T	(T F) F	(F T) F	(F F) F
1	$true \wedge b$	T	F	[T]	F
2	$false \wedge b$	[F]	F	F	F
3	$a \wedge true$	T	[T]	F	F
4	$a \wedge false$	[F]	F	F	F

图9-3　(a ∧ b) 真值表的一部分

虽然使用逻辑操作符举例证明变异操作符产生子句覆盖的方法很直接并且相对容易上手，但是却很笨拙。我们考虑一种更广泛的情况，假设一个谓词 p，一条子句 a 和用来测试 $p(a)$ 的子句覆盖需求（即 a 必须为真和假）。考虑变异△ p（$a \rightarrow$ 真）(即，谓词中的 a 被替换为真)。满足这个变异体的影响条件的唯一方式是产生测试用例使得 a 为假。同样的，杀死变异体△ p（$a \rightarrow$ 假）的唯一方式是产生使 a 为真的测试用例。因此，一般情况下，使用真和假替换子句的变异操作符可以产生子句覆盖，所以变异覆盖包含子句覆盖。

253　**组合覆盖**要求谓词中的子句赋值包含每种真值组合。一般情况下对于包含 N 条子句的谓词，组合覆盖产生 2^N 个需求。因为单个或一组变异操作符不可能产生 2^N 个变异体，我们可以很容易地得出变异覆盖不能包含组合覆盖的结论。

有效子句覆盖要求谓词 p 中的每条子句 c 都为真和假，**并且** c 决定 p 的取值。当 c 为真和假时，第8章讲到的**广义有效子句覆盖**允许 p 中其他子句包含不同的值。所以很容易说明变异覆盖包含广义有效子句覆盖，事实上，在以前我们已经证明过了。

为了杀死变异体△ p（$a \rightarrow$ 真），我们必须使△ p（$a \rightarrow$ 真）和 $p(a)$ 拥有**不一样的值**来满足影响的条件，就是说，a 必须决定 p。同理，为了杀死变异体△ p（$a \rightarrow$ 假），我们必须使得△ p（$a \rightarrow$ 假）和 $p(a)$ 拥有不一样的值，即，a 必须决定 p。因为这正是广义有效子句覆盖的要求，所以这个操作符产生节点覆盖，变异覆盖包含广义有效子句覆盖。注意，只有当变异程序中错误的状态传播到表达式的结尾时，这个结论才成立，这是弱变异的一种形式。

变异测试不包含**相关性有效子句覆盖**和**限制性有效子句覆盖**。原因是相关性有效子句覆盖和限制性有效子句覆盖都要求测试用例配对具有一定的属性。相关性有效子句覆盖要求的属性是当 c 为真和假时，谓词的结果不同。限制性有效子句覆盖要求的属性是当 c 为真和假时，次子句的取值相同。因为每个变异体只能（或不能）被一个测试用例（而不是一对测试用例）杀死，传统定义的变异分析不包含在测试用例配对间有关系的覆盖准则。

研究人员还没有发现变异覆盖是否包含无效子句覆盖准则。

数据流测试中的全定义覆盖要求变量的每个定义到达至少一处使用。就是说，对节点 n 的变量 X 的每个定义，X 必须存在一条从 n 到包含 n 的使用的一个节点或边的无重复定义子路径。对全定义覆盖包含关系的论证有点复杂，不同于其他论证，全定义覆盖要求使用强变异。

如果存在一个常用的用来删除语句的变异操作符，其目的是强制程序中的每条语句对输出造成影响[⊖]。为了表明变异覆盖和全定义覆盖之间的包含关系，我们只关注包含变量定义的语句。假设语句 s_i 包含变量 x 的一个定义，m_i 是删除 s_i（$\Delta\ s_i \rightarrow null$）的变异体。为了强杀变异体 m_i，测试用例 t 必须（1）到达变异的语句（可达性），（2）执行 s_i 导致不正确的程序的执行状态（影响），（3）导致最后不正确的程序输出（传播）。任何到达 s_i 的测试用例都会导致一个不正确的状态，因为 s_i 变异的版本不会给 x 赋值。要想让变异体产生不正确的最后输出，存在两种可能。首先，如果 x 是一个输出变量，t 必须执行一条从 x 被删除的位置到输出的子路径，而且不能有重复的定义。因为输出被认为是一个使用，这可以满足全定义准则。其次，如果 x 不是一个输出变量，那么在 s_i 不定义 x 一定会导致不正确的输出状态。只有当 x 在之后的某个地方被使用且没有重复定义的话，这种情况才是可能的。因此，t 对于在 s_i 中的定义 x 是满足全定义准则的。变异操作符产生全定义覆盖，确保了变异覆盖包含全定义覆盖。 254

设计特定的变异操作符来包含全使用覆盖是可能的，但是这样的操作符还从来没有在论文中发表过或在任何的工具使用过。

习题

1. 找到杀死图 9-1 中第 2、4、5 和 6 个变异体所需的可达性条件、影响条件、传播条件和测试用例值。
2. 对于方法 findVal() 中第 5 行的变异体，回答 a 到 d 的问题。
   a）如果可能的话，生成**不能**到达变异体的测试输入。
   b）如果可能的话，对于这个变异体，生成满足可达性但**不满足影响**的测试输入。
   c）如果可能的话，对于这个变异体，生成满足影响，但是**不满足传播**的测试输入。
   d）如果可能的话，生成可以**强杀**这个变异体的测试输入。

```
/** 找到元素的最后的索引位置
 *
 *
 * @要搜索的数组 param numbers
 * @要寻找的数值 param val
 * @如果-1不存在，返回val在numbers中最后的索引位置
 * @如果numbers为null，抛出 NullPointerException 异常
 */
1. public static int findVal(int numbers[], int val)
2. {
3.     int findVal = -1;
4.
```

⊖ 从某种角度来说，这个目的和强制谓词中的每条子句对结果产生影响的目标是等价的。

```
5.    for (int i=0; i<numbers.length; i++)
5' .// for (int i=(0+1); i<numbers.length; i++)
6.      if (numbers [i] == val)
7.          findVal = i;
8.    return (findVal);
9. }
```

3. 对于方法 sum() 中第 6 行的变异体，回答 a ~ d 的问题。

255 a）如果可能的话，生成**不能**到达变异体的测试输入。

b）如果可能的话，对于这个变异体，生成满足可达性但**不满足影响**的测试输入。

c）如果可能的话，对于这个变异体，生成满足可达性和影响，但是**不满足传播**的测试输入。

d）如果可能的话，生成可以**强杀**这个变异体的测试输入。

```
/**
 * 对一个数组中的值求和
 *
 * @ 对param x数组求和
 *
 * @ 返回 x 中数值的和
 * @ 如果 x 为 null，抛出 NullPointerException 异常
 */
1. public static int sum(int[] x)
2. {
3.    int s = 0;
4.    for (int i=0; i < x.length; i++) }
5.    {
6.       s = s + x[i];
6'.  // s = s - x[i]; //AOR
7.    }
8.    return s;
9. }
```

4. 基于第 7 章 PatternIndex 程序中的 patternIndex() 方法。考虑下面给定的变异体 A 和变异体 B。本书网站上包含了这两个变异体的实现 PatternIndexA.java 和 PatternIndexB.java。

```
while (isPat == false && isub + patternLen - 1 < subjectLen) // 初始代码
while (isPat == false && isub + patternLen - 0 < subjectLen) // 变异体 A

isPat = false; // 初始代码（处于循环内而不是声明中的语句）
isPat = true;  // 变异体 B
```

对于每个变异体回答下面的问题。

a）如果可能的话，生成**不能**到达变异体的测试输入。

b）如果可能的话，对于这个变异体，生成满足可达性但**不满足影响**的测试输入。

c）如果可能的话，对于这个变异体，生成满足可达性和影响，但是**不满足传播**的测试输入。

d）如果可能的话，生成可以**强杀**这个变异体的测试输入。

256 5. 移除无效的测试用例为什么是合理的？

6. 使用之前给出的有效的变异操作符来为方法 cal() 定义 12 个变异体。尝试使用每个变异操作符至少一次。试估算如果为 cal() 方法生成所有的变异体，那么其总数是多少？

```
public static int cal (int month1, int day1, int month2, int day2, int year)
{
//***********************************************************
// 计算同一年中两天之间的间隔
   前置条件：day1 和 day2 必须在同一年
//
//          1 <= month1, month2 <= 12
```

```
//      1 <= day1, day2 <= 31
//          year 的范围是 1 … 10000
//
//***********************************************************
  int numDays;

  if (month2 == month1) // 在同一个月
    numDays  = day2 - day1;
  else
  {
    // 忽略第 0 个月
    int daysIn[] = {0, 31, 0, 31, 30, 31, 30, 31, 31, 30, 31, 30, 31};
    // 今年是闰年么?
    int m4 = year % 4;
    int m100 = year % 100;
    int m400 = year % 400;
    if ((m4 != 0) || ((m100 ==0) && (m400 != 0)))
      daysIn[2] = 28;
    else
      daysIn[2] = 29;

    // 先计算首尾两个月的天数
    numDays = day2 + (daysIn[month1] - day1);

    // 添加首尾两月所间隔月份的天数
    for (int i = month1 + 1; i <= month2-1; i++)
      numDays = daysIn[i] + numDays;
  }
  return (numDays);
}
```

7. 使用之前给出的有效的变异操作符来为方法 power() 定义 12 个变异体。尝试使用每个变异操作符至少一次。试估算如果为 power() 方法生成所有的变异体，那么其总数是多少？　257

```
public static int power (int left, int right)
{
//****************************************
// 以 left 为底，right 为指数，求 left 的 right 次幂
// 前置条件：right >= 0
// 后置条件：返回 left 的 right 次幂
//****************************************
  int rslt;
  rslt = left;
  if (right == 0)
  {
    rslt = 1;
  }
  else
  {
    for (int i = 2; i <= right; i++)
       rslt = rslt * left;
  }
  return (rslt);
}
```

8. 变异测试的基本前提说：“在实践中，如果软件含有一个故障，那么通常存在这样一组变异体，只有能够检测到这个故障的测试用例才能杀死这组变异体”。

a）简短地论证来**支持**这个基本的变异测试的前提。

b）简短地论证来**反对**这个基本的变异测试的前提。

9. 尝试设计变异操作符来包含组合覆盖。我们为什么不想要这样的操作符？

10. 在网上找到基于 JUnit 的 Jester（jester.sourcforge.net）工具。根据你的理解，将 Jester 作为变异测试工具来进行评估。
11. 从本书的网站上下载并安装 Java 变异测试用例工具 *muJava*。将问题 6 中的方法 cal() 放入一个类中，使用 muJava 来测试 cal()。使用所有的操作符，设计测试用例来杀死所有的非等价的（即可以被杀死的）变异体。注意测试用例就是对 cal() 的方法调用。
    a）产生了多少个变异体？
    b）你需要多少个测试用例来杀死非等价的变异体？
    c）在分析等价变异体之前，变异体死亡率是多少？
    258 d）总共有多少个等价变异体？

9.3 集成测试和面向对象测试

本书在第 2 章将*集成测试*定义为测试不同程序单元间的连接。在 Java 中，这包括了测试类、包（package）和组件间的连接方法。本节使用通用的术语*组件*。这里我们还会测试面向对象编程语言独特的特征，特别是继承（inheritance）、多态（polymorphism）和动态绑定（dynamic binding）。

9.3.1 BNF 集成测试

据我们所知，BNF 的集成测试还没有相关的应用。

9.3.2 集成变异

本节首先讨论在不考虑面向对象的关系时，如何将变异应用到集成测试中去，其次再讲如何应用变异来测试涉及继承、多态和动态绑定方面的问题。

两个组件集成时发生的故障通常来自双方不一致的假设。例如，在第 1 章讨论到的火星登陆者在 1999 年九月坠毁，原因是一个组件使用英制发送信息，而接收组件假设信息应该使用公制。到底是应该改动调用方、被调用方、还是同时改动这两者来修正这个故障取决于程序的设计规约，可能还取决于实际因素，比如哪种方案更容易改正。

集成变异（integration mutation，也称为*接口变异*，interface mutation）将组件间的连接进行变异。大部分变异体基于方法调用，必须同时考虑调用（调用方）和被调用（被调用方）的方法。接口变异操作符执行下面的操作：

- 通过修改发送给被调用方法的值来改变调用方法（调用方）。
- 通过修改方法调用来改变调用方法（调用方）。
- 通过修改进入和离开方法的取值来改变被调用的方法（被调用方）。这也应该包括更高作用域的参数和变量（类作用域、包（package）作用域、公有（public）作用域等）。
- 通过修改从方法返回的语句来改变被调用的方法（被调用方）。

1. **IPVR——替换集成参数变量**（Integration Parameter Variable Replacement）：

在方法调用的作用域内将方法调用中的每个参数替换为其他每种可兼容的变量。

IPVR 不使用不可兼容的类型，因为它们在语法上是错误的（编译器会发现这些语法错误）。在面向对象的语言中，这个操作符既替换原始类型也替换对象（引用类型）。259

2. **IUOI——插入集成一元操作符**（Integration Unary Operator Insertion）：

> 在方法调用的每个表达式的前后插入所有可能的一元操作符。

一元操作符因语言和类型而异。Java 使用 ++ 和 -- 作为数字类型的前缀和后缀操作符。

3. **IPEX——交换集成参数**（Integration Parameter Exchange）：

> 对于任一方法调用，将每个参数替换为该方法中其他兼容的参数。

例如，如果一个方法调用为 max(a, b)，一个变异后的方法调用为 max(b, a)。

4. **IMCD——删除集成方法调用**（Integration Method Call Deletion）：

> 删除每个方法调用。如果这个方法返回一个值并且这个值用于一个表达式中，将这个方法调用替换为一个合适的常数。

在 Java 中，如果方法返回的是原始类型，那么应该使用原始类型的默认值。如果方法返回的是一个对象，那么方法调用应该被合适的类的 new() 调用来替代。

5. **IREM——修改集成返回表达式**（Integration Return Expression Modification）：

> 应用 9.2.2 节中的 UOI 和 AOR 操作符来修改每个方法中的每条返回语句中的每个表达式。

面向对象的变异操作符

第 2 章中我们定义了方法内、方法间、类内和类间测试。上面的五种集成变异操作符可以用于方法间的层级（同一个类内的不同方法之间）和类间的层级（不同类的不同方法之间）。当在类间层级测试时，测试者不得不担心使用继承和多态所产生的故障。这些有用的语言特征可以解决很难的编程问题，但也会引入很难的测试问题。

包括继承和多态特征的语句通常也会包括信息隐藏（information hiding）和重载（overloading）的特征。因此，用来测试这些特征的变异操作符通常包含在测试面向对象的变异操作符中，尽管拥有这些特征（信息隐藏和重载），但还不足以将一个语言称为“面向对象”。

为了理解变异测试是如何应用于这些特征的，我们需要深入检验这些语言特征。在这个过程中我们使用 Java，其他面向对象的语言很类似但是会有细微的不同。

封装（encapsulation）是一种实现信息隐藏的机制，这种设计技术可以将客户端的使用抽象出来，使其没必要依赖于具体实现中的设计决定。封装对象可以限制其他对象访问其自身成员变量和方法的权限。对于成员变量和方法，Java 支持四种不同的访问权限级别：私有的（private）、受保护的（protected）、共有的（public）和默认的（default，也叫包的（package））。许多程序员不能很好地理解这些访问权限，在设计中经常不考虑它们，所以这些访问权限的使用是许多故障的根源。表 9-1 总结了这些访问权限级别。*私有*成员只能在其定义的类中被访问。如果没有明确地指明，那么访问权限级别为*默认的*，在相同包内的类都可以访问，但是在其他包内的子类不可以访问。*受保护的*成员可以被其定义的类、这个类的子类还有相同包内的其他类访问。*公有的*成员对处于任何继承层级和任何包内的所有类都是公开的。 260

表 9-1　Java 的访问权限级别

访问权限级别指示	相同类	相同包中的不同类	不同包的子类	不同包中的非子类
私有的（private）	是	否	否	否
默认的 / 包的（package）	是	是	否	否
受保护的（protected）	是	是	是	否
公有的（public）	是	是	是	是

Java 不支持多类继承，所以每个类只有一个直接的父类。子类从直接的父类和所有间接的父类（祖先类）继承变量和方法，子类可以直接使用父类中变量和方法的定义，也可以重写这些方法或隐藏这些变量。子类还可以用 super 明确地使用父类中的变量和方法（super.methodname();）。基于 Java 继承，我们可以实现方法重写、变量隐藏和类的构造。

方法重写（method overriding）允许子类中的方法和父类的方法拥有同样的名字、参数和返回类型。重写可以让子类重新定义所继承的方法。就是说，子类的方法可以有相同的签名，但是具体实现不同。

变量隐藏（variable hiding）是通过在子类中定义与所继承的变量有相同名字和类型的变量来实现的。这样做可以隐藏子类中继承的变量。这个特征很有用，但是也是潜在的故障的来源。

类构造函数（class constructor）的继承方式和其他方法不同。为了调用父类的构造函数，我们必须明确地使用 super 关键词。父类构造函数的调用必须为子类构造函数中的第一条语句，参数列表也必须与父类构造函数的参数列表相一致。

Java 支持两种多态，属性（attribute）和方法（method），这两种都使用动态绑定。每个对象都有其所*声明的*（declared）类型（声明语句中的类型，即“*Parent P;*”）和*实际的*（actual）类型（实例化语句中的类型，即“*P = new Child();*”，或是赋值语句，“*P = Pold;*”）。实际的类型可以是声明的类型或任何由声明类型继承的类型。

多态属性（polymorphic attribute）是可以采用不同类型的对象引用。在程序的任意位置，对象引用的类型在不同的执行中都是不同的。*多态方法*（polymorphic method）可以通过声明类型为 *Object* 的参数来接受不同类型的参数。多态方法可以用来实现*类型抽象*（type abstraction）（即 C++ 中的模板和 Ada 中的泛型）。

重载（overloading）对相同类中不同的构造函数或方法使用相同的名字。这些类必须具有不同的*签名*（signature）或不同的参数列表。重载很容易与重写混淆，因为这两种机制的名字和含义类似。重载发生在同一类中的不同方法中，而重写发生于父类和子类之间。

在 Java 中，成员变量和方法可以与类而不是单独的对象相关联。与类相关的成员成为*类或静态变量和方法*。Java 运行时系统（runtime system）在第一次运行变量所在的类的时候，创建静态变量的一个备份。这个类的所有实例都共享这个静态变量的相同备份。静态方法只能对静态变量进行操作，它们不能访问定义在类中的实例变量。我们再次澄清所使用的术语：*实例化变量*（instance variable）定义于类中，可供类对象访问；*类变量*（class variable）使用 static 来声明；*局部变量*（local variable）声明在方法中。

我们可以针对所有的语言特征定义变异操作符。变异它们的目的在于确保程序员可以正确使用它们。对于面向对象特征的使用，有一点担心的是今天许多程序员只是在工作中学习它们，而没有机会从理论上学习如何正确地使用这些特征。

下面我们列出了 25 个有关信息隐藏、继承、多态、动态绑定、方法重载和类的语言特征的变异操作符。

261

第一组：封装变异操作符

1. **AMC——修改访问权限级别**（Access Modifier Change）：

将每个实例变量和方法的访问权限级别改为其余的每种级别。

AMC 操作符可以帮助测试者产生测试用例以保证访问权限是正确的。只有当新的访问权限拒绝了另一个类的访问或是访问时造成名字冲突的时候，变异体才可以被杀死。

第二组：继承变异操作符

2. **IHI——插入隐藏变量**（Hiding Variable Insertion）：

给在父类[⊖]中已声明的变量添加一个声明以隐藏父类中的声明。

只有当引用重写的变量出错的时候，变异体才可以被杀死。

3. **IHD——删除隐藏变量**（Hiding Variable Deletion）：

在子类中删除每个重写变量的声明。

262

这会导致变量的引用去访问定义在父类中的变量，这是一个常见的编程错误。

4. **IOD——删除重写方法**（Overriding Method Deletion）：

删除一个重写方法的所有声明。

这个方法的引用将会使用父类中的方法。这样可以保证实际调用的方法与所想调用的方法是一致的。

5. **IOP——改变重写方法的调用位置**（Overriding Method Calling Position Change）：

将重写方法的每个调用移至方法实现中的第一句和最后一句，并且将这个调用向上和向下移动一句。

子类中的重写方法经常调用父类中的原始方法，例如，修改父类中一个私有的变量。一个常见的错误是在错误的时间调用父类的方法，这会导致不正确的状态行为。

6. **IOR——重命名重写方法**（Overriding Method Rename）：

重命名父类中被子类重写的方法，这样重写不会影响到父类的方法。

IOR 操作符的设计目的是检查重写的方法是否会对其他方法造成问题。考虑在类 List 中一个方法 m() 调用另一个方法 f()。另外，假设一个子类 Stack 继承了 m() 但是没有改变实现，却重写了 f()。当一个 Stack 对象调用 m() 的时候，它是在调用 Stack 中的 f()，而不是 List 中的版本。在这种情况下，Stack 中的 f() 可能会与父类中的版本有交互，进而导致预期之外的结果。

7. **ISI——插入 super 关键字**（super Keyword Insertion）：

在重写的变量或方法前插入关键字 super（如果变量名或方法名也在父类中定义了）。

⊖ 在这里和后面操作符的定义中，我们使用父类来代指父类和祖先类的总称——译者注

插入之后，对象引用将会指向父类的版本。ISI操作符的设计目的是确保正确地使用子类中和父类中隐藏和被隐藏的变量及重写和被重写的方法。

8. **ISD——删除super关键字**（super Keyword Deletion）：

删除每处的super关键字。

在删除之后，对象引用会指向局部的版本，而不是父类的版本。ISD操作符的设计目的与ISI操作符的设计目的是一样的。

263

9. **IPC——删除父类构造函数**（Explicit Parent ' s Construction Deletion）：

删除每处对于super（父类）构造函数的调用。

这样将会使用父类中默认的构造函数。为了杀死这些变异体，必须找到测试用例使得调用父类中默认的构造函数导致不正确的系统初始状态。

第三组：多态变异操作符

10. **PNC——new方法调用时使用子类类型**（Explicit Parent's Construction Deletion）：

在new()语句中改变新生成对象的实际类型。

这导致对象引用指向一个和初始实际类型不同的类型。新的实际类型必须与原始的实际类型处于相同的“类型家族（子类）”。

11. **PMD——使用父类类型声明成员变量**（Member Variable Declaration with Parent Class Type）：

在声明时，改变每个新生成对象的声明类型。

所改的新类型必须是原始类型的父类。实例化的对象依然是有效的（是新声明类型的子类）。为了杀死这种变异体，生成的测试用例必须使具有新声明类型的对象产生不正确的行为。

12. **PPD——使用子类类型声明参数变量**（Parameter Variable Declaration with Child Class Type）：

在声明时，改变每个参数对象的声明类型。

这与PMD相同，除了应用在参数上。

13. **PCI——插入类型转换操作符**（Type Cast Operator Insertion）：

将对象引用的实际类型改为原始声明类型的父类或子类。

当进行类型转换的对象有隐藏的变量或重写的方法时，变异体会产生不同的行为。

14. **PCD——删除类型转换操作符**（Type Cast Operator Deletion）：

删除类型转换操作符。

这个操作符是PCI的反向操作。

15. **PCC——改变类型转换**（Type Cast Change）：

264

改变进行类型转换的对象的类型。

新的类型必须与声明的类型在同一类型层级中（即，必须是一个有效的转换）。

16. **PRV——使用其他兼容类型进行引用赋值**（Reference Assignemnt with Other Compatible Type）：

> 改变赋值语句右侧的对象使其指向一个兼容的类型。

例如，如果一个 Object 类型的对象引用赋值为 Integer 类型，这个赋值可以改为 String 类型。因为 Integer 和 String 类型都是 Object 的子类，这两个赋值是可以交换的。

17. **OMR——替换重载方法的内容**（Overloading Method Contents Replace）：

> 对于每对有着相同名称的方法，交换它们的方法体（method body）。

这可以保证重载的方法被正确地调用。

18. **OMD——删除重载方法**（Overloading Method Deletion）：

> 每一次删除一个重载方法的声明。

OMD 操作符可以确保覆盖被重载的方法。就是说，所有被重载的方法都要至少被调用一次。如果删除了重载的方法，而变异体依然表现出正确的行为，那么调用其中一个重载方法时必然出了问题。可能是调用了不正确的方法，或是参数类型的转换不正确。

19. **OAC——改变重载方法调用的参数**（Arguments of Overloading Method Call Change）：

> 改变一个方法调用中参数的顺序使其符合另一个重载方法的参数顺序（如果存在这样的顺序的话）。

这会导致调用不同的方法，因此这可以检查使用重载时的一个常见故障。

第四组：Java 特殊的变异操作符

20. **JTI——插入 this 关键字**（this Keyword Insertion）：

> 在所有允许的情况下，插入关键字。

在方法体内，当局部变量或方法参数有相同名称时，成员变量会被隐藏。这时，使用关键字 this 会指向当前的对象。JTI 将每处 X 替换为“this.X”，当使用局部变量而不是当前对象会改变软件行为时，JTI 变异体可以被杀死。

265

21. **JTD——删除 this 关键字**（this Keyword Deletion）：

> 删除每处出现的关键字 this。

JTD 操作符将每处的“this.X”替换为“X”来检查成员变量的使用是否正确。

22. **JSI——插入 static 修饰符**（static Modifier Insertion）：

> 给实例变量添加 static 修饰符。

这个操作符确保已声明为非静态的变量确实应该为非静态的。

23. **JSD——删除 static 修饰符**（static Modifier Deletion）：

删除每个实例的 static 修饰符。

JSD 操作符和 JSI 操作符的意义相同。

24. **JID——删除成员变量的初始化**（Member Variable Initialization Deletion）：

删除每个成员变量的初始化步骤。

实例变量的初始化可以在变量声明和类的构造函数中完成。JID 操作符删除了初始化，所以成员变量初始化为默认值。

25. **JDC——删除 Java 支持的默认构造函数**（Java-supported Default Constructor Deletion）：

删除默认构造函数的每个声明。

这保证了默认构造函数的实现是正确的。

9.4　基于规约的语法

通用术语“基于规约”应用于在抽象层级上描述软件的语言。这包括了形式化的规约语言，例如 Z、SMV 和 OCL，以及非形式化的规约语言和设计标识符，例如状态图、有限状态机和其他的 UML 图。设计标识符也被称为“基于模型的”。因此，基于规约和基于模型的界限变得模糊了。这些语言的使用变得更加广泛了，部分是因为大家对软件质量更加重视，部分是因为 UML 使用的普及。

9.4.1　BNF 语法

266

据我们了解，终结符覆盖和产生式覆盖只应用于一种规约语言上，即代数规约。其思想是将代数规约的一个方程式处理为语法中的一条产生式规则，然后推导出方法调用的字符串来覆盖这个方程式。鉴于代数规约没有得到广泛地应用，本书对这个话题不做进一步的讨论。

9.4.2　基于规约的变异

在规约层级上，变异测试也是一种有价值的方法。实际上，对于一些类型的规约，变异分析还更加容易。本节在我们处理规约时将其转化为有限状态机。

正如第 7 章定义的那样，有限状态机实际上是一个图 G，包含一组状态（节点）、一组初始状态（初始节点）和一组迁移关系（边的集合）。当使用有限状态机时，在典型的带有圆框和箭头的图中，边和节点有时已经被明确地识别出来了。但是有时我们使用更加简洁的方式描述有限状态机，如下所示：

1. 通过声明具有有限定义域的变量来隐式地定义状态。那么状态空间就是变量定义域中值的笛卡儿乘积。

2. 通过限制一些或所有变量的范围来定义初始状态。

3. 通过描述迁移初始点和终点特征的规则来定义迁移。

下面的例子在 SMV 语言中解释了这些观点。我们使用简单的语法来描述一个有限状态机，再用穷举状态和迁移的方式来展示相同的有限状态机。虽然这个例子很小不能说明全部，但是 SMV 的语法一般比图形的表述更加的简短。事实上，因为状态空间是以组合级数增长的，所以，即使我们可以有效地分析这个有限状态机，我们也很容易定义出一个显示版本过长以至于不能书写的有限状态机。下面是 SMV 语言的一个例子：

```
MODULE main
#define false 0
#define true 1

VAR
  x, y : boolean;

ASSIGN
  init (x) := false;
  init (y) := false;

  next (x) := case
    !x & y : true;
    !y     : true;
    x      : false;
    true   : x;
  esac;
next (y) := case
  x & !y : false;
  x & y  : y;
  !x & y : false;
  true   : true;
esac;
```

267

SMV 语言中有两个变量，每个变量都有两个值（布尔型），所以状态空间的大小为 2 * 2 = 4。一个初始状态定义在 ASSIGN 下面的两条 init 语句中。图 9-4 显示了迁移图。SMV 的迁移图可以从下面的规约中自动推导出来。选择一个状态，然后决定每个变量的下一个值是什么。例如，假设上面描述的规约处于状态（*true*、*true*）中。*x* 的下一个值取决于“x : false”的语句。*x* 为 *true*，所以它的下一个值为 *false*。同样的，*x* & *y* 为 *true*，所以 *y* 的下一个值就是其当前值（*true*）。因此，状态（*true*，*true*）接下来的状态为（*false*，*true*）。如果在 case 语句中有多个条件为 *true*，那么第一个为 *true* 的条件会被选中。与其他语句（如 C 或 Java）不同，SMV 不支持“多个并联的分支只有一个跳出（fall-through）”的语义。

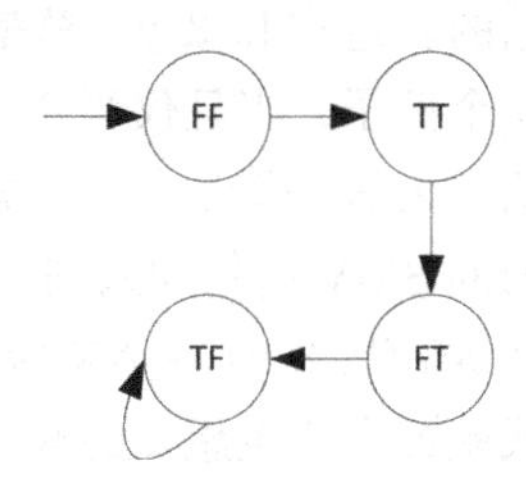

图 9-4 用有限状态机来表示 SMV 规约

在我们的上下文中对于这样的结构需要注意两个方面：

1. 有限状态的描述只能在很高的层次上覆盖系统的行为——适合与最终用户进行沟通。对于测试中最难的部分，系统测试是非常有用的。

2. 验证领域的专家已经为有限状态机建立了强大的分析工具。这些工具是高度自动化的。此外，这些工具可以以证明或反例的形式为有限状态机中无法满足的属性提供证据。这些反例可以转化为测试用例。因此，从有限状态机中自动产生测试用例比从源代码中产生要更容易。

变异和测试用例

变异有限状态机描述的语法和变异程序源代码很相似。我们必须定义变异操作符，然后再将操作符应用到描述中。一个例子为替换常量（constant replacement）操作符，这个操作

268 符将每个常量用其他的常量来替换。已知 y 的 next 语句是 !x & y:false，这个操作符将这个语句替换为 !x & y:true。图 9-5 显示了这个变异体的有限状态机。新的迁移用粗箭头表示，被替换的迁移用带叉的箭头表示。

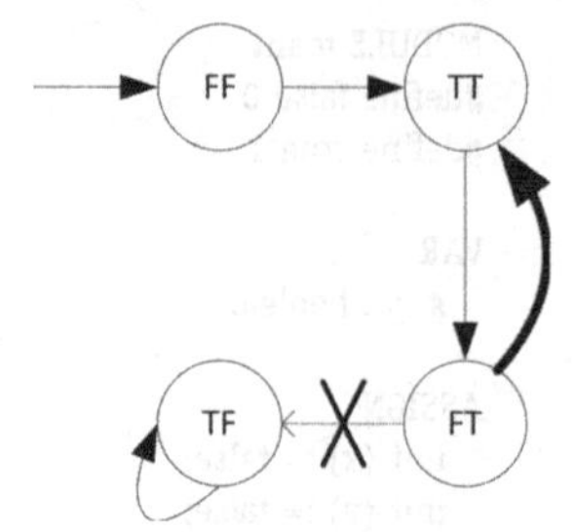

图 9-5　用有限状态机来表示变异后的 SMV 规约

产生测试用例来杀死变异体与基于程序的变异有一点不同。我们需要找到在原始的状态机中迁移关系所允许但在变异后的状态机中所不允许的一系列状态。这样的状态序列就是可以杀死变异体的测试用例。

[Jia and Harman，2008；Harman et al.,2010] 发现了高阶变异（Higher Order Mutants，HOMs）。高阶变异指的是同时做出多处改变，这是一种有用的方法。尤其是当两个改变有交互但又不能相互抵消作用的时候，这种方法非常有效。

使用*形式验证器*（model checker）可以自动化地找到测试用例来杀死用 SMV 表述的有限状态机的变异体。形式验证需要两个输入：第一个是有限状态机，可以使用形式化的语言，例如 SMV 来表述。第二个是使用*时序逻辑*（temporal logic）来表示属性的语句。这里我们不会展开来讲解时序逻辑，时序逻辑可以用来表示“当前”为真的属性，还可以表示将来为真（或者可能为真）的属性。下面我们给出一个简单的时序逻辑的语句：

原始的表达式 !x & y，**总是**和变异后的表达式 x | y:true 相等。

对这个例子，当且仅当变异的有限状态机中拒绝了初始有限状态机允许的状态序列，那么这条语句为假。就是说，这样的状态序列表示是可以杀死这个变异体的测试用例。如果我们将下面的 SMV 语句加入到上面的有限状态机中：

SPEC AG (!x & y) → AX (y = true)

形式验证会产生想要的测试用例：

```
/* 状态 1 */ { x = 0, y = 0 }
/* 状态 2 */ { x = 1, y = 1 }
/* 状态 3 */ { x = 0, y = 1 }
/* 状态 4 */ { x = 1, y = 0 }
```

有些变异的有限状态机和初始的有限状态机是等价的。形式验证能有效地处理这种情况。关键的理论因素是形式验证在一个有限的值域中验证，因此等价变异体的问题是可判定的（不同于程序代码）。换句话说，如果形式验证不能产生反例，那么我们知道变异体是等价的。269

习题

1. 将下面 SMV 规约转换为一个有限状态机。

```
    x, y : boolean;
ASSIGN
    init (x) := true;
    init (y) := true;

    next (x) := case
      x & y  : false;
      x      : true;
      !x & y : false;
      !x & !y : true
```

```
    true   : x;
  esac;

  next (y) := case
    !x & y  : false
    y       : true
    !y      : false
    true    : y;
  esac;
```

2. 将下面的有限状态机转换为 SMV 规约。

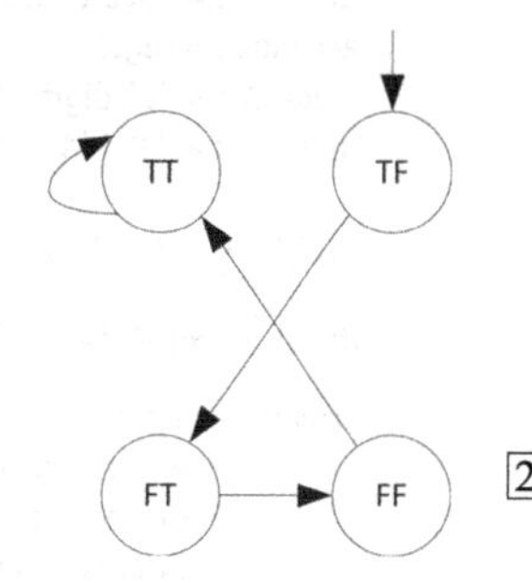

3.（有挑战！）找到或写出一段小的 SMV 规约和对应的 Java 实现。使用 SPEC 断言来重写程序的逻辑。在系统层面上将这些断言变异，并从（非等价的）变异体中搜集追踪信息（trace）。使用这些追踪信息来测试系统的实现。

270

9.5 输入空间的语法

语法的一种常用的使用方式是形式化地定义程序、方法或软件组件的输入语法。本节将讲述如何在定义软件输入空间的语法中应用本章中的变异准则。

9.5.1 BNF 语法

本章的 9.1.1 节讲述了 BNF 语法的准则。它的一种常用方式是对程序或方法的输入定义精确的语法。

考虑一个程序用于处理一系列的存款和贷款业务，每笔存款的形式是 deposit（存款）*account*（账户）*amount*（金额），每笔贷款的形式为 debit（贷款）*account*（账户）*amount*（金额）。这个程序的输入结构可以用下面的正则表达式来描述：

(deposit *account amount*| debit *account amount*)*

这个正则表达式描述了存款和贷款的任意顺序。（9.1.1 节的例子是这个例子的一个抽象版本。）

这个正则表达式的输入描述依然比较抽象，因为它没有说明账户和金额的具体构成。我们之后会进一步来细化这些内容。从语法可以推导出的输入是：

```
deposit 739 $12.35
deposit 644 $12.35
debit 739 $19.22
```

创建图来表示正则表达式的效果是很容易的。从形式化的角度来说，这些图都是确定性的或是非确定性的有限自动机。不论是哪种情况，我们都可以直接应用第 7 章中的覆盖准则。

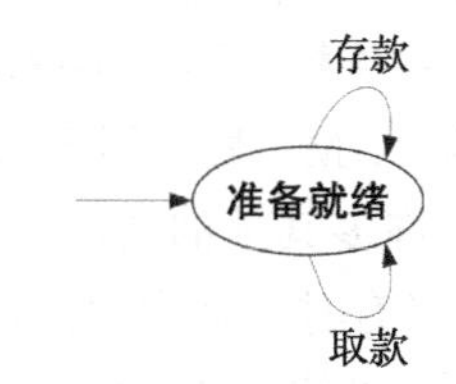

图 9-6　银行例子中的有限状态机

图 9-6 显示了上面结构的一种可能的图。这个图包含一个状态 Ready（准备就绪）和两个迁移，这两个迁移代表两个可能的输入。上面给出的输入的测试用例可以满足图中的节点覆盖和边覆盖。

271

虽然正则表达式可以满足一些程序，但是其余的程序需要语法。因为语法的表达比正则表达式更为丰富，所以没有必要同时使用这两种方法。如果使用语法的话，加上 *account* 和 *amount* 所有的细节，前面的例子如下所示：

```
bank    ::= action*
action  ::= dep | deb
```

```
dep     ::= "deposit" account amount
deb     ::= "debit" account amount
account ::= digit^3
amount ::= "$" digit+ "." digit^2
digit   ::= "0" | "1" | "2" | "3" | "4" | "5" | "6" | "7" | "8" | "9"
```

如果包含所有的细节，这个简单例子对应的图会非常大，如图 9-7 所示。

测试用例完整的推导过程如下所示：

```
stream → action^*
       → action action^*
       → dep action^*
       → deposit account amount action^*
       → deposit digit^3 amount action^*
       → deposit digit digit^2 amount action^*
       → deposit 7 digit^2 amount action^*
       → deposit 7 digit digit amount action^*
       → deposit 73 digit amount action^*
       → deposit 739 amount action^*
       → deposit 739 $ digit^+ . digit^2 action^*
       → deposit 739 $ digit^2 . digit^2 action^*
       → deposit 739 $ digit digit . digit^2 action^*
       → deposit 739 $1 digit . digit^2 action^*
       → deposit 739 $12. digit^2 action^*
       → deposit 739 $12. digit digit action^*
       → deposit 739 $12.3 digit action^*
       → deposit 739 $12.35 action^*
       ⋮
```

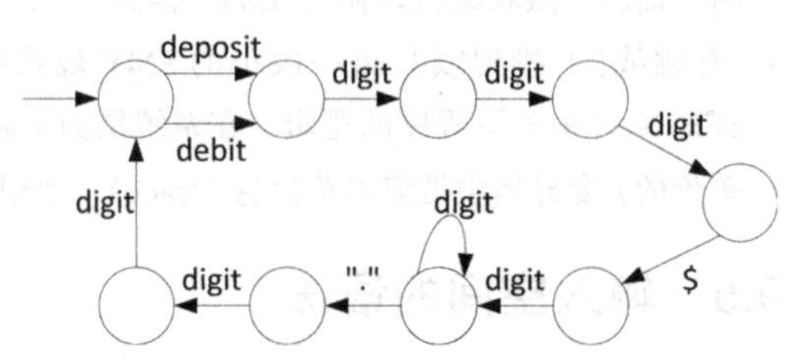

图 9-7　银行例子中语法的有限状态机

系统性地将下一个非终结符（action）替换为一种产生式就可以从语法中推导出测试用例。后面的练习要求满足终结符覆盖和产生式覆盖的完整的测试用例。 272

当然，通常情况下对输入语法的非正式描述是可用的，但不是正式的语法。这意味着测试工程师需要在工程上形式化地描述输入语法。这个过程是**极其**有价值的，这样通常会找到需求和软件中有歧义和被忽略的部分。因此，应该在开发的早期来执行这一个步骤（一定要在软件实现之前，最好是在设计开始之前）。一旦定义了语法，在程序执行时直接使用语法进行输入验证有时是非常有用的。

在 XML 中的应用

可扩展标记语言（eXtensible Markup Language，XML）是一种用来描述输入并广泛使用的语言。XML 最常用于网络应用程序和网络服务，但是 XML 结构通用性的特点使其可以适用于许多其他的情况。XML 是一种可以描述、编码和传输数据的语言。所有的 XML 的“消息”（有时也称为“文档”）使用纯文本的格式，类似于 HTML 语法。XML 自带的语言可以使用一种语法（也称为*模式*，schema）来描述输入消息。

类似于 HTML，XML 使用*标签*（tag）以文本描述的形式来记录数据，这些数据包括在尖括号中（“<” 和“>”）。所有的 XML 消息必须使用*正确的格式*（well-formed），就是说，在一个单独的文档中，其他元素必须以正确的格式嵌套其中，每个标签必须有一个对应的结束标签。图 9-8 展示了一个用来描述书籍的简单的 XML 例子。这个例子用来解释如何对一个使用 XML 消息的软件进行 BNF 测试。这个例子包含两本书。标签名（books、book、ISBN 等）应该非常直接明了，XML 消息总体上形成了一个有层级的结构。

XML *模式*中的语法定义可以为 XML 文档添加约束。图 9-9 展示了书的模式。这个模式定义了一个 books 的 XML 消息可以包含无限数目的 book 标签。book 标签包含六种信息。

其中的三种，title、author 和 publisher 是简单的字符串。*price* 标签是一个带有小数点后两位的数值类型，其最小数值为 0。另外的两种数据类型 ISBN 和 year，在之后的模式中有定义。yearType 类型是一个具有 4 位数的整型，isbnType 类型的字符串最多可以包含 10 位数字。每本书必须包含 title、author、publisher、price 和 year，ISBN 不是必须要包含的。

```
<?xml version="1.0" encoding="UTF-8"?>
<!--Sample XML file for books-->
<books xmlns:xsi="http://www.w3.org/2001/XMLSchema-instance"
   xsi:noNamespaceSchemaLocation="C:\Books\books.xsd">
 <book>
    <ISBN>0471043281</ISBN>
    <title>The Art of Software Testing</title>
    <author>Glen Myers</author>
    <publisher>Wiley</publisher>
    <price>50.00</price>
    <year>1979</year>
 </book>
 <book>
    <ISBN>0442206720</ISBN>
    <title>Software Testing Techniques</title>
    <author>Boris Beizer</author>
    <publisher>Van Nostrand Reinhold, Inc</publisher>
    <price>75.00</price>
    <year>1990</year>
 </book>
</books>
```

图 9-8　书籍结构的简单的 XML 信息

已知一个 XML 模式，9.1.1 节定义的准则可以推导出用作测试输入的 XML 消息。对于这个简单的模式，使用产生式覆盖准则可以产生两种 XML 消息，一种包括 ISBN，另一种则不包括 ISBN。

```
<?xml version="1.0" encoding="UTF-8"?>
<xs:schema xmlns:xs="http://www.w3.org/2001/XMLSchema"
    elementFormDefault="qualified"
    attributeFormDefault="unqualified">
 <xs:element name="books">
  <xs:annotation>
   <xs:documentation>XML Schema for Books</xs:documentation>
  </xs:annotation>
  <xs:complexType>
   <xs:sequence>
    <xs:element name="book" maxOccurs="unbounded">
     <xs:complexType>
      <xs:sequence>
       <xs:element name="ISBN" type="xs:isbnType" minOccurs="0"/>
       <xs:element name="title" type="xs:string"/>
       <xs:element name="author" type="xs:string"/>
       <xs:element name="publisher" type="xs:string"/>
       <xs:element name="price" type="xs:decimal" fractionDigits="2" minInclusive="0"/>
       <xs:element name="year" type="yearType"/>
      </xs:sequence>
     </xs:complexType>
    </xs:element>
   </xs:sequence>
  </xs:complexType>
 </xs:element>

 <xs:simpleType name="yearType">
  <xs:restriction base="xs:int">
   <xs:totalDigits value="4"/>
  </xs:restriction>
 </xs:simpleType>
 <xs:simpleType name="isbnType">
  <xs:restriction base="xs:string">
   <xs:pattern value="[0-9]{10}"/>
  </xs:restriction>
 </xs:simpleType>
</xs:schema>
```

图 9-9　书籍信息的 XML 模式

9.5.2 变异输入语法

要求程序拒绝不正确的输入是一个很正常的需求，这个要求一定要作为压力测试的一部分来完成。只注重大众路径（happy path）测试（只测试程序需求中设计的行为）的程序员经常会忽略这一点。就是说，让一个程序做它应该做的事情。

无效的输入真的有影响吗？从程序的正确性来分析，无效输入就是不满足指定功能的前置条件的输入值。从形式化的角度来说，对于不满足前置条件的输入，这个功能的软件实现可以产生任意的行为。这包括了程序失败终止运行、运行时异常和“总线出错，核心转储（bus error, core dump）⊖”。

然而，测试计划功能的正确性只是所有要求的一部分。从实际的角度出发，无效的输入有时影响很大，因为它们对计划功能之外的部分很重要。例如，无法处理的无效输入通常代表安全漏洞，使得黑客可以入侵软件。无效的输入通常可以造成软件行为异常，而黑客则可以利用这一点。“缓冲区溢出攻击（buffer overflow attack）”就是这种情况的经典例证。缓冲区溢出攻击的关键步骤在于给缓冲区提供一个无法承受的超长输入。类似地，一些攻击网络浏览器的关键步骤也是给浏览器提供包含恶意 HMTL、Javascript 或 SQL 数据的输入。对于无效的输入，软件应该具有“合理的”行为。软件需求中并不总是定义什么是“合理的”行为，但是作为职责所在，测试者无论如何都需要考虑这一点。

为了支持安全性并且评估软件的行为，产生包含无效输入的测试用例是很有用的。一个通常的做法就是变异语法。当变异语法时，变异体是测试用例，包含有效和无效的字符串。这里不需要使用基础字符串，所以杀死变异体的概念在这里并不适用。下面我们为语法定义了四种变异操作符。

1. **替换非终结符**（Nonterminal Replacement）：

> 在一个产生式中，将每个非终结符替换为其他的非终结符。

这是一个非常宽泛的变异操作符，它可以产生许多的字符串，其中有些字符串不仅是无效的，而且与许多在测试中没有多大作用的有效字符串差别很大。如果语法提供了具体的规则或语法的约束，有些非终结符的替换是可以避免的。这与在基于程序的变异中避免编译器错误是类似的。例如，有些字符串代表类型结构，只有具备相同类型或兼容类型的非终结符才应该被替换。

产生式 dep ::= "deposit"account amount 可以被变异为下面的产生式：

```
dep ::= "deposit" amount amount
dep ::= "deposit" account digit
```

然后我们可以产生如下的测试用例：

```
deposit $19.22 $12.35
deposit 739 1
```

2. **替换终结符**（Terminal Replacement）：

> 在一个产生式中，将每个终结符替换为其他的终结符。

⊖ 当处理器无法进行内存访问时，会出现这种错误，最常见的情况是访问的内存地址不存在。这种情况现在已经很少见了。——译者注和替换非终结符一样，有些终结符的替换不一定合适。识别这些不合适的终结符依赖于具体的待变异的语法定义。例如，产生式 amount ::= "$"digit+"."digit^2 可以被变异为下面的 3 个产生式：

```
amount ::= "." digit+ "." digit^2
amount ::= "$" digit+ "$" digit^2
amount ::= "$" digit+ "1" digit^2
```

然后我们可以产生如下的测试用例：

```
deposit 739 .12.35
deposit 739 $12$35
deposit 739 $12135
```

3. **删除终结符和非终结符**（Terminal and Nonterminal Deletion）：

> 在一个产生式中，删除每个终结符和非终结符。

例如，产生式 dep ::= "deposit"account amount 可以被变异为下面的 3 个产生式：

```
dep ::= account amount
dep ::= "deposit" amount
dep ::= "deposit" account
```

然后我们可以产生如下的测试用例：

```
739 $12.35
deposit $12.35
deposit 739
```

273 ~ 275

4. **重复终结符和非终结符**（Terminal and Nonterminal Duplication）：

> 在一个产生式中，生成冗余的每一种终结符和非终结符。

这个变异操作符有时被称为“结巴”操作符。例如，产生式 dep ::= "deposit"account amount 可以被变异为下面的 3 个产生式：

```
dep ::= "deposit" "deposit" account amount
dep ::= "deposit" account account amount
dep ::= "deposit" account amount amount
```

然后我们可以产生如下的测试用例：

276

```
deposit deposit 739 $12.35
deposit 739 739 $12.35
deposit 739 $12.35 $12.35
```

与基于语法的操作符相比，我们对基于程序的变异操作符更有经验，所以基于语法的操作符的列表不像基于程序的操作符那样具有权威性。

这些变异操作符可以以两种方式来应用。一种是变异语法然后产生输入。另一种是使用正确的语法，但是在每次推导时，在所用的产生式上只能应用一个变异操作符。一般我们只在产生式上应用操作符，因为这样产生的输入比起破坏整个语法来说通常“更接近于”有效的输入。在之前的例子中我们已经使用了这种方法。

与基于程序变异一样，由变异语法得到的有些输入依然属于语法规则。将上面的规则

```
dep    ::= "deposit" account amount
```

改变为

```
dep    ::= "debit" account amount
```

可以产生“等价的”变异体。所产生的输入 debit 739 $12.35 是一个有效的输入，尽管这并不是客户想要的结果。如果只想产生无效的测试输入，我们必须找到可以筛除有效输入的方法。这听起来和程序变异中的等价性问题很像，差别虽然小但是很重要。这里的问题是可以解决的，我们需要从语法中创建一个识别器，然后检测产生的每个字符串就可以解决这个问题。

许多程序都可以接受由一个更为宽泛的语言定义的一些（不是全部的）输入。考虑一个接收用户反馈意见的网络应用。出于安全考虑，应用程序应该将输入限制为 HTML 的一个子集，否则恶意的用户可以输入一种“意见”，这种意见可以包含 HTML 来实现一种安全攻击，比如将用户重定向到一个不同的网站。从测试的角度来看，我们使用两种语法：完整的 HTML 语法和 HTML 一个子集的语法。由第一种语法（不是来自子集语法）产生的无效测试用例是有用的，因为它们可以代表对软件的安全攻击。

在 XML 中的应用

9.5.1 节中展示了一个从 XML 模式的语法定义中产生 XML 消息的测试用例。将变异应用于 XML 模式中产生无效 XML 消息也是很方便的。有些程序使用 XML 解析器参照语法对消息进行验证。在这种情况下，对于无效的消息，软件的行为通常也是正确的，但是测试者依然需要验证。如果不使用验证解析器，就会产生很多编程错误。程序中使用 XML 消息但不使用模式定义是很常见的。在这种情况下对测试工程师来说，将开发模式作为产生测试用例的第一步是很有用的。

277

XML 模式有很多自带的数据类型，这些数据类型带有很多约束限定（constraining facet）。在 XML 中，约束限定被用于限制取值的范围。图 9-9 使用了一些约束限定，包括 fractionDigits（小数点的位数）、minInclusive（包含的最小值）和 minOccurs（最少的出现次数）。这些都暗示了可以用来修改 XML 模式中约束限定值的变异操作符。这通常可以为使用 XML 作为输入的软件产生许多测试用例。

已知图 9-9 中书籍信息模式中的四行：

```
<xs:element name="ISBN" type="xs:isbnType" minOccurs="0"/>
<xs:element name="price" type="xs:decimal" fractionDigits="2" minInclusive="0"/>
<xs:totalDigits value="4"/>
<xs:pattern value="[0-9]{10}"/>
```

我们可以产生如下的变异体：

```
<xs:element name="ISBN" type="xs:isbnType" minOccurs="1"/>

<xs:element name="price" type="xs:decimal" fractionDigits="1" minInclusive="0"/>
<xs:element name="price" type="xs:decimal" fractionDigits="3" minInclusive="0"/>
<xs:element name="price" type="xs:decimal" fractionDigits="2" minInclusive="1"/>
<xs:element name="price" type="xs:decimal" fractionDigits="2" maxInclusive="0"/>

<xs:totalDigits value="5"/>
<xs:totalDigits value="0"/>

<xs:pattern value="[0-8]{10}"/>

<xs:pattern value="[1-9]{10}"/>
<xs:pattern value="[0-9]{9}"/>
```

习题

1. 基于 9.5.1 节中 BNF，对银行例子中的语法产生满足终结符覆盖的测试用例。尝试**不要**满足产生式覆盖。
2. 对银行例子中的语法产生满足产生式覆盖的测试用例。
3. 考虑下面带有初始符号 A 的 BNF：

   ```
   A ::= B"@"C"."B
   B ::= BL | L
   C ::= B | B"."B
   L ::= "a" | "b" | "c" | ... | "y" | "z"
   ```

   和下面的六种可能的测试用例：

   ```
   t1 = a@a.a
   t2 = aa.bb@cc.dd
   t3 = mm@pp
   t4 = aaa@bb.cc.dd
   t5 = bill
   t6 = @x.y
   ```

   对于每个测试用例，解释测试序列是否（1）符合 BNF，给出相应的推导过程；或者是否（2）不符合 BNF，给出一个可以产生这个测试用例的变异体的推导过程。（在每个测试用例中只使用一种变异，并且只变异一次。）

278

4. 对 9.2 节练习中包含的 cal() 方法，提供其输入的 BNF 描述。简洁地描述任意很难使用 BNF 来建模的需求或约束。
5. 对于下面的语法回答问题 a ～ c。

   ```
   val    ::= number | val pair
   number ::= digit+
   pair   ::= number op | number pair op
   op     ::= "+" | "-" | "*" | "/"
   digit  ::= "0" | "1" | "2" | "3" | "4" | "5" | "6" | "7" | "8" | "9"
   ```

   考虑下面变异后的版本，这个版本在语法中添加了一条规则：

   ```
   pair ::= number op | number pair op | op number
   ```

   a）由（非变异的）语法可以推导出下面的哪条字符串？

   ```
   42
   4 2
   4 + 2
   4 2 +
   4 2 7 - *
   4 2 - 7 *
   4 2 - 7 * +
   ```

   b）产生一条由变异语法生成，但不是原始语法生成的字符串。

   c）（**有挑战的**）产生一条使用变异语法的新规则产生，而同时又满足原始语法的测试用例。使用两个相关的推导来展示你的答案。
6. 对于下面的语法回答问题 a ～ b。

   ```
   phoneNumber ::= exchangePart dash numberPart
   exchangePart ::= special zeroOrSpecial other
   numberPart   ::= ordinary4
   ordinary     ::= zero | special | other
   zeroOrSpecial ::= zero | special
   ```

```
zero          ::= "0"
special       ::= "1" | "2"
other         ::= "3" | "4" | "5" | "6" | "7" | "8" | "9"
dash          ::= "-"
```

279

a）根据语法判断下面的输入是否为语法中的 phoneNumber（电话号码）。对于不属于语法的电话号码，解释为什么不是。

- 123-4567
- 012-3456
- 109-1212
- 246-9900
- 113-1111

b）考虑下面变异后的语法：

exchangePart ::= special ordinary other

如果可能的话，产生一个满足变异语法但不满足原始语法的字符串，产生一个满足原始语法但不满足变异语法的字符串，再产生一个同时满足原始语法和变异语法的字符串。

7. 使用网络应用程序 calculate 来回答下面的问题。calculate 程序在本书第二位作者的网站上（https://cs.gmu.edu:8443/offutt/servlet/calculate）。

   a）分析 calcualte 的输入并写出输入的语法。你可以使用 BNF、XML 模式或另一种形式（如果你认为合适的话）来表述语法。提交你的语法。

   b）使用本章变异的想法为 calculate 产生测试用例。提交全部的测试用例，保证包括预期输出。

   c）使用网络测试框架（比如 HttpUnit 或 Selenium）来实现你的测试用例的自动化。将任何异常的行为截图、打印、提交。

8. Java 提供了一个包 java.util.regex 来对正则表达式进行操作。写出 URL 的正则表达式，然后使用一组 URL 评判你的正则表达式。这个作业要求编程，因为不具备自动化的输入结构的测试是没有意义的。

   a）写出（或找到）URL 的正则表达式。你的正则表达式不能太通用以至于适用于每种可能的 URL，但是要尽你最大的努力（例如，如果正则表达式为“ * ”，那么你一定没有做出最大的努力）。我们强烈推荐在网上搜索一些备选的正则表达式。读者可以考虑使用正则表达式类库（Regular Expression Library）。

   b）从一个小型网站（比如课程网页）上搜集至少 20 个 URL。基于 java.util.regex 包，使用你的正则表达式来验证每条 URL。

   c）构建一条有效的（但是对你的正则表达式无效）URL（使用合适的 java.util.regex 调用来展示这一点）。如果你在第一部分做得不错，解释你的正则表达式为什么没有包括这些 URL。

9. 为什么等价性变异的问题对 BNF 语法是可以解决的，但是对基于程序的变异是不能解决的？（提示：这个问题的答案基于一些相对微妙的理论）。

280

9.6 参考文献注解

基于语法测试编译器最早可以追溯到 [Hanford，1970]。这篇论文激励了随后的相关研究成果 [Bauer and Finger，1979；Duncan and Hutchison，1981；Ince，1987；Payne，1978；Purdom，1972]。Maurer 的数据测试语言（Data Generation Language，DGL）的工具 [Maurer，1990] 将基于语法的测试用例生成方法应用于多种类型的软件，Beizer 在他的书中更为详细

地讨论了这一主题 [Beizer，1990]。最近的相关文献是 [Guo and Qiu，2013]。

变异分析最早的思想是作为理论假设由 Richard Lipton 在他的一篇期末大论文中提出的。但是最早的学术论文是 [Budd and Sayward，1977]，[Hamlet，1977] 以及 [DeMillo et al.，1978]。当提到变异分析时，[DeMillo et al.，1978] 通常作为经典而被引用。变异分析主要应用于软件中来生成软件的变异体，但也同样应用于其他的语言，包括形式化的软件规约。

Budd 最早分析了变异体数目 [Budd，1980]，他的分析结果是：程序生成的变异体数目大致与变量引用数和数据对象数目的乘积（O(Refs * Vars)）成正比。后来的一种分析 [Acreeet al。，1979] 认为变异体的数目为 O(Lines * Refs) ——假设数据对象的数目和程序的行数成正比。所以，对于大部分程序，这个分析结果可以精简为 O(Lines * Lines)，大部分的文献都使用这个结论。

[Offuttet al.，1996a] 基于实际程序所做的线性回归分析显示程序的行数对变异体的个数**没有**影响，但是 Budd 的分析是精确的。在“设计变异操作符”部分里提到的选择性测试去除了数据对象的数目，所以变异体的数目与变量引用的数目（O(Refs)）成正比。

学术界已经对弱变异进行了广泛的讨论 [Girgis and Woodward，1985；Howden，1982；Offutt and Lee，1994；Woodward and Halewood，1988]，并且发现弱变异和强变异的区别非常小 [Horgan and Mathur，1990；Marick，1991；Offutt and Lee，1994]。针对各种编程语言，研究人员已经设计出很多变异操作符，包括 [Andre，1979; Budd et al.1979]，[Hanks，1980]，[DeMillo and Offutt，1993；King and Offutt，1991]，[Delamaro and Maldonado，1996]，[Delamaro et al.，2001]，[Budd and Lipton，1978]，[Bowser，1988；Offutt et al.，1996c]，[Kim et al.，2000] 和 [Ma et al.，2002; Ma et al.，2005]。

学术界已经对 Fortran IV、Fortran 77、COBOL、C、Java 和 Java 类关系开发出了用于概念验证的工具。其中应用最广泛的工具之一是 [DeMillo et al.，1988；DeMillo and Offutt，1993]，这个基于 Fotran77 的变异系统在 70 世纪 80 年代开发于佐治亚理工。DeMillo 领导开发了 Mothra，DeMillo 和 Offutt 完成了大部分的设计，Offutt 和 King 完成大部分的实现，Krauser 和 Spafford 也对实现做出了贡献。在其全盛的 90 年代早期，Mothra 的安装地点超过了一百个机构，关于开发 Mothra 和之后使用 Mothra 作为实验工具的研究产生了大概 6 篇博士论文和数十篇论文。更近一些的用于 Java 的变异工具为 [Ma et al.，2005；Offutt et al.，2005]，这个工具支持语句层次和面向对象层次的变异操作符，同时也支持 JUnit。muJava 已经用于支持数百个测试的研究项目。据我们所知，唯一支持变异测试的商用工具来自芯片设计行业的 Certess 公司 [Hampton and Petithomme，2007]。 281

耦合效应（coupling effect）指的是复杂的故障和简单的故障是耦合的，它们的关系是能够检测到所有简单故障的测试数据也可以检测到更多的故障 [DeMillo et al.，1978]。[Offutt，1992] 也支持耦合效应的理论，Wah 在 1995 年的实验从概率上表明耦合效应对程序中很大的类是成立的 [Wah，1995]。[Budd and Angluin，1982] 讨论了程序邻接性（neighborhood）的概念。邻接性的概念用于表达关于有能力的程序员的假设 [DeMillo，1978]。[Geist et al.，1992] 提到的，变异测试的基础前提是：**在实践中，如果软件含有一个故障，那么通常存在这样一组变异体，只有能够检测到这个故障的测试用例才能杀死这组变异体。**

将每条语句替换为“炸弹”的操作在 Mothra 中称为语句分析（Statement Analysis，SAN）[King and Offutt，1991]。Mothra 的关系操作符（ROR）将每个出现的关系操作符（<、

≤、>、≥、==、≠）替换为其他的每种操作符以及真和假。9.2.2 节中关于包含的证明只使用了后面的操作符。Mothra 的逻辑连接器替换（Logical Connector Replacement，LCR）将每个出现的逻辑操作符（∧、∨、≡、≠）替换为其他的每种操作符以及将整个表达式替换为真、假、leftop 和 rightop。leftop 和 rightop 是特殊的变异操作符，它们分别返回关系表达式的左边和右边。在程序中删除每条语句的变异操作符在 [King and Offutt，1991] 和 muJava 中称为语句删除（Statement DeLetion，SDL）。

一些学者 [Ammann and Black, 2000; Ammann et al., 1998; Black et al., 2000], [Rayadurgam and Heimdahl，2001；Wijesekera et al., 2007] 使用模型验证的追踪信息来生成测试用例，包括基于变异的测试用例。[Huth and Ryan，2000] 提供了模型验证简单的入门，还讨论了 SMV 系统的使用。

Jia 和 Harman 发表了一篇详细的关于变异测试文献的调查报告 [Jia and Harman，2011]。

在网络上各种不同的软件组件中传输数据的关键技术之一是可扩展标识语言（eXtensible Markup Language，XML）[Bray et al.，1998；Consortium，2000]。基于数据的变异定义了变异操作符的通用类的类型。这些变异操作符可以用于不同的语法。目前的文献 [Lee and Offutt，2001] 引用的操作符类可以修改字符串值的长度并确定一个值是否在一个预定义的值集中。

282

第三部分

Introduction to Software Testing, Second Edition

实践中的测试

管理测试过程

如果你忽略质量，那么别的事情都很容易。

本书的第一部分讲述了当代软件测试的基础，第二部分详细介绍了基于准则设计有效测试用例的技术方法。当然，这些概念最后必须要应用到实践中去，这就会带来许多额外的实用问题。本书的第三部分总结了模型驱动测试设计过程应用于实践所需的主要方面。第三部分包含章节的主要听众是测试经理。本章我们从整体过程的问题着手，然后讨论实际测试中的其他方面，比如测试计划、集成测试、回归测试、测试预言的设计和实现。

10.1 概述

许多机构将所有的软件测试活动推迟到软件开发的末尾阶段，在软件实现开始之后，或者甚至在实现完成之后。在开发的晚期才开始测试会降低测试的效果，这时已经没有充足的资源（时间或预算），前面阶段的问题利用本该属于测试的时间和预算得到了解决，但是并没有给测试留下足够的时间。这样开发者就不能去计划和设计测试用例，他们通常只能利用少许时间使用临时的方法来运行测试用例。关键在于我们的目标是开发高质量的软件，有句老谚语“测试差的成品并不能提高质量（quality cannot be tested in)”在这里仍然是非常有道理的。测试者不可能在最后一分钟出现，然后将坏的产品变好，我们必须从开发过程的一开始就要求高质量。

本节讨论如何将测试与开发集成起来，测试活动应该与开发活动同时开始且并行进行。具体的活动，包括计划、有效的测试和受开发影响的活动，都可以与传统软件开发生命周期的每个阶段关联起来。这些活动可以由开发者或独立的测试工程师来执行，并可在具体开发过程的界限内与对应的开发阶段关联起来。这些测试活动使得测试者可以在整个软件开发过程中检测和防止故障。

283 ~ 285

在实现完成之后才开始测试活动的项目通常会产生非常不可靠的软件。聪明的测试者（和处于第 4 级测试思维的机构）会在软件开发的第一步就开始涵盖一系列的测试计划和过程，并且在所有随后的步骤中实施。通过将软件测试活动集成到软件开发过程的所有部分，我们可以极大地提高测试的效果和效率，同时也可以对软件开发施加影响，对高质量的软件来说尤其如此。

其他教科书和研究文献包含了数十种软件开发过程：瀑布式（waterfall)、螺旋式（spiral)、进化原型（evolutionary-prototyping)、极限编程（extreme programming）等。本章使用下列独立分开的阶段，而不去假设它们的顺序也不会将它们映射到具体的软件开发过程。本章的建议适用于任何软件开发过程：

1. 需求分析和规约
2. 系统和软件设计
3. 中间设计

4. 详细设计
5. 实现
6. 集成
7. 系统部署
8. 运行和维护

任何软件开发过程都包括沟通、理解和各个阶段间信息的转移。在处理信息或是将信息从一个阶段转移到另一个阶段的过程中的任何时候，失误都可能发生。集成测试尝试在每个阶段找到错误，同时阻止错误向其他阶段传播。贯穿软件开发生命周期测试的集成提供了一条验证和追踪不同阶段一致性的方式。测试不应该将不同的阶段孤立开来，而应该在一个并行的轨道上影响所有的阶段。为了实现这一目的，测试应该嵌入到软件开发的各个方面，测试者应该深入到所有的项目组中。

测试在每个阶段有不同的目标，我们需要使用不同的方式来实现这些目标。每个阶段测试的子目标在后面会帮助实现保证软件高质量这一整体目标。对于大部分阶段，测试活动可以划分为三个宽泛的类型：*测试行动*（test action）——测试在该阶段创造的产品或工件；*测试设计*（test design）——使用该阶段的开发工件或来自前一阶段的测试工件为测试最后的软件做准备；*测试影响*（test influence）——使用开发或测试工件影响未来的开发阶段。

10.2 需求分析和规约

软件需求和规约的文档包括软件系统外部行为的描述。它提供了与软件开发中其他阶段的交流方式，也定义了软件系统的内容和界限。 286

测试行动的主要**目标**是评估需求。我们应该评估每条需求以保证其正确性和可测性，并且所有的需求加起来应该是完整的。已经有许多方法用来实现这一目标，最常见的是检测和原型验证。其他书籍和资料已经对这些课题做了详尽的描述，所以本书不会专门覆盖这部分内容。这里的关键点在于一定要在设计开始之前就评估需求。

表 10-1 在需求分析和规约中的测试目标和活动

目标	活动
保证需求的可测性 保证需求的正确性 保证需求的完整性 影响软件的体系结构	设置测试需求 • 选择测试准则 • 获得或开发辅助软件 • 在每个层级定义测试计划 • 开发测试原型 澄清需求和测试准则 开发项目测试计划

测试设计的主要**目标**是为系统测试和验证活动做准备。测试需求应该用来陈述软件系统所用的测试需求，高层次的测试计划应该列出测试策略的提纲。测试计划还应该包括每个阶段测试的作用域和目标，之后详细的测试计划应该引用这个高层次的测试计划。测试需求应该描述在每个阶段测试所需的辅助软件，我们必须在之后的测试中满足这些测试需求。

测试影响的主要**目标**是影响软件体系结构的设计。我们应该构建项目的测试计划和代表性的系统测试场景来显示系统满足了需求。开发测试场景的过程通常会帮助检测有歧义和不一致的需求规约。测试场景也会给软件结构设计师提供反馈并帮助他们开发易于测试的设计。

10.3 系统和软件设计

系统和软件设计将需求划分为硬件或软件系统方面，还包括如何构建整体的系统结构。软件设计应该可以代表软件系统的功能以至于它们可以转换为可执行的程序或程序组件。

测试行动的主要**目标**是验证需求规约与设计之间的映射。任何对需求规约的改变都应该在相应设计的更新中体现出来。这个阶段的测试应该帮助验证设计和用户接口。

测试设计的主要**目标**是为验收测试和可用性测试做准备。验收测试计划需要包括验收测试需求、测试准则和测试方法。考虑到之后阶段对这部分的引用和更新，需求规约和系统设计规约应该保证可追踪性和可测试性。系统和软件设计阶段的测试还应该选择之前章节讲到的覆盖准则来为单元测试和集成测试做准备。

287

测试影响的主要**目标**是影响用户接口的设计。可用性测试用例或接口原型的设计应该弄清楚客户想要的接口要求。当用户接口是系统的一个重要部分时，可用性测试就变得极其重要了。

表 10-2　在系统和软件设计中的测试目标和活动

目标	活动
验证需求规约和系统设计间的映射 保证可追踪性和可测性 影响用户接口设计	验证设计和接口 设计系统测试用例 制定覆盖准则 设计验收测试计划 设计可用性测试用例（如果有必要的话）

10.4　中间设计

在中间设计中，软件系统被分解为组件，再被分解为与各个组件相关联的类，各个组件和类都有设计规约。大型软件系统中的许多问题都来源于组件接口的不一致。**测试行动**的主要**目标**是避免接口间的不一致。

测试设计的主要**目标**是通过写测试计划为单元测试、集成测试和系统测试做准备。在这个层次上，我们利用接口和设计的信息对单元测试和集成测试计划进行细化。为了在之后的阶段对测试做准备，我们必须获得或开发测试辅助工具，比如测试驱动（driver）、测试桩（stub）和测试评估工具。

测试影响的主要**目标**是影响详细设计。在中间设计中要处理的一个重要问题是最终组件集成和测试的顺序。这些决定对详细设计有很大的影响，所以最好尽早做出决定。类集成测试顺序（class integration test order）问题将会是第 12 章的主题。

表 10-3　在中间设计中的测试目标和活动

目标	活动
避免接口的不一致 为单元测试做准备	指明系统测试用例 制定集成和单元测试计划 开发或找到测试辅助工具 给出类集成顺序的建议

10.5　详细设计

在详细设计阶段中，测试者为模块编写子系统的规约和伪代码。在详细设计阶段**测试行动**的主要**目标**是当编写模块的时候保证所有的测试元素为测试做好了准备。测试者应该同时为单元测试和集成测试做准备。测试者必须为单元测试细化详细的测试计划、产生测试用例以及为集成

表 10-4　在详细设计中的测试目标和活动

目标	活动
当模块完成时准备好测试	创建（单元）测试用例 制定（集成）测试规约

测试编写详细的测试规约。**测试影响**的主要**目标**是影响软件实现、单元测试和集成测试。

10.6　实现

设计终于得以实现，程序员开始编写和编译类及方法。

测试行动的主要**目标**是执行有效果且有效率的单元测试。单元测试的效果在很大程度上依赖于所使用的覆盖准则和所产生的测试数据。这个阶段的单元测试由之前阶段制定的单元测试计划、测试准则、测试用例和测试辅助工具来执行。我们应该保存单元测试的结果和问题，并适时地汇报结果和问题以备之后进一步处理。

测试设计的主要**目标**是为集成和系统测试做准备。**测试影响**的主要**目标**是使用有效的单元测试帮助确保早期的集成和系统测试。正如第1章中所讲，在单元测试期间找到和修复故障代价更低也更容易。

表10-5　实现中的测试目标和活动

目标	活动
有效的单元测试 测试数据自动生成	创建测试用例值 执行单元测试 适时地汇报问题

10.7　集成

测试行动的主要**目标**是执行集成测试。当一个集成的子系统所需的组件通过了单元测试时，集成和集成测试就开始了。决定集成和测试类顺序的一个简单方式是当这些类完成单元测试时马上开始集成它们。虽然这是一个便捷的默认方式，但是这样会在集成测试中导致更多的工作——与维护负债（maintenance debt）类似。一个更好的方法是对最有效的集成，提前决定类应该完成的顺序，然后鼓励开发者按照这个顺序完成实现。集成测试本身的任务是从组件间预料之外的交互中找到错误。

表10-6　集成中的测试目标和活动

目标	活动
有效的集成测试	执行集成测试

10.8　系统部署

测试行动的主要**目标**是执行系统测试、验收测试和可用性测试。系统测试将软件系统与初始目标做比较，特别是，验证软件与功能性和非功能性需求是否一致。根据本书第二部分所讲的准则，我们从系统中生成系统测试用例，从需求规约和软件设计阶段创建项目测试计划。当系统测试完成时可以马上启动验收测试。验收测试保证完整的系统可以满足用户的需要，这个测试应该需要客户的参与。测试用例来自验收测试计划和之前设置好的测试数据。可用性测试用来评估软件的用户接口，这也需要用户的参与。本书不会讨论可用性测试，但是有很多其他书籍和资源可供读者选择阅读。

表10-7　部署中的测试目标和活动

目标	活动
有效的系统测试 有效的验收测试 有效的可用性测试	执行系统测试 执行验收测试 执行可用性测试

10.9　运行和维护

在软件部署之后，用户会发现新的问题并要求新的功能特征。当软件改变时，必须执行回归测试。回归测试帮助确保升级的软件依然拥有和升级之前一样的功能，并且可以确保软件具有新的功能和修改后的功能。第 13 章将会讲到实现回归测试的技术方面。

10.10　实现测试过程

个人的职业操守是将质量引入开发过程的一个关键因素。开发者和测试者等项目参与人员可以选择**将质量放在首位**。在某个过程中，如果测试者不知道如何去测试它，那么就不要去开发它。重要的是开发者要尽早地开展测试活动，虽然这有时会导致与时间驱动的管理（time-driven management）相冲突，但是会帮助你避免走捷径。几乎所有的项目最终都会面临采取走捷径的处境，这样的情况最终会降低软件的质量。这种情况下，我们应该与之抗争！即使你在争论中落败，你也会赢得尊重。记录你的反对意见，考虑采用“离席抗议（voting with your feet）”的方法表达你的意见。最重要的是，不要害怕成为对的一方！

管理测试工件也是很重要的。缺乏管理一定是失败的原因之一。使用版本控制来管理测试工件，使大家可以很容易获取它们，并且经常更新它们。追踪基于准则的测试用例的来源很重要，当来源改变时，决定哪些测试用例需要改变是有可能的。

10.11　参考文献注解

一些好的资源囊括了关于测试过程和被广泛接受的定义的细节，这其中包括 IEEE 标准 [IEEE，2008]，英国计算机协会的标准 [British Computer Society，2001]，以及下列书籍。这些书籍包括 [Hetzel，1988][DeMillo et al.，1987][Kaner et al.，1999][Dustin et al.，1999] 还有 [Copeland，2003]。通用的软件工程教科书比如 [Sommerville，1992] 解释了标准化的软件开发过程。

288 ~ 291

第11章

Introduction to Software Testing, Second Edition

编写测试计划

年轻人快速提出想法。长者深入思考。领袖制定长远规划。

许多机构主要关注的焦点之一就是文档，包括测试计划和测试计划的报告。不幸的是，将太多精力放在文档上会导致一种状况，即产生一大堆无意义的报告，但并没有做什么有用的事。这就是本书为什么注重内容，而非形式的原因。测试计划的内容包括如何生成测试用例、为什么产生测试用例以及如何运行这些测试用例。

产生测试计划对许多机构来说是一项核心的需求。公司和客户经常强制使用一些模板和大纲。这里我们不去调查很多类型不同的测试计划，我们只关注IEEE的标准定义。最初的版本定义于1983年（829-1983），在1990年和1998年对之前的版本做出了修订，最新的版本为829-2008，即"软件和系统测试文档的IEEE标准"。在网上搜索可以找到更多可以使用的测试计划和测试计划大纲。829-2008标准将测试计划定义如下：

"（A）一个用来描述预定测试活动作用域、方法、资源和日程的文档。这个文档包括测试科目、待测的特征、测试任务、每项任务的负责人以及任何需要应急计划的风险。（B）一个用来描述测试系统或组件所要遵循的技术和管理方式的文档。其典型的内容包括测试活动中待测的项目、要执行的任务、责任、日程表和所需的资源。"

在当前的标准中有两类主要的测试计划：

1. *主测试计划*（Master Test Plan，MTP）为多层次的测试用例提供一个整体的测试计划和测试管理的文档。主测试计划可以应用于一个项目，或相同机构中的多个项目。

2. *分层测试计划*（Level Test Plan，LTP）为一个特殊的层级描述测试，测试层级在第1章我们已经介绍过了。每个分层测试计划必须为每一层的测试描述对应测试活动的作用域、方法、资源和日程。然后，分层测试计划定义待测的科目、待测的特征、要执行的测试任务、每个人物的负责人以及与测试相关的风险。

292

下面我们给出分层测试计划的一个大纲。这个计划从网络上许多的样例中提取出来，所以它并不代表某个机构，而是基于IEEE 829标准的。

11.1 分层测试计划模板

1. **介绍**：这部分在整体项目及其所需的测试工作的上下文中去考虑文档所描述的测试活动。

1.1 *文档标识符*：每个文档必须有一个唯一的名称，并将一些信息（如文档的日期、作者等）编码。

1.2 *作用域*：作用域应该描述在这个文档层次上应该测试什么。应该包括待测软件对应部分的细节。

1.3 *引用*：这里应该引用相关的文档。应该分别识别并列出外部和内部的文档。

1.4 *整体序列中的层次*：应该有一个图来表述这个文档描述的测试如何用于整体的项目

开发和测试结构。

1.5 *测试类和整体的测试条件*：这部分应该描述文档中记录的测试活动的独特性。这部分应该描述如何测试组件、集成测试或系统。通常来说还应该包括待测的内容以及所使用的测试准则。

2. **该层次测试计划的细节**：下面的子章节应该在这部分中介绍。通用的测试方法和完成测试所需的准则应该在这里描述。

2.1 *测试科目及其标识符*：这部分应识别待测的系统（或组件和集成的子系统）。这部分还应该记录待测软件组件的细节，包括如何安装、运行这些软件组件以及它们所需的环境条件。

2.2 *测试可追踪性矩阵*（traceability matrix）：这部分应该记录每个测试的来源。其来源可能是需求、测试覆盖需求或设计元素。测试者和测试经理应该可以查找每个测试用例并且理解**为什么**包括它们以及它们所测试的**内容**。

2.3 *待测的特征*：应该明确地列出所有待测的特征，并且使用在其他的软件文档（比如用户手册、需求文档或设计文档）中被引用的名称。

2.4 *非待测的特征*：应该列出所有不会被测试到的特征。这部分还应该解释为什么不测试这些特征。

2.5 *方法*：应该描述如何执行这部分测试，包括测试准则、自动化的等级等。

2.6 *通过 / 失败的准则*：对于每个待测的科目，应该什么时候认为它通过了测试？这个标准可以根据遗留的问题，或是已通过的测试用例的比例来做定义。这个标准还可以通过问题的严重性来衡量。

293

2.7 *中止准则和恢复需求*：有些失败非常严重以至于没有必要继续进行随后的测试。应该有准则清楚地定义什么时候中止测试以等待开发人员改正问题。

2.8 *测试待交付项*：这部分应该列出测试中所有待交付的文档和数据。

3. **测试管理**：这部分描述什么时候做什么以及谁来做。

3.1 *计划的活动和任务，测试进度*：这部分描述计划和执行测试所需的任务。应该识别所有任务间的依赖关系和约束。

3.2 *环境和基础设施*：这部分描述测试环境，包括运行测试用例之前测试者所需的一切。这部分还应该处理所需的设备、硬件、软件、数据库、辅助工具、获取结果的工具、隐私和安全问题。

3.3 *责任和权威*：这部分应该识别管理、设计和执行测试用例、检测结果、以及解决测试中发现的问题的负责人。这部分还应该包括测试中所需的其他人。

3.4 *参与方的接口*：这部分应该描述人员之间应该如何沟通。参与测试的每个人应该可以看到这部分并且明白必要的时候该和谁去联络。

3.5 *资源和分配*：这部分应该描述在分层测试计划中前面没有提到的所需的资源。

3.6 *训练*：这部分应该识别测试人员所需的知识、技术和训练。这部分还应该包括如何获得这些知识。

3.7 *日程、估算和花费*：这部分应该提供测试的日程，包括测试用例的准备、设计和执行。应该突出测试中重要的里程碑。

3.8 *风险和意外*：这部分应该识别任何可以预见的风险，并且提供如何避免风险、降低风险以及当风险发生时如何恢复的建议。

4. **通用**：这部分包括测试所需的通用信息，包括质量保证（quality assurance）的过程、度量、词汇表等。

4.1 质量保证过程：这部分应该描述测试中质量保证的计划。如果项目有独立的质量保证计划，这里应该引用这个计划。

4.2 度量：这部分应该描述如何衡量和汇报测试。 294

4.3 测试覆盖：这部分应该描述如何测量覆盖以及所需的覆盖要求。

4.4 词汇表：这部分应该提供所使用的概念及其定义的列表，包括它们的缩写。

4.5 文档改动的过程和历史：这部分应该记录分层测试计划的改动。

11.2 参考文献注解

测试计划的主要来源是 [IEEE, 2008]。当前的版本是 829-2008，它取代了 829-1998。最初的版本为 829-1983。如果查看这些 IEEE 标准文档需要付费的话，维基百科有一个合理的介绍 [Wikipedia，2009]。与此相关的一个有用的文档是 BS 7925-2，即英国计算机协会关于软件组件测试的标准 [British Computer Society，1997]。 295

第12章
Introduction to Software Testing, Second Edition

测试实现

理论与实践的距离通常比我们期望的更远。

与其他软件一样，我们也可以以抽象的方式设计测试用例。但是正如第4章所详细讨论的那样，开发者希望测试用例尽快变为“真实的”，使他们可以在测试用例运行失败后立即获得反馈信息，进而帮助开发。为了达到这一目的，所有的代码必须可以编译，测试用例一定不能带来附加的麻烦，整个过程必须是可重复的并且需要在规定的时间内完成。单元测试通常不会对这些约束造成任何实质的挑战，但是在其他的测试阶段中满足这些约束则不轻松。本章讨论的是测试用例在实现阶段产生的技术问题。我们不会从过程管理的角度去收录这些问题。取而代之的是，我们关注可以解决这些问题的技术策略。这些问题在软件集成的过程会自然产生，但是集成的过程也不是这些问题的唯一来源，测试完全集成的系统也需要我们这里所讲的技术。

软件程序由大小各异的软件部件组成。单个程序员通常负责测试低级别的组件（类、模块和方法）。在这之后，测试执行必须与软件集成相结合。软件集成有很多种方法。

集成测试（integration testing）的内容是测试本应该正常工作的组件的接口以及它们之间是否存在不兼容性。就是说，测试用来保证子组件可以正确地集成到一个更大的可以正常工作的组件中。我们强调的是这与对已经集成完毕的组件进行测试是不一样的。

集成测试通常在未完成的系统中进行。测试者可能评估系统中许多组件中的其中两个如何工作，可能在整个系统完成之前测试所有集成的方面，或是在系统一块一块搭建起来的过程中，评估新的组件是否与之前集成好的组件合拍。

本章从一个宽泛的角度使用术语软件“*组件*（component）”：*一个组件是一个可以独立*于整个程序或系统的可以测试的程序块。因此，类、模块、方法、包甚至代码块都可以看作是组件。另外，不可执行的软件工件（如XML文件、XML模块和数据库）也可以看作是组件。

296

12.1 集成顺序

当集成多个组件时，决定以什么顺序集成和测试类或子系统是很重要的。组件之间的相互依赖关系是多种多样的。一个类可能使用另一个类中定义的方法或变量，一个类可能从另一个类继承，或者一个类将另一个类的对象聚合作为其数据对象。如果类A使用类B中定义的方法但类B尚未完成，那么我们需要这些方法的测试替身（test double）来测试类A。所以，合理的方式是先测试B，那么当测试A的时候，我们就可以使用B的实际对象而非测试替身。

在测试研究领域，这个问题称为*类集成测试顺序问题*（Class Integration Test Order Problem，CITO），尽管它更多地应用于组件而不是类。例如，一个敏捷开发周期（agile sprint）可能产生系统新添加的一些特征。这些特征的实现经常相互依赖，因此添加这些特征的顺序会影响所需的工作量。

在类集成测试顺序问题中，大体目标是以某种顺序集成和测试类，这种顺序需要最少脚手架（scaffolding）工作或使用最少的额外软件，因为创建测试替身被认为是集成测试的一种主要成本。如果类之间的依赖关系没有循环，那么集成的顺序比较简单。首先测试不依赖于其他类的类。下一步与只依赖于它们的类进行集成，然后再对这些新添加的类进行测试。如果将类在“依赖关系图”中表示为节点，依赖关系表示为边的话，可以使用*拓扑排序*（topological sorting）的方法得到它们的顺序关系。

当依赖关系图有循环时会变得更为复杂，因为我们最终会到达一个类，这个类依赖于另一个尚未集成和测试的类。这时我们需要测试桩（stub）的技术。例如，假设类 A 使用类 B 中的方法，类 B 使用类 C 中的方法，类 C 包含了类 A 的一个对象。当这种情况发生的时候，集成测试者必须首先选择循环中的一个类以“斩断这个循环”。我们希望选择一个类可以到达需要最少额外工作量（主要是创建测试桩所需的成本）的目的。

软件设计者可能会注意到类图（class diagram）通常几乎没有循环。事实上，大部分软件设计的教科书都强烈推荐在设计时不要包括循环。但是，当软件设计继续往下进行的时候，添加类和关系是常见的，例如，为了提高性能或可维护性。结果，在底层设计或实现的时候，类图还是会包括循环。在实际中，测试者不得不解决类集成测试顺序问题。

对于类集成测试顺序问题，学术界已经提出了很多种解决方法。目前这依然是一个热点研究领域，这些解决方案还没有在商业工具中实现。在实际中，开发者通常使用某种临时的方法来处理类集成测试顺序问题，即简单地选择下一个要集成的组件。在上面提到的敏捷开发周期的例子中，开发者即将添加某个特征但是必须面对一个事实：某些必要的功能可能缺失，这会导致系统无法“运行”。通常来说，这个缺失的功能可以用*测试替身*（test double）处理，这也是本章剩余部分将要讲的内容。 297

12.2 测试替身

在电影中，*替身*（double）有时在一些特殊的场景中替代演员。他们有时表演一些危险的绝技，有时使出一些主演没有的技术，有时展示一些主演不愿意暴露的身体部位。类似地，测试替身有时代替在测试中无法使用的软件组件。有时这些组件的实现还没有完成，有时我们无法在测试中完成这些组件所做的功能。*测试替身*（test double）是实现部分功能的软件组件（方法、类或类的集合），它在测试中代替“真正的”软件组件。测试替身通常帮助解决可控性或可测性问题。使用测试替身的四个常见原因是：

1. 在开发中，有些组件的实现还没有完成。如果测试系统的其他部分需要这部分组件的功能，那么就会产生问题。在集成测试中这类问题会经常发生。

2. 有些组件的实现执行的是*不可恢复的动作*（unrecoverable action）。这样的动作在实际中是必要的，但在测试中必须避免。这类例子包括引爆一个炸弹、在金融系统中执行一笔交易或在消息系统中发送一封邮件。如果执行所有的测试用例都会造成外部金融交易或给客户发送垃圾邮件，我们可以想象一下这种混乱的场景。

3. 许多系统与不可靠或不可预料的资源交互，比如网络连接。如果测试用例只是顺带使用资源，而非专门测试这个资源，那么当这个资源不可用或其行为不可确定的时候，使用替身就可以避免这个问题。

4. 有些测试用例运行得非常缓慢。例如，访问外部数据库的测试用例可能会比在本地内存运行的测试用例缓慢得多。测试替身可以用于加速测试用例执行的速度，当测试用例经常运行的时候，这一点就尤其重要。

编写测试替身花费精力，当然，测试替身也可能会不正确。我们需要工具来帮助测试工程师实现和使用测试替身。首先，必须构建测试替身。测试工程师需要工具使得快速方便地生成必要的功能成为可能。使用替身来测试还需要一种技术上不同的测试方法，称为*基于交互的测试*（interaction-based testing），这部分将于12.2.1节讲述。

测试替身必须与待测软件集成，并且尽可能不改动待测软件。更重要的是，我们必须打破被代替的组件和其他组件间的依赖关系。打破这种依赖关系的能力对可测性有着直接的影响，12.2.2节会涵盖这部分的内容。

298

12.2.1　桩和模拟：测试替身的变种

当测试软件的未完成部分时，开发者和测试者通常需要额外的软件组件，统称为*脚手架*（scaffolding）。最常见的两种类型的脚手架是测试驱动和测试替身。*测试驱动*（test driver）是处理软件组件控制或调用的一个软件组件或测试工具。我们已经在第3章中详细讨论过了测试驱动，特别是JUnit测试框架。

实现测试替身的传统方式是手动创建*测试桩*。*测试桩*（test stub）实现的是软件组件的主干或某种特殊目的，测试桩用来开发或者测试调用桩或依赖桩的组件。测试桩用来代替被调用的组件。有些集成开发环境（IDE）通常生成非常基础的、没有自带任何功能的桩。这些桩为测试工程师开发更为复杂的桩提供了一个便捷的起点。

测试桩的任务之一是返回调用组件的值。桩的返回值通常与实际组件所应返回的值不完全相同，否则我们也不需要桩。但是有时它们必须满足一定的约束条件。

测试桩最基本的动作是给输出固定一个常数值。例如，返回一个对象的方法的测试桩可以总是返回null。更为复杂的方法可能会返回手动生成的常数，比如查询表所得到的数值、随机数或是要求用户在执行中返回数值（这在JUnit测试用例中不太可能）。自从20世纪80年代起，测试工具已经可以自动化地产生测试桩了。有些更为复杂的工具可以自动找到需要测试桩的方法或函数，然后询问测试者测试桩需要哪种行为。有些工具搜集具有正确返回类型的对象实例，然后将它们作为测试桩可能的返回值。作为一个默认的选项，这是测试工程师能够构建的一个强大的起点。当执行自己的单元测试或模块测试时，程序员也可以生成他们自己的测试桩。

近些年，传统的测试桩的概念已经演变为*模拟*（mock）这一新的思想，这导致通用的术语测试替身[⊖]的出现。*模拟*（mock）是一种具有特殊目的的类，它包括行为验证以检查待测类是否正确调用了被模拟的对象。Java模拟工具使用Java反射从对象或接口中生成模拟对象。这些工具允许测试工程师对有限的行为（包括返回值——基于交互的测试的关键）进行指示，而不是编程。*基于交互的测试*（interaction-based testing）定义的是对象之间如何通信，而不是定义对象实际做什么。这就是说，基于交互的测试不问一个对象做的是否正确，而是关心这个对象是否被要求去做这个任务[⊜]。

考虑一个给客户发送邮件的消息系统的例子。对于一些软件，在测试完成之后（基于状态的测试），我们只需要查看一些变量的值。在消息系统的例子中，我们需要验证发信

⊖　对于桩和模拟是否指代相同的内容是有争议的，但是这并非本书所讨论的范围。

⊜　注意，这里交互的使用与测试系统中不同组件或程序间的交互不同，那种通常被称为*交互测试*（interaction testing）。

者实际发出了一个具体的消息。如果我们使用实际的软件组件，这是可以理解的，但是当我们使用测试模拟，我们就不应该发送消息。取而代之的是，应该验证我们确实调用了消息系统中发送具体消息的方法（基于交互的测试）。因此，验证步骤中“预计的消息发出了吗?”应该被“消息系统是否对发信者进行了发送的调用（可能带有具体的参数）”来取代。基于这个例子做进一步扩展，我们可能希望验证一组特定的调用是在特定的序列中进行的。 299

基于交互的测试的核心是验证通信模式，这也是为什么模拟对象需要丰富的行为接口的原因。在单元测试中使用基于交互测试的模式如下：

1. 产生必要的测试替身（可以使用一个模拟工具）。
2. 指明与测试替身交互的预期顺序。
3. 执行待测的行为。
4. 验证预期的交互实际发生了。

12.2.2 使用测试替身来代替组件

测试者有时需要使用替身来取代系统的一部分：移除实际的组件并且将其替换为对应的测试替身。这里的问题是如何进行操作并且不会造成配置管理的混乱。

图12-1展示了测试自动化的重要方面。在这个图中，我们使用JUnit测试用例来测试一个软件组件，这个组件随后又使用了另一个软件组件（依赖组件），这个依赖组件还对另一个方法进行了调用。这个方法执行一个不可恢复的动作，这里我们使用炸弹爆炸来表示该动作。为了测试待测组件而不必引爆炸弹，我们创建依赖组件的替身，图中用带虚线的方框表示。

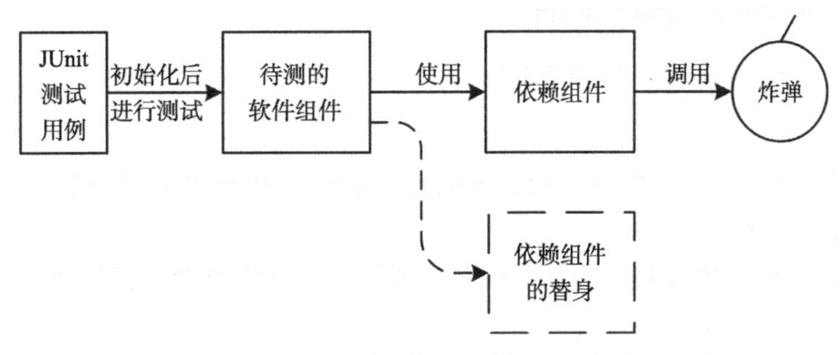

图12-1 测试替身例子：替换一个组件

本节讨论的是在JUnit的框架下，如何具体地打破依赖关系。一种方法是重建一个独立分开的系统，在该系统中使用替身代替依赖组件。这种方法有两个问题。首先，因为我们可能需要很多测试替身，手动创建它们成本很高并且容易出错，所以这种方法很难扩展到大型程序。其次，测试工程师必须同步系统的多个版本。如果开发者更新原始真正的系统，那么测试工程师也必须更新测试系统。管理另一份系统拷贝很容易出错，并且非常有可能在某个时间点，原始真正的系统与测试系统会分叉。实际上，我们需要的是一种可以有效地将系统从运行模式转换为测试模式的方法。 300

对于这个问题一个更安全且成本更低的方法是使用*接缝*（seam）的概念。*接缝*（seam）是一个变量，它可以使JUnit测试用例改变程序的行为但不改变包含这个变量的软件组件。要想有效地使用接缝，接缝需要一个*启动点*（enabling point），在这个点可以将变量设置为不同的值（有时称为“在接缝处控制行为”）。就是说，必须可以从待测软件组件的外部（具体来说，从 JUnit 测试用例）改变变量的值。设计测试替身的关键在于将测试接缝和启动点放置于代码的合适位置。为了做到这点，我们一定要明白被替身换掉的是哪个组件。

在最基础的层次上，接缝是一个变量，启动点是从类的外部设置变量的一种方法。接缝可以来源于多种编程结构。一个非常简单的接缝可以是一个全局布尔变量，比如 TEST_MODE：

```
if (TEST_MODE)
{
  // 执行一些测试相关的功能
}
```

在这个例子中，一个启动点是变量 TEST_MODE 被赋值的任何位置。这个简单的方法虽然很吸引人，但是其扩展性并不好。一个更为复杂的例子可以帮助解释接缝的作用。

假设测试工程师通过 ResourceManager（资源管理者）接口来分析一个管理依赖组件的系统：

```
public interface ResourceManager
{
  public Resource getResource() {...}
  public void releaseResource (Resource r) {...}
}
```

之后假设系统的另一个部分使用资源管理者。换句话说，系统的另一个部分依赖于资源管理者：

```
public class SomeResourceManagerUsingClass
{
   private ResourceManager resourceManager ...

   //初始化代码来创建或是链接到资源管理者
   //使用资源管理者的公有方法
}
```

如果使用图 12-1 中的概念，SomeResourceManagerUsingClass 为待测的软件组件，ResourceManager 是依赖组件。

301

在测试中，测试工程师并不想让系统获得或释放实际的资源。换句话说，测试工程师需要：

1. 使用测试替身代替资源管理者。测试工程师可以使用一个简单的桩、模拟工具或某种介于两者之间的工具来完成这项工作。

2. 让待测系统的其余部分使用替身而非实际的资源管理者。为了达到这一目的，测试工程师需要打破系统其余部分对被替换的组件的依赖关系。即，测试工程师需要一个桩和一个启动点。

下面我们尝试用不同的方法创建或链接到资源管理者。假设 SomeResourceManagerUsingClass 的构造函数通过调用一个工具类 Resource 的方法设置资源管理者：

```
public class SomeResourceManagerUsingClass
{
   private ResourceManager resourceManager; //可能的接缝

   public SomeResourceManagerUsingClass()
   {
```

```
        resourceManager = Resources.getManager(); // 不是一个启动点
    }
}
```

虽然这种连接资源管理者的方法很常见，但是从测试的角度来说这是个问题。我们想要将变量 resourceManager 作为一个接缝，但是方法 getManager() 是静态的，所以我们不能动态地改变他的行为。换句话说，Resources.getManager() 这一赋值语句不是一个启动点，因为这个连接太紧密了。

给接缝提供启动点的另一种方法是使用一个赋值（setter）函数[⊖]。下面的例子调用赋值函数 setResourceManager()，赋值函数就是接缝 resourceManager 的一个启动点。

```
class SomeResourceManagerUsingClass
{
    private ResourceManager resourceManager; // 依然是接缝
    public SomeResourceManagerUsingClass()
    {
        resourceManager = Resources.getManager(); // 静态的工厂调用
    }
    public void setResourceManager (ResourceManager rm) // 启动点
    { // 接缝的启动点
        resourceManager = rm;
    }
}
```

302

为了使用启动点，JUnit 测试用例简单调用赋值函数 setResourceManager 并使用一个测试替身作为参数。换句话说，JUnit 测试用例将一个依赖关系注入（inject）到 SomeResourceManagerUsingClass 中。在注入前，这个类有一个依赖组件，即“实际的”资源管理者。在注入之后，这个类依赖于测试替身，即 FakeResourceManager()。

```
// 使用启动点
SomeResourceManagerUsingClass c = new SomeResourceManagerUsingClass();
c.setResourceManager (new FakeResourceManager()); // 注入依赖关系
```

这个例子帮助我们理解了为什么需要基于交互的测试。如果我们使用真正的实际 ResourceManager 来测试，那么 ResourceManager 会具有全部的功能，然后我们可以验证资源管理者提供了请求的服务。但是因为实际的 ResourceManager 已经被一个虚拟对象取代，所以我们只需要检测 SomeResourceManagerUsingClass 以合适的顺序合理地调用了 ResourceManager 接口。换句话说，因为测试替身是虚拟的，我们不太会验证“真正的”行为。这种基于交互的测试技术将下面的断言“依赖的资源给待测的系统提供具体的服务”弱化为“待测系统向依赖的资源请求具体的服务。”

这个例子也展示了细微但重要的一点。JUnit 测试用例需要访问 SomeResourceManagerUsingClass 中的赋值函数。在这个例子中，该函数的访问权限是公有的。将接缝变量设置为公有的会造成维护负债和潜在的安全漏洞。这虽然很烦人，但是并不令人惊讶。从一个更广泛的角度来看，我们试图基于可控性来解决问题。信息隐藏降低了可控性，这很好理解，因为信息隐藏使访问变量和方法更难。信息隐藏对设计、模块化和维护是有利的，但是它使测试，特别是测试自动化变得更加困难。在这个例子中，如果 JUnit 测试用例和 SomeResourceManagerUsingClass 同属一个包，那么它们的访问应该可以限制于“包”级别，

⊖ 测试工程师使用继承而非赋值函数提供启动点也很常见。因为这种使用继承的方法只是为实现提供便利，所以作者对这种方法不是很感兴趣。因此在本书不会进一步讲述。

这样可以有效地处理潜在的安全问题。

12.3 参考文献注解

测试栈和测试驱动的概念已经出现数十年了。最早在20世纪70年代的书籍中就开始讨论这些概念了 [Constantine and Yourdon，1979；Deutsch，1982；Howden，1976；Myers，1979]。Beizer 指出创建测试桩容易出错并且成本高昂 [Beizer，1990]。[Fowler，2007] 很好地从哲学角度很好地解释了测试模拟和测试桩的不同。

研究领域已经对类集成测试顺序问题展开了广泛的讨论 [Abdurazik and Offutt，2006；Abdurazik and Offutt，2007；Briand et al.，2002；Briand et al.，2003；Kung et al.，1995；Malloy et al.，2003；Tai and Daniels，1997；Traon et al.，2000]。据我们所知，这些算法还没有被应用于广泛使用的工具。基于交互的测试通常与测试模拟工具一起实现，关于这方面更多的内容，我们建议阅读一些其他书籍比如 [Koskela，2008]。[Feathers，2004] 对接缝和启动点进行了深入的讨论。

303

第13章

Introduction to Software Testing, Second Edition

软件演化中的回归测试

如果存在一个完美的人的话，也可以找到一个没有目标的人。

回归测试（regression testing）是重新测试已修改的软件的过程。商用软件开发中大部分的测试都是回归测试，同时回归测试也是任何可用的软件开发过程中的一个重要部分。大型的组件或系统一般都有很多回归测试用例集。即使许多开发者不愿意相信（甚至当面对无可争辩的事实时！），但对系统的一部分做小的改动时通常也会导致系统另一些不相邻的部分出现问题。回归测试就是用来找出这类问题的。实践中，回归测试通常整合在一个持续集成的服务中，这正是我们在第4章中讲到的。

值得强调的是我们必须对回归测试实现自动化。我们确实可以说非自动化的回归测试等同于没有回归测试。有很多种商业软件可供使用。目前最常见的软件包括JUnit和从它衍生出来的其他工具（HTMLUnit、Selenium、SUnit、CUnit、TestNG、NUnit、CPPUnit、PHPUnit等）。

捕捉/重放（capture/replay）工具对带有图形用户界面的程序实现了测试自动化。版本控制软件可以管理一个已知系统的不同版本，也可以有效地管理与之相关的测试用例集。脚本软件管理的是获得测试输入、执行软件、整理输出、比较实际输出和预期输出以及产生测试报告的过程。

本章的目的是解释回归测试应该包括哪类测试用例，应该运行哪些回归测试用例，以及如何回应失败的回归测试用例。下面我们依次来处理每个问题。对细节有兴趣的读者，我们会给出相应的参考文献。

测试工程师面临一个金发姑娘（Goldilocks）问题[⊖]，即决定在回归测试用例集中包括哪些测试用例。包括每个可能的测试用例集将会导致回归测试用例集太大而不好管理。测试用例集不能像改动软件那样频繁地运行。对传统的开发过程而言，这个阶段通常会耗费一天。回归测试用例在晚上运行以评估当天软件的改动，然后开发者在第二天早上对测试运行结果进行审核。对敏捷开发过程来说，这个过程会加快很多，原因我们已经在第4章讨论过了。

如果回归测试不能及时完成，那么开发过程就会被打乱。通过花钱（如购买额外的计算资源）来运行测试用例以解决这个问题是值得的。但是，在某种程度上，添加一个测试用例带来的边界价值比不上执行这个测试用例所需的资源而消耗的边界花费。从另一方面来看，太小的测试用例集不能充分覆盖软件功能，并且会给用户带来太多的故障。重新调整测试用例的结构已达到有效率地运行是另一种可行的办法。第12章中讲到的测试替身可以极大地提高某些运行缓慢的测试用例的执行速度。

前面的段落只是提到了回归测试用例集应该具有合适的大小，但是并没有说回归测试用

⊖ 金发姑娘问题可以通过使用非极端的测试值解决。这个术语指代三只小熊的故事，在这个故事中，一个小女孩只是寻找既不烫也不冷的食物。

例集应该包括哪些测试用例。有些机构规定，对每个实际出现的问题，原则上来说，我们都应该存在一个回归测试用例可以检测到该问题。这里的想法是客户更愿意被新的问题困扰，而不是重复碰到相同的问题。上面的这种方法支持可追踪性，因为以这种方式选取的测试用例都是有具体根据的。

本书的核心部分——覆盖准则，为评估回归测试用例集提供了非常好的基础。例如，如果节点代表方法调用，而使用节点覆盖发现有些方法从没有被调用，那么我们需要决定这些方法在特殊的程序中是死代码，或者包括一个可以调用这些方法的测试用例。

如果有回归测试用例失败了，那么第一步是决定软件的改动是否有故障，或者决定回归测试用例集是否本身有问题。不管是哪种情况，这都需要额外的工作。即使没有失败的回归测试用例，我们依然有工作要做。其原因是满足之前软件版本的回归测试用例集未必满足随后的版本。软件的改动通常被划分为*改正性的*（corrective）（改正一个故障），*完整性的*（perfective）（提高软件质量的某些方面但是不改变其行为），*适应性的*（adaptive）（改变软件使其可以在一个不同的环境中工作）和*预防性的*（preventive）（改变软件以避免未来的问题但是不改变其行为）。所有的这些改变都需要进行回归测试。即使软件（预期的）外部功能没有改变，我们依然需要重新分析回归测试用例以判定其是否充分。例如，预防性的维护可能会对内部的一些组件进行重构。如果选取原始回归测试用例使用的准则是从原来结构的实现中推导出来的，那么这些测试用例不太可能会充分地覆盖新的实现。

305

将回归测试用例的演化作为相关的软件改动是一种挑战。对软件外部接口的改动是特别痛苦的，因为这样的改动可以导致所有的测试用例都失败。例如，假设一个特殊的输入从一个下拉菜单转移到另一个下拉菜单。这样我们需要更新所有测试用例中捕捉 / 重放的部分。或者假设软件的新版本产生额外的输出，以前的所有预期输出就会立即失效，然后需要更新它们。很显然，维护测试用例的自动化支持与产生和执行测试用例的自动化支持是一样重要的。

给一个回归测试用例集中添加（少量的）测试用例通常来说很简单。每个额外的测试用例的边际成本通常来说是很小的，但是将所有的测试用例积攒起来，测试用例集会变得很难控制。将测试用例从回归测试用例集中移除也会产生问题。在移除某个测试用例后，本可以被这个测试用例发现的故障可能会再次出现。幸运的是，在决定如何更新回归测试用例集时，用来指导创建测试用例集的相同的准则依然可以应用在这里。

一种不同的可以缩短回归测试用例运行时间的方式是只选择回归测试用例的一个子集，这也是学术界研究的一个焦点。例如，如果一个已知的测试用例不会访问任何修改的部分，那么这个测试用例的行为在修改之前和之后是一样的，因此我们可以安全地忽略它。选择的技术包含了线性方程（linear equation）、符号执行（symbolic execution）、路径分析（path analysis）、数据流分析（data flow analysis）、程序依赖图（program dependence graph）、系统依赖图（system dependence graph）、修改分析（modification analysis）、防火墙定义（firewall definition）、聚类分析（cluster analysis）、切片（slicing）、图遍历（graph walk）以及修改实体分析（modified entity analysis）。

当一个选择技术包括“可以揭示修改”的测试用例时，这个技术是具有*包含性的*（inclusive）。不安全的技术的包含性小于 100%。当一个选择技术有能力略去不能揭示修改（modification-revealing）的测试用例时，这个技术是*精确的*（precise）。当一个选择技术可以决定一个合适的回归测试用例子集的运算强度小于被略去的测试用例的运算强度时，这个技术是有效率的（efficient）。最后，当一个选择技术可以应用于很多不同类的实际应用程序时，这个技术是通用的（general）。继续基于这个例子，对于一些程序的多态复杂度，选择回归测试用例的数据流方法既不安全也不精确，而且很明显这种方法在数据流图层次上需要数据流信息和程序插桩（instrumentation）。参考文献注解有这部分更为详细的内容，其中也包括了实验评估。

13.1 参考文献注解

[Binder，2000] 从实践角度对回归测试进行了详细而深入地描述，他声称非自动化的回归测试等同于没有回归测试。Rothermel 和 Harrold 提出了回归测试框架中的包含性（inclusiveness）、精确性（precision）、有效率性（efficiency）和通用性（generality）[Rothermel and Harrold，1996]，他们还在实验中评估了一种安全技术。[Li et al.，2008] 以及 [Xie and Notkin，2005] 的文章是开始研究回归测试很好的材料。

306
307

第 14 章

Introduction to Software Testing, Second Edition

编写有效的测试预言

生活中唯一的真正失败就是不去尝试。

第 3 章讲述了如何实现测试自动化的基础。自动化测试用例的一个关键需求是测试用例必须包含预期结果，这通常被称为*测试预言*（test oracle）。当手动执行测试用例时，预期结果可能明确地写在文本的测试脚本中或留给测试者在运行时来决定。但是自动化的测试用例必须将这个预期结果编码为明确的检查，比如 JUnit 中的断言。

本书的大部分都在考虑设计有效的测试输入值，但是我们发现许多错误和测试预言有关。测试预言必须具有有效的揭示性，并且在检查太多（没有必要的成本）和检查太少（可能不会揭示失败）之间做出平衡。测试预言必须解决可观察性问题以获得测试脚本尚无法访问的测试值。

本章首先在 14.1 节展示测试预言应该检查**哪些**值来处理揭示性的问题。然后在 14.2 节讨论**如何**决定正确的预期结果。

14.1 应该检查的内容

当手动执行测试用例时，测试者坐在电脑前可以立即观察到结果。测试者根据他对软件需求的良好理解，通过观察可以直接决定软件的行为是否正确。如果测试者能看到足够的输出可以自信地判定软件的行为是否正确，那么只要测试者具备一般编程水平的，他就可以通过增加一些打印语句（类似于调试的方法）来增强可观察性。但有时失败发生时，测试者不一定会观察到，这也是我们使用测试自动化的一个原因所在。其原理是自动化的测试用例不会（像人类一样）眨眼，所以不太可能错过软件运行的失败。

虽然使用自动化对软件质量无疑是一个好消息，但是使用自动化也意味着测试设计者不得不在运行前为每个测试用例决定正确的行为，并且将这些正确的行为编码到自动化的测试用例中。在第 3 章中我们介绍了 JUnit。JUnit 及其“xUnit”家族成员已经在学术界和工业界得到了广泛的应用，因此我们将它们的预言机制作为基础模型来使用。JUnit 测试用例将预言编码为 Java 断言。例如，当对象 lastName 与 Burdell 相等时，assertEquals(lastName，Burdell) 返回真，否则返回假。即，当 lastName 与 Burdell 不相等时，测试用例失败。

308

这种级别的自动化给实际的测试者带来一个挑战性的问题：“我到底应该检查什么？”通常来说，待测软件的输出状态就是这个软件产生的一切：包括屏幕的输出、文件、数据库、消息和信号。在单元测试级别，输出包括上述的一切，再加上显式的返回语句、在执行中被修改的参数以及被修改的非局部变量。自动化的测试用例到底应该检查这些输出状态中的哪些部分？

不出意料，这是另一个成本与收益权衡的问题。第 2 章中讲到的揭示性可以应用于这个问题。具体来说，我们观察得越多，揭示得也越多。大体上来说，如果输出状态有一个错误值，那么我们必须查看输出状态的错误部分才可以发现这个错误，否则的话，我们不能揭示这个失败。幸运的是，对于这个问题，研究人员已经建立了一些有效的理论基础。

测试预言策略（test oracle strategy）是指明应查看哪部分程序状态的一条或一组规则。一条测试预言包含两个主要的通用特征：精度和频度。*精度*（precision）指的是输出状态的哪些部分应该被检测。检测更多的输出状态会增加精度。*频度*（frequency）指的是什么时候以及间隔多久应该检测输出状态。低频度意味着只有在执行完成时检测输出状态，尽早检测以及经常检测输出状态就是高频度。本章中的参考文献部分会给出更多的细节，这些细节可以总结为下面几条通用的指导原则。

首先，**检查某些输出是重要的**。有些软件机构只检测软件是否产生运行时的异常或奔溃，这被称为*空测试预言策略*（null oracle strategy）。这种策略成本极低，因为不需要编写繁重的测试预言。但是研究人员发现这种策略是极度浪费的。在实践中，只有 25% 到 56% 的软件失败会导致奔溃。所以，如果测试者只检查软件奔溃的话，测试用例中其余的 44% 到 75% 的部分都被浪费了。这就好比我们买了 12 个鸡蛋，但是只煮了其中的 6 个，却将剩余的鸡蛋扔掉了。成本低，但是无效。

其次，**检测对的输出很重要**。在我们的教学中，我们观察到无论是没有经验的本科生还是经验丰富的专业程序员（兼职的研究生），他们所写的程序都有好有坏。无效的断言检查不太会受到测试用例影响的输出，而有效的断言检查直接被测试用例影响的输出。正如本书反复强调的那样，每个测试用例都有其存在的目的。测试用例可能执行待测方法的一个分支，或到达状态图中的一个状态，或是覆盖一条具体的需求。不论是执行一个分支，到达一个状态，或覆盖一条需求，这种行为总是直接或间接地反映在输出状态中。优秀的测试者关注测试用例为什么存在，然后编写断言来检查这个测试用例想验证的部分，但是不会检查其余无关的部分。不合格的测试者只检查相关输出状态的一部分，比如只检查一个集合的第一个元素，而不是整体集合，或只检查一个输出值而不是所到达的整体的状态，或是只检查与需求外围相关的内容。 309

哪部分的输出状态受测试用例影响在很大程度上当然是取决于测试的层级。在单元测试层面上，检查方法的返回值和返回的参数值几乎就足够了，通常来说检测变量或非局部变量是没有必要的。在系统测试层面上，通常直接检测可视化的输出，比如屏幕输出就足够了。这是很鼓舞人心的，因为文件、数据库和传感器的输出的可观察性较低，这意味着创建检查这些输出的断言很困难，成本也更高。这并不是说我们从不需要去检查它们——如果测试用例的主要目标是检测只出现在数据库中的内容，那么测试预言中的一部分必须检测数据库的相关内容。

第三，**许多输出是没有必要检查的**。这意味着，低精度是可以接受的。研究人员不仅发现检查有用的输出是必要的，而且发现检查额外的输入很难提高揭示性。这对测试实践者是好消息，因为学术界建议**不要**使用更多资源的时候并不多见。

最后，**多次检查输出状态是没有必要的**。这意味着，低频度是可以接受的。我们发现如果只检查一次最后的输出状态就可以揭示大部分的失败，在测试执行中进行多次检查也很难提高揭示性。这是又一次罕见的学术界建议测试实践者**不要**使用更多资源的时候。

14.2 决定正确的测试值

上一节讨论的是作为测试预言策略的一部分，应该检查待测软件中哪部分的输出状态。

本节探索一个不同而且通常来说很难的一个挑战：我们如何知道正确的行为或正确的输出？有时这个问题的答案非常简单。例如，如果待测软件的功能是找出一个列表中的最小值，那么测试用例通常就是一个列表，测试者明白哪个是最小的。但是，如果我们不知道正确答案该怎么办呢？以下章节探索当找出正确的结果有难度时，有时甚至不可能找到预期结果时的情况。

14.2.1 对输出进行基于规约的直接验证

如果幸运的话，你的程序会带有规约，这个规约应该指明已知的输入对应的输出是什么。例如，一个排序的程序对一个输入应该产生这个输入特定顺序的排列。

人工评估已知输出的正确性通常是有效的，但是成本也很高。将这个过程自动化很显然可以降低成本。如果可能的话，对输出的自动化的直接验证是检查程序行为的最好的手段之一。下面是排序检测器的一个纲要。注意这个检测算法不是另一个排序算法。这个检测算法不仅不同，而且也不会特别简单。就是说开发输出的检测器可能会很难。

310

```
输入：结构 S
    得到 S 的拷贝 T
    将 S 排序
    // 验证 S 是 T 的一组排列
    检查 S 和 T 具有相同的大小
    对于 S 中的每个对象
        检查 S 和 T 中的对象是否出现相同的次数
    // 验证 S 是已排序的
    对于 S 中除了最后一项的每个索引 i
        检查是否 S[i] <= S[i+1]
```

不幸的是，直接验证通常是不可能的。首先，我们需要一个规约。众所周知，规约很难编写，并且编写对的规约很难。并不令人意外的是，规约在工业界很少使用。其次，有时我们使用软件去寻找我们自己都无法找到的答案，所以我们并不知道正确的答案。考虑一个分析 Petri 网的程序，Petri 网对给带有状态的过程建模很有帮助，这种分析的输出是给出处于任意给定状态中的概率。对于一个已经产生的概率，我们很难评估它是否正确——毕竟，它只是一个数字，我们如何知道这个数字中的所有位数是实际正确的？对于 Petri 网，最后的概率很难与输入的 Petri 网对应起来。

14.2.2 冗余计算

当直接验证不可行的时候，冗余计算就是一种有用的替代品。例如，为了自动验证 min（最小值）程序的正确性，我们可以采用另一个 min 程序的实现——首选可靠的或“绝对正确的”的版本。起初这看起来是个死循环，我们为什么要更相信另外一个实现？

下面我们将这个过程形式化。假设待测的程序标记为 P，$P(t)$ 为测试用例 t 在 P 上运行后的输出。P 的规约 S 指明其输出是 $S(t)$，通常我们要求 $S(t) = P(t)$[⊖]。假设 S 本身是可执行的，这使我们可以自动化地检查输出过程。如果 S 本身包括一个或多个故障，那么在通常情况下，$S(t)$ 也是不正确的。如果 $P(t)$ 也因为相同的原因导致错误，那么我们就无法检测到 P 的失败。如果 P 在运行测试用例 t 时的失败方式与 S 不同，那么我们可以进一步去分析这种

⊖ 如果我们没有足够的证据说明输出为 S，那么需求 $S(t) = P(t)$ 是不正确的。相反，S 应该被视为一组可能出现的输出，而关于程序正确性的约束是 P 产生这组输出的其中一个，即 $P(t) \in S(t)$。

差异，我们至少可以分析出 S 和 P 中可能出现的故障。

一个潜在的问题是当 P 和 S 中的故障导致不正确但是相同输出时的情况。有些研究人员建议应该独立于 P 来开发 S 以降低这种可能性。从实践的角度来看，这样独立的开发很难实现。另一个问题是开发不同版本所需的成本，在很多软件开发环境中这是不切实际的。 311

此外，独立开发一般不会导致独立的失败。实验验证和理论论证都暗示，假设基于独立的开发，拥有相同失败的机率远大于我们的期望值，这是一个基本的事实。其基本原理是有些输入比其他输入"更难"产生正确的行为，而正是这些输入最有可能在多个实现中产生相同的失败。

对于测试预言问题，使用一个实现来测试另一个实现依然是一种有效的、实际的技术。工业界中，使用软件之前发布版本作为规约 S 的可执行版本在回归测试中是一种最常见的技术。回归测试在识别软件问题方面极其有效，回归测试应该作为任何正式的商业软件开发活动中的标准组成部分。

有时解决一个问题会有多种算法。即使常见的失败问题仍然存在，但是这些不同的算法实现也可以用来相互检查。例如，搜索算法。通过将结果与线性搜索进行比较，我们可以很容易地对二分法搜索例程进行测试。

14.2.3 一致性检查

直接验证和冗余计算的另一种代替方式是一致性分析。一致性分析通常是不完整的。我们再来考虑 Petri 网例子中的一个概率，可以确定地说，如果这个概率是负数或大于整体概率，那么这个数一定是错的。一致性分析也可以是内在的。回忆第 2 章中讲到的 RIPR（可达性、影响、传播和揭示性）模型。从外部我们只能检查输出，所以影响必须将错误传播到输出才能检测到。

内部检测只用 RIPR 模型中的前两步（RI）就提升了识别错误行为的概率。程序员要求内部结构保持一定的关系是很常见的。例如，一个对象表示（object representation）可能会要求一个已知的容器不包含重复的对象。检测这些"常量"关系是发现故障的一种极度有效的方法。接受过契约式软件开发培训的程序员可以在正常的软件开发过程中产生出带有这类检查的代码。对于面向对象的软件，这样的检查通常是围绕对象变量展开的，包括对象的抽象层面和它的表示，还有对象方法的先验条件和后验条件。如果在运行中有提高性能的必要，某些工具（如断言工具）可以在测试中打开这些检查，然后再关闭这些检查。

14.2.4 蜕变测试

评估具体输入正确性的一个极度有效的方法是考虑程序对其他输入的反应。学生们有时会一开始发现这种方法非常反直觉：如果我们试图判断一个程序对输入 **x** 的行为，观察程序对另外的输入 y 的行为如何可能帮助我们？ 312

为了理解其他的输入如何可能帮助我们，下面我们考虑 sine 函数的计算。已知对于某个输入 x 的计算 $\sin(x)$，想要决定输出是否正确是非常困难的。幸运的是，恒等式可以帮助我们：如果 sine 可用的话，cosine 也很有可能是可用的，一个有用的三角形恒等式为，对于 x 的所有值，$\sin(x)^2 + \cos(x)^2 = 1$。

这个恒等式无疑是有效的，但是它不能处理当 $\sin(x)$ 和 $\cos(x)$ 以一种互补方式出错时的情况。这种情况也是很可能发生的。例如，当 $\cos(x)$ 的实际实现为对 $\sin(\pi/2-x)$ 函数的调用，这就是说如果 sin(x) 函数有错，cos(x) 函数也是错的。

为了处理这个缺点，考虑基于不同输入但是使用相同程序的恒等式。我们再来考虑 sin(x)。另一个恒等式为 $\sin(a+b)=\sin(a)\cos(b)+\cos(a)\sin(b)$。如果我们愿意的话，也可以将 cos(x) 的调用写成对 $\sin(\pi/2-x)$ 的调用。我们在输入上有个关系（$a+b=x$），在输出上也有一个对应的关系（sin(x) 是当 sine 应用于 a 和 b 时的一个简单的表达式）。我们可以随机选取不同 a 的值来随意地重复检查这些关系。我们发现即使是最恶意的 sine 函数实现也很难欺骗这种检查器。这是真正的强有力的程序检查器！

只有对那些定义很规范的数学问题（一个输入的计算与相同的基于其他随机输入的计算有着某种恒等式关系）来说，这类程序检查器才是有用的。即使这样，弱一些的恒等式也依然是极度有用的。对于编程中通用的面向对象类的类型，这类检查器也是可行的。例如，将一个元素添加到一个容器再从容器中移除这个元素。对这个容器而言，其影响通常是具有完善的定义的。对于一些容器，比如包（bag），结果是不受影响的。对于其他的容器，比如集合（set），结果可能没有变化，或者如果这个元素在添加之前就已经处于集合中了，那么结果会少一个元素。

蜕变测试（Metamorphic Testing）的一个关键观察在于各种输出之间的关系不必很强以至于一定要检测到失败。换句话说，如果这类关系有时可以检测到一个失败就足够了。考虑部署在飞机上的交通碰撞与避让系统（Traffic Collision and Avoidance System）的实现。这个系统的功能是帮助飞行员找到更好的路径以避免潜在的事故。在“垂直解决”模式中，系统输出或“解决顾问”的输出为：保持、爬升或下降。

交通碰撞与避让系统是一个复杂的系统，它考虑很多因素，包括不同飞机的多个最近的位置；在其他飞机上互补的交通碰撞与避让系统的处理；以及接近地面时的情况等等。为了应用蜕变测试这项技术，我们假设对一些或所有的飞机，处于一些略微不同的坐标时，我们需要重新运行交通碰撞与避让系统。我们预期在大多数情况下，解决顾问的意见不会改变。换句话说，对飞机相似的配置，蜕变关系应该会产生相似的解决建议。当然对于那些边界情况（解决顾问建议从一个值改为另一个值时），这种蜕变关系就不存在了。如果对某些紧密相关的输入（比如飞机类似的配置），解决顾问给出的建议并不稳定，那么这种迹象表明飞行员这时不要把过多的希望寄托在解决顾问上。回到实验室中分析时，交通碰撞与避让系统的工程师可能要特殊关注这些输入，甚至可能需要将相应的输出视为失败。

313

当系统的输入空间有某种连续性的概念时，在前面交通碰撞与避让系统软件例子中讲到的这种技术可以应用于许多这样的系统。在这类系统中，可能我们可以发现一些“相邻的”输入，那么可能存在的某种蜕变关系预期的对应输出也应该是“相邻的”。

14.3　参考文献注解

[Weyuker，1980] 在一篇早期论文中识别了测试预言问题，并提出了解决这个问题的不同方法。[Meyer，1997] 和 [Liskov and Guttag，2001] 分别在契约式模型的语境中讨论了如何清晰地表示可检查的断言。有些商用工具支持断言检查。

[Kaner et al.，1999] 提供了很多有关如何合理的创建有效测试预言的细节。他的网站（kaner.com/?p=190）上的文档在持续更新中。

[Howden，1978] 最早定义了测试预言问题。Barr 等在一篇调查报告中将测试预言问题归纳为四大类：标明的（specified）预言、推导性的（derived）预言、隐式的（implicit）预言和

空（no）预言 [Barr et al.，2015a]。[Barr et al.，2015b] 为测试预言问题创立了一个科学文献库。[Briand et al.，2004] 首次定义了测试预言策略，并称观察大部分状态的预言策略是“非常精确的。”

当设计 GUI（图形用户界面程序）的预言策略时，[Xie and Memon，2007] 考虑了精度和频度。[Staats et al.，2011] 有同样研究了精度问题，他们发现检测内部状态的变量有时可以揭示更多的失败，但是并没有提供该检查哪些内部变量的指导意见。[Shrestha and Rutherford，2011] 研究了空预言策略并且发现这种策略非常无效。其他的研究人员也同样研究了这个问题 [Burdy et al.，2005；Halbwachs，1998，Shrestha and Rutherford，2011；Sprenkle et al.，2007；Staats et al.，2012；Yu et al.，2013]。

[Li and Offutt，2016；Li and Offutt，2014] 发表了目前最为全面的研究。他们第一次明确地将揭示性作为故障和失败模型中的一个重要组成部分，并将 RIP 模型扩展为 RIPR 模型。在定义了 10 个不同的测试预言策略之后，他们发现空预言策略是最无效的，高精度相对来说帮助不大，高频度也相对没有太大帮助。

在故障容忍度领域，一些研究人员支持建立多版本软件的概念，支持最强烈的是 [Avizienis，1985]。[Knight and Leveson，1986] 首先在实验中探索了多版本软件可靠性的局限性，然后 [Eckhardt Jr. and Lee，1988] 以及 [Littlewood and Miller，1989] 从理论上也研究了这个问题，[Geist et al.，1992] 在另一个领域中也对这个问题进行了研究。相比应用于故障容忍度领域，多版本的软件在实际中可以更好地用于测试中。如果程序的两个版本对相同的输入产生不同的行为，那么我们就发现了一个很好的测试用例，至少其中的一个版本是错误的。特别是，将回归测试视为一种多版本测试是很有帮助的。 314

蜕变测试最早来源于 [Blum and Kannan，1989] 以及 [Lipton，1991] 对程序检测的研究工作。蜕变测试的核心思想是对一些在数学上定义很规范的问题，将随机算法适用于其测试预言问题。在故障容忍度领域，[Ammann and Knight，1988] 独立地定义了数据多样性（data diversity）的概念，它的范围从本章使用的例子 *sine* 函数计算的随机可靠性到可以应用更广但效果略差的计算多个输入的方法。之后，Chen 想出一个术语“蜕变测试”[Chen et al,，2011；Chen et al.，2001；Zhou et al.，2015]，这个术语得到了广泛的应用，所以我们这里也使用了这个名称。这些技术的关键差别在于程序检测要求输出间的特征关系要足够强以保证程序几乎正确，但是当输出间的关系不是很强的时候，数据多样性和蜕变测试也同样适用。 315

测试准则表

准则名称	缩写
第 6 章（输入空间划分）	
完全组合覆盖（All Combination Coverage）	ACoC
单一选择覆盖（Each Choice Coverage）	ECC
结对覆盖（Pair-Wise Coverage）	PWC
多项组合覆盖（T-Wise Coverage）	TWC
基本选择覆盖（Base Choice Coverage）	BCC
多项基本选择覆盖（Multiple Base Choice Coverage）	MBCC
第 7 章（图覆盖）	
节点覆盖（Node Coverage）	NC
边覆盖（Edge Coverage）	EC
对边覆盖（Edge-Pair Coverage）	EPC
主路径覆盖（Prime Path Coverage）	PPC
简单往返覆盖（Simple Round Trip Coverage）	SRTC
完全往返覆盖（Complete Round Trip Coverage）	CRTC
完全路径覆盖（Complete Path Coverage）	CPC
指定路径覆盖（Specified Path Coverage）	SPC
全定义覆盖（All-Defs Coverage）	ADC
全使用覆盖（All-Uses Coverage）	AUC
全定义使用路径覆盖（All-du-Paths Coverage）	ADUPC
第 8 章（逻辑覆盖）	
谓词覆盖（Predicate Coverage）	PC
子句覆盖（Clause Coverage）	CC
组合覆盖（Combinatiorial Coverage）	CoC
广义有效子句覆盖（General Active Clause Coverage）	GACC
相关性有效子句覆盖（Correlated Active Clause Coverage）	CACC
限制性有效子句覆盖（Restricted Active Clause Coverage）	RACC
广义无效子句覆盖（General Inactive Clause Coverage）	GICC
限制性无效子句覆盖（Restricted Inactive Clause Coverage）	RICC
蕴涵项覆盖（Implicant Coverage）	IC
多项唯一真值点覆盖（Multiple Unique True Points Coverage）	MUTP
唯一真值点 – 近似假值点配对覆盖（Corresponding Unique True Points and Near False Point Pair Coverage）	CUTPNFP
多项近似假值点覆盖（Multiple Near False Point Coverage）	MNFP
第 9 章（基于语法的测试）	
终结符覆盖（Terminal Symbol Coverage）	TSC
产生式覆盖（Production Coverage）	PDC
推导覆盖（Derivation Coverage）	DC

（续）

准则名称	缩写
变异覆盖（Mutation Coverage）	MC
变异操作符覆盖（Mutation Operator Coverage）	MOC
变异产生式覆盖（Mutation Production Coverage）	MPC
强变异覆盖（Strong Mutation Coverage）	SMC
弱变异覆盖（Weak Mutation Coverage）	WMC

参考文献

[Abdurazik and Offutt, 2000] Abdurazik, A. and Offutt, J. (2000). Using UML collaboration diagrams for static checking and test generation. In *Proceedings of the Third International Conference on the Unified Modeling Language (UML '00)*, pages 383–395, York, UK.

[Abdurazik and Offutt, 2006] Abdurazik, A. and Offutt, J. (2006). Coupling-based class integration and test order. In *Workshop on Automation of Software Test (AST 2006)*, pages 50–56, Shanghai, China.

[Abdurazik and Offutt, 2007] Abdurazik, A. and Offutt, J. (2007). Using coupling-based weights for the class integration and test order problem. *The Computer Journal*, pages 1–14. DOI: 10.1093/comjnl/bxm054.

[Acree et al., 1979] Acree, A. T., Budd, T. A., DeMillo, R. A., Lipton, R. J., and Sayward, F. G. (1979). Mutation analysis. Technical report GIT-ICS-79/08, School of Information and Computer Science, Georgia Institute of Technology, Atlanta, GA.

[Akers, 1959] Akers, S. B. (1959). On a theory of boolean functions. *Journal Society Industrial Applied Mathematics*, 7(4):487–498.

[Alexander and Offutt, 2000] Alexander, R. T. and Offutt, J. (1999). Analysis techniques for testing polymorphic relationships. In *Proceedings of the Thirtieth IEEE International Conference on Technology of Object-Oriented Languages and Systems (TOOLS USA '99)*, pages 104–114, Santa Barbara, CA.

[Alexander and Offutt, 2004] Alexander, R. T. and Offutt, J. (2000). Criteria for testing polymorphic relationships. In *Proceedings of the 11th IEEE International Symposium on Software Reliability Engineering*, pages 15–23, San Jose, CA.

[Alexander and Offutt, 1999] Alexander, R. T. and Offutt, J. (2004). Coupling-based testing of O-O programs. *Journal of Universal Computer Science*, 10(4):391–427.

[Allen and Cocke, 1976] Allen, F. E. and Cocke, J. (1976). A program data flow analysis procedure. *Communications of the ACM*, 19(3):137–146.

[Ambler and Associates, 2004] Ambler, S. and Associates (2004). Examining the agile cost of change curve. Agile modeling online blog. www.agilemodeling.com/essays/costOfChange.htm, last access: February 2016.

[Ammann and Black, 2000] Ammann, P. and Black, P. E. (2000). A specification-based coverage metric to evaluate test sets. *International Journal of Quality, Reliability, and Safety Engineering*, 8(4):1–26.

[Ammann and Knight, 1988] Ammann, P. E. and Knight, J. C. (1988). Data diversity: An approach to software fault tolerance. *IEEE Transactions on Computers*, 37(4):418–425.

[Ammann and Offutt, 1994] Ammann, P. and Offutt, J. (1994). Using formal methods to derive test frames in category-partition testing. In *Proceedings of the Ninth Annual Conference on Computer Assurance (COMPASS 94)*, pages 69–80, Gaithersburg, MD.

[Ammann et al., 1998] Ammann, P. E., Black, P. E., and Majurski, W. (1998). Using model checking to generate tests from specifications. In *Second IEEE International Conference on Formal Engineering Methods (ICFEM'98)*, pages 46–54, Brisbane, Australia.

[Ammann et al., 2003] Ammann, P., Offutt, J., and Huang, H. (2003). Coverage criteria for logical expressions. In *Proceedings of the 14th IEEE International Symposium on Software Reliability Engineering*, pages 99–107, Denver, CO.

[Ammann et al., 2012a] Ammann, P., Frazer, G., and Franz Wotawa, e. (2012a). Special issue on model-based testing volume 1: Foundations and applications of model-based testing. *Software Testing, Verification, and Reliability*, 22(5).

[Ammann et al., 2012b] Ammann, P., Frazer, G., and Franz Wotawa, e. (2012b). Special issue on model-based testing volume 2: Formal approaches to model-based testing. *Software Testing, Verification, and Reliability*, 22(6).

[Ammann et al., 2012c] Ammann, P., Frazer, G., and Franz Wotawa, e. (2012c). Special issue on model-based testing volume 3: Beyond conformance testing. *Software Testing, Verification, and Reliability*, 22(7).

[Anand et al., 2013] Anand, S., Burke, E. K., Chen, T. Y., Clark, J., Cohen, M. B., Grieskamp, W., Harman, M., Harrold, M. J., and McMinn, P. (2013). An orchestrated survey of methodologies for automated software test case generation. *Journal of Systems and Software,* 86(8):1978–2001.

[Andre, 1979] Andre, D. M. S. (1979). Pilot mutation system (PIMS) user's manual. Technical report GIT-ICS-79/04, Georgia Institute of Technology.

[Andrews et al., 2006] Andrews, J. H., Briand, L. C., Labiche, Y., and Namin, A. S. (2006). Using mutation analysis for assessing and comparing testing coverage criteria. *IEEE Transactions on Software Engineering*, 32(8):608.

[Ardis et al., 2015] Ardis, M., Budgen, D., Hislop, G. W., Offutt, J., Sebern, M., and Visser, W. (2015). SE2014: Curriculum guidelines for undergraduate degree programs in software engineering. *IEEE Computer*, 48(11):106–109. Full report: www.acm.org/education/se2014.pdf, last access: July 2016.

[Atlee, 1994] Atlee, J. M. (1994). Native model-checking of SCR requirements. In *Fourth International SCR Workshop*.

[Atlee and Gannon, 1993] Atlee, J. M. and Gannon, J. (1993). State-based model checking of event-driven system requirements. *IEEE Transactions on Software Engineering*, 19(1):24–40.

[Avizienis, 1985] Avizienis, A. (1985). The N-version approach to fault-tolerant software. *IEEE Transactions on Software Engineering*, SE-11(12):1491–1501.

[Balcer et al., 1989] Balcer, M., Hasling, W., and Ostrand, T. (1989). Automatic generation of test scripts from formal test specifications. In *Proceedings of the Third IEEE Symposium on Software Testing, Analysis, and Verification*, pages 210–218, Key West, FL. ACM SIGSOFT 89.

[Barr et al., 2015a] Barr, E., Harman, M., McMinn, P., Shahbaz, M., and Yoo, S. (2015a). The oracle problem in software testing: A survey. *IEEE Transactions on Software Engineering*, 41(5):507–525.

[Barr et al., 2015b] Barr, E., Harman, M., McMinn, P., Shahbaz, M., and Yoo, S. (2015b). Repository of publications on the test oracle problem. Online. http://crestweb.cs.ucl.ac.uk/resources/oracle_repository, last access: February 2016.

[Bauer and Finger, 1979] Bauer, J. A. and Finger, A. B. (1979). Test plan generation using formal grammars. In *Fourth International Conference on Software Engineering*, pages 425–432, Munich, Germany.

[Beck et al., 2001] Beck, K., Beedle, M., van Bennekum, A., Cockburn, A., Cunningham, W., Fowler, M., Grenning, J., Highsmith, J., Hunt, A., Jeffries, R., Kern, J., Marick, B., Martin, R. C., Mellor, S., Schwaber, K., Sutherland, J., and Thomas, D. (2001). The agile manifesto. Online Report. http://agilemanifesto.org, last access: July 2016.

[Beizer, 1984] Beizer, B. (1984). *Software System Testing and Quality Assurance*. Van Nostrand, New York, NY.

[Beizer, 1990] Beizer, B. (1990). *Software Testing Techniques*. Van Nostrand Reinhold, Inc, New York, NY, 2nd edition.

[Beust and Suleiman, 2008] Beust, C. and Suleiman, H. (2008). *Next Generation Java Testing : TestNG and Advanced Concepts*. Addison-Wesley, Upper Saddle River, NJ.

[Binder, 1994] Binder, R. V. (1994). Design for testability in object-oriented systems.

Communications of the ACM, 37(9):87–101.

[Binder, 2000] Binder, R. (2000). *Testing Object-oriented Systems*. Addison-Wesley Publishing Company Inc., New York, NY.

[Bird and Munoz, 1983] Bird, D. L. and Munoz, C. U. (1983). Automatic generation of random self-checking test cases. *IBM Systems Journal*, 22(3):229–345.

[Black et al., 2000] Black, P., Okun, V., and Yesha, Y. (2000). Mutation operators for specifications. In *Fifteenth IEEE International Conference on Automated Software Engineering*, pages 81–88.

[Bloch, 2008] Bloch, J. (2008). *Effective Java: Second Edition*. Addison-Wesley Publishing Company Inc, Boston, MA.

[Blum and Kannan, 1989] Blum, M. and Kannan, S. (1989). Designing programs that check their work. In *Twenty-first ACM Symposium on the Theory of Computing*, pages 86–97.

[Blumenstyk, 2006] Blumenstyk, M. (2006). Web application development - Bridging the gap between QA and development. *StickyMinds.com*. www.stickyminds.com/s.asp?F=S3658_ART_2, last access: February 2016.

[Borzovs et al., 1991] Borzovs, J., Kalniņš, A., and Medvedis, I. (1991). Automatic construction of test sets: Practical approach. In *Lecture Notes in Computer Science, Vol 502*, pages 360–432. Springer-Verlag.

[Bowser, 1988] Bowser, J. H. (1988). Reference manual for Ada mutant operators. Technical report GIT-SERC-88/02, Georgia Institute of Technology.

[Boyer et al., 1975] Boyer, R. S., Elpas, B., and Levitt, K. N. (1975). Select-A formal system for testing and debugging programs by symbolic execution. In *Proceedings of the International Conference on Reliable Software*. SIGPLAN Notices, vol. 10, no. 6.

[Bray et al., 1998] Bray, T., Paoli, J., and Sperberg-McQueen, C. M. (1998). Extensible markup language (XML) 1.0. W3C recommendation. www.w3.org/TR/REC-xml, last access: July 2016.

[Briand and Labiche, 2001] Briand, L. and Labiche, Y. (2001). A UML-based approach to system testing. In *Proceedings of the Fourth International Conference on the Unified Modeling Language (UML '01)*, pages 194–208, Toronto, Canada.

[Briand et al., 2002] Briand, L., Feng, J., and Labiche, Y. (2002). Using genetic algorithms and coupling measures to devise optimal integration test orders. In *Proceedings of the 14th International Conference on Software Engineering and Knowledge Engineering*, pages 43–50, Ischia, Italy.

[Briand et al., 2003] Briand, L., Labiche, Y., and Wang, Y. (2003). An investigation of graph-based class integration test order strategies. *IEEE Transactions on Software Engineering*, 29(7):594–607.

[Briand et al., 2004] Briand, L. C., Penta, M. D., and Labiche, Y. (2004). Assessing and improving state-based class testing: A series of experiments. *IEEE Transaction on Software Engineering*, 30(11):770–793.

[British Computer Society, 1997] *Standard for Software Component Testing (BS 7925-2)*. British Standards Institute. www.ruleworks.co.uk/testguide/BS7925-2.htm, last access: February 2016.

[British Computer Society, 2001] British Computer Society, S. I. G. i. S. T. (2001). *Standard for Software Component Testing*, Working Draft 3.4. British Computer Society. www.testingstandards.co.uk/ComponentTesting.pdf, last access: July 2016.

[Brownlie et al., 1992] Brownlie, R., Prowse, J., and Phadke, M. S. (1992). Robust testing of AT&T PMX/StarMAIL using OATS. *AT&T Technical Journal*, 71(3):41–47.

[Brun et al., 2011] Brun, Y., Holmes, R., Ernst, M. D., and Notkin, D. (2011). Proactive detection of collaboration conflicts. In *Proceedings of the 13th European Software Engineering Conference and the 19th ACM SIGSOFT Symposium on Foundations of Software Engineering*, pages 168–178, Szeged, Hungary.

[Budd, 1980] Budd, T. A. (1980). *Mutation Analysis of Program Test Data*. PhD thesis,

Yale University, New Haven, CT.

[Budd and Angluin, 1982] Budd, T. A. and Angluin, D. (1982). Two notions of correctness and their relation to testing. *Acta Informatica*, 18(1):31–45.

[Budd and Lipton, 1978] Budd, T. A. and Lipton, R. J. (1978). Proving LISP programs using test data. In *Digest for the Workshop on Software Testing and Test Documentation*, pages 374–403, Ft. Lauderdale, FL.

[Budd and Sayward, 1977] Budd, T. and Sayward, F. (1977). Users guide to the Pilot mutation system. Technical report 114, Department of Computer Science, Yale University.

[Budd et al., 1979] Budd, T. A., Lipton, R. J., DeMillo, R. A., and Sayward, F. G. (1979). Mutation analysis. Technical report GIT-ICS-79/08, School of Information and Computer Science, Georgia Institute of Technology, Atlanta, GA.

[Burdy et al., 2005] Burdy, L., Cheon, Y., Cok, D. R., Ernst, M. D., Kiniry, J. R., Leavens, G. T., Leino, K. R. M., and Poll, E. (2005). An overview of JML tools and applications. *International Journal on Software Tools for Technology Transfer*, 7:212–232.

[Burr and Young, 1998] Burr, K. and Young, W. (1998). Combinatorial test techniques: Table-based automation, test generation and code coverage. In *Proceedings of the International Conference on Software Testing, Analysis, and Review (STAR'98)*, San Diego, CA.

[Burroughs et al., 1994] Burroughs, K., Jain, A., and Erickson, R. L. (1994). Improved quality of protocol testing through techniques of experimental design. In *Proceedings of the IEEE International Conference on Communications (Supercomm/ICC'94)*, pages 745–752, New Orleans, LA.

[Buy et al., 2000] Buy, U., Orso, A., and Pezze, M. (2000). Automated testing of classes. In *Proceedings of the 2000 International Symposium on Software Testing, and Analysis (ISSTA '00)*, pages 39–48, Portland, OR. IEEE Computer Society Press.

[Cheatham et al., 1979] Cheatham, T. E., Holloway, G. H., and Townley, J. A. (1979). Symbolic evaluation and the analysis of programs. *IEEE Transactions on Software Engineering*, 5(4).

[Chen and Lau, 2001] Chen, T. Y. and Lau, M. F. (2001). Test case selection strategies based on boolean specifications. *Software Testing, Verification, and Reliability*, 11(3):165–180, Wiley.

[Chen et al., 2004] Chen, T. Y., Poon, P. L., Tang, S. F., and Tse, T. H. (2004). On the identification of categories and choices for specification-based test case generation. *Information and Software Technology*, 46(13):887–898.

[Chen et al., 2005] Chen, T. Y., Tang, S. F., Poon, P. L., and Tse, T. H. (2005). Identification of categories and choices in activity diagrams. In *Fifth International Conference on Quality Software (QSIC 2005)*, pages 55–63, Melbourne, Australia.

[Chen et al., 2011] Chen, T. Y., Tse, T. H., and Zhou, Z. Q. (2001). Fault-based testing in the absence of an oracle. In *Proceedings of the 25th Annual International Computer Software and Applications Conference (COMPSAC 2001)*, pages 172–178.

[Chen et al., 2001] Chen, T. Y., Tse, T. H., and Zhou, Z. Q. (2011). Semi-proving: An integrated method for program proving, testing, and debugging. *IEEE Transactions on Software Engineering*, 37(1):109–125.

[Cherniavsky, 1979] Cherniavsky, J. C. (1979). On finding test data sets for loop free programs. *Information Processing Letters*, 8(2):106–107.

[Cherniavsky and Smith, 1986] Cherniavsky, J. C. and Smith, C. H. (1986). A theory of program testing with applications. *Proceedings of the Workshop on Software Testing*, pages 110–121.

[Chilenski and Richey, 1997] Chilenski, J. and Richey, L. A. (1997). Definition for a masking form of modified condition decision coverage (MCDC). Technical report, Boeing, Seattle, WA.

[Chilenski, 2003] Chilenski, J. J. (2003). Personal communication.

[Chilenski and Miller, 1994] Chilenski, J. J. and Miller, S. P. (1994). Applicability of modified condition/decision coverage to software testing. *Software Engineering Journal*, 9(5):193–200.

[Chow, 1978] Chow, T. (1978). Testing software designs modeled by finite-state machines. *IEEE Transactions on Software Engineering*, SE-4(3):178–187.

[Clarke, 1976] Clarke, L. A. (1976). A system to generate test data and symbolically execute programs. *IEEE Transactions on Software Engineering*, 2(3): 215–222.

[Clarke and Richardson, 1985] Clarke, L. A. and Richardson, D. J. (1985). Applications of symbolic evaluation. *Journal of Systems and Software*, 5(1):15–35.

[Clarke et al., 1985] Clarke, L. A., Podgurski, A., Richardson, D. J., and Zeil, S. J. (1985). A comparison of data flow path selection criteria. In *Proceedings of the Eighth International Conference on Software Engineering*, pages 244–251, London, UK. IEEE Computer Society Press.

[Clarke et al., 1989] Clarke, L. A., Podgurski, A., Richardson, D. J., and Zeil, S. J. (1989). A formal evaluation of data flow path selection criteria. *IEEE Transactions on Software Engineering*, 15:1318–1332.

[Cohen et al., 1997] Cohen, D. M., Dalal, S. R., Fredman, M. L., and Patton, G. C. (1997). The AETG system: An approach to testing based on combinatorial design. *IEEE Transactions on Software Engineering*, 23(7):437–444.

[Cohen et al., 1996] Cohen, D. M., Dalal, S. R., Kajla, A., and Patton, G. C. (1994). The automatic efficient test generator (AETG) system. In *Proceedings of Fifth International Symposium on Software Reliability Engineering (ISSRE'94)*, pages 303–309, Los Alamitos, CA.

[Cohen et al., 1994] Cohen, D. M., Dalal, S. R., Parelius, J., and Patton, G. C. (1996). The combinatorial design approach to automatic test generation. *IEEE Software*, pages 83–88.

[Cohen et al., 2003] Cohen, M. B., Gibbons, P. B., Mugridge, W. B., and Colburn, C. J. (2003). Constructing test cases for interaction testing. In *Proceedings of the 25th International Conference on Software Engineering, (ICSE'03)*, pages 38–48. IEEE Computer Society Press.

[Consortium, 2000] Extensible markup language (XML) 1.0 (second edition)-W3C recommendation. www.w3.org/XML/#9802xml10, last access: July 2016.

[Constantine and Yourdon, 1979] Constantine, L. L. and Yourdon, E. (1979). *Structured Design*. Prentice-Hall, Englewood Cliffs, NJ.

[Cooper, 1995] Cooper, A. (1995). *About Face: The Essentials of User Interface Design*. Hungry Minds, New York, NY.

[Copeland, 2003] Copeland, L. (2003). *A Practitioner's Guide to Software Test Design*. Artech House Publishers, Norwood, MA.

[Dalal et al., 1999] Dalal, S. R., Jain, A., Karunanithi, N., Leaton, J. M., and Lott, C. M. (1998). Model-based testing of a highly programmable system. In *Proceedings of 9th International Symposium in Software Engineering (ISSRE'98)*, pages 174–178, Paderborn, Germany.

[Dalal et al., 1998] Dalal, S. R., Jain, A., Karunanithi, N., Leaton, J. M., Lott, C. M., Patton, G. C., and Horowitz, B. M. (1999). Model-based testing in practice. In *Proceedings of 21st International Conference on Software Engineering (ICSE'99)*, pages 285–294, Los Angeles, CA. ACM Press.

[Daran and Thévenod-Fosse, 1996] Daran, M. and Thévenod-Fosse, P. (1996). Software error analysis: A real case study involving real faults and mutations. *ACM SIGSOFT Software Engineering Notes*, 21(3):158–177.

[Darringer and King, 1978] Darringer, J. A. and King, J. C. (1978). Applications of symbolic execution to program testing. *IEEE Computer*, 11(4).

[Delamaro et al., 2001] Delamaro, M., Maldonado, J. C., and Mathur, A. P. (2001). Interface mutation: An approach for integration testing. *IEEE Transactions on Software Engineering*, 27(3):228–247.

[Delamaro and Maldonado, 1996] Delamaro, M. E. and Maldonado, J. C. (1996).

Proteum-A tool for the assessment of test adequacy for C programs. In *Proceedings of the Conference on Performability in Computing Systems (PCS 96)*, pages 79–95, New Brunswick, NJ.

[DeMillo and Offutt, 1991] DeMillo, R. A. and Offutt, J. (1993). Experimental results from an automatic test case generator. *ACM Transactions on Software Engineering Methodology*, 2(2):109–127.

[DeMillo and Offutt, 1993] DeMillo, R. A. and Offutt, J. (1991). Constraint-based automatic test data generation. *IEEE Transactions on Software Engineering*, 17(9):900–910.

[DeMillo et al., 1988] DeMillo, R. A., Guindi, D. S., King, K. N., McCracken, W. M., and Offutt, J. (1988). An extended overview of the Mothra software testing environment. In *Proceedings of the IEEE Second Workshop on Software Testing, Verification, and Analysis*, pages 142–151, Banff, Alberta.

[DeMillo et al., 1979] DeMillo, R. A., Lipton, R. J., and Perlis, A. J. (1979). Social processes and proofs of theorems and programs. *Communications of the ACM*, 22(5).

[DeMillo et al., 1978] DeMillo, R. A., Lipton, R. J., and Sayward, F. G. (1978). Hints on test data selection: Help for the practicing programmer. *IEEE Computer*, 11(4):34–41.

[DeMillo et al., 1987] DeMillo, R. A., McCracken, W. M., Martin, R. J., and Passafiume, J. F. (1987). *Software Testing and Evaluation*. Benjamin/Cummings, Menlo Park, CA.

[Department of Defense, 1994] *MIL-STD-498: Software Development and Documentation*. Department of Defense.

[Department of Defense, 1988] *DOD-STD-2167A: Defense System Software Development*. Department of Defense.

[Deutsch, 1982] Deutsch, M. S. (1982). *Software Verification and Validation Realistic Project Approaches*. Prentice-Hall, Englewood Cliffs, New Jersey, NJ.

[Duncan and Hutchison, 1981] Duncan, A. G. and Hutchison, J. S. (1981). Using attributed grammars to test designs and implementations. In *Proceedings of the 5th International Conference on Software Engineering (ICSE 5)*, pages 170–177, San Diego, CA. IEEE Computer Society Press.

[Dupuy and Leveson, 2000] Dupuy, A. and Leveson, N. (2000). An empirical evaluation of the MC/DC coverage criterion on the HETE-2 satellite software. In *Proceedings of the Digital Aviations Systems Conference (DASC)*.

[Durelli et al., 2016] Durelli, V. H., Offutt, J., Li, N., and Delamaro, M. (2016). What to expect of predicates: An empirical analysis of predicates in real world programs.

[Dustin et al., 1999] Dustin, E., Rashka, J., and Paul, J. (1999). *Automated Software Testing: Introduction, Management, and Performance*. Addison-Wesley Professional, New York, NY.

[Eckhardt Jr. and Lee, 1988] Eckhardt Jr., D. E. and Lee, L. D. (1988). Fundamental differences in the reliability of N-modular redundancy and N-version programming. *The Journal of Systems and Software*, 8(4):313–318.

[Edelman, 1997] Edelman, A. (1997). The mathematics of the Pentium division bug. *SIAM Review*, 39:54–67. www.siam.org/journals/sirev/39-1/29395.html, July 2016.

[Fairley, 1975] Fairley, R. E. (1975). An experimental program testing facility. *IEEE Transactions on Software Engineering*, SE-1:350–3571.

[Feathers, 2004] Feathers, M. (2004). *Working Effectively with Legacy Code*. Prentice-Hall, Upper Saddle River, NJ.

[Ferguson and Korel, 1996] Ferguson, R. and Korel, B. (1996). The chaining approach for software test data generation. *ACM Transactions on Software Engineering Methodology*, 5(1):63–86.

[Forman, 1984] Forman, I. R. (1984). An algebra for data flow anomaly detection. In *Proceedings of the Seventh International Conference on Software Engineering*, pages 278–286. IEEE Computer Society Press.

[Fosdick and Osterweil, 1976] Fosdick, L. D. and Osterweil, L. J. (1976). Data flow analysis in software reliability. *ACM Computing Surveys*, 8(3):305–330.

[Fowler, 2004] Fowler, M. (2004). Is design dead? Online blog. http://martinfowler.com/articles/designDead.html, last access: February 2016.

[Fowler, 2005] Fowler, M. (2005). The new methodology. Online blog. www .martinfowler.com/articles/newMethodology.html, last access: February 2016.

[Fowler, 2007] Fowler, M. (2007). Mocks aren't stubs. Online blog. www.martinfowler .com/articles/mocksArentStubs.html, last access: February 2016.

[Fowler et al., 1999] Fowler, M., Beck, K., Brant, J., Opdyke, W., and Roberts, D. (1999). *Refactoring: Improving the Design of Existing Code*. Addison-Wesley Longman, Westford, MA.

[Frankl and Deng, 2000] Frankl, P. G. and Deng, Y. (2000). Comparison of delivered reliability of branch, data flow and operational testing: A case study. In *Proceedings of the 2000 International Symposium on Software Testing, and Analysis (ISSTA '00)*, pages 124–134, Portland, OR. IEEE Computer Society Press.

[Frankl and Weiss, 1993] Frankl, P. G. and Weiss, S. N. (1993). An experimental comparison of the effectiveness of branch testing and data flow testing. *IEEE Transactions on Software Engineering*, 19(8):774–787.

[Frankl and Weyuker, 1986] Frankl, P. G. and Weyuker, E. J. (1986). Data flow testing in the presence of unexecutable paths. In *Proceedings of the Workshop on Software Testing*, pages 4–13, Banff, Alberta. IEEE Computer Society Press.

[Frankl and Weyuker, 1988] Frankl, P. G. and Weyuker, E. J. (1988). An applicable family of data flow testing criteria. *IEEE Transactions on Software Engineering*, 14(10):1483–1498.

[Frankl et al., 1997] Frankl, P. G., Weiss, S. N., and Hu, C. (1997). All-uses versus mutation testing: An experimental comparison of effectiveness. *Journal of Systems and Software*, 38(3):235–253.

[Frankl et al., 1985] Frankl, P. G., Weiss, S. N., and Weyuker, E. J. (1985). ASSET: A system to select and evaluate tests. In *Proceedings of the Conference on Software Tools*, New York, NY. IEEE Computer Society Press.

[Freedman, 1991] Freedman, R. S. (1991). Testability of software components. *IEEE Transactions on Software Engineering*, 17(6):553–564.

[Fujiwara et al., 1991] Fujiwara, S., Bochman, G., Khendek, F., Amalou, M., and Ghedasmi, A. (1991). Test selection based on finite state models. *IEEE Transactions on Software Engineering*, 17(6):591–603.

[Gallagher et al., 2007] Gallagher, L., Offutt, J., and Cincotta, T. (2007). Integration testing of object-oriented components using finite state machines. *Software Testing, Verification, and Reliability, Wiley*, 17(1):215–266.

[Gargantini and Fraser, 2010] Gargantini, A. and Fraser, G. (2010). Generating minimal fault detecting test suites for boolean expressions. In *AMOST 2010 - 6th Workshop on Advances in Model Based Testing*, pages 37–45, Paris, France.

[Geist et al., 1992] Geist, R., Offutt, J., and Harris, F. (1992). Estimation and enhancement of real-time software reliability through mutation analysis. *IEEE Transactions on Computers*, 41(5):550–558. Special Issue on Fault-Tolerant Computing.

[Girgis and Woodward, 1985] Girgis, M. R. and Woodward, M. R. (1985). An integrated system for program testing using weak mutation and data flow analysis. In *Proceedings of the Eighth International Conference on Software Engineering*, pages 313–319, London, UK. IEEE Computer Society Press.

[Godefroid et al., 2005] Godefroid, P., Klarlund, N., and Sen, K. (2005). DART: Directed automated random testing. In *2005 ACM SIGPLAN conference on Programming Language Design and Implementation*, pages 213–223, Chicago, IL.

[Goldberg et al., 1994] Goldberg, A., Wang, T. C., and Zimmerman, D. (1994). Applications of feasible path analysis to program testing. In *Proceedings of the 1994 IEEE International Symposium on Software Testing, and Analysis*, pages 80–94,

Seattle, WA. ACM Press.
[Gonenc, 1970] Gonenc, G. (1970). A method for the design of fault-detection experiments. *IEEE Transactions on Computers*, C-19:155–558.
[Goodenough and Gerhart, 1975] Goodenough, J. B. and Gerhart, S. L. (1975). Toward a theory of test data selection. *IEEE Transactions on Software Engineering*, 1(2).
[Gourlay, 1983] Gourlay, J. S. (1983). A mathematical framework for the investigation of testing. *IEEE Transactions on Software Engineering*, 9(6):686–709.
[Grindal, 2007] Grindal, M. (2007). *Evaluation of Combination Strategies for Practical Testing*. PhD thesis, Skövde University / Linkoping University, Skövde, Sweden.
[Grindal and Offutt, 2007] Grindal, M. and Offutt, J. (2007). Input parameter modeling for combination strategies. In *IASTED International Conference on Software Engineering (SE 2007)*, Innsbruck, Austria. ACTA Press.
[Grindal et al., 2005] Grindal, M., Offutt, J., and Andler, S. F. (2005). Combination testing strategies: A survey. *Software Testing, Verification, and Reliability*, 15(2):97–133, Wiley.
[Grindal et al., 2006] Grindal, M., Lindström, B., Offutt, J., and Andler, S. F. (2006). An evaluation of combination testing strategies. *Empirical Software Engineering*, 11(4):583–611.
[Grindal et al., 2007] Grindal, M., Offutt, J., and Mellin, J. (2007). Conflict management when using combination strategies for software testing. In *Australian Software Engineering Conference (ASWEC 2007)*, pages 255–264, Melbourne, Australia.
[Grochtmann and Grimm, 1993] Grochtmann, M. and Grimm, K. (1993). Classification trees for partition testing. *Software Testing, Verification, and Reliability*, 3(2):63–82, Wiley.
[Grochtmann et al., 1993] Grochtmann, M., Grimm, K., and Wegener, J. (1993). Tool-supported test case design for black-box testing by means of the classification-tree editor. In *Proceedings of the 1st European International Conference on Software Testing Analysis & Review (EuroSTAR 1993)*, pages 169–176, London, UK.
[Guo and Qiu, 2013] Guo, H.-F. and Qiu, Z. (2013). Automatic grammar-based test generation. In *Testing Software and Systems*, volume LNCS 8254, pages 17–32. Springer-Verlag.
[Halbwachs, 1998] Halbwachs, N. (1998). Synchronous programming of reactive systems - A tutorial and commented bibliography, LNCS 1427. In *Tenth International Conference on Computer-Aided Verification*, pages 1–16. Springer-Verlag.
[Hamlet, 1981] Hamlet, R. (1981). Reliability theory of program testing. *Acta Informatica*, Springer-Verlag, pages 31–43.
[Hamlet, 1977] Hamlet, R. G. (1977). Testing programs with the aid of a compiler. *IEEE Transactions on Software Engineering*, 3(4):279–290.
[Hampton and Petithomme, 2007] Hampton, M. and Petithomme, S. (2007). Leveraging a commercial mutation analysis tool for research. In *Third IEEE Workshop on Mutation Analysis (Mutation 2007)*, pages 203–209, Windsor, UK.
[Hanford, 1970] Hanford, K. V. (1970). Automatic generation of test cases. *IBM Systems Journal*, 4:242–257.
[Hanks, 1980] Hanks, J. M. (1980). Testing COBOL programs by mutation: Volume I-introduction to the CMS.1 system, volume II - CMS.1 system documentation. Technical report GIT-ICS-80/04, Georgia Institute of Technology.
[Harman et al., 2010] Harman, M., Jia, Y., and Langdon, W. B. (2010). How higher order mutation helps mutation testing (keynote). In *5th International Workshop on Mutation Analysis (Mutation 2010)*, Paris, France.
[Harrold and Rothermel, 1994] Harrold, M. J. and Rothermel, G. (1994). Performing data flow testing on classes. In *Symposium on Foundations of Software Engineering*, pages 154–163, New Orleans, LA. ACM SIGSOFT.
[Harrold and Rothermel, 1998] Harrold, M. J. and Rothermel, G. (1998). Empirical studies of a safe regression test selection technque. *IEEE Transactions on Software Engineering*, 24(6):401–419.

[Harrold and Soffa, 1991] Harrold, M. J. and Soffa, M. L. (1991). Selecting and using data for integration testing. *IEEE Software*, 8(2):58–65.

[Heller, 1995] Heller, E. (1995). Using design of experiment structures to generate software test cases. In *Proceedings of the 12th International Conference on Testing Computer Software*, pages 33–41, New York, NY. ACM.

[Henninger, 1980] Henninger, K. (1980). Specifiying software requirements for complex systems: New techniques and their applications. *IEEE Transactions on Software Engineering*, SE-6(1):2–12.

[Herman, 1976] Herman, P. (1976). A data flow analysis approach to program testing. *Australian Computer Journal*, 8(3):92–96.

[Hetzel, 1988] Hetzel, B. (1988). *The Complete Guide to Software Testing*. Wiley-QED, second edition.

[Horgan and London, 1991] Horgan, J. R. and London, S. (1991). Data flow coverage and the C languages. In *Proceedings of the Fourth IEEE Symposium on Software Testing, Analysis, and Verification*, pages 87–97, Victoria, British Columbia, Canada.

[Horgan and London, 1992] Horgan, J. R. and London, S. (1992). ATAC: A data flow coverage testing tool for C. In *Proceedings of the Symposium of Quality Software Development Tools*, pages 2–10, New Orleans, LA. IEEE Computer Society Press.

[Horgan and Mathur, 1990] Horgan, J. R. and Mathur, A. P. (1990). Weak mutation is probably strong mutation. Technical report SERC-TR-83-P, Software Engineering Research Center, Purdue University, West Lafayette, IN.

[Howden, 1975] Howden, W. E. (1975). Methodology for the generation of program test data. *IEEE Transactions on Software Engineering*, SE-24.

[Howden, 1976] Howden, W. E. (1976). Reliability of the path analysis testing strategy. *IEEE Transactions on Software Engineering*, 2(3):208–215.

[Howden, 1977] Howden, W. E. (1977). Symbolic testing and the DISSECT symbolic evaluation system. *IEEE Transactions on Software Engineering*, 3(4).

[Howden, 1978] Howden, W. E. (1978). Theoretical and empirical studies of program testing. *IEEE Transactions on Software Engineering*, 4(4):293–298.

[Howden, 1982] Howden, W. E. (1982). Weak mutation testing and completeness of test sets. *IEEE Transactions on Software Engineering*, 8(4):371–379.

[Howden, 1985] Howden, W. E. (1985). The theory and practice of function testing. *IEEE Software*, 2(5).

[Howden, 1987] Howden, W. E. (1987). *Functional Program Testing and Analysis*. McGraw-Hill Book Company, New York, NY.

[Huang, 1975] Huang, J. C. (1975). An approach to program testing. *ACM Computing Surveys*, 7(3):113–128.

[Huller, 2000] Huller, J. (2000). Reducing time to market with combinatorial design method testing. In *Proceedings of the 10th Annual International Council on Systems Engineering (INCOSE'00)*, Minneapolis, MN.

[Hutchins et al., 1994] Hutchins, M., Foster, H., Goradia, T., and Ostrand, T. (1994). Experiments on the effectiveness of dataflow- and controlflow-based test adequacy criteria. In *Proceedings of the Sixteenth International Conference on Software Engineering*, pages 191–200, Sorrento, Italy. IEEE Computer Society Press.

[Huth and Ryan, 2000] Huth, M. and Ryan, M. D. (2000). *Logic in Computer Science: Modelling and Reasoning About Systems*. Cambridge University Press, Cambridge, UK.

[IEEE, 2008] *IEEE Standard for Software and System Test Documentation*. Institute of Electrical and Electronic Engineers, New York. IEEE Std 829-2008.

[Ince, 1987] Ince, D. C. (1987). The automatic generation of test data. *The Computer Journal*, 30(1):63–69.

[Jasper et al., 1994] Jasper, R., Brennan, M., Williamson, K., Currier, B., and Zimmerman, D. (1994). Test data generation and feasible path analysis. In *Proceedings of the 1994 IEEE International Symposium on Software Testing, and Analysis*, pages

95–107, Seattle, WA. ACM Press.

[Jazequel and Meyer, 1997] Jazequel and Meyer, B. (1997). Design by contract: The lessons of Ariane. *Computer*, 30(1):129–130.

[Jia and Harman, 2008] Jia, Y. and Harman, M. (2008). Constructing subtle faults using higher order mutation testing. In *Eighth IEEE International Working Conference on Source Code Analysis and Manipulation (SCAM 2008)*, pages 249–258, Beijing, China.

[Jia and Harman, 2011] Jia, Y. and Harman, M. (2011). An analysis and survey of the development of mutation testing. *IEEE Transactions of Software Engineering*, 37(5):649–678.

[Jin and Offutt, 1998] Jin, Z. and Offutt, J. (1998). Coupling-based criteria for integration testing. *Software Testing, Verification, and Reliability*, 8(3):133–154, Wiley.

[Jones and Harrold, 2003] Jones, J. A. and Harrold, M. J. (2003). Test-suite reduction and prioritizaion for modified condition / decision coverage. *IEEE Transactions on Software Engineering*, 29(3):195–209.

[Jones et al., 1998] Jones, B. F., Eyres, D. E., and Sthamer, H. H. (1998). A strategy for using genetic algorithms to automate branch and fault-based testing. *The Computer Journal*, 41(2):98–107.

[Just et al., 2014] Just, R., Jalali, D., Inozemtseva, L., Ernst, M. D., Holmes, R., and Fraser, G. (2014). Are mutants a valid substitute for real faults in software testing? In *Proceedings of the Symposium on the Foundations of Software Engineering (FSE)*, pages 654–665, Hong Kong,China.

[Kaminski, 2012] Kaminski, G. (2012). *Applications of Logic Coverage Criteria and Logic Mutation to Software Testing*. PhD thesis, George Mason University, Fairfax, VA.

[Kaminski and Ammann, 2009] Kaminski, G. and Ammann, P. (2009). Using logic criterion feasibility to reduce test set size while guaranteeing fault detection. In *2nd IEEE International Conference on Software Testing, Verification and Validation (ICST 2009)*, pages 356–365, Denver, CO.

[Kaminski and Ammann, 2010] Kaminski, G. and Ammann, P. (2010). Applications of optimization to logic testing. In *CSTVA 2010 - 2nd Workshop on Constraints in Software Testing, Verification and Analysis*, pages 331–336, Paris, France.

[Kaminski and Ammann, 2011] Kaminski, G. and Ammann, P. (2011). Reducing logic test set size while preserving fault detection. *Journal of Software Testing, Verification and Reliability*, 21(3):155–193, Wiley. Special issue from the 2009 International Conference on Software Testing, Verification and Validation.

[Kaminski et al., 2013] Kaminski, G., Ammann, P., and Offutt, J. (2013). Improving logic-based testing. *Journal of Systems and Software*, 86:2002–2012.

[Kaner et al., 1999] Kaner, C., Falk, J., and Nguyen, H. Q. (1999). *Testing Computer Software*. John Wiley and Sons, New York, NY, second edition.

[Kim et al., 2000] Kim, S., Clark, J. A., and McDermid, J. A. (2000). Investigating the effectiveness of object-oriented strategies with the mutation method. In *Proceedings of Mutation 2000: Mutation Testing in the Twentieth and the Twenty First Centuries*, pages 4–100, San Jose, CA. Wiley's Software Testing, Verification, and Reliability, December 2001.

[Kim et al., 1999] Kim, Y. G., Hong, H. S., Cho, S. M., Bae, D. H., and Cha, S. D. (1999). Test cases generation from UML state diagrams. *IEE Proceedings-Software*, 146(4):187–192.

[King and Offutt, 1991] King, K. N. and Offutt, J. (1991). A Fortran language system for mutation-based software testing. *Software-Practice and Experience*, 21(7): 685–718.

[Knight and Leveson, 1986] Knight, J. C. and Leveson, N. G. (1986). An experimental evaluation of the assumption of independence in multiversion programming. *IEEE Transactions on Software Engineering*, SE-12(1):86–109.

[Knutson and Carmichael, 2000] Knutson, C. and Carmichael, S. (2000). Safety first: Avoiding software mishaps. www.embedded.com/design/safety-and-security/4399493/Safety-First–Avoiding-Software-Mishaps, last access: February 2016.

[Korea Times, 2011] Errors in education info system cause massive confusion. Online. www.koreatimes.co.kr/www/news/nation/ 2011/07/117_91459.html, last access: February 2016.

[Korel, 1990a] Korel, B. (1990a). Automated software test data generation. *IEEE Transactions on Software Engineering*, 16(8):870–879.

[Korel, 1990b] Korel, B. (1990b). A dynamic approach of test data generation. In *Conference on Software Maintenance-1990*, pages 311–317, San Diego, CA.

[Korel, 1992] Korel, B. (1992). Dynamic method for software test data generation. *Software Testing, Verification, and Reliability*, 2(4):203–213, Wiley.

[Koskela, 2008] Koskela, L. (2008). *Test Driven: Practical TDD and Acceptance TDD for Java Developers*. Manning Publications Company, Greenwich, CT.

[Krug, 2000] Krug, S. (2000). *Don't Make Me Think! A Common Sense Approach to Web Usability*. New Riders Publishing, San Francisco, CA.

[Kuhn, 1999] Kuhn, D. R. (1999). Fault classes and error detection capability of specification-based testing. *ACM Transactions on Software Engineering Methodology*, 8(4):411–424.

[Kuhn and Reilly, 2002] Kuhn, D. R. and Reilly, M. J. (2002). An investigation of the applicability of design of experiments to software testing. In *Proceedings of the 27th NASA/IEE Software Engineering Workshop*, NASA Goodard Space Flight Center, MD, USA. NASA/IEEE.

[Kuhn et al., 2004] Kuhn, D. R., Wallace, D. R., and Jr., A. M. G. (2004). Software fault interactions and implications for software testing. *IEEE Transactions on Software Engineering*, 30(6):418–421.

[Kung et al., 1995] Kung, D., Gao, J., Hsia, P., Toyoshima, Y., and Chen, C. (1995). A test strategy for object-oriented programs. In *19th Computer Software and Applications Conference (COMPSAC 95)*, pages 239 –244, Dallas, TX. IEEE Computer Society Press.

[Laski, 1990] Laski, J. (1990). Data flow testing in STAD. *Journal of Systems and Software*, 12:3–14.

[Laski and Korel, 1983] Laski, J. and Korel, B. (1983). A data flow oriented program testing strategy. *IEEE Transactions on Software Engineering*, SE-9(3):347–354.

[Lau and Yu, 2005] Lau, M. F. and Yu, Y. T. (2005). An extended fault class hierarchy for specification-based testing. *ACM Transactions on Software Engineering Methodology*, 14(3):247–276.

[Lee and Offutt, 2001] Lee, S. C. and Offutt, J. (2001). Generating test cases for XML-based Web component interactions using mutation analysis. In *Proceedings of the 12th IEEE International Symposium on Software Reliability Engineering*, pages 200–209, Hong Kong, China.

[Legard and Marcotty, 1975] Legard, H. and Marcotty, M. (1975). A genealogy of control structures. *Communications of the ACM*, 18:629–639.

[Lei and Tai, 2001] Lei, Y. and Tai, K. C. (1998). In-parameter-order: A test generation strategy for pair-wise testing. In *Proceedings of the Third IEEE High Assurance Systems Engineering Symposium*, pages 254–261. IEEE.

[Lei and Tai, 1998] Lei, Y. and Tai, K. C. (2001). A test generation strategy for pairwise testing. Technical Report TR-2001-03, Department of Computer Science, North Carolina State University, Raleigh.

[Leveson and Turner, 1993] Leveson, N. and Turner, C. S. (1993). An investigation of the Therac-25 accidents. *IEEE Computer*, 26(7):18–41.

[Li and Offutt, 2016] Li, N. and Offutt, J. (2014). An empirical analysis of test oracle strategies for model-based testing. In *7th IEEE International Conference on Software Testing, Verification and Validation (ICST 2014)*, Cleveland, Ohio.

[Li and Offutt, 2014] Li, N. and Offutt, J. (2016). Test oracle strategies for model-based testing. *Under minor revision*.

[Li et al., 2009] Li, N., Praphamontripong, U., and Offutt, J. (2009). An experimental comparison of four unit test criteria: Mutation, edge-pair, all-uses and prime path coverage. In *Fifth IEEE Workshop on Mutation Analysis (Mutation 2009)*, Denver, CO.

[Li et al., 2007] Li, Z., Harman, M., and Hierons, R. M. (2007). Meta-heuristic search algorithms for regression test case prioritization. *IEEE Transactions on Software Engineering*, 33(4):225–237.

[Lions, 1996] Lions, J. L. (1996). Ariane 5 flight 501 failure: Report by the inquiry board. http://sunnyday.mit.edu/accidents/Ariane5accidentreport.html, last access: February 2016.

[Lipton, 1991] Lipton, R. (1991). New directions in testing. In *Distributed Computing and Cryptography, DIMACS Series in Discrete Mathematics and Theoretical Computer Science*, volume 2, pages 191–202, Providence, RI.

[Liskov and Guttag, 2001] Liskov, B. and Guttag, J. (2001). *Program Development in Java: Abstraction, Specification, and Object-Oriented Design*. Addison-Wesley Publishing Company Inc., New York, NY.

[Littlewood and Miller, 1989] Littlewood, B. and Miller, D. R. (1989). Conceptual modeling of coincident failures in multiversion software. *IEEE Transactions on Software Engineering*, 15(12):1596–1614.

[Ma et al., 2002] Ma, Y.-S., Kwon, Y.-R., and Offutt, J. (2002). Inter-class mutation operators for Java. In *Proceedings of the 13th IEEE International Symposium on Software Reliability Engineering*, pages 352–363, Annapolis, MD.

[Ma et al., 2005] Ma, Y.-S., Offutt, J., and Kwon, Y.-R. (2005). MuJava: An automated class mutation system. *Software Testing, Verification, and Reliability*, 15(2):97–133, Wiley.

[Malaiya, 1995] Malaiya, Y. K. (1995). Antirandom testing: Getting the most out of black-box testing. In *International Symposium on Software Reliability Engineering (ISSRE'95)*, pages 86–95, Toulouse, France.

[Malloy et al., 2003] Malloy, B. A., Clarke, P. J., and Lloyd, E. L. (2003). A parameterized cost model to order classes for class-based testing of C++ applications. In *Proceedings of the 14th IEEE International Symposium on Software Reliability Engineering*, Denver, CO.

[Mandl, 1985] Mandl, R. (1985). Orthogonal latin squares: An application of experiment design to compiler testing. *Communications of the ACM*, 28(10):1054–1058.

[Marick, 1991] Marick, B. (1991). The weak mutation hypothesis. In *Proceedings of the Fourth IEEE Symposium on Software Testing, Analysis, and Verification*, pages 190–199, Victoria, British Columbia, Canada.

[Marick, 1995] Marick, B. (1995). *The Craft of Software Testing: Subsystem Testing, Including Object-Based and Object-Oriented Testing*. Prentice-Hall, Englewood Cliffs, New Jersey, NJ.

[Mathur, 1991] Mathur, A. P. (1991). On the relative strengths of data flow and mutation based test adequacy criteria. In *Proceedings of the Sixth Annual Pacific Northwest Software Quality Conference*, Portland, OR. Lawrence and Craig.

[Mathur, 2014] Mathur, A. P. (2014). *Foundations of Software Testing*. Addison-Wesley Professional, Indianapolis, IN, second edition.

[Mathur and Wong, 1994] Mathur, A. P. and Wong, W. E. (1994). An empirical comparison of data flow and mutation-based test adequacy criteria. *Software Testing, Verification, and Reliability*, 4(1):9–31, Wiley.

[Maurer, 1990] Maurer, P. M. (1990). Generating testing data with enhanced context-free grammars. *IEEE Software*, 7(4):50–55.

[McCabe, 1976] McCabe, T. J. (1976). A complexity measure. *IEEE Transactions on Software Engineering*, SE-2(4):308–320.

[Meyer, 1997] Meyer, B. (1997). *Object-Oriented Software Construction*. Prentice Hall, Upper Saddle River, NJ, second edition.

[Miller and Melton, 1975] Miller, E. F. and Melton, R. A. (1975). Automated generation of testcase datasets. In *Proceedings of the International Conference on Reliable*

Software, pages 51–58.

[Min-sang and Sang-soo, 2011] Min-sang, K. and Sang-soo, K. (2011). Education info system miscalculated grades. Online. http://joongangdaily.joins.com/article/view.asp?aid=2939367, last access: February 2016.

[Minkel, 2008] Minkel, J. R. (2008). 2003 northeast blackout–five years later. *Scientific American*.

[Mitzenmacher and Upfal, 2005] Mitzenmacher, M. and Upfal, E. (2005). *Probability and Computing: Randomized Algorithms and Probabilistic Analysis*. Cambridge University Press, Cambridge, UK.

[Moler, 1995] Moler, C. (1995). A tale of two numbers. *SIAM News*, 28(1).

[Morell, 1990] Morell, L. J. (1984). *A Theory of Error-Based Testing*. PhD thesis, University of Maryland, College Park, MD. Technical Report TR-1395.

[Morell, 1984] Morell, L. J. (1990). A theory of fault-based testing. *IEEE Transactions on Software Engineering*, 16(8):844–857.

[Myers, 1979] Myers, G. (1979). *The Art of Software Testing*. John Wiley and Sons, New York, NY.

[Naito and Tsunoyama, 1981] Naito, S. and Tsunoyama, M. (1981). Fault detection for sequential machines by transition tours. In *Proceedings Fault Tolerant Computing Systems*, pages 238–243. IEEE Computer Society Press.

[Namin and Kakarla, 2011] Namin, A. S. and Kakarla, S. (2011). The use of mutation in testing experiments and its sensitivity to external threats. In *Proceedings of the 2011 International Symposium on Software Testing and Analysis*, pages 342–352, New York, NY. ACM.

[Naur and Randell, 1968] Naur, P. and Randell, B., editors (1968). *Software Engineering: Report of a Conference Sponsored by the NATO Science Committee*. Scientific Affairs Division, NATO.

[Nuseibeh, 1997] Nuseibeh, B. (1997). Who dunnit? *IEEE Software*, 14:15–16.

[Offutt, 1988] Offutt, J. (1988). *Automatic Test Data Generation*. PhD thesis, Georgia Institute of Technology, Atlanta, GA. Technical report GIT-ICS 88/28.

[Offutt, 1992] Offutt, J. (1992). Investigations of the software testing coupling effect. *ACM Transactions on Software Engineering Methodology*, 1(1):3–18.

[Offutt and Abdurazik, 1999] Offutt, J. and Abdurazik, A. (1999). Generating tests from UML specifications. In *Proceedings of the Second IEEE International Conference on the Unified Modeling Language (UML99)*, pages 416–429, Fort Collins, CO. Springer-Verlag Lecture Notes in Computer Science Volume 1723.

[Offutt and Alluri, 2014] Offutt, J. and Alluri, C. (2014). An industrial study of applying input space partitioning to test financial calculation engines. *Empirical Software Engineering Journal*, 19:558–581.

[Offutt and Lee, 1994] Offutt, J. and Lee, S. D. (1994). An empirical evaluation of weak mutation. *IEEE Transactions on Software Engineering*, 20(5):337–344.

[Offutt and Pan, 1997] Offutt, J. and Pan, J. (1997). Detecting equivalent mutants and the feasible path problem. *Software Testing, Verification, and Reliability*, 7(3):165–192, Wiley.

[Offutt et al., 1996a] Offutt, J., Lee, A., Rothermel, G., Untch, R., and Zapf, C. (1996a). An experimental determination of sufficient mutation operators. *ACM Transactions on Software Engineering Methodology*, 5(2):99–118.

[Offutt et al., 1996b] Offutt, J., Pan, J., Tewary, K., and Zhang, T. (1996b). An experimental evaluation of data flow and mutation testing. *Software-Practice and Experience*, 26(2):165–176.

[Offutt et al., 1996c] Offutt, J., Payne, J., and Voas, J. M. (1996c). Mutation operators for Ada. Technical report ISSE-TR-96-09, Department of Information and Software Engineering, George Mason University, Fairfax, VA. http://cs.gmu.edu/~tr-admin/, last access: July 2016.

[Offutt et al., 1999] Offutt, J., Jin, Z., and Pan, J. (1999). The dynamic domain reduction approach to test data generation. *Software-Practice and Experience*, 29(2): 167–193.

[Offutt et al., 2000] Offutt, J., Abdurazik, A., and Alexander, R. T. (2000). An analysis tool for coupling-based integration testing. In *The Sixth IEEE International Conference on Engineering of Complex Computer Systems (ICECCS '00)*, pages 172–178, Tokyo, Japan. IEEE Computer Society Press.

[Offutt et al., 2003] Offutt, J., Liu, S., Abdurazik, A., and Ammann, P. (2003). Generating test data from state-based specifications. *Software Testing, Verification, and Reliability*, 13(1):25–53, Wiley.

[Offutt et al., 2005] Offutt, J., Ma, Y.-S., and Kwon, Y.-R. (2005). muJava home page. Online. https://cs.gmu.edu/~offutt/mujava/, last access: February 2016.

[Olender and Osterweil, 1989] Olender, K. M. and Osterweil, L. J. (1986). Specification and static evaluation of sequencing constraints in software. In *Proceedings of the Workshop on Software Testing*, pages 2–9, Banff, Alberta. IEEE Computer Society Press.

[Olender and Osterweil, 1986] Olender, K. M. and Osterweil, L. J. (1989). Cesar: A static sequencing constraint analyzer. In *Proceedings of the Third Workshop on Software Testing, Verification and Analysis*, pages 66–74, Key West, FL. ACM SIGSOFT.

[Orso and Pezze, 1999] Orso, A. and Pezze, M. (1999). Integration testing of procedural object oriented programs with polymorphism. In *Proceedings of the Sixteenth International Conference on Testing Computer Software*, pages 103–114, Washington DC. ACM SIGSOFT.

[Osterweil and Fosdick, 1974] Osterweil, L. J. and Fosdick, L. D. (1974). Data flow analysis as an aid in documentation, assertion generation, validation, and error detection. Technical report cu-cs-055-74, Department of Computer Science, University of Colorado, Boulder, CO.

[Ostrand and Balcer, 1988] Ostrand, T. J. and Balcer, M. J. (1988). The category-partition method for specifying and generating functional tests. *Communications of the ACM*, 31(6):676–686.

[Paulk et al., 1995] Paulk, M. C., Weber, C. V., Curtis, B., and Chrissis, M. B. (1995). *The Capability Maturity Model: Guidelines for Improving the Software Process*. Addison-Wesley Longman Publishing Co., Inc., Boston, MA.

[Payne, 1978] Payne, A. J. (1978). A formalised technique for expressing compiler exercisers. *ACM SIGPLAN Notices*, 13(1):59–69.

[Peterson, 1997] Peterson, I. (1997). Pentium bug revisited. http://mtarchive.blogspot.com/2016/08/pentium-bug-revisited.htm, last access: August 2016.

[Pezze and Young, 2008] Pezze, M. and Young, M. (2008). *Software Testing and Analysis: Process, Principles, and Techniques*. Wiley, Hoboken, NJ.

[Pimont and Rault, 1976] Pimont, S. and Rault, J. C. (1976). A software reliability assessment based on a structural behavioral analysis of programs. In *Proceedings of the Second International Conference on Software Engineering*, pages 486–491, San Francisco, CA.

[PITAC, 1999] Information technology research: Investing in our future. Technical report, National Coordination Office Computing, Information, and Communications. www.nitrd.gov/pitac/report/, last access: July 2016.

[Piwowarski et al., 1993] Piwowarski, P., Ohba, M., and Caruso, J. (1993). Coverage measure experience during function test. In *Proceedings of 14th International Conference on Software Engineering (ICSE'93)*, pages 287–301, Los Alamitos, CA. ACM.

[Prather, 1983] Prather, R. E. (1983). Theory of program testing-an overview. *The Bell System Technical Journal*, 62(10).

[Purdom, 1972] Purdom, P. (1972). A sentence generator for testing parsers. *BIT*, 12:366–375.

[Ramamoorthy et al., 1976] Ramamoorthy, C. V., Ho, S. F., and Chen, W. T. (1976). On the automated generation of program test data. *IEEE Transactions on Software Engineering*, 2(4):293–300.

[Rapps and Weyuker, 1985] Rapps, S. and Weyuker, E. J. (1985). Selecting software test data using data flow information. *IEEE Transactions on Software Engineering*,

11(4):367–375.

[Rayadurgam and Heimdahl, 2001] Rayadurgam, S. and Heimdahl, M. P. E. (2001). Coverage based test-case generation using model checkers. In *8th IEEE International Conference and Workshop on the Engineering of Computer Based Systems*, pages 83–91.

[Rice, 2008] Rice, D. (2008). *Geekonomics, The Real Cost of Insecure Software*. Pearson Education, Upper Saddle River, NJ.

[Roper, 1994] Roper, M. (1994). *Software Testing*. International Software Quality Assurance Series. McGraw-Hill, Hightstown, NJ.

[Rothermel and Harrold, 1996] Rothermel, G. and Harrold, M. J. (1996). Analyzing regression test selection techniques. *IEEE Transactions on Software Engineering*, 22(8):529–551.

[RTCA-DO-178B, 1992] RTCA-DO-178B (1992). Software considerations in airborne systems and equipment certification.

[RTI, 2002] RTI (2002). The economic impacts of inadequate infrastructure for software testing. Technical report 7007.011, NIST. www.nist.gov/director/prog-ofc/report02-3.pdf, last access: July 2016.

[Sabnani and Dahbura, 1988] Sabnani, K. and Dahbura, A. (1988). A protocol testing procedure. *Computer Networks and ISDN Systems*, 14(4):285–297.

[Schneider, 1999] Schneider, F. B. (1999). *Trust in Cyberspace*. National Academy Press, Washington, DC.

[Sen et al., 2005] Sen, K., Marinov, D., and Agha, G. (2005). Cute: A concolic unit testing engine for C. In *ACM 10th European Software Engineering Conference*, pages 263–272, Lisbon, Portugal.

[Sherwood, 1994] Sherwood, G. (1994). Effective testing of factor combinations. In *Proceedings of the Third International Conference on Software Testing, Analysis, and Review (STAR94)*, Washington DC. Software Quality Engineering.

[Shiba et al., 2004] Shiba, T., Tsuchiya, T., and Kikuno, T. (2004). Using artificial life techniques to generate test cases for combinatorial testing. In *Proceedings of 28th Annual International Computer Software and Applications Conference (COMPSAC'04)*, pages 72–77, Hong Kong, China. IEEE Computer Society Press.

[Shrestha and Rutherford, 2011] Shrestha, K. and Rutherford, M. (2011). An empirical evaluation of assertions as oracles. In *Proceedings of the Fourth IEEE International Conference on Software Testing, Verification and Validation*, pages 110–119, Berlin, Germany. IEEE Computer Society.

[Sommerville, 1992] Sommerville, I. (1992). *Software Engineering*. Addison-Wesley Publishing Company Inc., 9th edition.

[Sprenkle et al., 2007] Sprenkle, S., Pollock, L., Esquivel, H., Hazelwood, B., and Ecott, S. (2007). Automated oracle comparators for testing web applications. In *The 18th IEEE International Symposium on Software Reliability Engineering*, pages 117–126, Trollhattan, Sweden.

[Staats et al., 2012] Staats, M., Gay, G., and Heimdahl, M. P. E. (2012). Automated oracle creation support, or: How I learned to stop worrying about fault propagation and love mutation testing. In *Proceedings of the International Conference on Software Engineering*, ICSE, pages 870–880, Piscataway, NJ. IEEE Press.

[Staats et al., 2011] Staats, M., Whalen, M. W., and Heimdahl, M. P. E. (2011). Better testing through oracle selection. In *Proceedings of the 33rd International Conference on Software Engineering (NIER Track)*, ICSE 2011, pages 892–895, Waikiki, Honolulu, HI. ACM.

[Stevens et al., 1974] Stevens, W. P., Myers, G. J., and Constantine, L. L. (1974). Structured design. *IBM Systems Journal*, 13(2):115–139.

[Stocks and Carrington, 1993] Stocks, P. and Carrington, D. (1993). Test Templates: A Specification-Based Testing Framework. In *Proceedings of the Fifteenth International Conference on Software Engineering*, pages 405–414, Baltimore, MD.

[Stocks and Carrington, 1996] Stocks, P. and Carrington, D. (1996). A framework for specification-based testing. *IEEE Transactions on Software Engineering*, 22(11):777–793.

[Symantec, 2007] Symantec (2007). Symantec internet security threat report, volume XII. Online: http://eval.symantec.com/mktginfo/enterprise/white_papers/ent-whitepaper_internet_security_threat_report_xii_09_2007.en-us.pdf, last access: July 2016.

[Tai and Daniels, 1997] Tai, K.-C. and Daniels, F. J. (1997). Test order for inter-class integration testing of object-oriented software. In *The Twenty-First Annual International Computer Software and Applications Conference (COMPSAC '97)*, pages 602–607, Santa Barbara, CA. IEEE Computer Society Press.

[Tai and Lei, 2002] Tai, K. C. and Lei, Y. (2002). A test generation strategy for pairwise testing. *IEEE Transactions on Software Engineering*, 28(1):109–111.

[Tillmann and de Halleux, 2008] Tillmann, N. and de Halleux, J. (2008). Pex–white box test generation for .NET. In *LNCS 4966: Second International Conference on Tests and Proofs*, pages 134–153, Prato, Italy.

[Tillmann and Schulte, 2005] Tillmann, N. and Schulte, W. (2005). Parameterized unit tests. In *Proceedings of the 10th ACM European Software Engineering Conference held jointly with 13th ACM SIGSOFT International Symposium on Foundations of Software Engineering*, pages 253–262, Lisbon, Portugal.

[Tip, 1994] Tip, F. (1994). A survey of program slicing techniques. Technical report CS-R-9438, Computer Science/Department of Software Technology, Centrum voor Wiskunde en Informatica.

[Traon et al., 2000] Traon, Y. L., Jéron, T., Jézéquel, J.-M., and Morel, P. (2000). Efficient object-oriented integration and regression testing. *IEEE Transactions on Reliability*, 49(1):12–25.

[Utting and Legeard, 2006] Utting, M. and Legeard, B. (2006). *Practical Model-Based Testing: A Tools Approach*. Morgan Kaufman, Burlington, MA.

[Vilkomir and Bowen, 2002] Vilkomir, S. A. and Bowen, J. P. (2002). Reinforced condition/decision coverage (RC/DC): A new criterion for software testing. In *Proceedings of ZB2002: 2nd International Conference of Z and B Users*, pages 295–313, Grenoble, France. Springer-Verlag, LNCS 2272.

[Voas, 1992] Voas, J. M. (1992). PIE: A dynamic failure-based technique. *IEEE Transactions on Software Engineering*, 18(8).

[Voas and Miller, 1995] Voas, J. M. and Miller, K. W. (1995). Software testability: The new verification. *IEEE Software*, 12(3):553–563.

[Wah, 1995] Wah, K. S. H. T. (1995). Fault coupling in finite bijective functions. *Software Testing, Verification, and Reliability*, 5(1):3–47, Wiley.

[Wah, 2000] Wah, K. S. H. T. (2000). A theoretical study of fault coupling. *Software Testing, Verification, and Reliability*, 10(1):3–46, Wiley.

[Weiser, 1984] Weiser, M. (1984). Program slicing. *IEEE Transactions on Software Engineering*, SE-10(4):352–357.

[Weiss, 1989] Weiss, S. N. (1989). What to compare when comparing test data adequacy criteria. *ACM SIGSOFT Notes*, 14(6):42–49.

[Weyuker, 1980] Weyuker, E. (1980). The oracle assumption of program testing. In *Thirteenth International Conference on System Sciences*, pages 44–49, Honolulu, HI.

[Weyuker and Ostrand, 1980] Weyuker, E. J. and Ostrand, T. J. (1980). Theories of program testing and the application of revealing subdomains. *IEEE Transactions on Software Engineering*, 6(3):236–246.

[Weyuker et al., 1994] Weyuker, E., Goradia, T., and Singh, A. (1994). Automatically generating test data from a boolean specification. *IEEE Transactions on Software Engineering*, 20(5):353–363.

[Weyuker et al., 1991] Weyuker, E. J., Weiss, S. N., and Hamlet, R. G. (1991). Data flow-based adequacy analysis for languages with pointers. In *Proceedings of the Fourth IEEE Symposium on Software Testing, Analysis, and Verification*, pages 74–86, Victoria, British Columbia, Canada.

[White, 1987] White, L. J. (1987). Software testing and verification. In Yovits, M. C., editor, *Advances in Computers*, volume 26, pages 335–390. Academic Press, Inc, Boston, MA.

[White and Wiszniewski, 1991] White, L. and Wiszniewski, B. (1991). Path testing of computer programs with loops using a tool for simple loop patterns. *Software-Practice and Experience*, 21(10):1075–1102.

[Wijesekera et al., 2007] Wijesekera, D., Sun, L., Ammann, P., and Fraser, G. (2007). Relating counterexamples to test cases in CTL model checking specifications. In *A-MOST '07: Third ACM Workshop on the Advances in Model-Based Testing, co-located with ISSTA 2007*, London, UK.

[Wikipedia, 2009] Wikipedia (2009). Software test documentation. Online. http://en.wiki .org/wiki/Software_test_documentation, last access: February 2016.

[Wikipedia, 2015] Wikipedia (2015). Sieve of Eratosthenes. Online. http://en.wikipedia .org/wiki/Sieve_of_Eratosthenes, last access: February 2016.

[Williams, 2000] Williams, A. W. (2000). Determination of test configurations for pair-wise interaction coverage. In *Proceedings of the 13th International Conference on the Testing of Communicating Systems (TestCom 2000)*, pages 59–74, Ottawa, Canada.

[Williams and Probert, 1996] Williams, A. W. and Probert, R. L. (1996). A practical strategy for testing pair-wise coverage of network interfaces. In *Proceedings of the 7th International Symposium on Software Reliability Engineering (ISSRE96)*, White Plains, NY.

[Williams and Probert, 2001] Williams, A. W. and Probert, R. L. (2001). A measure for component interaction test coverage. In *Proceedings of the ACSI/IEEE International Conference on Computer Systems and Applications (AICCSA 2001)*, pages 304–311, Beirut, Lebanon.

[Wong and Mathur, 1995] Wong, W. E. and Mathur, A. P. (1995). Fault detection effectiveness of mutation and data flow testing. *Software Quality Journal*, 4(1):69–83.

[Woodward and Halewood, 1988] Woodward, M. R. and Halewood, K. (1988). From weak to strong, dead or alive? An analysis of some mutation testing issues. In *Proceedings of the IEEE Second Workshop on Software Testing, Verification, and Analysis*, pages 152–158, Banff, Alberta.

[Xie and Memon, 2007] Xie, Q. and Memon, A. (2007). Designing and comparing automated test oracles for GUI-based software applications. *ACM Transaction on Software Engineering and Methodology*, 16(1).

[Xie and Notkin, 2005] Xie, T. and Notkin, D. (2005). Checking inside the black box: Regression testing by comparing value spectra. *IEEE Transactions on Software Engineering*, 31(10):869–883.

[Yilmaz et al., 2004] Yilmaz, C., Cohen, M. B., and Porter, A. (2004). Covering arrays for efficient fault characterization in complex configuration spaces. In *Proceedings of the ACM SIGSOFT International Symposium on Software Testing and Analysis (ISSTA 2004)*, pages 45–54, Boston, MA. ACM Software Engineering Notes.

[Yin et al., 1997] Yin, H., Lebne-Dengel, Z., and Malaiya, Y. K. (1997). Automatic test generation using checkpoint encoding and antirandom testing. Technical Report CS-97-116, Colorado State University.

[Yu et al., 2013] Yu, T., Srisa-an, W., and Rothermel, G. (2013). An empirical comparison of the fault-detection capabilities of internal oracles. In *The 24th IEEE International Symposium on Software Reliability Engineering*, ISSRE '13, Pasadena, CA.

[Zhou et al., 2015] Zhou, Z. Q., Xiang, S., and Chen, T. Y. (2015). Metamorphic testing for software quality assessment: A study of search engines. *IEEE Transactions on Software Engineering*, published online, September 2015.

[Zhu, 1996] Zhu, H. (1996). A formal analysis of the subsume relation between software test adequacy criteria. *IEEE Transactions on Software Engineering*, 22(4):248–255.

[Zhu et al., 1997] Zhu, H., Hall, P. A. V., and May, J. H. R. (1997). Software unit test coverage and adequacy. *ACM Computing Surveys*, 29(4):366–427.

索　　引

索引中的页码为英文原书页码，与书中页边标注的页码一致。

C

D

E

F

G

H

I

M

N

O

P

Q

R

S

U